碳中和城市与绿色智慧建筑系列教材

教育部高等学校建筑类专业教学指导委员会规划推荐教材

丛书主编　王建国

绿色城市设计

Green Urban Design

王建国　徐小东　主编
庄惟敏　主审

中国建筑工业出版社

图书在版编目（CIP）数据

绿色城市设计 = Green Urban Design / 王建国，徐
小东主编 . -- 北京：中国建筑工业出版社，2024.12.
（碳中和城市与绿色智慧建筑系列教材 / 王建国主编）（
教育部高等学校建筑类专业教学指导委员会规划推荐教材
）. -- ISBN 978-7-112-30691-6

Ⅰ. TU984

中国国家版本馆 CIP 数据核字第 2024AC3451 号

为了更好地支持相应课程的教学，我们向采用本书作为教材的教师提供课件，有需要者可与出版社联系。

建工书院 https://edu.cabplink.com
邮箱：jckj@cabp.com.cn　电话：（010）58337285

策　　划：陈　桦　柏铭泽
责任编辑：柏铭泽　陈　桦
责任校对：赵　力

碳中和城市与绿色智慧建筑系列教材
教育部高等学校建筑类专业教学指导委员会规划推荐教材
丛书主编　王建国

绿色城市设计
Green Urban Design
王建国　徐小东　主编
庄惟敏　主审

———＊———

中国建筑工业出版社出版、发行（北京海淀三里河路9号）
各地新华书店、建筑书店经销
北京海视强森图文设计有限公司制版
北京中科印刷有限公司印刷

＊

开本：787毫米×1092毫米　1/16　印张：22$\frac{1}{2}$　字数：435千字
2025 年 1 月第一版　2025 年 1 月第一次印刷
定价：69.00元（赠教师课件）

ISBN 978-7-112-30691-6
　　（44440）

《绿色城市设计》
编审委员会

本 书 主 编：王建国　徐小东

本 书 主 审：庄惟敏

编审委员会委员：张　愚　徐　宁　李京津　王　伟

《碳中和城市与绿色智慧建筑系列教材》

总序

建筑是全球三大能源消费领域（工业、交通、建筑）之一。建筑从设计、建材、运输、建造到运维全生命周期过程中所涉及的"碳足迹"及其能源消耗是建筑领域碳排放的主要来源，也是城市和建筑碳达峰、碳中和的主要方面。城市和建筑"双碳"目标实现及相关研究由 2030 年的"碳达峰"和 2060 年的"碳中和"两个时间节点约束而成，由"绿色、节能、环保"和"低碳、近零碳、零碳"相互交织、动态耦合的多途径减碳递进与碳中和递归的建筑科学迭代进阶是当下主流的建筑类学科前沿科学研究领域。

本系列教材主要聚焦建筑类学科专业在国家"双碳"目标实施行动中的前沿科技探索、知识体系进阶和教学教案变革的重大战略需求，同时满足教育部碳中和新兴领域系列教材的规划布局和"高阶性、创新性、挑战度"的编写要求。

自第一次工业革命开始至今，人类社会正在经历一个巨量碳排放的时期，碳排放导致的全球气候变暖引发一系列自然灾害和生态失衡等环境问题。早在 20 世纪末，全球社会就意识到了碳排放引发的气候变化对人居环境所造成的巨大影响。联合国政府间气候变化专门委员会（IPCC）自 1990 年始发布五年一次的气候变化报告，相关应对气候变化的《京都议定书》（1997）和《巴黎气候协定》（2015）先后签订。《巴黎气候协定》希望 2100 年全球气温总的温升幅度控制在 1.5℃，极值不超过 2℃。但是，按照现在全球碳排放的情况，那 2100 年全球温升预期是 2.1~3.5℃，所以，必须减碳。

2020 年 9 月 22 日，国家主席习近平在第七十五届联合国大会一般性辩论上向国际社会郑重承诺，中国将力争在 2030 年前达到二氧化碳排放峰值，努力争取在 2060 年前实现碳中和。自此，"双碳"目标开始成为我国生态文明建设的首要抓手。党的二十大报告中提出，"积极稳妥推进碳达峰碳中和，立足我国能源资源禀赋，坚持先立后破，有计划分步骤实施碳达峰行动，深入推进能源革命……"，传递了党中央对我国碳达峰碳中和的最新战略部署。

国务院印发的《2030 年前碳达峰行动方案》提出，将碳达峰贯穿于经济社会发展全过程和各方面，重点实施"碳达峰十大行动"。在"双碳"目标战略时间表的控制下，建筑领域作为三大能源消费领域（工业、交通、建筑）之一，尽早实现碳中和对于"双碳"目标战略路径的整体实现具有重要意义。

为贯彻落实国家"双碳"目标任务和要求，东南大学联合中国建筑出版传媒有限公司，于 2021 年至 2022 年承担了教育部高等教育司新兴领域教材研究与实践项目，就"碳中和城市与绿色智慧建筑"教材建设开展了研究，初步架构了该领域的知识体系，提出了教材体系建设的全新框架和编写思路等成果。2023年3月，教育部办公厅发布《关于组织开展战略性新兴领域"十四五"高等教育教材体系建设工作的通知》(以下简称《通知》)，《通知》中明确提出，要充分发挥"新兴领域教材体系建设研究与实践"项目成果作用，以《战略性新兴领域规划教材体系建议目录》为基础，开展专业核心教材建设，并同步开展核心课程、重点实践项目、高水平教学团队建设工作。课题组与教材建设团队代表于2023年4月8日在东南大学召开系列教材的编写启动会议，系列教材主编、中国工程院院士、东南大学建筑学院教授王建国发表系列教材整体编写指导意见；中国工程院院士、西安建筑科技大学教授刘加平和中国工程院院士、清华大学教授庄惟敏分享分册编写成果。编写团队由3位院士领衔，8所高校和3家企业的80余位团队成员参与。

2023年4月，课题团队向教育部正式提交了战略性新兴领域"碳中和城市与绿色智慧建筑系列教材"建设方案，回应国家和社会发展实施碳达峰碳中和战略的重大需求。2023年11月，由东南大学王建国院士牵头的未来产业（碳中和）板块教材建设团队获批教育部战略性新兴领域"十四五"高等教育教材体系建设团队，建议建设系列教材16种，后考虑跨学科和知识体系完整性增加到20种。

本系列教材锚定国家"双碳"目标，面对建筑类学科绿色低碳知识体系更新、迭代、演进的全球趋势，立足前沿引领、知识重构、教研融合、探索开拓的编写定位和思路。教材内容包含了碳中和概念和技术、绿色城市设计、低碳建筑前策划后评估、绿色低碳建筑设计、绿色智慧建筑、国土空间生态资源规划、生态城区与绿色建筑、城镇建筑生态性能改造、城市建筑智慧运维、建筑碳排放计算、建筑性能智能化集成以及健康人居环境等多个专业方向。

教材编写主要立足于以下几点原则：一是根据教育部碳中和新兴领域系列教材的规划布局和"高阶性、创新性、挑战度"的编写要求，立足建筑类专业本科生高年级和研究生整体培养目标，在原有课程知识课堂教授和实验教学基础上，专门突出了碳中和新兴领域学科前沿最新内容；二是注意建筑类专业中"双碳"目标导向的知识体系建构、教授及其与已有建筑类相关课程内容的差异性和相关性；三是突出基本原理讲授，合理安排理论、方法、实验和案例分析的内容；四是强调理论联系实际，强调实践案例和翔实的示范作业介绍。总体力求高瞻远瞩、科学合理、可教可学、简明实用。

本系列教材使用场景主要为高等学校建筑类专业及相关专业的碳中和新兴学科知识传授、课程建设和教研学产融合的实践教学。适用专业主要包括建筑学、城乡规划、风景园林、土木工程、建筑材料、建筑设备，以及城市管理、城市经济、城市地理等。系列教材既可以作为教学主干课使用，也可以作为上述相关专业的教学参考书。

本教材编写工作由国内一流高校和企业的院士、专家学者和教授完成，他们在相关低碳绿色研究、教学和实践方面取得的先期领先成果，是本系列教材得以顺利编写完成的重要保证。作为新兴领域教材的补缺，本系列教材很多内容属于全球和国家"双碳"研究和实施行动中比较前沿且正在探索的内容，尚处于知识进阶的活跃变动期。因此，系列教材的知识结构和内容安排、知识领域覆盖、全书统稿要求等虽经编写组反复讨论确定，并且在较多学术和教学研讨会上交流，吸收同行专家意见和建议，但编写组水平毕竟有限，编写时间也比较紧，不当之处甚或错误在所难免，望读者给予意见反馈并及时指正，以使本教材有机会在重印时加以纠正。

感谢所有为本系列教材前期研究、编写工作、评议工作、教案提供、课程作业作出贡献的同志以及参考文献作者，特别感谢中国建筑出版传媒有限公司的大力支持，没有大家的共同努力，本系列教材在任务重、要求高、时间紧的情况下按期完成是不可能的。

是为序。

丛书主编、东南大学建筑学院教授、中国工程院院士

前言

这本《绿色城市设计》教材主要是为"碳中和城市与绿色智慧建筑系列教材"中相关建筑类院系开设与"双碳"目标相关的城市设计课程教学要求而编写的。

《绿色城市设计》教材编写主要立足于以下几点原则:一是根据教育部碳中和新兴领域系列教材的规划布局和"高阶性、创新性、挑战度"的编写要求,立足建筑类专业本科生高年级和研究生整体培养目标,在原有城市设计课程内容基础上,专门突出了碳中和新兴领域学科前沿最新的绿色低碳的城市设计内容;二是注意建筑类专业中绿色城市设计内容教授与其他已有相关课程内容,特别是城市设计课程内容的差异性和相关性;三是突出基本原理的讲授,合理安排理论、方法和案例分析的内容;四是系统介绍和分析绿色城市设计在"双碳"目标约束下的一般方法和技术策略,同时强调绿色城市设计的实践案例和翔实的示范作业介绍。本教材总体上力求科学合理、可教可学、简明实用。

通过本教材的学习,希望学生了解和熟悉全球可持续发展的趋势,对于中国碳达峰碳中和的大国责任担当,以及与建筑类专业城市设计知识学习掌握的关系;较为完整地掌握绿色城市设计的基本原理,并培养出敏锐洞察最新发展动向和创新实践的能力;初步掌握绿色城市设计的技术策略,通过数字化教学的方法途径,深度解读和学习教、学、研、产结合的实践案例,以及相关参与式实验课程的设置,初步具备绿色城市设计编制、研究和典型应用场景任务完成的能力。

本教材内容侧重于城市设计与绿色低碳及"双碳"目标的交叉融合和相通原理,其中部分内容与已经出版使用的《城市设计》等教材内容局部重合。对此,本书的编写原则是一般内容描述尽可能不重复,重点内容则突出绿色低碳的分析角度和表述特色。

本教材的编写团队有着丰厚的城市设计专业研究和教学实践成果积累。教材主编是中国绿色城市设计概念的率先提出者和实践者,编写团队则数十年持续开展教、学、研、产一体化的一系列城市设计工程实践,涉及不同的气候分区、尺度规模和地域特点,绿色城市设计的生态优先原则、自然梯度、多尺度策略、高中低技术组合使用等在其中获得一定程度的运用和实践验证。近期,本团队还开展了无锡锡东新城城乡建设碳达峰碳中和先导区的绿色城市设计。两位主编合著的《绿色城市设计》是国内第一部该领域的学术论著。东南大学建筑学院"现代城市设计方法"曾获得教育部课程思政示范课程、教学名师和团队称号。这些研究和教学成果的积累，为本教材的编写夯实了科学学理和教案教学制定的基础，是这本有着"高阶性、创新性、挑战度"编写要求的教材完成品质的基本保障。

在教材编写中，张然、王璞、宗袁月等博士研究生，林德清、孙智霖、苏凤敏、曹丹瑞、柳存锡、郑铭铭、陈佳璐、刘轩昂、虞承昊、何奈等硕士研究生参与了部分资料的收集整理工作。此外，教材还选用了编者指导的绿色城市设计相关学生作业，谨向各位同学和参考文献作者表示感谢。

本教材适用于高等学校建筑类专业，包括建筑学、城乡规划、风景园林等专业，也可作为城市管理、城市地理等相关专业的教学参考书。

由于国家对新兴领域教材建设的紧迫性，同时本教材很多内容又属于建筑碳中和目标和城市设计中比较前沿且正在探索的内容，故虽然教材的书稿结构、内容安排、全书统稿等方面经过了编写组反复讨论确定，并在较多学术和教学研讨会上交流，吸收了同行专家的意见和建议，但毕竟编写人员水平有限，加之编写的内容尚处于活跃变动期，且编写时间也比较短，因此不当之处甚或错误在所难免。恳请读者给予意见反馈并及时指止，以使本教材有机会在重印时加以纠正。

本教材由王建国、徐小东主编，张愚、徐宁、李京津、王伟等参编，庄惟敏院士主审。

是为序。

本书主编、东南大学建筑学院教授、中国工程院院士

目录

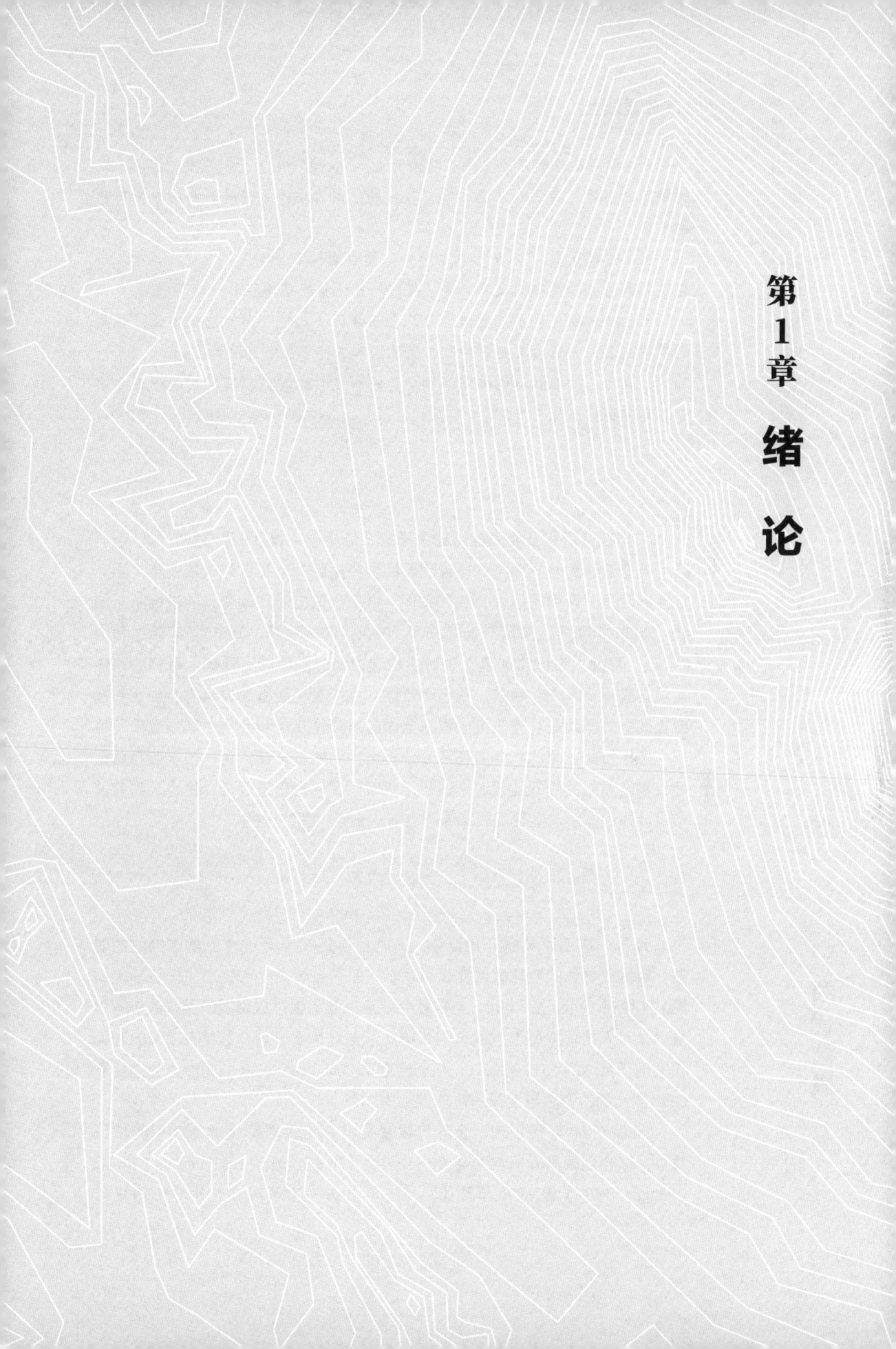

第 1 章　绪　论

【本章导读】

·本章为绪论部分，主要从时代背景、"双碳"背景、相关概念解读，教材编写的宗旨、目的和主要内容，教材的使用方法等方面展开系统分析与归纳总结。

·在时代背景、"双碳"背景部分，简要阐释了全球气候变化及其对人居环境的影响，以及中国政府制定"双碳"目标的战略路径和行动路线图。

·在概念缘起和发展梗概部分，全面分析、比较了与绿色城市设计相关的不同概念，并针对其内涵特征与发展沿革进行了系统回溯和解析。

·最后，对本教材的编写宗旨、目的和主要内容，以及教材的使用方法和编写团队作了简要介绍。

人类在使用化石能源等活动中排放二氧化碳（CO_2）等温室气体，这一行为被普遍认为是导致全球气候变暖的重要原因。为了应对气候变化，国际社会制定了一系列国际性公约和文件，推动全球应对气候变化的进程不断加快。2020年9月，中国政府宣布了2030年前碳达峰、2060年前碳中和的"双碳"目标。在城市和建筑领域实现碳中和对于中国"双碳"目标的整体实现具有重要意义，目前，践行"双碳"目标正在获得来自政府、企业和社会推动的转型动能。建筑类学科在全球应对气候变化和践行中国"双碳"目标中应担负起应有的社会责任和专业担当，而城市设计作为一门直接与城市建设和发展相关的专业领域，践行"双碳"目标也责无旁贷，这也是先前城市设计知识体系、工程实践和课程教育从未专门关注过的。

1.1 时代背景

自第一次工业革命开始至今，人类社会正在经历一个巨量碳排放的时期，碳排放导致的全球气候变暖引发了一系列自然灾害和生态失衡等环境问题。[1]早在20世纪后半叶，全球社会就意识到了碳排放引发的温室效应等气候变化对人居环境所造成的负面影响。从全球来看，城市以地球2%的表面积容纳了全球约55%的人口，在创造全球80%以上GDP的同时，也消耗着GDP同比例的资源与能源消耗总量。[2]

20世纪60年代以来，全球气候变化及其对人居环境的影响引起广泛关注。联合国政府间气候变化专门委员会（Intergovernment Panel on Climate Change，IPCC）自1990年开始，每5年发布一次气候变化报告。1997年

《联合国气候变化框架公约京都议定书》[①]（以下简称《京都议定书》）和 2015 年 12 月的《巴黎协定》已由各国先后签署。《巴黎协定》希望到 2100 年全球平均气温较前工业化时期上升幅度控制在 1.5~2℃。但按现在全球的情况（东南亚碳排快速发展，欧美碳排发展速度减缓），2100 年全球温升预计是 2.1~3.5℃。如果全球温升达到 2℃之上，则"五十年一遇"的极端天气事件将变成几年一遇的常见现象。因此，必须全球携手共同减碳。[②]

2020 年 9 月，中国政府在第七十五届联合国大会郑重宣布了中国将"二氧化碳力争于 2030 年前达到峰值，努力争取 2060 年前实现碳中和"[③]的"双碳"目标，以回应《巴黎协定》制定的 2100 年全球温升小于 2℃的减碳合作目标。"双碳"目标指出："应对气候变化《巴黎协定》代表了全球绿色低碳转型的大方向，是保护地球家园需要采取的最低限度行动，各国必须迈出决定性步伐。中国将提高国家自主贡献力度，采取更加有力的政策和措施，二氧化碳排放力争于 2030 年前达到峰值，努力争取 2060 年前实现碳中和。"[③]

中国是全球碳排放排位靠前的大国。伴随着中国城镇化的快速发展，国内城市数量也从 193 个上升至 2021 年年底的 685 个。从国内整体来看，城镇建设面积约占全国国土面积 1.2%，相当于全部建设用地的 28%，但其碳排放量约占中国总排放量的近 80%（图 1-1）。建筑从设计、材料、运输、建造、运维的全生命周期过程占到了全球碳排放的 50% 左右。[2] 为此，国家发展和改革委员会、住房和城乡建设部等一系列相关部门陆续发布了关于"双碳"目标的战略路径和碳达峰行动指南。

党的二十大报告提出，要站在人与自然和谐共生的高度来谋划发展，这是实现高质量发展的内在要求，中国式现代化的一个重要特征就是人与自然和谐共生。同时，报告还强调指出，推进美丽中国建设，坚持"山水林田湖草沙"一体化保护和系统治理，统筹产业结构调整、污染治理、生态保护、应对气候变化，协同推进降碳、减污、扩绿、增长，推进生态优先、节约集约、绿色低碳发展。同时，要积极稳妥地推进碳达峰碳中和，立足中国能源资源禀赋，坚持先立后破，有计划地分步骤实施碳达峰行动。加快发展方式绿色转型，实施全面节约战略，发展绿色低碳产业，倡导绿色消费，推动形成绿色低碳的生产方式和生活方式。

---

① 中国气象报社. 联合国气候变化框架公约京都议定书 [EB]. 中国气象局官方网站，2008-04-24.
② 《巴黎协定》（*The Paris Agreement*）是由全世界 195 个缔约方（截至 2024 年 10 月）共同签署的气候变化协定，是对 2020 年以后全球应对气候变化的行动作出的统一安排。《巴黎协定》的长期目标是将全球平均气温较前工业化时期上升幅度控制在 2℃以内。《巴黎协定》于 2015 年 12 月 12 日在第 21 届联合国气候变化大会上通过，于 2016 年 11 月 4 日起正式实施，是已到期的《京都议定书》的后续。
③ 中华人民共和国主席　习近平. 在第七十五届联合国大会一般性辩论上的讲话：国务院公报〔2020 年〕第 28 号 [EB]. 中国政府网，2020-09-22.

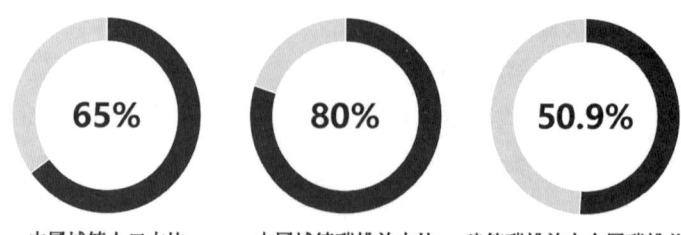

65% 　 80% 　 50.9%

中国城镇人口占比　　中国城镇碳排放占比　建筑碳排放占全国碳排总量

图 1-1　中国城镇及建筑碳排放占比统计（2020 年数据）
（图片来源：编者根据《2022 中国城乡建设领域碳排放研究报告》绘制）

在中国"双碳"目标拟定的时间表中，作为全球温室气体最大排放者的城市，以及作为三大能源消费领域之一的建筑领域，尽早实现城市和建筑碳中和对于中国"双碳"目标的整体实现具有重要意义。城市发展也应该由过去唯 GDP 竞争转向 GDP 与减碳双轨的竞争模式，例如关注生态系统生产总值（GEP），使得城市间的低碳发展具有可比的效率和动能激励。

1.2 绿色城市设计的相关概念

1.2.1　城市设计

城市是实现中国"双碳"目标的主战场，而与此相关的城市设计学理建构、知识传播和科学普及十分重要。

城市设计是一门与城乡规划、建筑学、风景园林、市政工程等专业协同，共同营造美好宜居的城市人居环境的重要学科和专业领域。

城市设计主要研究城市空间形态的建构机理和场所营造，是对包括人、自然、社会、文化、空间形态等因素在内的城市人居环境所进行的设计研究和工程实践活动。城市设计综合体现社会、经济、文化、生态、功能和审美等方面的要求。在很多情况下，城市空间的功能组织、环境品质、生活格调、文化内涵和艺术特色等，都是通过城市设计创造和建立起来的。[3]

城市设计的历史发展经历了四代范型，即传统城市设计、现代主义城市设计、绿色城市设计和数字化城市设计。[4]

城市设计，古已有之。从城市诞生开始，直到 19 世纪末到 20 世纪初，城市设计经历了一个漫长的学理内核稳定、知识边界渐进的过程。其主要特征是：总体遵循实用性、地域性和社会性原则，并通过建筑学视觉有序原理，对较大版图范围内的城市和建筑进行空间形体的设计控制。传统城市设计除了考虑城镇基本功能以外，主要与城市叙事场景可感知空间的形态塑造和视觉美学相关，在实践层面则通常与建筑学领域的工程科学和技术手段相关联。

工业革命后，欧美等发达地区的城市率先急速发展，规模急剧扩大。进入工业化进程的城市功能、社会结构、空间组织和交通方式等发生了前所未有的变化，一批专业人士从一开始的景仰工业化和现代主义的技术美学观念和价值系统，转向对现代主义城市机器范型的研究。伴随着技术发展，基于"视觉有序"的城市景观发生了一些变化。机动车和自行车等交通工具的普及改变了城市空间的组织方式和路网布局，城市规模尺度也有了根本性的改变。现代主义城市设计注重功能、运转和效率，大刀阔斧地改造历史城市，但同时，"大拆大建"式的城市更新和新区建设对地域历史文化和社区生活造成了环境失序、文化失范的负面影响。

自1960年开始，受日益盛行的全球环境保护运动的影响，生态环境保护思想开始影响城市设计的价值理念和实施目标，第三代范型"绿色城市设计"由此而生。1992年，世界各主要国家的政府首脑签署通过了联合国环境与发展大会的《里约环境与发展宣言》《生物多样性公约》及《21世纪议程》，之后中国建立"中国21世纪议程管理中心"，将可持续发展列入中国经济社会发展的基本国策。

进入21世纪以后，以移动互联网、大数据、人工智能、物联网和云计算等为代表的数字技术发展风起云涌，深刻改变了人们对从城市、景观到建筑全链设计的专业认识、作业程序和实操方法。第四代数字化城市设计应运而生。[1]

2013年的中央城镇化工作会议提出城镇建设要"望得见山，看得见水，记得住乡愁"。2015年12月的中央城市工作会议明确要求要推进、加强、全面开展城市设计工作，住房和城乡建设部在全国先后设置了57个城市的城市设计试点工作并取得重大成绩，契合了中国城镇化转型发展的时代要求。本教材的核心内容和知识体系建构主要针对"双碳"背景下的绿色城市设计，也部分涉及与自然生态要素信息处理相关的数字化城市设计。

1.2.2 绿色城市设计

绿色城市设计是城市设计专业领域中的一种偏重自然维度的范型，主要是指在经典城市设计关注空间形态机理建构的物质维度、现代主义城市设计侧重城市效率公平的维度基础之上，再加上自然生态和可持续发展维度的城市设计。

绿色城市设计把城市看作一个与自然系统共生的生命有机体，关注城市的可持续性和韧性。绿色城市设计通过把握和运用以往城市建设所忽视的自然生态的特点和规律，贯彻整体优先和生态优先准则，探求创造一个人工环境与自然环境和谐共存的低碳社会和具有可持续性的城镇建筑环境。

绿色城市设计的核心是"整体优先""生态优先"和"环境承载力前置"的理念，"以地定城""以水定城""以水定人""形随流定"等都是绿色城市设计基于环境承载力和生态足迹的基本遵循。绿色城市设计的基本原则是"因地制宜""生态优先"和"高中低技术综合运用"等。

绿色城市设计并非只是寻求一种物质形态和空间的视觉秩序，在某种意义上，绿色城市设计寻求的是一种包含人及人赖以生存的社会和自然在内的、以人性化和舒适性为特征的多样化空间，是一种建立在人类与自然共生基础上的多目标综合环境设计。

与绿色城市设计密切相关的包括"有机城市""生态城市""公园城市"学说等。美国麻省理工学院教授凯文·林奇（Kevin Lynch）曾经将有机城市作为与宇宙城市、机器城市并列的三大城市原型之一，其关注的社区、连续性、健康、安全、平衡、互动均为当代城市描述中极具正面性的概念。党的二十大报告明确指出：推动绿色发展，促进人与自然和谐共生，大自然是人类赖以生存发展的基本条件。尊重自然、顺应自然、保护自然，是全面建设社会主义现代化国家的内在要求。

1.2.3 可持续发展

1. 可持续发展的提出

1987 年 2 月，世界环境与发展委员会发表《我们共同的未来》报告，系统探讨了人类面临的一系列重大经济、社会和环境问题，正式提出可持续发展的理念。报告希望全球要更加全面地考虑资源与环境的问题，提出人类必须为当代人和后代人的利益而改变发展模式，必须使经济社会发展和资源环境相协调，并重视人类社会发展代际伦理的公平性和永续性。

1992 年 8 月，中国政府编制了《中国 21 世纪议程——中国 21 世纪人口、资源、环境与发展白皮书》并于 1994 年发布，首次把可持续发展战略纳入中国经济和社会发展的长远规划。"可持续发展"概念正式提出近 30 年后，2015 年 9 月"联合国可持续发展峰会"在纽约联合国总部召开。会议开幕当天通过了一份由 193 个会员国共同达成的成果文件，即《改变我们的世界——2030 年可持续发展议程》。一年后，2016 年 10 月在厄瓜多尔基多举行的联合国住房和可持续城市发展会议，则重点讨论了如何规划和管理城市、城镇和村庄以驱动可持续发展，从而帮助实现可持续发展和气候变化目标。世界各国领导人在会议上通过了《新城市议程》，确定了实现可持续城市发展的全球标准，重新思考人们进行城市建设、管理和生活的方式。

在中国工程院重大咨询研究项目"中国城市建设可持续发展战略研究"中，提出了中国城市建设可持续发展应秉承生态理性、文化理性、科学理性和技术理性的"四元协同观"。其中生态理性排在第一位，代表着人类必须将自身发展与自然支撑能力和生物多样性等量齐观并有机融合，必须坚守生态底线和环境合理容量与代际公平和文化传承有机结合的基本内涵，反映了中国式现代化和生态文明建设的基本要求。[5]

由中国原创的生态文明建设和人类命运共同体的思想，如今在世界范围内越来越具有传播力，并焕发出强大的生机活力。中国的生态文明建设汇聚了中国文明古老而极具东方特质的生态智慧，为今天的人类社会的可持续发展提供了系统的理论、方法和实践经验。中国提出的人类命运共同体和生态文明时代概念，唤醒和运用了具有强大生命力的中华智慧，为中国城市建设可持续发展贡献了全新的思路。

2. 韧性城市

韧性是指系统应对危机和干扰时通过自我调节与更新，实现动态平衡与恢复成长的能力。按照国际组织倡导地区可持续发展国际理事会定义，"韧性城市"指城市能够凭自身的能力抵御灾害，减轻灾害损失，并合理调配资源以从灾害中快速恢复过来。长远来讲，城市能够从过往的灾害事故中学习，提升对灾害的适应能力。[6]

韧性城市是在城市规划设计、开发建设、管理、运维等领域中践行城市可持续发展理念的具体呈现，"双碳"目标延伸解读也与其相关。韧性城市包括几个重要特征：一是鲁棒性，即城市遇到灾害时仍然能维持最基本的系统稳定，加强鲁棒性可以减轻由灾害导致的城市在经济、社会、人员、物质等多方面的损失；二是可恢复性，即灾后快速恢复的能力，城市能在灾后较短的时间内恢复到一定的功能水平；三是冗余性，即城市中关键的功能设施应具有一定的备用模块，当灾害突然发生造成部分设施功能受损时，整个系统仍能发挥一定水平的功能，而不至于彻底瘫痪；四是智慧性，即城市具有基本的救灾资源储备及能够合理调配资源的能力，能够在有限的资源下，优化决策，最大化资源效益；五是适应性，即城市能够从过往的灾害事故中学习，提升对灾害的适应能力。总体而言，韧性城市的特征就是增加和增强城市在应对灾害时的应对和自修复能力，其中城市从规划设计到建设运维的全过程科学合理及不确定性的预测应对是关键科学问题。国家自然科学基金委员会曾经就这一主题专门举办过"双清论坛"，编者参加了这一论坛并作了讨论性发言。

2020年10月，中国共产党第十九届中央委员会第五次全体会议审议通过了《中共中央关于制定国民经济和社会发展第十四个五年规划和二〇三五年远景目标的建议》(简称《建议》)，首次提出建设"韧性城市"。该《建议》指出，要推进以人为核心的新型城镇化，强化历史文化保护、塑造城市风貌，加强城镇老旧小区改造和社区建设，增强城市防洪排涝能力，建设海绵城市、韧性城市。坚持科技与管理创新，加强风险防控，提高城市安全治理水平。[7] 本教材强调中国传统的"因势利导"和"以柔克刚"原理，以及自然梯度、气候热工分区、环境适应性、需求适应性和尺度适配等绿色城市设计策略均与韧性城市直接相关。

3. 碳中和

目前学术界的主流认识大致为：碳中和是指人为排放量（化石燃料利用和土地利用）被人为作用（木材蓄积量、土壤有机碳、工程封存等）和自然过程（海洋吸收、碳埋藏、碱性土壤固碳等）所吸收，即净零排放。亦即：人类活动产生的二氧化碳数量，与因为人类活动和自然过程而减少的二氧化碳数量相互抵消。根据英国能源和气候信息机构（ECIU）统计，截至目前全球已有137个国家建立了"碳中和"目标，其中10多个国家已立法颁布或完成了相关立法提案，其余国家也在尽快完成相关减碳政策或法律框架的制定。丁仲礼院士在《中国"碳中和"框架路线图研究》的专题报告中指出，低碳转型需要在能源结构、能源消费、人为固碳"三端发力"，绝不可能只依靠政府财政补贴得以满足，必须坚持市场导向，鼓励竞争，稳步推进。应该选择合适的技术手段实现"减碳、固碳"，逐步达到碳中和。城市和建筑恰是体量巨大的能源消费端的主要构成部分。

主流观点认为，碳达峰和碳中和的实现取决于很多方面的变革努力。碳中和不仅是能源变革，还涉及经济结构的变革、生产技术的变革，以及生活方式的变革。从碳达峰到碳中和，预计世界平均43年，而减排、替代、回收和捕捉的过程，将在中国未来的30年内更加剧烈地进行。

4. 生态城市

生态城市，也称为生态城，是一种趋向尽可能降低对于能源、水或是食物等必需品的需求量，也尽可能降低废热、二氧化碳、甲烷（CH_4）与废水排放的城市。也可以认为，生态城市就是按照生态学原理建设起来的城市和人居环境。

"生态城市"这一概念是在20世纪70年代联合国教科文组织发起的"人与生物圈计划（Manand Biosphere Programme，MAB）"的研究过程中提出的，一经出现，立刻就受到了全球的广泛关注。1975年，理查德·瑞杰斯特（Richard Register）等人成立了"城市生态"组织，这是一个以"重建城市与自然的平衡"为宗旨的非营利性组织。该组织在美国伯克利参与了一系列生态建设活动，造成了一定的国际性影响。同期，国际上城市生态的研究得到蓬勃发展，生态城市的内涵不断得到丰富。1987年，苏联城市生态学家亚尼科斯基（O.Yanitsky）阐述了生态城市的设想，[8] 但是，关于生态城市的科学概念至今仍没有达成共识。2009年，在"2009城市发展和规划国际会议论坛"的主题报告中提出了"低碳生态城市"的复合概念。[9]

环境的生态化表现为：发展以保护自然为基础，与环境的承载能力相协调；自然环境及其演进过程得到最大限度地保护，合理利用一切自然资源和保护生命支持系统，开发建设活动始终保持在环境的承载能力之内。

20 世纪 60 年代逐渐兴起的环境保护运动、环境低冲击力的城市开发建设，以及后来的绿色城市设计，都将生态城市作为主要的工作目标和远期愿景。通常，绿色的概念比狭义的生态概念内涵要更广一些，包括中国新发展理念中的绿色发展、中国建筑设计方针中的"实用、经济、绿色、美观"、党的二十大报告提到的绿色低碳发展等。绿色常常涵盖社会、生活、文化的价值观系统和可持续发展。生态虽然从广义理解也可包括社会—经济—自然的人工复合生态系统，也蕴含了社会、经济、自然协调发展和整体生态化，但通常的生态理解主要还是与实存的自然环境相关，对气候变化应对、量化约束碳排要求，以及对包含社会、历史、文化和生活方式的城市更新和旧建筑改造再生等生态城市关注较少。城市是一个复杂的巨系统，规划建设低碳生态城市，必须采用系统的科学思想，系统研究问题，制定规划和计划，推进实施。特别要把握阶段性和长远性，处理好整体和局部、大系统和小系统的关系，统筹制定总体战略和实施策略。[10]

在中国语境中，生态城市还与绿色建筑直接相关，甚至直接落位到绿色建筑数量百分比上。百度百科介绍，生态城的重要标志就是 100% 的建筑都应该达到绿色建筑的标准，中国计划要建 50 个生态城市，远期更多，它们作为绿色建筑的摇篮和基地将会发挥巨大的地区性示范作用，从质和量上保证绿色建筑整体实现飞跃性发展。近年来，国家先后有一些城市和城市片区开展了生态城市的试点建设，例如天津中新生态城，位于新疆吐鲁番、广东东莞、河北曹妃甸等的国际生态城，北京门头沟的中芬生态谷及昆明呈贡新城等。但实际效果还未达到预期的效果，绿色建筑的评价标准也在不断与时俱进，现在又加上了碳排约束的刚性要求，故生态城市建设还任重道远。

5. 城市双修

"城市双修"特指"生态修复"和"城市修补"，是二者的总称。住房和城乡建设部为治理"城市病"、改善人居环境、转变城市发展方式，增强城市可持续发展韧性，提高人居环境宜居品质，从 2015 年海南三亚试点开始，在全国 22 个省市先后设立了三批共 59 个试点城市（2019 年）。2015 年 12 月，中央城市工作会议强调要加强城市设计工作，提倡城市修补，并提出要大力开展生态修复，让城市再现绿水青山。2017 年 3 月 12 日，住房和城乡建设部专门印发《关于加强生态修复城市修补工作的指导意见》建规〔2017〕59 号。[11]

生态修复与城市修补在语境上有所区别，但总的目标都是让我们的城市生活在与自然和谐共生的前提下更加美好、更加永续。如果把城市看作是一个生命有机体，它就会经历从萌芽、成长、成熟到壮大或衰退的新陈代谢过程。与一般自然界完全依靠遗传进化的有机体不同，城市可以通过自身"学习"设计出自身的生长方式和进化路径，同时还可增加外部"负熵"输入来维系活力，医治或重或轻的"城市病"，激活城市代谢并使其"延年益寿"。[12]

"城市双修"与绿色城市设计、生态城市和可持续发展等密切相关，是近些年在中国城镇化发展新阶段，政府推进城市更新行动的具体行动纲领。

1.3 全球气候变化引发的「双碳」背景

关于碳达峰、碳中和，联合国提出，所有国家对气候都应承担共同但有差别的责任。2022年8月，联合国大会通过了一项关于环境健康的决议：享有清洁、健康和可持续的环境是一项基本的人权。安东尼奥·古特雷斯（António Guterres）强调世界各国需共同应对气候变化、生物多样性丧失和污染三重全球危机。

"双碳"目标的提出主要针对的是全球温室气体排放，以及《巴黎协定》中各国所达成共识的2100年全球气温升幅控制在1.5~2℃，是一个有具体量化要求的碳达峰和碳中和分时段的双重碳排约束。比起泛泛地讲"生态城市""绿色发展"和"城市可持续发展"及城市韧性等，"双碳"目标有着明显的定义差异。

二氧化碳自排出起，在大气中会存在几百年。自工业化进程开始到现在，欧美工业化进程排放的二氧化碳在大气中累积性贡献了65%~70%。气候变化关系着世界各国的社会经济发展和能源发展战略，是深刻影响人类生存和发展的重大国际问题。碳减排和"碳关税"成为发展中国家经济发展的国际压力和低碳壁垒。中国目前碳排放发展很快，如果不以"双碳"目标来约束，则再过30多年，中国就不适用于"共同但有差别的责任"了。[13]

从较长的历史时段看，自然气候变化和人类生存条件一直是变化的。例如在中国，历史上南方主要是洪涝灾害等，北方则受寒冷和干旱影响更大。有史实表明，一旦这种危及人类生存的自然条件达到一定的临界点，南北方的对抗便不可避免。气候变迁甚至还影响着国家能否长久国泰民安。地理决定论虽有一定的局限性，但地理和气候确实极为重要，并在一定程度上影响了世界发展进程。

以前人们强调建筑节能方面的"四节一环保"和建筑的"减量化、再使用和再循环"的3R（Reduce, Reuse, Recycle）理念，现在又要开始回应更加明确的应对全球气候变化的"碳达峰"，以及远期更加具有决定性意义的"碳中和"要求，这就使得绿色城市设计成为今后国内外围绕"双碳"目标的城市建设倒逼转型的必由之路之一。根据"双碳"目标和各国的碳排达标倒计时，需要重新评估和完善先前国内外的重要的生态城市建设案例，例如瑞典的哈默比新城、中国的中新天津生态城及一系列按照被动式与低能耗（Passive & Low Energy）思想完成的城镇规划和建筑设计。

1.4 绿色城市设计的概念缘起和发展梗概

人类生存和发展主要依靠将太阳能转化为植物能量的光合作用。人类依靠这种能量转化来生存，且依靠更多能量流动来发展文明。

城市选址与自然气候、地形地貌、环境禀赋及决定城市所属区域的生态足迹密切相关。在古往今来的城市发展历史上，城市选址和规划建设一般都要审慎考虑土地、气候、水文和植被等自然要素。古罗马马尔库斯·维特鲁威（Marcus Vitruvius）在其著作《建筑十书》中指出，要将"选择最有益于健康的土地"认定为城市建设的首要原则。理想城市应选址在无雾无霜的高地，面朝不冷不热的温和区域，还应避免靠近沼泽，避免有毒气息与雾霭混合成的气流对居民身体造成的伤害。文艺复兴时期的阿尔伯蒂继承了古罗马城市建筑建设理论中的健康原则，将适应自然环境作为建设城市和保障居民健康的核心策略。莱昂·巴蒂斯塔·阿尔伯蒂（Leon Battista Alberti）所著的《建筑十书》赞扬了古人基于健康的城市选址措施，着重论述了气候对健康的影响及在城市选址中的关键作用。中国西汉晁错在向帝王上书"徙民实边"时，提出在边陲建设新邑时，要"相其阴阳之和，尝其水泉之味，审其土地之宜，观其草木之饶"，然后"营邑立城"。

历史上城市的发展壮大主要依托自然环境，人地和谐，互惠互利，自然共生。在前工业时期，城市发展壮大主要依据的是绿色城市设计，当时的城市生存是无法摆脱自然环境和生态足迹约束的。据《能量与文明》一书介绍，在化石能源使用之前，直到 1800 年，全球只有 50 个城市拥有 10 万以上的人口；即使在欧洲，城市人口也不超过 10%。传统社会只能支持少数大城市，因为要保证他们的能量供应，至少需要 50 倍、通常都是 100 倍于这些城市面积的耕地和林地。[14] 即使到了今天，改变仍然十分有限。1999 年联合国人居中心编著出版的《城市化的世界：全球人类住区报告》一书依据威廉姆·瑞斯（William E.Rees）的"生态足迹"概念指出：一个城市对其所属区域周边生态体系的环境影响主要取决于该城市对可再生资源的集中需求。而维持一个城市发展所需的全部土地的面积，至少是该城市市域面积或者建成区面积的 10 倍甚至更多。

在绿色城市设计的历史演进中，城市设计对如何科学面对自然环境和生态要素有着不少共识和规划设计策略及原则。中国式现代化很重要的一点是基于中华生态智慧。中国的儒释道都强调"天人合一""用之有度"和"道法自然"等具有鲜明中华文明特征的主张。在城乡人居环境营建方面，中国传统的营城智慧独树一帜。例如《管子·乘马》中有："凡立国都，非于大山之下，必于广川之上，高毋近旱而水用足，下毋近水而沟防省。因天材，就地利。故城郭不必中规矩，道路不必中准绳。"亦即城市建设选址要因地制宜，地势要高低适度，水源要满足生活和城壕用水，同时又不能有洪涝之患。又如，北京城市选址就充分考虑了长城拱卫、燕山屏障、运河通达，以及西山和永定河水系、京畿腹地等要素。伍子胥（公元前559年—前484年）受管子影响，提出"相土尝水、象法天地"的城市设计理念，构筑了周长23.5 km的大城和周长5 km的内城姑苏古城。伍子胥对水利建设也作出了巨大贡献。"胥溪""胥浦"的开掘和疏通，既避免了吴中地区的水患，又便利了当地的漕运和灌溉，使苏州成为历久不衰的历史文化名城。"七溪流水皆通海，十里青山半入城"的常熟、拥有三重城壕的常州春秋"淹城"亦是中国古代绿色城市设计的优秀范例。

历史上，中外大量城镇因地制宜建造起理想城镇家园，依据的就是因地制宜、人地和谐的绿色城市设计。分析总结历史城市设计和规划建设的经验，关键词大致有：因地制宜、因时制宜、量入为出、随类赋形、顺势而为等。

现代的绿色城市设计思想雏形可溯源自19世纪生物学的崛起。随着19世纪下半叶欧美城市的急剧扩张，城市规模越来越大，科技形成了对自然、文化和历史碾压式的发展态势。这使得原本处在"自然中的城市"逐渐走向要在城市中建设生态绿地和游憩公园，也即"城市中的自然"。[4]19世纪末由英国埃比尼泽·霍华德（Ebenezer Howard）提出、并在20世纪初开始实践的"田园城市"，第二次世界大战后的"大伦敦规划""有机城市"，美国早年的"公园运动"，以及波士顿的"翡翠项链"滨水公园绿带等，均体现了自然系统规划优先于人工系统建设的专业实践成果。这些都是为应对工业革命后城市规模急剧扩张而在绿色城市（规划）设计方面的积极探索。

人类社会发展长期以来一直以人类自身环境改善为目的，忽视甚至破坏自然环境的健康演进，且愈演愈烈。20世纪60年代初，生态环境破坏引发了有识之士的关注。蕾切尔·卡逊（Rachel Carson）在1962年出版的《寂静的春天》中，预言人们滥用农药会导致环境污染和生态链的破坏；罗马俱乐部（The Club of Rome）1972年发表《增长的极限》，敲响了人类社会以自我为中心、一路高歌猛进发展的警钟。资源与环境，人类生产、生活活动与生物多样性的关系，以及其对自然演进的负面影响得到持续关切，环境保护运动由此发轫。"人类只有一个地球"的概念引发了全球政治家、社会活动家和严谨学者的思考。

国际上一些知名学者对城市生态特点的关注及其相关论著，以及城市设计相关学科的发展也对绿色城市设计起了重要的推动作用。例如伊安·麦克哈格（Ian McHarg）的《设计结合自然》（*Design with Nature*，1969年），C.A. 道萨迪亚斯（Constantinos Apostolos Doxiadis）的《生态学与人类聚居学》（*Ecology and Ekistics*，1975年），约翰·奥姆斯比·西蒙兹（John Ormsbee Simonds）的《大地景观》（*Earthscape*，1978年）和迈克尔·荷夫（Michael Hough）的《城市与自然过程》（*Cities and Natural Process*，1995年）等。杨经文（Kenneth King Mun YEANG）、查尔斯·柯里亚（Charles Correa）、诺曼·福斯特（Norman Foster）、托马斯·赫尔佐格（Thomas Herzog）等建筑师则在绿色建筑实践方面进行了成功的探索。

在众多学者中，影响最大的应数麦克哈格。他在《设计结合自然》一书中，提出了生态学原理运用于城市设计的两个基本原则：一是生态系统可以承受人类活动所带来的压力，但这种承受力是有限度的，因此人类应与大自然合作；二是某些生态环境对人类活动特别敏感，因而会影响整个生态系统的安危。麦克哈格认为城市空间的创造必须"自然地"利用自然环境，将对自然环境的不利影响减小到最低限度，并为此提出了一系列具体的设计原则与方法。

1963年，维克多·奥戈雅（V. Olgyay）提出"生物气候地方主义"的主张。1984年，荷夫在其所著的《城市形态及其自然过程》一书中指出，城市的环境观是城市设计的一项基本要素。文艺复兴以来，除一些例外，城镇规划设计所表达的环境观大多与乌托邦理想有关，而不是与作为城市形态的决定者——自然过程相关。[15]

1987年，亚尼科斯基提出了完整的"生态城"设想，它包含自然—地理层、社会—功能层和文化—意识层三个层次，以及基础研究、应用研究与发展、规划设计、建设实施和城市有机组织结构的形成等五个层次，表达了生态城市所追求的城市与环境、城市环境与人类意识共同进化的思想。

1996年，30位来自欧洲11个国家的著名建筑师共同签署了《在建筑和城市规划中应用太阳能的欧洲宪章》，为城市规划师和建筑师指明了在未来人类社会发展和建设工作中应具有的社会责任和价值标准。

2006年，约瑟夫·拉菲克·贾巴伦（Yosef Rafeq Jabareen）在《可持续城市形态》（*Sustainable Urban Forms*）一文中提出了可持续城市形态的方法、模型和概念，确定了与可持续城市形态相关的设计概念：密度、多样性、土地混合利用、紧凑性、可持续交通、被动式太阳能设计和绿化—生态设计。此外，该文还确定了四种类型的可持续城市形态：新传统发展、城市遏制、紧凑型城市和生态城市，并在最后提出了可持续城市形态矩阵，以帮助规划者评估不同城市形态对可持续性的贡献（表1-1）。

可持续城市形态矩阵：评估城市形态的可持续性[16] 表1-1

设计概念（标准）	新传统主义发展	紧凑型城市	容纳式城市发展	生态城市
密度	1. 低 2. **中** 3. 高	1. 低 2. 中 3. **高**	1. 低 2. **中** 3. 高	1. 低 2. **中** 3. 高
多样性	1. 低 2. 中 3. **高**	1. 低 2. 中 3. **高**	1. 低 2. **中** 3. 高	1. 低 2. **中** 3. 高
土地混合利用	1. 低 2. 中 3. **高**	1. 低 2. 中 3. **高**	1. 低 2. **中** 3. 高	1. 低 2. **中** 3. 高
紧凑性	1. 低 2. 中 3. **高**	1. 低 2. 中 3. **高**	1. 低 2. 中 3. **高**	1. **低** 2. 中 3. 高
可持续交通	1. 低 2. **中** 3. 高	1. 低 2. 中 3. **高**	1. 低 2. **中** 3. 高	1. 低 2. 中 3. **高**
被动式太阳能设计	1. **低** 2. 中 3. 高	1. 低 2. **中** 3. 高	1. **低** 2. 中 3. 高	1. 低 2. 中 3. **高**
绿色—生态设计	1. 低 2. **中** 3. 高	1. **低** 2. 中 3. 高	1. **低** 2. 中 3. 高	1. 低 2. 中 3. **高**
总分	15 分	17 分	12 分	16 分

注：城市形态的得分以**粗体**突出显示。

（表格来源：JABAREEN Y R. Sustainable Urban Forms[J]. Journal of Planning Education and Research，2006，26（1）：38-52.）

2020 年，托马斯·施罗普夫（Thomas Schroepfer）在《密集 + 绿色城市：作为城市生态系统的建筑》一书中指出，建筑中的绿色空间也可视为城市蓝绿空间的一部分。该书从概念、规划、设计、技术和体验等方面探索了建筑与城市作为生态系统的相互作用，并提出了几个问题："绿色建筑"以何种方式对其周围的生态环境作出贡献？生态设计的城市区域及其绿色和蓝色网络如何与建筑设计的元素和技术相联系？作者从"绿色建筑"的所有层面入手调查，以便努力理解和评估亚洲、美洲和欧洲一些最新的和创新的"密集 + 绿色城市"。

对绿色城市设计工程性的广泛关注开始于 20 世纪 70 年代。在全球可持续发展的共识推动下，城市设计突破了原先主要与建筑学、城市规划相关的有限领域，开始与风景园林学和生态学结合，并产生了诸如"景观都市主义"改造建设城市的探索性新观念，生态原则被确立为城市设计的重要基准。

例如，1967 年新加坡针对自然资源比较匮乏的国情，提出通过公园连接网络与林荫大道等开放空间联系成一体的"花园城市"规划概念，实施后达成了一定程度的经济发展与生态保护的平衡。21 世纪，新加坡进一步提出"公园中的城市"，更加强调城市生态的可持续性，以及公园绿地系统与森林系统和水域系统的整合。2013 年新加坡加入世界"亲生物城市"行列。2021 年 2 月新加坡又发布了《新加坡绿色规划 2030》，该规划由自然之城、能源重置、绿色经济、韧性未来和可持续生活等五大支柱组成。

又如，瑞典哈默比新城是斯德哥尔摩市以申办 2004 年奥运会为契机、精心打造的世界著名的绿色低碳规划设计和建造运维的范例。该项目规模约为 1.45 km²，在多专业和多学科的专家群体支撑下，其综合使用了土地利用、交通、建筑材料、能源消耗、给水排水、垃圾回收等多方面的低碳技术，建立起一个独立的可持续发展能源供应系统。该项目对全世界绿色社区发展发挥了重要引领作用。

中国与新加坡合作，也在天津滨海新区实施了中新天津生态城项目。该项目基于资源环境约束的前提，贯彻了循环经济理念，综合采用了可再生能源利用、水资源高效利用、垃圾回收、低碳出行和绿色建筑等技术。2018 年，中新天津生态城曾被推选为"2018 中国最具幸福感生态城"。但是，该项目规划人口 35 万人，用地 31 km²，整体规模偏大，实施周期和效果受经济波动影响较大。

1993 年 4 月，中国海南省海口市人民政府举行国际城市设计竞赛和研讨会。会议以"热带滨海城市的塑造"为主题，系统探讨了热带滨海环境气候适应性城市设计问题。与会学者包括柯里亚、刘太格（Liu Thai Ker）、韦湘民（Brahm Wiesman）、杨经文等。会议用中文、英文两种文字发表了会议宣言和指导海口未来城市设计的 14 条原则（编者为主要执笔者之一），其中宣言主要内容和大部分原则都与绿色城市设计相关。[17]

1997 年，王建国在《建筑学报》上发表了题为《生态原则与绿色城市设计》[18] 的论文，在国内率先提出未来的城市设计必须贯彻"整体优先、生态优先"的准则，城市设计需要具有城市可持续发展的全局视野，将"能不能做""可不可以做""值不值得做"和"应不应该做"作为今天评判城市设计项目新的基本价值准绳。

21 世纪以来，全球气候变暖，海平面上升，"黑天鹅"致灾性"城市病"频发。这时，与局地微气候、能源利用、生态平衡等相关的绿色城市设计研究开始向纵深进展。

2013 年 12 月中央城镇化工作会议上，第一次提出城镇发展建设应该要"望得见山、看得见水，记得住乡愁"，其真实指向的是城市设计工作在城市规划和城市建设中的缺位问题。2015 年 12 月中央城市工作会议明确要求要推进、加强、全面开展城市设计工作，契合了中国城镇化转型发展的时代要求。此后，"公园城市"等学术主张更加具体地直指绿色城市设计。河北省雄安新区和北京城市副中心规划建设均提出了蓝绿交织、清新明亮、水城交融的建设愿景。

如前所述，城市设计早前已经存在绿色城市设计的基本理念和概念内涵，但在践行"双碳"目标的今天又进一步获得了来自政府和社会推动的转型动能，特别是需要承担建筑类学科在全球应对气候变化和践行中国"双碳"目标中应有的社会责任，这是先前从未关注过的。美国城市设计学者乔纳森·巴奈特（Jonathan Barnett）指出，"就传统而言，城市设计师会在工作中假设自然环境是稳定的，通过工程来理解并控制自然力。而今人们发现城市发展的总趋势是不可持续的，不仅是由于加速城市化和非集权化造成的浪费，而且在于气候也变得非常动态"。[19] 如果说，绿色城市设计最初还仅仅是一种理念和专业价值讨论，那么今天的绿色城市设计却已经是真刀真枪地应对气候变化挑战的实际问题了。当今在城市设计专业实践中，可以看到越来越多地运用 Ansys Fluent、CFX、Envi-met 等软件进行城市微气候的分析及热岛评估。科技的进步提升了城市设计在绿色生态和环境可持续发展方面的合理性，也给第一代和第二代城市设计范型增加了新的"真"和"善"的内涵。

碳达峰和碳中和目标实现的具体技术路线还在进一步研究中。现在各行各业都在为达成碳中和目标而努力：能源方面有能源转型（煤制烯烃清洁化、CCUS）、能源替代（钙钛矿光伏替代晶硅发电）、能源新生（海水制氢、二氧化碳加氢制汽油、液态电池）、分布式局域电网等；市政交通方面有无人驾驶、综合管廊、公交出行、步行优先等；数字信息方面有 BIM、CIM、GIS、智能建造、运维管理等；其他包括"双碳"政策机制、碳交易、市场化等。

在"双碳"目标实现的技术路径方面，比尔·盖茨（Bill Gates）牵头成立的"突破能源基金会"（Breakthrough Energy Ventures，BEV）、诺贝尔奖获得者朱棣文、中国科学院院士丁仲礼等都有不同的思路和观点，世界各国也都在持续探索中。碳达峰和碳中和取决于很多方面的变革努力。碳中和不仅是简单的清洁能源取代化石能源的能源变革，还涉及经济结构的变革、生产技术的变革，以及生活方式的变革。党的二十大报告指出，"推动经济社会发展绿色化、低碳化是实现高质量发展的关键环节"。在建筑领域，建筑"双碳"目标的实现及其相关研究实践工作由"2030 碳达峰"和"2060 碳中和"两个时间节点约束而成，并形成由"绿色、节能、环保"和"低碳、近零碳、零碳"相互交织、动态耦合的多途径减碳递进与碳中和递归的建筑科学迭代进阶。

自然生态系统可以承受一定的人类活动和社会发展需求，但是这种承受能力是有限的。今天的"双碳"目标、"公园城市"、"山水林田湖草沙"的资源整合和多规融合都是关于城市生态文明建设发展底线的基本要求。如何使我们的规划建设具有环境伦理的善意，科学研判城市发展可持续发展的生态底线及建设干预的适建性是关键。此时，就像本教材诸多案例所分析的那样，绿色城市设计就成为重要的专业支撑和实际抓手。

1.5 教材编写的宗旨、目的和主要内容

绿色城市设计 20 多年前就已在中国提出（王建国，1997），并已经有多年的研究和实践积累，且成果在世界上位居前列。但以往的绿色城市设计研究主要是包括与可持续发展理念相关、自然系统和人工系统耦合、定性为主的生态优先的城市设计指引、自然生态要素的计量分析和初步的数字化内

容，而今天的绿色城市设计受到了来自"碳达峰碳中和"的量化递归目标，以及数字化、智能化快速发展的双重影响，故而作为面向未来"新兴领域"的教材规划和编写恰逢其时。本教材的编写旨在填补建筑类学科在绿色城市设计知识方面的空白，直接面向服务国家"双碳"目标与碳中和相关人才培养的社会需求。

城市是"双碳"目标达成的主战场，城市减碳具有决定性的意义。中国城市通常是指市域范围，其中包含了农村、山、水、林、田、草及沙等，可以在城市行政统一的调配和协同下获得可再生能源和碳汇基地的合理配置与布局，而绿色城市设计可在其中发挥独特的作用。本教材编写顺应了国土空间资源和城乡规划整合发展的最新趋势。

绿色城市设计与城市可持续发展和"双碳"目标的达成直接相关，而"双碳"目标中的碳达峰量纲设置、行业差别、能源产业发展方向选择、碳中和的城市最终场景等仍然存在很大的不确定性，但人才培养、相关技术人员和管理人员的业务培训都亟需建筑碳中和系列教材的尽快问世。因此我们能够做的就是，尽可能分析参考并综合当前主流科学界的共识，或者说是"当前科学理解"，同时依托编者团队几十年在城市设计领域的科学研究、教学经验和工程实践的系统成果积累。

本教材的主要内容包括以下几个部分：

（1）绿色城市设计概念、内涵特征、基本学理、原则及方法，其中包括整体关联、系统层级、自然梯度、技术适宜性、需求适应性等原理内容等；

（2）绿色城市设计的历史演进，主要包括了前工业时代、工业时代、后工业时代的发展演变；

（3）基于典型环境要素的绿色城市设计；

（4）针对不同气候条件（包含了湿热、干热、温和及严寒等典型气候区）的绿色城市设计策略及技术要点；

（5）不同规模尺度的绿色城市设计，其中包括区域—城市、片区和街区三个尺度层级的绿色城市设计策略及技术要点；

（6）绿色城市设计的数字化技术方法；

（7）绿色城市设计运维管理与相关案例解析。

本教材既包括了城市新区和开发建设如何运用绿色低碳原理开展城市设计的内容，也部分包括了在城市建成区内的城市更新、保护改造和开发利用的城市设计内容。因此，本教材可以作为指导当下在建筑群、街区、片区乃至城市开展的、基于"降碳、减污、扩绿、增长"方针的绿色城市设计的知识体系学习和实践参考。

需要特别说明的是，本教材强调了建筑碳中和系列教材丛书在理论、知识体系、技术方法讲授基础上的案例讲授和实践应用的一致性和整体性，突出了教育部最新颁布的新兴学科专业教材所需要的"高阶性、创新性、挑战性"。教材以"产学共识""科教融合""产教融合""数字赋能"为特色，注重创新和实践，而不是简单设题应试。本教材不刻意追求绿色城市设计专业理论和知识体系的完整无缺，而是力图将学科发展前沿、国内外优秀实践案例，特别是中国的绿色城市设计优秀实践，尽可能收纳并进行深入剖析和解读，并按此建设教材的"核心范例课"，包括视频课和虚拟仿真实验课等，以便让同学们积极参与绿色城市设计相关的探索性科学实践项目，以及参与本教材撰写的核心教授及团队在国内具备的科学研究和工程实践平台。

1.6 关于本教材的使用

本教材使用的主要目标人群是全日制建筑类本科高年级学生和硕士研究生，可以作为一门课程整体讲授，也可以作为城市设计必修课程的教辅读物和建筑碳中和内容相关课程的教学参考书。

先修课程：建筑设计、城市设计概论、城市规划设计和风景园林设计等相关课程。

教材使用方式：先讲述"双碳"背景下城市设计增加绿色低碳维度的重要性和必要性，然后再讲解相关概念和这些概念之间的相关性和语义联系。

教学方式：课堂讲授（包括核心示范课）、VR 视频和多媒体、案例解析。

建议授课课时：32 学时。

在数字化快速发展、持续迭代进步的今天，绿色城市设计的技术方法和实践路径发生了显著的变化，获得了新的认知升级和技术方法进阶可能——全尺度、全时段、天地空一体化、多源异构数据信息的交叉验证。绿色城市设计与城市设计数字化转型两者密切相关。绿色城市设计中生态维度的研究分析和优先理念离不开数字化技术的支撑，大数据"可视化"中有很多关于城市物理环境和生态指标方面的内容。"数字化"赋能后，绿色城市设计获得了学理知识和科技方法方面的双重进步，在多源自然要素信息的集取、分析、治理、交叉验证和集成应用方面也拥有了颗粒度更为精细和应用场景更为精准的实用性。为此，本教材与时俱进，设置了专门的数字化技术的篇章，以供教学参考使用。

参考文献

[1] CHEN J, MONTAÑEZ I P, ZHANG S, et al. Marine Anoxia Linked to Abrupt Global Warming during Earth's Penultimate Icehouse[J].Proceedings of the National Academy of Sciences，2022，119（19）：e2115231119.

[2] ZHENG S, HUANG Y, SUN Y. Effects of Urban Form on Carbon Emissions in China：

Implications for Low-carbon Urban Planning[J]. Land, 2022, 11（8）：1343.

［3］ 王建国. 中国建筑"双碳"路径的科学问题与研究建议 [J]. 中国科学基金,2023,37（3）：353-359.

［4］ 王建国. 从理性规划的视角看城市设计发展的四代范型 [J]. 城市规划, 2018, 42（1）：9-19+73.

［5］ 中国城市建设可持续发展战略研究项目组. 中国城市建设可持续发展战略研究 [M]. 北京：中国建筑工业出版社, 2020.

［6］ 陶希东. 中国韧性城市建设：内涵特征、短板问题与规划策略 [J]. 城市规划, 2022, 46（12）：28-34+66.

［7］ 袁宏永. 提高治理水平 加强风险防控 建设韧性城市 [EB]. 中国安全生产网, 2020-11-26.

［8］ 黄肇义，杨东援. 国内外生态城市理论研究综述 [J]. 城市规划, 2001（1）：59-66.

［9］ 沈清基，安超，刘昌寿. 低碳生态城市的内涵、特征及规划建设的基本原理探讨 [J]. 城市规划学刊, 2010（5）：48-57.

［10］ 仇保兴. 我国低碳生态城市建设的形势与任务 [J]. 城市规划, 2012, 36（12）：9-18.

［11］ 中华人民共和国住房和城乡建设部. 住房城乡建设部关于加强生态修复城市修补工作的指导意见：建规〔2017〕59 号 [EB]. 住房和城乡建设部官方网站, 2017-03-06.

［12］ 迈克斯·泰格马克. 生命 3.0[M]. 汪婕舒，译. 杭州：浙江教育出版社, 2018：31-35.

［13］ 仇保兴. 城市碳中和与绿色建筑 [J]. 城市发展研究, 2021, 28（7）：1-8+49.

［14］ 瓦茨拉夫·斯米尔. 能量与文明 [M]. 吴玲玲，李竹，译. 北京：九州出版社, 2021.

［15］ HOUGH M. City Form and Natural Process[M]. New York：Van Nostrand Reinhold Campany Inc., 1984：5-12.

［16］ JABAREEN Y R. Sustainable Urban Forms[J]. Journal of Planning Education and Research, 2006, 26（1）：38-52.

［17］ 韦湘民，罗小未. 椰风海韵：热带滨海城市设计 [M]. 北京：中国建筑工业出版社, 1994.

［18］ 王建国. 生态原则与绿色城市设计 [J]. 建筑学报, 1997（7）：8-12+66-67.

［19］ BARNETT J. 城市设计：现代主义、传统、绿色和系统的观点 [M]. 刘晨，黄彩萍，译. 北京：电子工业出版社, 2014.

第 2 章

绿色城市设计的内涵特征与基本原理

【本章导读】

· 本章主要针对绿色城市设计的内涵、特征及基本原理等内容加以分析、归纳与总结。

· 在绿色城市设计的内涵特征部分，从利用自然资源、节约能源、控制污染及舒适健康等方面进行了系统分析、概括与凝练，并从整体性、高效性、多样性和人性化等方面整体呈现了其基本特征。

· 在基本原理部分，从整体关联、系统层级、自然梯度、技术适宜性和需求适宜性等视角，全面揭示了绿色城市设计所应遵循的内在原理，有助于人们理解绿色城市设计的运行规律，并为后续绿色城市设计生态策略的展开提供了理论架构。

绿色城市设计把城市看作一个与自然系统共生的生命有机体，关注城市的可持续性和韧性，与"双碳"目标的达成直接相关。绿色城市设计的核心策略是系统梳理城市活动中的碳流动特点和机制，将整体优先、生态优先和环境承载力原则前置，减缓气候变暖，建设气候友好型城市系统。城市形式追随自然规则、生态环境承载力确定城市规模等，应像"形式追随功能"一样成为城市设计的重要原则。为此，需深入理解城市绿色低碳的内涵与本质，遵循绿色城市设计的基本原则，以数字技术为支撑，通过更精确、更实用及更通用的评价标准，把握与城市生态相关的多源异构大数据信息，推进城市设计领域自身的深化和拓展进程。绿色城市设计主要根据城市规划建设具体案例的不同规模层次，运用综合性的、切合地域特点和社会经济发展条件的技术和方法，解决基于自然系统和人工系统共生协调的城市建设发展模式问题，努力创造一个阶段性科学合理、体现对长远利益和整体利益"终极关怀"的良好城市环境（图2-1）。[1]

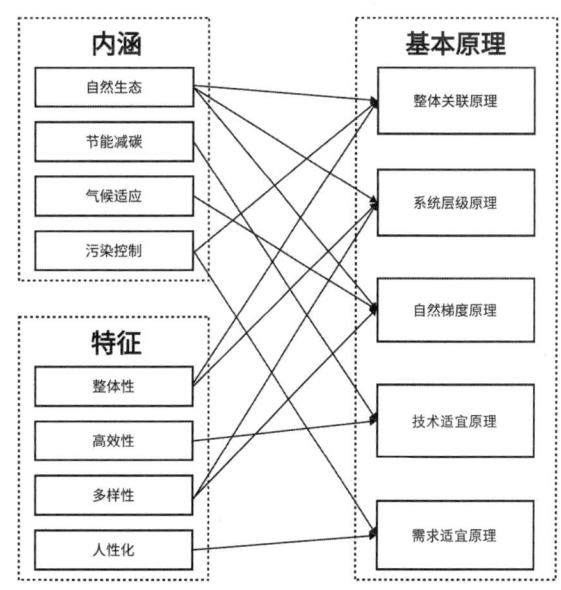

图 2-1 绿色城市设计的内涵特征与基本原理框架图

在国家实施"双碳"目标的今天，绿色城市设计的基本理念和概念内涵获得了来自政府和社会推动的支持。绿色城市设计最初仅仅是一种理念和专业价值讨论，而现今的绿色城市设计已经是直接应对气候变化挑战的实际问题了。科技的进步提升了城市设计在绿色生态和环境可持续发展方面的合理性，也给第一代和第二代城市设计范型增加了新的"真"和"善"的内涵。[1]当下，作为绿色城市设计的核心和基础，其内涵特征必须反映城市"生态文明建设"的思想，体现减碳增汇的发展转型诉求，并且随着社会、经济和技术的发展亦会不断完善。

2.1.1　绿色城市设计的内涵

对绿色城市设计进行探索，主要是为了寻求更合理的生活方式和能源利用模式，利用天然环境要素与人工手段创造良好的、富有生机的城镇建筑环境，同时又要控制和减少人类对自然资源的使用，减少能耗、保护环境、尊重自然，实现向自然索取与回馈自然之间的平衡。

1. 自然生态

绿色城市设计需要具有城市可持续发展的全局视野，将"能不能做""可不可以做""值不值得做""应不应该做"作为今天评判城市设计项目新的基本价值准绳。城市设计并非只是寻求一种形态和空间的视觉秩序，在某种意义上，其寻求的是一种包含人及人赖以生存的社会和自然在内的、以舒适性为特征的多样化空间，是一种建立在人类与自然共生基础上的多目标综合环境设计。[1]在古往今来的城市发展历史上，城市选址和规划建设一般都要审慎考虑土地、气候、水文和植被等自然要素。古今中外大量城镇因地制宜地建造起理想城镇家园，并部分保存了农业村庄最初的一些聚落原型，其所对应的就是城市作为有机秩序的载体。通过把握和运用以往城市建设中所遵循的自然生态的特点和规律，贯彻整体优先和生态优先准则，创造一个人工环境与自然环境和谐共存的低碳社会，以及具有可持续性的城镇建筑环境。

2. 节能减碳

节能是绿色城市设计重点考虑的问题之一。它要求在城市设计中尽可能应用被动式低能耗技术与当地气候参数相结合，充分利用环境中的有益要素，避免"热岛效应"等有害要素对人们生活的不利影响，鼓励自然通风、采光，减少用于建筑供暖、制冷所需的能耗，以及避免自然资源的过度使用。尽管这并不能从根本上完全取代建筑中的供暖、制冷设备与系统，也无法全面实现城镇建筑环境良好的物理条件，但如果建筑和城市设计充分考虑了气候适应性的基本原理，就能充分调动外界环境中的有益要素，提高极端气候条件下城镇建筑环境的热舒适性，增强城市活力；或是将建筑一年中不需要耗能设备的时间延长，即使在使用设备的情况下也会降低传统能耗。[2]与此同时，要关注太阳能、风能等来自自然的清洁能源的影响，"将太阳能技术融入城市、环境设计"，[3] 推动人工环境与自然环境的协同演进，从而促进城市的可持续发展。另一方面，随着能源技术的不断更迭发展，无碳安全、智能高效的能源体系将逐渐崛起，能源的生产、转化与输配将在精密多元的能源网络高效实现，从而实现碳排放的显著降减。[4]

3. 气候适应

城镇建筑环境适应气候的实质性方法就在于能量流的控制与引导。绿色城市设计遵循"趋利避害"的生物学原理，重点从城市日照和自然通风等方面展开探索，从生物学的角度出发，根据人体需求判断气候要素的"用"与"防"。应尽可能利用当地的自然环境要素来改善人们的生活环境，保护和恢复生态系统，包括保护自然资源、生物多样性和水体，并采取适宜的方法、手段来减少外界不利气候条件对人类生活的影响，通过恢复生态系统功能来提高城市的生态健康，改善城镇建筑环境的舒适性。近年来，随着海绵城市、韧性城市、智慧城市等概念和计划的提出与实施，城市应对自然、健康，以及社会防灾的抵御能力和恢复能力受到各方关注，也为绿色城市设计注入气候适应性等重要内涵。

4. 污染控制

生物气候条件与空气品质的好坏对城镇建筑环境存在潜在影响。绿色城市设计就是要因势利导，尽力改善城市范围内的局地气候条件，并减少空气污染，在人与自然之间尽可能维持一个免受污染影响的城市环境，营造良好的城市微气候环境。通常，改变气候或者城市的通风条件有一定难度，但对于城市中已经遭受一定污染的地区和地段，当城市的一部分被整治或者更新重建的时候，改变其局地微气候条件，甚至局部重启生态过程还是可能的。

2.1.2 绿色城市设计的特征

绿色城市设计建立在生态文明的基础之上，与传统的城市设计模式相比，既有一定的共性，又有鲜明的个性，其本质在于将各种自然要素和城市系统的组成部分纳入从宏观到中观再到微观的整体环境系统中去，探讨在不同自然环境与气候条件下如何实现城镇建筑环境的宜居性，以及城市能源使用的高效性。

1. 整体性

传统的技术思维通常采用线链主导、化整为零的方式作为城市绿色低碳改善的解题思路，但对社会、文化和环境的互动及线链耦合有所忽视，故而难以从根本上解决城市的绿色低碳问题。绿色城市设计把城市看作一个与自然系统共生的生命有机体，主张从各组成部分的相互联系中把握系统整体关系，从系统能量的输入和输出、环境与人体舒适度关联、环境的改善和提高等方面全面看待，兼顾社会、经济和环境三者间的整体效益，强调人类与自然系统在一定时空序列下的整体协调关系，建立城市可持续发展的新途径。

2. 高效性

绿色城市设计源自生物进化的启示，遵循生命系统的效率最优原则，从地域自然要素出发，采用科学规划、合理布局，以改变现代城市高耗能、非循环的运行机制，提高能源尤其是生物气候能源的利用效率；同时，尽可能降低运行费用，实现较高的综合效益附加值，创造生态功效突出、整体协调的城市人居环境。绿色城市设计追求能源效率，通过建筑能源节约、智联电网和可再生能源的使用来减少能源消耗和碳排放，鼓励使用太阳能、风能和地热能等可再生能源，进而实现城市能源的自给自足。

3. 多样性

面对全球生物多样性的丧失和城市特色危机，特定的城市地形地貌、自然环境禀赋与生物气候条件对于城市设计而言既是一种制约的因素，同时也是设计建设灵感获得的重要源泉，并为地方性特征识别和城市特色维系提供难得的契机。因此，自觉保护多样性的在地自然生态和生物多样性，以及在城市地区修复生态环境，保护生态敏感区，减少人工建设对自然生态环境的压力，是当代城市规划设计工作者极为艰巨和极具道德意义的职责，也应成为我们实践中致力达到的主要目标之一。绿色城市设计倡导结合特定的自然环境和不同的气候条件，尽量延续地方文化习俗，充分利用地方材料，凸显城市不同个性、特色和多样化的历史文脉，发展符合当地的、具有民族特点的、富有个性化的城市和建筑。

4. 人性化

"关心市民是城市的原动力"。[5]人性化是绿色城市设计关注和聚焦的基本目标和环境营造要求。城镇建筑环境的优劣，直接影响到人们的生活质量。传统城镇建筑环境设计较少从自然环境与气候条件的角度出发考虑人们的日常行为、活动所需，城市人居生活环境品质不高，未能享受自然生态要素可能带来的环境提升红利。绿色城市设计要求从生物学的角度考虑设计的对象及需求，实现环境的无害化和人性化，营造清洁高效、健康舒适、绿色低碳的城镇建筑环境。

城市是一个有机整体，它是由各种相互联系、相互制约的因素构成的复杂巨系统。绿色城市设计所蕴含的内在本质和基本原理，作为本教材的基本理论架构，对人们理解其本质特点和学理有着重要作用。

2.2.1　整体关联原理

美国学者诺顿·洛伦兹（Norton Lorenz）曾提出著名的"蝴蝶效应"理论，即一只蝴蝶在巴西扇动翅膀会在得克萨斯州引起一场龙卷风。这个看似轻松的玩笑十分精妙地反映了地球生态系统的整体关联性。[6] 任何一个地区、城市和个人都不可能脱离环境而独立存在，这与中国古人崇尚的"天人合一"的整体思维和道家强调的"万物有序，无为与平衡"的观念不谋而合。

现代城市用一种机器理性和还原主义的方法，将复杂的城市简化为一个个的"功能分区"，以便于控制和管理。随着"可持续发展"思想和生态系统概念的引入，人们认识到整体环境的价值、地位高于其组成元素和局部，整体的性质很大程度上决定了局部的作用，决定了组成元素的作用，具有比现代主义思潮中的"还原"思维更丰富的维度，因为其更加契合城市系统的特点。

于是，人们重新回归到对人类生存的思考，并形成一种形而上的学说。该学说形成了人们认识世界的新的理论视野和思维方式，具有了世界观、道德观、价值观的性质（图2-2）。此后，生态研究融入了系统论、控制论、协同论等新兴学科。建筑系统论学者安雅指出，"……在所有研究有机体的科学中，有必要彻底改变基本方向。那种认为可以用物理科学来理解和表达的希望大体已经放弃，同时关于人性的研究有无可能，已开始产生怀疑……"这种观点影响了现代建筑和城市思想。"过去，许多研究人员采用笛卡儿式逐一解决的办法……许多领域的科学家正日渐采取全面的观点，去考虑整体而不是局部……"[7] 从宏观范围来看，建筑、城市与其所处的环境是一个整体，这个整体作为一个子系统又存在于更大的系统之中。地球本身就是一个相互关联的整体，建筑和城市的存在依赖于整体环境系统的存在。

整体性包容了空间上的整体性、功能上的整体性和实践上的整体性。回溯基于生物气候条件的绿色城市设计思想的发展历程，对整体性的追求大致经历了以下三个阶段。[8]

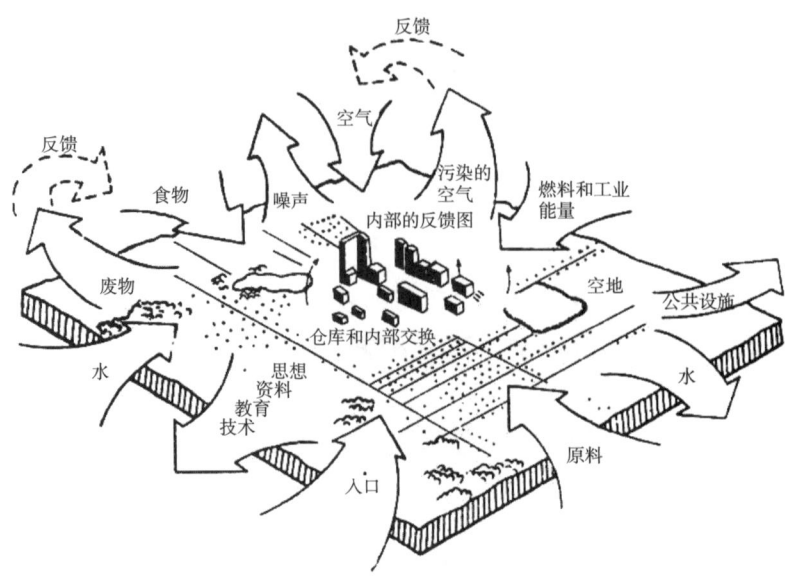

图 2-2　典型城市生态系统的输入与输出图解
（图片来源：席慕谊.城市生态学与城市环境 [M].北京：中国计量出版社，1997.）

　　第一阶段，是对自然环境中的重要因素气候和地域性的研究，集中表现为生物气候地方主义。这一时段主要集中在被动式制冷、太阳能利用及建筑内部空间气温的调节上。期间，对建筑生物气候适应性的研究对第三世界国家的建筑发展有着重大影响。从印度建筑师柯里亚提出的"形式追随气候"到马来西亚建筑师杨经文的"生物气候摩天楼"等，集中展示了这一阶段所取得的伟大成就。

　　第二阶段，是对建筑、城市与环境深层生态问题的探讨，其重点在于人类和地球关系的整体性问题。从 E.F. 舒马赫（E. F. Schumacher）提倡利用风能、水能、太阳能的自足性设计，到诺曼·斯库卡（Norma Skurka）在其著作《为有限的星球设计》[9] 中考虑将建筑、城市与大地看作一个活的有机整体，针对当地的自然环境要素，体现地域性特点，从而减少建设过程中对自然的破坏，利用可再生能源，减少不可再生能源的消耗。

　　第三阶段，亦即目前正在研究的地球多因素系统（能量、物质、生命、文化、经济）整体协调的可持续发展思想和盖娅运动（Gaia Movement），[10]其主要观点是将地球和各种生命系统视为具有有机生命特征和自持续特点的实体（表 2-1）。盖娅式的城镇建筑环境是健康和舒适的场所，人类和所有生命都处于和谐之中。它要求将整个世界联结为一个整体，人类及其产品城市只是盖娅系统的一个组成部分。建筑师、城市设计人员应站在更高的整体角度去认识和把握城市与环境的复杂关系，理解人类可持续发展的思想。

　　整体关联原理强调功能、结构、时间、空间与地域因素的结合，这就要求人们去了解尽可能多的可变因素，通过明智和有远见的策略树立一种整

为星球和谐而设计	为精神平和而设计	为身体健康而设计
场地、定位和建设都应最充分保护可再生资源。利用太阳能、风能和水能满足所有或大部分能源需求，减少对不可再生能源的依赖	制作与环境和谐的家园——建筑风格、规模及外装修材料都与周围社区一致	允许建筑"呼吸"，创造一个健康的室内气候，利用自然方法——例如建材和适于气候的设计来调整温度、湿度和空气流动
使用无毒、无污染、可持续和可再生的"绿色"建材和产品——具有较低的蕴能量，较少环境和社会损耗，能生物降解或循环利用	每一阶段都有公众参与——汇集众人的观点和技巧，寻找一种整体设计方案	建筑远离有害的电磁场辐射源，防止家用电器及线路产生的静电和电磁场干扰
使用效率控制系统调控能量、供热、制冷、供水、空气流通和采光，高效利用资源	和谐的比例、形式和造型	供给无污染的水、空气，远离污染物（尤其是氡），维持舒适的湿度，负离子平衡
种植地方性的树木和花草品种，将建筑设计成当地生物系统的一部分；使用有机废物堆积的肥料，不用杀虫剂，利用生态系统控制害虫；设计中水循环，使用低溢漏节水型马桶；收集、储存和利用雨水	利用自然材料的色彩和质感肌理，以及天然的染色剂、漆料和着色剂，便于创造一种人性、有心理疗效的色彩环境	居室中创造安静、宜人、健康的声环境氛围，隔绝室内外噪声
设计防止污染的空气、水和土壤的系统	将建筑和大自然的旋律（四时、时令、气候等）充分联系起来	保证阳光射入建筑室内，减少依赖人工照明系统

（表格来源：清华大学建筑学院，清华大学建筑设计研究院.建筑设计的生态策略 [M].北京：中国计划出版社，2001.）

体设计的思想，以"整体优先"为准则，强调从整体上协调人与自然环境要素和人工要素的关系，通过物质、能量、信息等途径将自然与人工整合到一起，并着重从以下几个方面加以考虑：

（1）功能上（物质、生态、经济、社会、能源等）；

（2）空间层次上（区域—城市级、片区级、地段级，以及不同气候地区）；

（3）时间概念上（远期、中期和近期）；

（4）管理决策上（各级部门之间）。

戴维·R. 布劳尔（David R. Brower）在其著作《绿色计划——可持续发展足迹》中认为：当人们谈到环境时，不单指水、空气、树木，而是其整体相互作用形成的系统。因此，人类和这个系统相互作用的方式也是复杂的、综合的。正如人类社会与环境相互关联一样，绿色计划也完全应该与人类结合为一体。[11]

城市设计既重视整体协调又关注细节处理，用系统整合的思想指导城市空间环境与形态整体设计是必要的。设计中不能只着眼于局地微气候环境的改善，而忽略气候的全球性、区域性、地方性特征。因此，整体关联原理要求人们着眼于地球的多因素系统，在整体协调的可持续发展思想指导下，从气候适应性原理出发，探讨城市与自然环境要素及气候条件的深层生态问题。同时，将城市作为一个相互关联的整体来考虑和设计，最大限度地发挥其整体功能，亦即意味着将所有相关内容，包括社会、经济、技术、环境、管理等因素综合起来，从系统整合的角度将各个层面、尺度的环境要素联系起来，强调整体而非部分，进一步梳理城市空间与自然气候之间的关联机制，引导城市环境要素优化促进城市良性发展。

2.2.2 系统层级原理

自然界总是处于不断地发展演变之中，各种自然要素之间及其内部存在着复杂的相互关系，而结构就是这些内在要素的相互联系和组织方式。为了更好地表述和理解环境要素和城市整体之间的复杂关系，需要引入系统层级结构的概念。

系统是指由若干有特定属性的要素经特定关系而构成的特定功能的整体，并需由两个及以上要素构成。[12] 没有要素就不可能形成结构和系统，也就没有系统整体的功能。系统中每一要素及其特定属性，是系统得以形成并行使功能的基础；反之，各要素又在系统统一指挥下协调各自的属性，以发挥系统的最佳功能。层级是自然界中物质联系的又一重要方式。系统中的要素通常是一个子系统，子系统与环境之间又形成更大的系统，从而形成若干系统之间逐级构成的结构关系。任何"存在"都是一系列层级的复杂结构过程，我们所关注的生态系统就是层级结构的最好注解。[12]

系统与层级是自然界物质联系的两种普遍特性，其中系统描述的主要是自然界物质间的横向联系，层级则反映自然界物质间的纵向联系。系统层级原理的研究方法实质上是一种整体认识方法，它强调从横向的系统联系（系统和要素）和纵向的层级联系（系统和层次）出发，把握事物的运动变化规律，认识事物的本质。城市与环境作为生态系统中的一个子系统，必然也具有这种系统层级结构。我们可以在一套包括城市环境和生态环境之间相互作用的框架里，构筑这些需要考虑的层级因素。它们相互作用，类似一个开放系统，其关系大致可归纳为以下几个方面：[13]

（1）被设计系统的外部相互依赖性（系统的外部环境关系：地形、水文、植被、气候特征）；

（2）被设计系统的内部相互依赖性（系统的内部关系：城市功能、结构等）；

（3）被设计系统与外部环境的互动性（系统与环境的关系：最小化影

响、最大化节能）；

（4）被设计系统与人体舒适度的关联（人与环境的关系：最佳热舒适性）。

现代生物气候设计的先驱杨经文先生将上述四组交互活动概念统一成一种简单的符号形式，即分类矩阵（图2-3）。它包括了建筑、城市与自然环境之间的基本交互活动，这些活动构成了与系统（内部相关性）同时发生的过程，同时也构成了环境活动（外部相关性）。在系统（人）／环境和环境／系统（人）之间的流转过程中，所有活动都共同发生，从而使得"内部与外部关系及交互影响的相关性都得到了说明"。[13]

$$(LP) = \frac{L11 \quad | \quad L12}{L21 \quad | \quad L22}$$

图例：　LP＝分类矩阵　　　　L11＝内部相关性
　　　　1＝城市系统（人）　　L22＝外部相关性
　　　　2＝环境　　　　　　　L12＝系统／环境流转
　　　　L＝相关性　　　　　　L21＝环境／系统流转

图 2-3　分类矩阵
（图片来源：RICHARDS I T R. Hamzah & Yeang：Ecology of the Sky[M]. Melbourne：The Images Publishing Group Pty Ltd.，2001.）

图2-3本身就是一个完整体现全部生物气候设计因素的理论框架。设计者可以利用这个工具来检验包括城市系统（人）与环境在内的整体环境之间的交互活动，并考虑所有的环境关联性。为了发展生物气候设计理论，人们可以把城市视为一种存在于环境（包括人造环境和自然环境）中的系统。普遍的系统概念对于城市生态系统来说是必要的，因此，设计的关键目标——与其他理论研究目标类似——是挑选已被包含的合适变量，就是那些人们发现"对设计过程的解决非常重要的变量"（图2-4）。[14]

在真实场景中，上述概括性的理论框架无法包含一个系统中所有有效的先决条件，它描述的只是一种基本的"设计法则"。在设计中，这项法则需要设计者根据系统成分来考虑如何设计系统并了解这些成分，即矩阵的四个成分随着时间和空间变化是如何相互影响的。矩阵允许人们评定设计的效果，并结合所有必要的调整产生一种全面而平衡的设计，即采取一种"平衡预算"的观点权衡环境消耗，并以尽可能有益的方式以最低破坏限度利用地球资源。

城市环境与碳循环受各种人工系统和自然系统的综合作用和影响。面

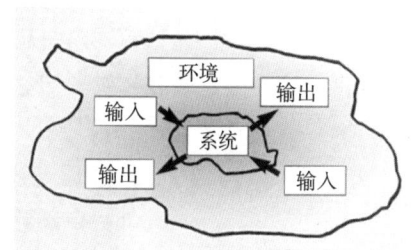

图 2-4　环境和系统之间的能量交换模式
（图片来源：RICHARDS I T R. Hamzah & Yeang：Ecology of the Sky[M]. Melbourne：The Images Publishing Group Pty Ltd.，2001.）

对复杂的环境系统，引入系统层级的概念非常必要。据此，绿色城市设计可以关注城市各要素、要素与系统、系统与外部环境之间的内在相关性，将城镇建筑环境置于"天—地—人"系统之内，通过分析城市环境系统的影响因素和层级关系，探讨与自然环境要素相关的气候要素之间，以及城市环境各层级之间的内在关联和相互作用机理，妥善处理从微观到中观再到宏观的不同层级之间的复杂关系，从而能够有效调控城镇建筑环境各系统之间的合作效应。

2.2.3 自然梯度原理

地球上自然环境要素的分布呈现明显的纬度地带性，例如北半球即表现为一种近似与纬线平行由南向北的渐进变化，无论是生物群落因纬度变化呈现有规律的连续性变化，还是气温、降水量等气候因素均是如此。这一自然梯度现象也导致环境相应地呈现出带状非均质分布的现象。[15]

1. 概念引入

从城市环境系统中分离出来的各种要素或条件单位，即环境因子，其产生的选择压力在时间和空间上的变化是导致环境多样性的主因。这种持续的变化会发生渐变，产生自然的梯度。在现实生活中，人类及其活动和自然环境之间的关系不是截然对立的，而是处于一种渐变的、柔性的、有缓冲层次的协调状态，这种有层次的关系——梯度无处不在，反映在城镇建筑环境中明显表现为对气候梯度变化的适应。

气候差异具有层次性。气候差异主要归因于地球公转时地球表面获得太阳辐射的差异及其所引起的大气环流的周期性变化。一方面，能量分布的时空差异形成了自然气候梯度，即从湿热气候（干热气候）、温和气候、寒冷气候的纬度性变化，从而导致地球上自然环境要素的各种突变和渐变的产生，成为生命进化的最根本的动力，造就了丰富多彩的自然形态和生态环境。另一方面，自然气候的分布还带有明显的垂直地带差异性，能在较小的区域范围内引起气温的剧烈变化。通常情况下，人们对气候的水平梯度变化关注相对多一些。

2. 原理阐述

外界自然环境的变化及其导致的差异无处不在，从而对生物产生刺激并形成选择的压力。任何生命和非生命的物质形态都是自然选择的结果，自然界中所有的环境都处于动态变化之中，自然要素与环境变化会对生物机体产生影响。

"适应"是生物机体最基本的特性之一，是个体经过生存竞争而形成的适合环境条件的特征表现。"适应"是生命与环境协调的行为，也是生命学科中一种带有普遍性的概念（图2-5）。任何开放系统都会表现出进化过程中的适应性，即当外部条件发生变化时，系统能够保持一个适当的变量值——"负反馈调节"机制，系统一旦受到干扰能迅速排除偏差恢复恒定的常态。[16]城市设计应当具有对环境的适应性和应变能力。正如林奇所言，适应性代表城市设计的一种弹性，是一种应对不确定未来及挑战性变化的承受能力。城市设计决策要适应地形地貌、气候等自然条件，在可持续发展的框架内寻求合理的空间环境应变模式。例如，麦克哈格在研究大自然中生命与非生命的物质形式时指出，自然界的一切都是适应的结果，城市与建筑等人工形式的评价与创造应以适应为标准，不同自然环境与气候条件应有不同的应对方式和不同的形态、模式与之适应。他一直尝试去探索一种新的观察问题的途径和分析方法——为自然中的人做一简单规划。[17]拉尔夫·厄斯金（Ralph Erskine）建立了一套完整的适应寒冷气候特点的城市设计生态策略，并提出气候越特殊就越需要规划设计来予以反映；[18]吉迪恩·S.格兰尼（Gideon S.Golang）也曾针对不同的气候模式提出了城市设计的适应性对策。

　　太阳辐射的不均匀分布使整个地球系统处于一种非均衡状态。面对自然界无处不在的自然生物气候条件的梯度变化，城镇建筑环境的规划设计和建设也应建立起与之相适应的机制。早期生产力低下，人类只能被动地适应自然气候。中国古人对此早已积累了一定的认识。东汉王充在《论衡·寒温篇》中就曾提到："夫近水则寒，近火则温，远之渐微。何则？气之所加，远近有差也。"[19]在实践过程中，我国古代更是将改善人居环境与气候条件的努力拓展到更大的空间梯度范畴，从建筑周边绿化的种植到建筑群体的布局，乃至聚落选址，都已形成一整套成熟的做法。今天，这些经验经过总结、提炼

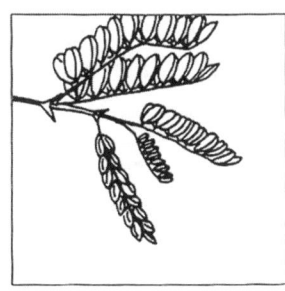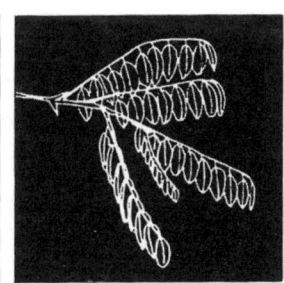

在强光下，树叶呈卷曲状　　在弱光下，树叶完全张开　　夜晚时，树叶呈"睡眠状"

图2-5　植物叶片对光环境的适应性
注：相思树的叶子在强烈的阳光下，叶片上举，从而使叶片受光面积最小；在漫射光下，叶片向阳打开，阳光能得到最佳利用；在晚上无光时，叶片向下反转。这就是植物对光刺激的应激性。
（图片来源：BEHLING S，BEHLING S. Sol Power：The Evolution of Solar Architecture[M]. Munich，Germany：Prestel，1996.）

和发展，对于开展绿色城市设计仍然具有重要的借鉴价值。

　　人类对其生存环境梯度变化的适应能力可以呈现在生活的各个方面，其中人类居住状态对环境梯度的适应表现得尤为充分。远至古代各个国家和地区的不同民族，近到当代世界各大洲的广大民众，他们通过对自然环境要素和气候条件的"适应"过程，逐渐形成了丰富多彩的聚落形式和居住方式，最大限度地创造了"适居性"的生存空间。从中东地区广泛存在的适应干热气候条件的生土建筑群落，到美国新墨西哥州大峡谷发现的印第安人部落遗址（图2-6、图2-7），其与自然环境、气候条件相适应的设计思想也为后人留下了可资借鉴的宝贵实例。

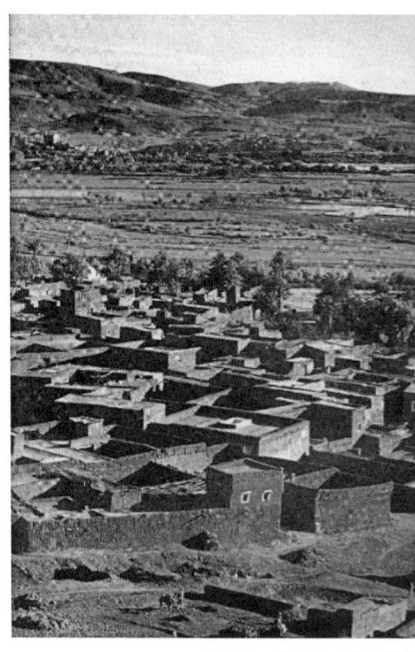

图 2-6　中东生土建筑群落
（图片来源：原广司.世界聚落的教示100[M].于天祎，刘淑梅，译.马千里，王昀，校.北京：中国建筑工业出版社，2003.）

图 2-7　北美印第安人部落遗址
（图片来源：周曦，李湛东.生态设计新论：对生态设计的反思和再认识[M].南京：东南大学出版社，2003.）

　　全国各地丰富多样的民居建筑与院落形式，同样是对不同地域的自然环境、气候条件和生活习性所作出的积极回应。院落民居因合院形式而具有显著的"聚气藏风"特征，在冬季，院内气温自上而下逐渐升高，而夏季则相反，因此院落成为整个建筑的气候缓冲区和阻尼区。从表2-2不难发现，在中国东北、华北地区，由于纬度较高，太阳入射角低，气候寒冷，为了争取更多的日照，建筑之间的间距通常较大，院落也比较开阔。而由北向南，随着纬度的降低，气候逐渐变得湿润多雨，此时，对日照的需求逐渐让位于通风、遮阳和避雨，建筑间的距离拉近，院落变小，在局部地区甚至演变为仅用于通风的天井。

地理位置	气候分区	民居特点	典型民居布局
新疆维吾尔自治区	严寒气候 + 寒冷气候（温带大陆性干旱气候）	厚重生土围护，内向型空间组织	
东北地区	严寒气候（中温带与寒温带大陆性季风气候）	紧凑平面减少散热，"一明两暗"口袋房，"万字炕"环形布局	东北满族民居
陕西省（关中）	寒冷气候区（北方温带气候区）	坐北朝南，窄院深房，封闭围合	
北京市	寒冷气候区（北方温带气候区）	南北轴向与方位优选，多重院落体系，平衡冬夏需求	
山东省	寒冷气候区（暖温带半湿润大陆性季风气候）	梯度缓冲的院落空间，南北通透，天井宽深比 1：1.5	山东潍坊民居
陕西省（洋县）	夏热冬冷气候区（北亚热带湿润气候区）	天井院落，通透轻盈，通风除湿	
四川省	夏热冬冷气候区（横跨中亚热带、北亚热带、高原山地气候区）	山地应变，湿热调控，"冷巷天井"通风	
江苏省	夏热冬冷气候区（北亚热带湿润季风气候）	四水归堂，廊庑回转，风热协同，天井宽深比 1：1.2	
福建省	夏热冬暖气候区（中亚热带海洋性季风气候）	环形平面，合院深檐，"冷巷天井"通风	

（表格来源：民居形态整理自：毛刚.生态视野·西南高海拔山区聚落与建筑 [M].南京：东南大学出版社，2003.）

梯度是自然界普遍存在的自然现象，适应是生物体对复杂梯度变化的积极反应。对于城市设计和建设而言，其关键在于如何适应自然规律，建立起全方位的与自然环境、气候条件和时空位置相适应的自然梯度关系和空间梯度关系，这对于保护环境、节能节地、提高人们生活水准都具有重要意义。

2.2.4 技术适宜性原理

利用各种适宜性技术手段营造城市舒适的局地微气候是绿色城市设计的重要特征。针对特定的城市设计对象、生物气候条件、自然地理特点及尺度要求，绿色城市设计应优先运用各种节能减排和环境友好的设计方法和技术。通常，具体需要处理哪些信息及采用哪些技术可以通过建立相关技术清单库并从中选择。绿色城市设计的技术探索创新主要是通过实践来实现的。由于地理环境、生物气候条件千差万别，技术水平参差不齐，文化背景丰富多彩，故要求人们在城市设计和建设过程中，建立多元的技术观，采用多种技术手段与之适应。

从建筑技术所具有的层次属性来看，大体可分为传统技术、适宜技术和高技术三个层次。传统技术大多"因地制宜"，强调地方性和传统性；适宜技术则反映了一个地区的整体技术水平；而高技术具有成本高、效益高、技术导向性强等特征。在实践中，各种技术满足了不同层次、不同地区和不同对象的需求，在城市建设中均有一席用武之地。

1. 传统技术的影响

在通常意义下，传统技术往往被认为与低造价、低技术联系在一起，但这种观念现已大有改观。工业社会前，人类尊重周边的自然环境与气候条件，依赖自然资源、能源和可以获得的地方材料，按照自身的需求及对人体舒适性的理解来营造家园。从传统中探究沿袭了千百年的地方技术，尽管其中不少适于地域和气候条件的设计策略未经科学验证，仅是源自数代人不断试错基础上的经验总结，但仍闪烁着因地制宜原理的光辉。

在能源匮乏、技术低下的社会，人们可以通过不同的传统技术和手段来实现适应地方生物气候条件的供暖、降温需求。对于特定的自然要素，如地理环境、生物气候、资源等的重视与回应，是传统技术方法最重要的特征之一。例如，埃及的乡村通过传统的水冷却与净化系统来冷藏果汁和其他易腐败的食物；巴基斯坦西部一些地区充分利用沙洲区所形成的天然空调系统，在屋顶设置风斗将主导风引入室内；伊朗一些村庄则组织在水流的周围，并使溪流流经房屋和内院，通过蒸发来降低气温并提高空气湿度。又如，在非洲地中海沿岸的城市，其街道布置大多与海岸垂直，以引导海风进入市区；

在炎热的地中海地区的城镇建造形式，经常以庭院住宅为基础密集布局，道路狭窄以增强遮阳效果（图2-8）；而在一些严寒地区，传统的圆顶小屋具有最大的容量和最小的热损耗表面积，在最艰难的状况下创造出一个可居住的环境。

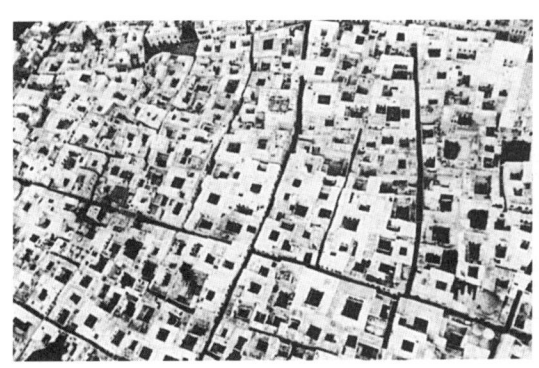

图2-8　地中海的院落式布局与局部

（图片来源：贝纳沃罗 L. 世界城市史 [M]. 薛钟灵，余靖芝，葛明义，等，译. 北京：科学出版社，2000.）

2. 技术的多元整合

无论是早期的乡土建筑（传统技术），还是20世纪的现代建筑，包括气候在内的一些自然环境因素对城市与建筑的影响一直是设计所考虑的主要因素，即使是现在看来这种认识也具有很大的科学性。只不过随着现代科学技术的发展，现代城市与建筑应用的技术已远远突破原有的局限，来自新技术、新材料，以及信息、环境、能源等因素的影响越来越大。用高技术回应自然环境的设计并非简单地利用现代技术和新材料去模仿传统聚落的外在形式，而是运用绿色城市设计的原理及计算机模拟等信息技术，且更加强调高效、低耗，达到高技术、低污染，高附加值、低运行成本，以人为本、贴近自然，环境友善、舒适健康的效果，为人们创造一种协调、平衡的人工生态系统，为可持续发展提供技术支持。

以往的技术在人类生态环境的日益恶化过程中起到了推波助澜的作用，但是人们也应认识到技术本身并没有错，错在人类对其的应用观念和使用方式上。福斯特认为，设计者决定使用某些技术时，应根据本地或地区条件来判断，而不论其是否"先进"。罗杰斯的表述更为直白，他认为技术不一定是高级或低级，而应当是合适的技术，技术要由环境来决定，"我们总是在最有必要的地方使用复杂技术"。"高技派"对气候因素的态度并非全然拒绝，他们也认识到气候的复杂性和多样性，有时也从地方乡土建筑中汲取养分作为"他山之石"。但对于他们而言，"关注人类及其生活质量……这才是真正的推动力，风格形式都是处于第二位的"。[20]

高、中、低技术的组合应用对于绿色城市设计十分重要，应提供不同的技术组合方案进行比较，最终遴选出低成本、高减碳的适宜技术进行推广应用。面对自然和生态环境的多尺度对象而言，由于"尺度效应"和实施成本，不可能只选择不计代价的最理想或最先进的技术手段。1973年，舒马赫出版了《小的是美好的：一项关于大众所关心的经济学研究》一书。该书内容共分四个部分，其中第三部分专门论述了第三世界国家的发展问题，并明确呼吁发展中国家应该面对自身的社会经济条件，优先发展"中间技术"（Intermediate Technology）。此后，在世界范围内兴起了推广"中间技术"或"适用技术"的热潮。联合国与世界银行等国际组织也在相当一段时期内，积极向发展中国家推广有关根据自己国家的实际状况采用不同的"中间技术"或"适用技术"的经验。根据这种理论，一种技术的发展和普及与一个社会能够接受这种技术的能力有关，任何低于或高于这种能力的技术选择都会对这个社会经济的正常合理的发展产生不利影响。伦佐·皮亚诺（Renzo Piano）在新喀里多尼亚设计的特吉巴奥文化中心体现了传统文化的高技化再生，它反映了村落布局临水而建的特色，巧妙地将造型和自然通风完美结合，被美国《时代》周刊评为1998年十佳设计之一（图2-9）。[21]

因此，在绿色城市设计中进行具体技术方法处理时，人们可以综合运用高科技与传统技术的整合或者通过传统技术的改进来创造舒适的城镇建筑环境，并要求设计应根据实际情况选择适宜技术路线，避免将技术作为纯粹抽象的"技术"因素加以盲目崇拜或从形式的目的出发随意搬用的问题。通过提炼传统技术中一些至今仍然适用的因素，融入现代城市设计方法，以创造新的乡土技术和适宜技术；或者在一些具体地段设计时，将传统与高技术并置，同时采用传统技术与高技术、乡土材料与现代材料，并且从视觉上和技术上将二者结合起来。

例如，由鲍罗·索勒里（Paolo Soleri）设计的阿科桑底城利用高新技术和传统乡土技术相结合的近似"仿生"的手法，在技术层面上模拟生物在不断完善自身性能与组织的进化过程中所获得的高效低耗、自觉应变、肌体完整的保障系统的内在机理及生态规律，赋予其某些"生物特性"，并使之成为整个自然环境的有机组成，为实现城镇建筑环境的生态化与可持续发展开辟了新的建设途径。[22]在雄安新区总体规划评审会中，专家们达成了关于技术应用的一些共识：应优先使用成熟的先进技术的建议，而不是尽可能使用某项局部超前的技术。在实践中，地理信息系统对基地生态要素的信息可视化也必须要与一定量的田野调查信息结合，只有这样才能真正成为城市设计的依据。经典的空间形态塑造的美学方法仍然

图2-9 特吉巴奥文化中心全景
（图片来源：每日环球展览. 渐渐件件：伦佐·皮亚诺建筑工作室 [EB]. 每日环球展览，2013-03-24.）

极为重要。真正优秀的绿色城市设计都是根据特定的对象、基地的特点和项目的要求而采用不同的技术组合，也不一定就是高、中、低组合，也可能是科技、人文、社会、经验和美学方法的跨类组合。

2.2.5 需求适宜性原理

特定的城市环境对人体会产生特定的物理刺激，该刺激是积极的还是消极的将决定一个环境的舒适性，这是衡量城市环境优劣的基本准则。在大多数文化语境中，"伊甸园"表达了人类对生存与舒适环境的最高追求。尽管对于伊甸园目前尚无清晰的、统一的定义，但是大多数人仍会心存这样的图景：人类创造的城镇建筑环境必须能够提供最大限度的实用性、满意度及合适的激励，在质量上也不容许有瑕疵。以基于合理性的最少能量获得最大的热舒适性是未来绿色城市设计的主要目标之一，它实际上包含了生理和社会两方面需求。

1. 生理需求

人们对环境的评价实际是一种综合反映，它包括由城市与建筑的功能、形态、尺度、色彩等所构成的美感，以及由声音、气温、湿度、光线、空气质量等所构成的舒适感。谈及城镇建筑环境设计离不开对人类需求的认识，也就必须涉及人的需求层次结构，我们很容易就联想到心理学家马斯洛的需求层次理论。马斯洛认为人的基本需求有五个层次，即生理需求、社会需求、心理需求、审美需求、自我实现的需求（图2-10）。[23] 吴博任的观点更为直观，他认为城市化对于发展经济和控制人口自然增长率有积极意义，人是城市生态系统的主体，城市生态必须满足人类生活的基本需求——方便、健康和舒适，特别是健康的需求。[24] 人作为一个有生命的生物体，从开始就有两种需求——生理需求和社会需求。只有当人的生理需求（包含对空气、

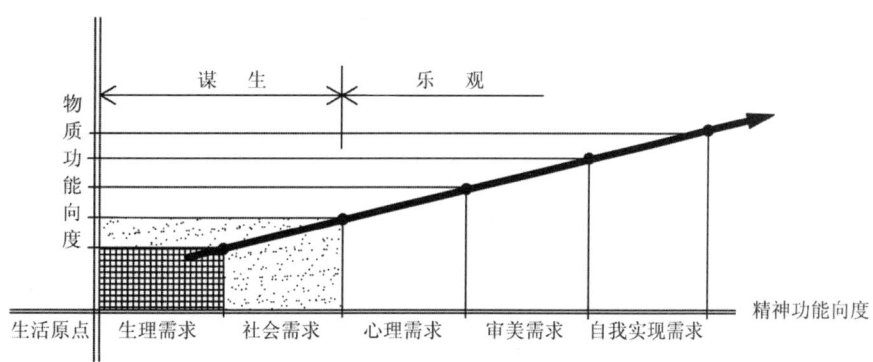

图2-10 空间发展与需求的关系示意图
（图片来源：刘永德.建筑空间的形态·结构·涵义·组合[M].天津：天津科学技术出版社，1998.）

水、阳光等的需求）得以满足时，才有可能追求更高层次的需求。

环境评价的另一重要指标是热舒适性，它是指在不特意采取任何防寒保暖或防暑降温措施的前提下，人们在自然环境中是否感觉舒适，以及怎样一种程度的具体描述。[25] 通常，人体与外界的热交换方式主要有传导、对流、辐射和蒸发，而人体的热平衡和热舒适性会受到多种因素影响，一般分为"风寒指数"和"炎热指数"，其中周边环境中的气温是影响人体热量平衡的主要因素。

人体与自然环境相互联系、相互作用，处在统一体中，人类生活与自然世界从来就密不可分。气候，作为基本的设计参数，热舒适性是它的一个关键问题，其合理的处理方法是将热舒适性作为一个动态参量，随着文化背景和地理位置的不同而变化。

人类的感官以一种复杂方式反应于外界刺激，理想状态是在过少或过多刺激中保持一种平衡状态。舒适感习惯上与"热舒适性"有关，而不是字面真实感觉上的"人体舒适"。真正的舒适更多的是心理学上的，而不是生理意义上的。

高质量环境设计的困难在于人们有不同的期望值和需求。个体之间的差异要远远大于不同人群间的差异。建筑设计师的目标是为尽可能多的人提供理想的舒适环境，但也要基于对环境的全面认识和理解。心理学参数过于复杂，难以评价，它们不仅在时间上是独立的，而且与个人背景和地点紧密相关。例如对于温带气候舒适性的合理界定，并不等同于极地或是热带气候。这是因为人类文明起源于温和气候带，相对于寒带和热带地区而言，温带地区四季分明，春秋温和，冬冷夏热。人类在长期进化过程中，早已习惯了以温和的中间状态作为舒适，因而也希望自己生存的城镇建筑环境处于一种温和的中间状态。

对此，维克托·奥戈雅（Victor Olgyay）指出设计的出发点是特定场地的气候条件和热舒适性要求，它基于一种"生物气候图"，即与周围的空气温度、湿度、平均辐射温度、风速、太阳辐射强度及蒸发散热等因素有关的人体舒适区（图 2-11）。通过将某一地区的气候条件输入该"生物气候图"，并据此进行分析，以了解该地区大致的"人体舒适区"；同时，针对当地气候条件提出满足热舒适性的应对策略，充分利用自然资源，在"过热期"采取遮阳、通风等措施，而在"低热期"则增加日照和遮挡寒风，以达到节能减耗的目的。

2. 社会需求

人与自然的和谐是未来社会价值体系的核心之一。它要求人们超越人类中心主义的局限，重新评估历史和定义幸福。人类发展的终极目标不仅在于

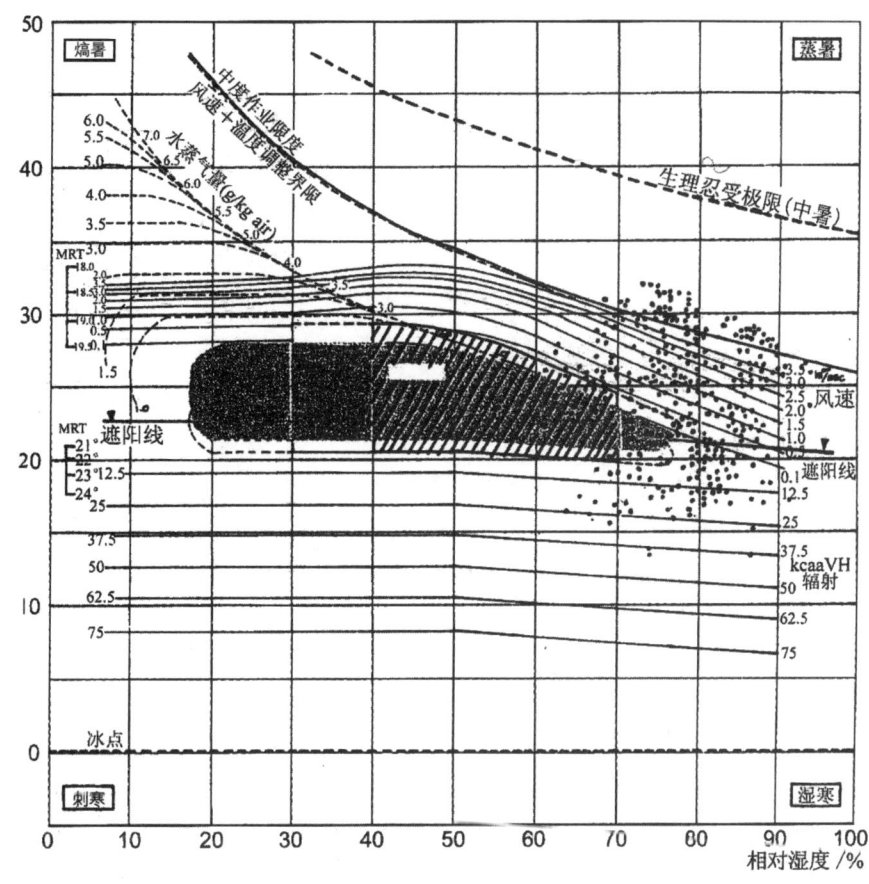

图 2-11 奥戈雅的"生物气候图"
（图片来源：宋德萱. 建筑环境控制学 [M]. 南京：东南大学出版社，2003.）

经济的发展和财富的增加，还需要改变人类是"生物圈的中心"的观念，努力实现人与自然的融合。这种融合将进一步促进人与人的和谐，促进人与社会的和谐，进而促进社会的公平正义。

公平性是指人与人之间对环境资源、公共服务、公共设施和信息的选择或享有机会的平等性。追求公平性，实现社会的正义、和睦与稳定对建立一个文明进步、和谐发展的城市具有重要意义。1996 年，第二届联合国人类住区会议通过的《人居议程》在第二章中指出，"在公平的人类住区中，所有人——不分种族、肤色、性别、语言、宗教、政治或其他观点、国籍或社会出身、财产、出生或其他地位——均有平等享有住房、基础设施、保健服务、充足的食物和水、教育和空地的机会。此外，这种人类住区还为富有成效、自由选择的生活提供平等机会；在这种人类住区中，能够平等取得经济资源，包括继承权、土地和其他财产所有权、信贷、自然资源和适用技术；能够获得个人、精神、宗教、文化和社会发展的平等机会；能够获得参与公共决策的平等机会；能够获得保护和使用自然与文化资源的平等权利和义务；而且，能够平等使用各种机制确保各种权利不受侵犯"。①

目前，需要建立一种新的绩效考核体系，树立新的社会需求观。绿色GDP核算体系的建立将是战略性的一步，它不仅能反映一个地区的经济指标，而且能反映其社会发展的环境成本和生态优先品质，从而为政府决策提供判断依据。与此同时，也应加快实施生态补偿机制，综合利用计划、立法、市场等手段来解决经济发展过程中的社会不公、环境不公，谁受益谁补偿。总之，必须逐渐完善环境付费和环境税收政策，让高污染、高能耗企业拿出更多的行动提高环境质量，最大化实现环境的社会公平。

3. 适宜性与人类需求

人类需求具有自然属性和社会属性。自然属性是人的动物本能，人也有接近自然的天性；社会属性的本质是精神性的，是利己和利他的高度统一。满足人体基本需求、为人类生存提供基本保障是城镇建筑环境设计的根本目的。

从人类需求的自然属性来看，舒适不等于健康。现代空调技术带给人类舒适的同时，也常导致人体抵抗力下降，引发各种"空调病"。这是因为人类生理进化时间的跨度很大，千万年来已经适应了在自然环境与气候条件下生存，一下子难以在如此短的时间内适应与自然气候完全屏蔽的、人工调节的微气候环境。居住者的控制能力（也即改变、调整环境参数作用于舒适度的能力）对人类满意程度是十分重要的，这种控制行为比其他任何实际的舒适条件都重要。要想对所有个体空间感觉施加影响，唯有通过赋予人们选择的自由及个人控制的机制才行。

上述观念与设计过程、空间组织和建筑系统也有关联，它要求使用者与环境互动，追求一种纯粹的自然舒适感。"溪流的喧哗声，或是树丛中的风声，通过树顶漫射的光线都是人类刺激的复杂来源，它们以一种最令人愉快的方式周而复始。虽然外界生活发展了我们的知觉，但我们已经形成的知觉并不会改变。没有什么光线会比阳光好，也没有什么气体能比新鲜空气好，因此我们应该尽量使用外界能力来获得舒适感"。[26]

自然刺激下的舒适环境不仅对人类的健康有利，而且还可以节约能源。那种完全与世隔绝的恒温、恒湿的环境显然并非人们与生俱来追求的理想模式。人们应在建筑和城市设计中通过自然和人工要素的合理组织，改善城市微气候环境设计参数，最大限度地在使用自然可用的舒适条件和通过设备获得额外人工舒适度之间保持平衡，这将有助于保持城镇建筑环境低廉而高效的能源效率。

---

① 《人居议程》中第二章的第 27 款。

4. 综合社会需求与生态系统生产总值（GEP）

近年来，随着气候变化对全球城市社会可持续发展的影响日益加剧，人们普遍认识到衡量发展的方式，需要转向更加综合和可持续的评估方式。近年，作为国内生产总值（Gross Domestic Product，简称GDP）的补充，生态系统生产总值（Gross Ecosystem Product，简称GEP）横空出世。这是在生态文明思想指导下，对生物多样性部分产出的一种统计。其核算的根本目的在于实现生物多样性保护与人类可持续发展的目标，也是对各地方进行考核的重要的生态文明指标。中国科学院欧阳志云教授曾对此开展了系列研究，国内一些省份和深圳等城市也对此开展了应用探索。[27]

GEP考虑了人类在经济生产活动中对生态环境的损害和生态系统对经济系统的福祉，把"绿水青山"和"金山银山"纳入统一的核算框架体系下，是"两山"价值的共同体现。从单纯重视GDP转向GDP与GEP并重，对协调经济发展与生态保护的关系起到重要的指导作用。

随着GEP核算的推广和应用，中国各地积极开展了GEP核算试点改革，如广东省深圳市、浙江省丽水市等。这就对城市规划和设计提出了新的要求，需要多维度考量生态保护价值、城市建设需求和经济发展诉求。在城市发展迈入存量提质改造的新阶段，"生态"与"城市"的融合更为紧密，深刻影响着城市空间的布局优化、环境品质提升和发展方式转变。绿色城市设计的关注点逐渐从生态空间的"保护+管控"转向"修复+提升"，从绿水青山"价值转化"到"价值提升"，强调生态保护与空间开发的平衡协同，推动城市向更为绿色和可持续的方向发展。[28]

同时，在绿色城市设计领域，也可以采用多种手段来支持GEP的应用与推广，制定与城市经济发展水平相适配的绿色低碳发展目标。例如，推广紧凑型、复合功能的城市用地模式，营造城市与自然相互交融的人居环境，注重生态景观规划设计，采用绿色建筑材料、智能控制系统、太阳能和风能等可再生能源等建筑节能技术，全面推进绿色低碳建筑，发展绿色智慧交通与慢行交通，引导节能减排的健康生活方式等。通过这些路径和技术手段，城市可以在保持经济增长的同时，最大限度地减少资源和能源的消耗，提高城市的生态效益，助力人与自然互惠共生发展目标的实现。

2.3 本章小结

综上所述，可以认为自然环境要素与气候条件对于城市设计而言是一种制约，但同时也是创作灵感的源泉。以最少的能量消耗获取更多的舒适性，是绿色城市设计回应"双碳"目标的重要举措。"少费多用"超越了单纯低碳节能的层次，并非一种简单以量化来评估的生态设计方法，而是在特定的时空背景下，利用城市设计客体在地对象自然环境要素与气候条件进行生态调节和整体优化，以提高城市空间环境的综合质量，满足人们的生理、心理和环境舒适性的要求，进而创造出健康舒适的城镇建筑环境。作为绿色城市设计的核心和基础，为城市可持续发展提供了新的选择途径。

与传统的城市设计相比，绿色城市设计具有独特的内涵特征，其内在结构和基本原理，亦即整体关联原理、系统层级原理、自然梯度原理、技术适宜性原理和需求适宜性原理等，对人们理解和把握其本质与运行规律有着重要作用，必须予以综合考量。这也是本教材后半部分进行城市设计生态策略研究的重要科学基础。通过多年的系统研究和工程应用探索，编者认为，就绿色城市设计的实践导向而言，价值理念和设计的策略建立最为重要，技术反而居其次。在"双碳"目标背景下，碳排减量越来越成为评价绿色城市设计的重要指标，绿色低碳、气候友好则是其最终目的。为此，绿色城市设计需要一个全局性的"双碳"理念实现转型。

思考题与练习题

1. 请简要阐释绿色城市设计的基本内涵。

2. 请简要分析并说明绿色城市设计的基本特征。

3. 本章从五个方面全面揭示了绿色城市设计所应遵循的基本原理，尝试用图表的方式进行系统分析和比较。

4. 请简要说明绿色城市设计如何贯彻技术适宜性原则。

参考文献

［1］ 王建国. 中国绿色城市设计的概念缘起、策略建构和实践探索 [J]. 城市规划学刊，2023（1）：11–19.

［2］ 王建国. 生态原则与绿色城市设计 [J]. 建筑学报，1997（7）：8–12+66–67.

［3］ 第 20 届国际建筑师协会（UIA）北京大会科学委员会编委会. 面向二十一世纪的建筑学 [Z]. 北京，1999：33–35.

［4］ 陈天，王高远，谢冬晴. 碳友好型绿色城市设计刍议 [J]. 城市发展研究，2022，29（10）：50–60.

［5］ 欧·奥尔特曼，马·切默斯. 文化与环境 [M]. 王静，译. 北京：东方出版社，1991：453.

［6］ LORENZ E N. Predictability: Does the Flap of a Butterfly's Wings in Brazil Set Off a Tornado in Texas?[M] Copenhagen, Denmark: L&R Uddannelse, 1972.

［7］ 乔·勃罗德彭特. 建筑设计与人文科学 [M]. 张韦，译. 北京：中国建筑工业出版社，1990：371.

［8］ 胡京. 存在与进化：可持续发展的建筑之模型研究 [D]. 南京：东南大学，1998：35–42.

［9］ SKURKA N, NAAR J. Design for a Limited Planet: Living with Natural Energy[M]. New York: Ballantine Books, 1976.

［10］JAMES L. Gaia：A New Look at Life on Earth[M]. 3rd ed. Oxford：Oxford University Press，2000.

［11］宋德萱．建筑环境控制学 [M]. 南京：东南大学出版社，2003：138.

［12］王兵，戴正农．自然辩证法教程 [M]. 南京：东南大学出版社，2001：20-34.

［13］RICHARDS I T R. Hamzah & Yeang：Ecology of the Sky[M]. Melbourne：The Images Publishing Group Pty Ltd.，2001.

［14］徐小东，虞刚．互通性与分类矩阵：《绿色摩天楼》和杨经文生态设计思想综述 [J]. 新建筑，2004（6）：58-61.

［15］第20届国际建筑师协会（UIA）北京大会科学委员会编委会．面向二十一世纪的建筑学[Z]. 北京，1999：3.

［16］金观涛．整体的哲学 [M]. 成都：四川人民出版社，1987：11.

［17］伊思·伦诺克斯·麦克哈格．设计结合自然 [M]. 芮经纬，译．天津：天津大学出版社，2006.

［18］EGELIUS M. Ralph Erskine：The Humane Architect[J]. Architectural Design，1977（6）：333.

［19］申甲先．探索热的本质 [M]. 北京：北京出版社，1985：62.

［20］王鹏．诺曼·福斯特的普罗旺斯情缘：兼论"高技派"的气候观 [J]. 世界建筑，2000（4）：30-33.

［21］周浩明，张晓东．生态建筑：面向未来的建筑 [M]. 南京：东南大学出版社，2002.

［22］Anon. Inside Arcosanti：Paolo Soleri's Experimental Town in the Arizona Desert[EB]. Designboom，2016-05-19 [2018-10-22].

［23］MASLOW A H. A Theory of Human Motivation[J]. Psychological Review，1943，50（4）：370-396.

［24］吴博任．试论城市化进程中的生态建设 [J]. 生态科学，2002，21（2）：187-190.

［25］宋德萱．建筑环境控制学 [M]. 南京：东南大学出版社，2003：84.

［26］BEHLING S，BEHLING S. Sol Power：The Evolution of Solar Architecture[M]. Munich，Germany：Prestel，1996：233.

［27］徐海根，丁晖，欧阳志云，等．中国实施 2020 年全球生物多样性目标的进展 [J]. 生态学报，2016，36（13）：3847-3858.

［28］宋昌素，欧阳志云．生态产品总值（GEP）理论内涵与应用实践 [J]. 人民论坛·学术前沿，2023（18）：92-95.

第 3 章

绿色城市设计的发展历程

【本章要点】

· 本章以时间为主线，针对前工业时代、工业时代、后工业时代（数字技术时代）的绿色城市设计理念、方法和类型等进行阐述，初步勾画出绿色城市设计的历史脉络和发展趋势，揭示了绿色城市设计发展演变的内在规律。

· 前工业时代的城市设计，是人类不断试错，在与自然长期抗争、适应及在城市建设实践过程中不断总结的结果。这一时期的自然环境、气候条件对于人类而言无疑是最为关键和最具决定性的因素，城市设计开展必须在有限时空范围内，并依循生态足迹而展开。

· 工业时代的城市设计注重功能和效率，但也导致城市过度偏重经济发展和科技，导向其背离自然环境、气候条件和依赖汽车交通的模式，使人类不得不付出巨大的经济和能源代价，同时也在一定程度上削弱了城市、建筑和人类生活环境的多样性和舒适性。

· 后工业时代（数字技术时代）的城市设计开始关注城市建筑与自然环境的互动、交织和共生，"双碳"目标提出后，更是将城市可持续发展、城市减碳降碳和建筑全生命周期的节能环保放在重要的地位，全新意义的绿色城市设计概念便应运而生。

城市的出现是社会生产力发展到一定阶段的产物。在城市发展史上主要有"自下而上"和"自上而下"两类城市设计和建设模式。[1] 除了受当时人们的思想观念影响以外，前工业时代的城市发展主要受到自然地理、气候条件，以及当时的社会经济、技术条件的限制。人类自诞生以来就没有停止过与自然环境的抗争。翻开人类城市建设的历史，随处可见结合地形地貌、水文植被及利用地域气候条件的迹象，其所蕴含的真知灼见和朴素的生态思想，对于目前推进基于"双碳"目标的绿色城市设计研究仍然具有重要的借鉴和参考价值。

回溯城市建设与发展的历程，基本上与人类社会的发展阶段相符，大致经历了三个阶段，即前工业时代、工业时代和后工业时代，其主要特点如表3-1所示。[2] 本章将基本按照上述的城市发展主线，对各个时期的典型案例、理论著作、思想流派等资料进行比较甄别，并进一步综合整理，以期梳理出绿色城市设计的演进历程和发展脉络，从而将对城市未来的思考建立在深厚的历史和现实基础之上。

文明类型	前工业时代	工业时代	后工业时代
主要时段	原始社会后期、奴隶社会、封建社会与资本主义社会之前	资本主义社会建立至20世纪70年代	20世纪70年代后期至今
人口聚集	相对缓慢	初期人口绝对集中，成熟期人口相对集中	人口"相对分散"
城市化进程	城市发展缓慢	快速城市化时期	城市化发展成熟期
环境问题	森林砍伐、地力下降、水土流失	从地区灾害到全球性公害，大气污染、温室效应	新的伦理技术观，全球性公害与灾难逐步得以解决
对自然的态度	尊重、顺应自然	征服、控制自然	保护利用自然、和谐共生
对能源的利用	基础能源开采利用	化石能源开采利用	化石能源的利用与研究、新能源的探索
生态意识	生态自觉	生态失落	生态觉醒与生态自为

3.1 前工业时代的绿色城市设计

3.1.1 形成背景

研究和考古发现表明，美索不达米亚、埃及、伊朗和小亚细亚的聚居点在公元前 5000 年已经出现了城镇雏形。世界上最早的一批城市主要诞生于底格里斯河、幼发拉底河、黄河、长江三角洲、尼罗河、印度河等冲积平原区域。不少学者认为，发端自两河文明"新月沃地"的苏美尔文化是城市最早产生的摇篮，苏美尔人最先创造了城市聚落。[3]

在史前人类聚居地形成和营造的最初过程中，主要依从自然环境条件的共同法则。对太阳、风和水等自然条件的尊重和适应一度被作为当时聚落建设的重要准则，聚落出现大多是在气候相对温暖和靠近水源的地方。当时的聚落还依据其所在地的地理位置环境、海岸走向、河谷或山坡地势而修建，很多聚落都修建于自然高地或人工高台上以抵御水患。中国黄河流域及其洛河、渭河河谷地带则发展出中国早期的城市聚落。

城市数千年的漫长演进过程与自然环境条件有着很大关系。早期城市形成主要来自农耕定居，核心内容是农业的发展，与之相关的三大要素——水、耕地和能源在供给方面对自然环境有着较强的依赖性，也即后来所说的"生态足迹"。这一点可以从那些古老文明的地理分布中找到明显的佐证。一方面，这些城市均出现在自然条件相对优越的区域，即北回归线和北纬 30°之间，气候和土壤适合动植物生长，雨水充沛，建筑取材方便。另一方面，城市邻近较大的河流也非常重要，因为那样能够为饮用水、灌溉和运输提供便利，并使人类可以在肥沃的洪泛平原上从事农业活动。底格里斯河和幼发拉底河（美索不达米亚）、尼罗河（埃及）、印度河（印度）及黄河（中国）等河流与水系为早期城市与古老文明的诞生与发展提供了理想的自然禀赋。[4]

用今天的眼光来看，这些做法恰好印证了现代生态学所论及的"边缘效应"，即在两种或多种生态系统交接重合的地带，通常生物群落比较复杂，某些物种特别活跃，会出现不同生态环境的生物共生现象，生存力与繁殖力也更强。因而，人类早期的文明及其聚居地大多从沿海、沿河或滨湖等水陆生态系统交界重合地带形成、繁衍与发展壮大起来。

3.1.2 发展历程

由于人类早期生产力水平低下，经济技术条件落后，故城市规模及其分布规律受到自然环境条件的直接限制。世界各地由于地形地貌、气候条件的不同，早期城市文明孕育的时间和水平呈现明显的地域差异性。

人类文明最早应回溯到两河流域的美索不达米亚，该地域的城市发展与这一时期的自然环境变化非常一致，即沼泽和草原干涸、干热草原和沙漠日益成为环境类型的主导。在美索不达米亚地区，灌溉系统方面的建设与维护是一种传统的城市能源利用与维护形式，其为更大型聚落的形成和发展提供了保障。运河系统不仅有助于粮食生产，可促使太阳能向食物能量转化，同时，其自身也融入城市结构的形成与演变之中。

在古代巴比伦地区，著名的空中花园建立在一系列升起的台地上，其从幼发拉底河引水，并借助泵压系统进行灌溉。空中花园成功地将自然能源采集形式与建筑用能形式相结合，创造出世界上第一个壮观的太阳能设计案例。古代巴比伦城清晰地表明太阳朝向对城市形式的重要影响，其街道的安排有利于城市居民从气候条件中获益，如日照和通风；同时，还能防止其他不利因素对居民的影响，利用遮蔽阻隔恶劣的西南风，并提供适宜的通风和遮阴措施（图3-1）。

古埃及也是人类早期文明发源地之一。古埃及卡洪城（Kahun）抵御恶劣自然环境的处理方法表明，当时劳动分工和奴隶制已经实行，社会分化愈发明显。"全城内外有砖砌城墙数道，设防严密。城中用厚的墙划分为东、西两区，西区为奴隶居住区，拥挤简陋；东区大道以北是王公贵族院宅，宽敞豪华，大道以南是商人、手工业者、小官吏等城市生产阶层的住宅"。[5]在卡洪城中，奴隶们住在多风的城市西区，形成缓冲区域阻挡了来自大漠的沙尘与热风，从而保护了东区的富裕居民；而达官贵族则占据了最好的地势和位置，充分迎取北向和煦凉爽的微风（图3-2）。再如伊拉克的巴格达地区，仆人和牲畜通常被安置在条件最差的城市地段。

图 3-1　古代巴比伦城的空中花园
（图片来源：田银生，刘韶军 . 建筑设计与城市空间 [M].
天津：天津大学出版社，2000.）

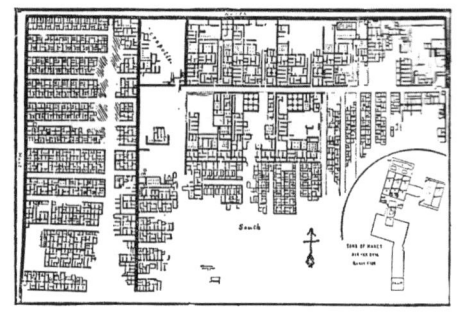

图 3-2　早期古老文明的发源地
（图片来源：BEHLING S，BEHLING S. Sol Power：The Evolution
of Solar Architecture[M]. Munich，Germany：Prestel，1996.）

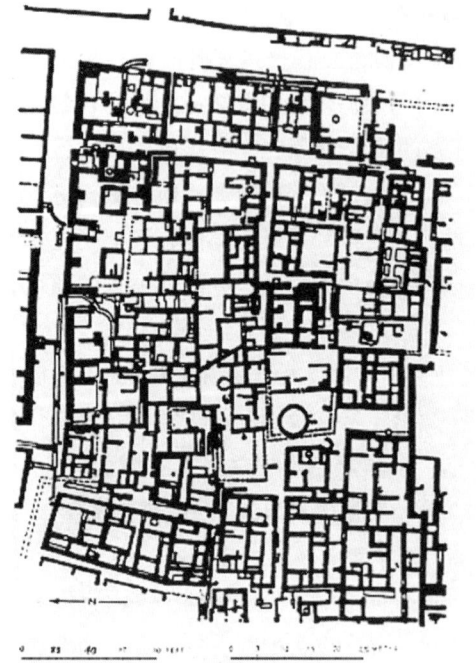

图 3-3　摩亨·达罗城总平面图
（图片来源：贝纳沃罗 L. 世界城市史 [M]. 薛钟灵，余靖
芝，葛明义，等，译 . 北京：科学出版社，2000.）

在古代城市发展的鼎盛期，印度河流域分布着大量的大型居民点，其中较大的为哈拉帕（Harappa）和摩亨·达罗（Mohenjo Daro，公元前3000—前2000年）。这些城市有着较高水平的管理制度和严格的社会规章，以一种近似方格网结构为基础进行高密度建设，并根据太阳方位形成街巷肌理。城市中心区域的城堡不仅有圣地和市政空间，甚至还包括粮仓等。显然，食物供给的安全对于当时的人类而言具有极为重要的意义。例如，位于今天巴基斯坦信德省境内的摩亨·达罗城，其总面积为 7.77 km^2，主要由民居、宫殿、庙宇和主次分明的方格形路网及完整的上下水系统组成。这是迄今已知的古印度文明最早的城市之一，也是最早结合自然环境进行城市建设的案例之一。摩亨·达罗城的主要街道宽约为 10 m，呈南北走向，与主导风向一致，并通过东西向的次要街道连接起来，每个街区约为 336 m×275 m（图 3-3），这种方格网道路系统有利于组织城市通风。[6]

公元前2000—前1000年，中国黄河流域的城市也开始了类似的发展演变过程。中国发掘的较早的城市遗址是河南偃师的商城，约建于公元前1600年，大致呈长方形，面积约为 2 km^2。全城路网采用经纬涂制，各干道均与城门相连，能使城市保持良好的通风条件。城内敷设有排水系统，以防雨季内涝。2019 年 7 月，中国良渚古城遗址获准列入世界遗产名录，标志着中国在距今 5000 年前，已经发展出古代城市文明。良渚古城遗址位于浙江省杭州市余杭区瓶窑镇内，是长江下游地区首次发现的新石器时代的城址，其外围的水利系统，是迄今所知中国最早的大型水利工程，也是世界最早的水坝（图 3-4）。

格网模式的运用和建筑朝向的选择是后续文明中城市形态塑造的主要特点。由格网提供的严谨城市框架反映出人们对创造一种高效、有序社会的渴求。格网提供了一种良好的语法逻辑，有利于居民徒步行走时寻找道路，也易于形成良好的城市意

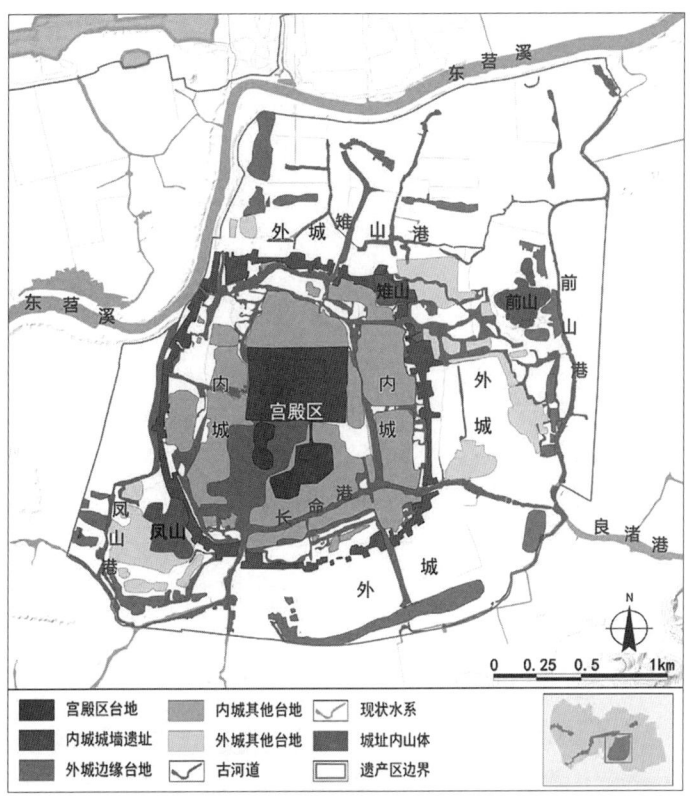

图 3-4 良渚古城遗址城址区结构

(图片来源：陈强．良渚古城遗址公园规划与建设的启示与思考 [J]．自然与文化遗产研究，2020，5（3）：69-79．)

象特征，即道路、边界、区域、节点和标志物。[7] 同时，格网状城市形态还有助于形成严格的城市分区，为日益显见的社会分层孕育了物质基础。

古希腊时期，希波丹姆斯（Hippodamus）在《空气、水与场地》（*Air, Water and Places*）一书中强调了空气、土壤及其环境，为场地选择和城乡规划列出了公共卫生的要点和生态观念，并将类似的网格状骨架应用于城市规划中。哲人苏格拉底也提出了利用太阳能维护房屋冬暖夏凉的设想，当时的希腊人借助这一设想在奥林萨斯（Olynthus）① 建造了一座名为"北丘"的太阳城。城市街巷布局因地制宜，方整划一，主干道为南北向，次干道为东西向，每个街区大约为 90 m 宽，35 m 长，所有住宅都围绕中央天井布置，从而保证所有的主要房间均能获得南向阳光（图 3-5）。

与奥林萨斯相类似，小亚细亚沿岸的普里埃内（Priene）也采取了严格的网格状道路系统。由于这里地形起伏较大，故为了实现网格状道路需付出更大代价，但这样有利于保证每一户均有朝南的机会。在实在无法实现

① 奥林萨斯是希腊东北部马其顿区的一座海滨古城，公元前 5 世纪曾经与雅典和斯巴达相抗争，并先后被二者征服，公元前 348 年毁于战争。

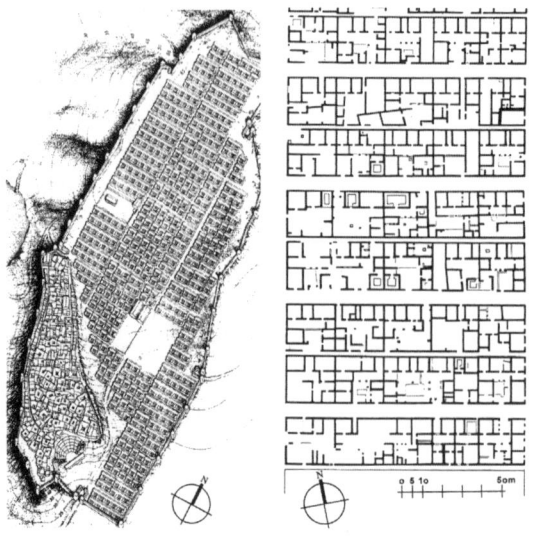

图 3-5 奥林萨斯总平面与组团平面
（图片来源：BEHLING S，BEHLING S. Sol Power：The Evolution
of Solar Architecture[M]. Munich，Germany：Prestel，1996.）

南向的情况下，可选择次好的西向，尽管这在夏季将面临严重的西晒问题，但古希腊人已经开始在走廊内使用帘子来遮阳。[8] 最近的考古表明，几乎所有普里埃内建筑都有着近乎一致的平面、剖面、立面，以及相似的朝向。如图 3-6 所示的城市总体复原图景和局部轴测图显示了其简单的结构，每个单元都围绕庭院组织，北面的房屋用于居住，主要房间设有南向的遮阳门廊。[9] 以日照和通风为基本准则建设的古希腊城市，总体上呈现一种理想化的太阳能城市特征，除公共设施以外，所有的建筑设计都大致相近且能够有效利用太阳能。

在古希腊的基础上，古罗马将对自然环境要素的利用提高到新的水平，在建筑中使用玻璃是这一时期具有革命性意义的进步。理论巨匠维特鲁威在《建筑十书》中总结了希腊和罗马时期建筑设计与城市建设的历史经验，并对城市选址、城市形态与城市布局提出了独特见解。[10]

图 3-6 城市总体复原图景和局部轴测图
（图片来源：BEHLING S，BEHLING S. Sol Power：The Evolution of Solar Architecture[M]. Munich，Germany：
Prestel，1996.）

（1）关于城市选址，必须选用高爽地段，不占用沼泽地、病疫滋生之地，应有利于规避浓雾、强风和酷热；要有充足的水源供应，有丰富的农产资源，以及有便捷的道路或河道通向城市。

（2）关于建筑选址，探讨了建筑的性质和城市的关系，以及建筑周边地段的现状、地形、道路、朝向、阳光、风向、雨水及污染等。

（3）关于街道布置，研究了街道与风向的关联性及其与公共建筑的关系，并对广场的设计提出了建设性的意见；同时，还对风能的利用提出了独到的见解：审慎地采用小巷挡风会是明智之举。风如果过冷会有危害，过热则会使人感到慵懒，含有湿气则要致伤，上述弊端必须加以避免。

（4）在城市形态方面，维特鲁威继承和发展了苏格拉底、柏拉图和亚里士多德的哲学思想和相关城市规划理论，提出了八角形的理想城市模式，为避强风，放射形道路不可直接对向城门（图3-7）。

中世纪早期的城市大多以"渐进主义"的方式自发形成，结构形态多以环状和放射形为主，城市规划则倾向于"描述性"。其不是一开始就有一个确定目标，而是从实际的生活需要和社会状况出发，基于对城市日常的自然资源能源开采而不断调整与修正，比较自然。沙里宁曾评价中世纪的城镇是"贴切地镶嵌在大自然的壮丽的环境之中"。例如，从苏格兰多翰镇到意大利的佛罗伦萨和圣吉米尼亚诺城，选址大多位于水源丰富、地形高爽之地，且注重利用城市制高点、河湖水面和自然风光，从而形成独特的城市个性。

到了文艺复兴时期，欧洲的城市设计越来越注重科学性和规范化，这一时期的数学、地理学科知识对城市的发展演变起到了重要作用。此后，出现了巴洛克风格，城市建设更加注重广场、园林等环境建设，注重改善城市公共设施和卫生条件，这对美化环境、调节城市与自然的关系起到积极作用。

3.1.3　自然条件约束下的城市设计

与西方古代城市建设和发展相比，中国古代也积累了丰富的城市规划设计经验。《周礼·考工记》中记载"匠人营国，方九里，旁三门，国中九经九纬，经涂九轨……"，这是中国最早的城市规划思想，它主要出于维护传统的社会等

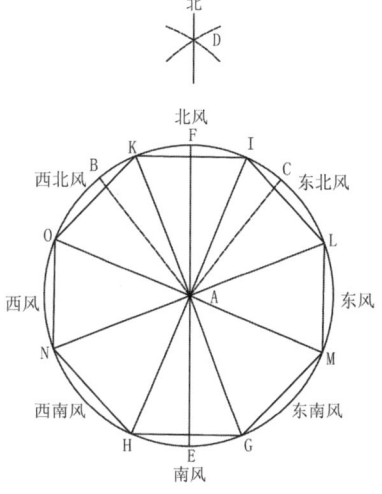

图3-7　维特鲁威对于城市风向的考虑
（图片来源：维特鲁威.建筑十书[M].高履泰，译.北京：知识产权出版社，2001.）

级和宗教礼法，在城市形制上表现出皇权至上的理念。应用更加普遍的是管子倡导的因地制宜的城市设计和建城思想。管子强调"因天材，就地利，故城郭不必中规矩，道路不必中准绳"的自然至上的理念，倡导规划要与气候、地形地貌等自然环境条件相结合。这两种思想再加上后来出现的"堪舆"理论，影响了中国长达数千年的城市形制。

"堪舆"是一种独特的文化现象，也是一种基于自然能源的经验式利用。它是在长期对自然的细致观察和实际生活经验的基础上逐渐形成的一种有关住宅、村落及城镇等人居环境的选址和规划学说，在城市环境规划和空间结构优选上都达到了相当水准。"堪舆"理论作为"宇宙生物学的思维模式"，选择合适的时间和地点，使人与大地和谐相处，以获取最大的利益、安宁和繁荣，其实质是对在选址方面作为准绳的地质、水文、日照、通风、降雨量，以及气候、气象、景观等一系列的自然环境要素进行优劣评价和选择，并采取相应的设计方法和措施，从而达到"趋吉、避凶、纳福"的目的，创造及时有效的能源采集条件，以及舒适宜人的环境。[11]

中国古代的城市建设一般遵循"天时、地利、人和"的生存之道，强调因地制宜，追求经久合理的优越地理区位，善待自然、顺应自然，倡导人与自然的和谐共生，同时遵循象天法地、人与天调、天人合一的朴素自然哲学思想。从秦咸阳都城到北魏洛阳、唐长安再到北宋汴梁、元大都及其后的明清北京城，都是基于上述传统城市设计思想与规划方法运用的例证（图 3-8）。中国历来的城市建设大多以正交的南北向网格为基础，以保证城

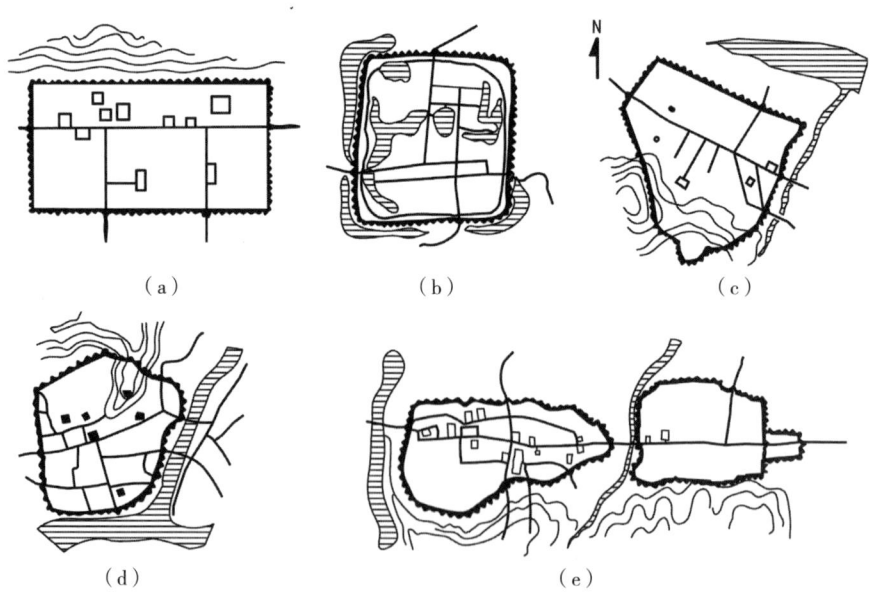

（a）　　　　　　　　（b）　　　　　　　　（c）

（d）　　　　　　　　　　（e）

图 3-8　管子思想催生了后世丰富多样的城市形制
（a）陕西雒南；（b）河北东鹿；（c）陕西汾州；（d）福建汀州；（e）甘肃平凉
（图片来源：洪亮平 . 城市设计历程 [M]. 北京：中国建筑工业出版社，2002.）

市建筑享有良好的日照、通风条件；同时，也注重与自然环境的结合，把自然环境要素作为城市环境景观的重要组成部分，并强调城市水系建设和人行步道绿化种植，这对调节气温、美化环境都起到积极作用。

通过对上述早期城市发展沿革的研究我们不难发现，虽然城市的出现已有 5000 多年的历史，但在漫长的前工业时期，城市发展非常缓慢，其主要作用是政治的而非经济的。早期城市与农业没有完全分离，仅是一种独特的城乡合生体，通常规模较小，接近自然，城市活动对环境影响较小，与自然能够和谐共处。早期城市发展对人类活动和自然环境之间的关联有着明显的依赖性。虽然在城市结构中，人口与活动的聚集使得人们能够在一定程度上摆脱环境不稳定对他们产生的影响，但是人类发展与环境之间极为重要的平衡关系仍必须小心维系。前工业时期的城市文明仍需"听天由命""靠天吃饭"，因此保护农业生产的适宜条件至关重要；聚落、城市建设也只能"因天时，就地利"，选择自然环境适宜的场所营造，故这一时期自然环境、气候条件对于人类而言无疑是最为关键和最具决定性的。

3.2

工业时代的绿色城市设计

3.2.1　形成背景

从 18 世纪开始，西方社会经历了一个从农业经济向工业经济、从封建社会向资本主义社会转型的过程。工业化带来生产力的空前高涨，并对城市化进程产生巨大的推动作用：一方面是"农村的推力"，工业技术促使劳动生产力得到前所未有的提高，不仅满足了日益增长的人类基本需求，同时也导致农村的剩余劳动力日益增多；另一方面是"城市的推力"，工业的兴起为农村的剩余劳动力提供了就业机会，工业规模逐渐超越了农业，城市所具有的规模效益和聚集效益使之成为工业经济所必须依赖的物质载体，因而也就成为工业社会人类主要的聚居模式和空间形态。[12]

工业生产从 18 世纪初期至下半叶逐步扩展，随着资金的快速循环，生产力规模和特性发生了变革，城市化进程得以快速推进，从而在很大程度上改变了所在地区和城市的居住、工作、出行和交通模式。随着生产方式的改进和交通技术的发展，大量破产的农民被迫向城市集中，造成各类城市都面临人口爆炸性增长的问题，致使原有的居住设施严重匮乏，旧的居民区不断沦为贫民窟。与此同时，由于人口集聚、交通设施匮乏，给投机商在市区建造一些设施简陋、根本满足不了基本通风采光需求的住房埋下伏笔。当时，不少工业城市都有拥挤肮脏的工人贫民窟，居住生活环境十分恶劣。穷人多居住于政府为其指定的隔离区域，在富裕阶层所看不到的地方努力挣扎着活下去……这些地区卫生条件极差，疾病、瘟疫流行，造成了严重的社会问题。根据英国社会活动家埃德温·查德威克（Edwin Chadwick）的调查研究，维多利亚时代初期，在伦敦东部的一些工人聚集区，中产阶级的死亡年龄大约为45岁，商人平均为27岁，而那些体力劳动者平均死亡年龄仅为22岁；在利物浦和其他一些城市，形势则更为严峻。[13]

面对工业化发展所带来的日益严峻的环境问题和社会问题，人们认识到城市发展不仅要适应工业化生产，也要逐步解决由此导致的各种弊端，一些具有良知的人道主义者提出了基于公共卫生的社会改革。1848年，英国通过了第一部"公共卫生法案"，并得到不断补充与完善。到了1875年，该法案已涉及住房通风、饮水供应、污水排放、阻挠行为、危险性贸易、传染性疾病，以及其他许多公共问题，并成为当时世界上最有效、最广泛的公共卫生法规系统。[14]该法案不仅对公共卫生提出了规定，还对街道的宽度和建筑物之间的空间距离提出了要求，以保证住区具备新鲜的空气和良好的日照条件。这对城市住区结构和房屋格局的改良起到了重大影响。

与此同时，在城市设计领域，一些社会改良家、规划师、设计师也纷纷针对当时城市存在的种种弊端进行探索，试图通过改造大城市的物质空间环境来解决社会问题，缓和社会矛盾，从而建立一个和谐、高效、新颖的社会。这些讨论和设想在很大程度上是"对过去城市发展讨论的延续，同时又开拓了新的领域和研究方向，为现代城市设计的形成和发展在理论上、思想上和制度上都做了充分的准备"。[14]

3.2.2　发展历程

1. 西方近代城市设计发展

工业革命带来的新技术使建筑师、设计师和城市建设者的视野逐渐扩大。事实上，城市建设正日益表达出一种对技术本身的驾驭力，而不只是将其作为一种建造的工具。由于技术的发展，城墙已逐渐失去防御功能，再加上城市功能的日益复杂与分化，以及新颖交通和通信工具的发明和运用，故近现代城市的规模尺度和形体环境发生了很大变化，城市社会日益呈现开放性特征。[15]通过对这一时期城镇居民生活的解读和研究，可以发现贫穷、疾病和高密度曾经是当时城市居住生活中普遍存在的问题，但是工业进步让一部分人的生活水准有了很大提高，不仅是那些带有绿色开放空间的居住建筑质量有了提高，而且新建造的住区通过学校、医院、救济院等设施也促进了教育和卫生方面的改革。这样的住区标志着人们越来越关心城市环境质量，希望逃离城市，居住到环境更卫生、空间更宽敞的乡村，从而使得绿色住区的出现及一系列新的城市设计思想的诞生。

在这一阶段，城市规划设计和建设取得了丰硕成果。从托马斯·莫尔（Thomas More）的"乌托邦"概念开始，到罗伯特·欧文（Robert Owen）和查尔斯·傅立叶（Charles Fourier）提出的"协和村"和"法郎吉"社区理论与实践，他们都期望通过建构理想社会的城市组织结构改变其认为是不合理的社会。同样具有影响力的还有威廉·莫里斯（William Morris）和约翰·拉斯金（John Ruskin），其提倡人们应更多地回归乡村这样的生活方式，并基于工艺美术运动的主导思想提出社区观念。[16]

1853 年，乔治·尤金·奥斯曼（Georges-Eugène Haussmann）主导的巴黎改建规定了住房平面布局的标准方式和街道设施，有效整治了城市街景，并在城市中修建了两个森林公园及大面积的开放空间，大大提高了城市的日照、通风和卫生条件，从而成为当时欧美城市改建的范式。[17] 同时期，代表性的事件还有皮埃尔·查尔斯·郎方（Pierre Charles L'Enfant）主持的美国华盛顿规划、荷兰阿姆斯特丹旧城改造。[18] 此外，值得一提的是 19 世纪后半叶在美国掀起的旨在保护自然、建设绿地的公园运动，其力求打破城区高密度的旧有空间概念，从建设公园开始进而发展到利用绿地系统分隔城市组团空间，并逐渐形成一种新的城市空间。弗雷德里克·劳·奥姆斯特德（Frederick Law Olmsted）是这一时期的杰出代表，其在著作《公园与城市扩建》中提出要为后人考虑，给城市留出呼吸空间，并在纽约的中央公园"绿肺"建设中实践了这一设想（图 3-9）。[19]

19 世纪 80—90 年代，在欧洲和北美的一些大城市中开始出现轨道交通设施，从而使得中产阶级能够居住到内城以外的其他地方。考虑到恶劣的城市环境与工人们的身心健康，慈善家们提议创造一种新的居住模式，亦即一种更加健康的生活与社会变革同步发展。这些慈善家们希望通过改善人们的生活和工作环境来实现社会变革的理想，当时人们已清晰地认识到居住状况与身心健康的重要关系。1888 年，威廉·利华（William Lever）在毗邻其化工厂建筑综合体的地方建造了名为阳光港的理想城（图 3-10）；19 世纪 80 年代在芝加哥南边也建造了类似的理想城。理想城其城镇采用方格网道路形式，有着均匀分布的绿地，日照、通风良好。该居住区包括

图 3-9 从空中俯看中央公园
（图片来源：RYBCZYNSKI W. 纽约中央公园150 年演进历程 [J]. 陈伟新，GALLAGHER M，译. 国外城市规划，2004（2）：65-70.）

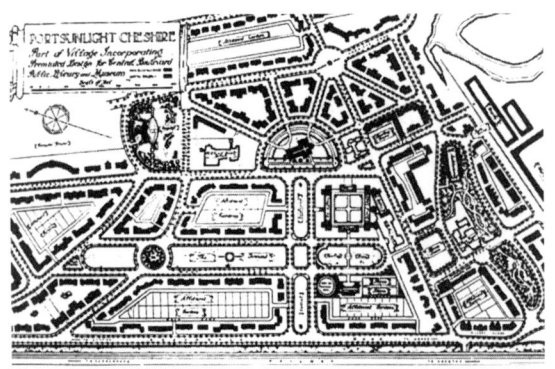

图 3-10 阳光港城平面

（图片来源：BEHLING S，BEHLING S. Sol Power：The Evolution of
Solar Architecture[M]. Munich，Germany：Prestel，1996.）

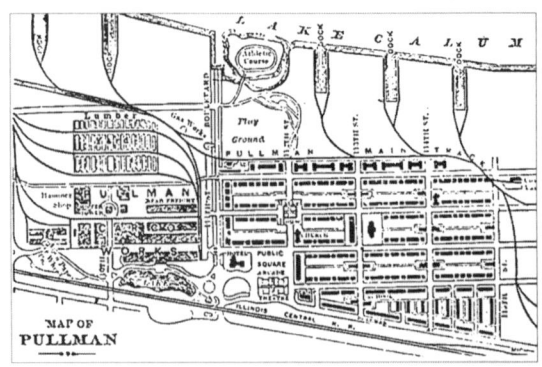

图 3-11 帕尔曼式理想城

（图片来源：BEHLING S，BEHLING S. Sol Power：The Evolution of
Solar Architecture[M]. Munich，Germany：Prestel，1996.）

了紧邻工厂"就近规划"的工人公寓，并提供了许多公共设施（图 3-11）。[20]

工业革命产生的城市环境问题引发人们的广泛关注，旧有的城市规划建设思想已不能完全适应发展的需要，亟待探索新的理论和进行新的实践。1882 年，索里亚·伊·马塔（Soria Y. Mata）提出的城市模式呈现为一种线性结构。他在杂志"*LE Progress*"中提出的方案是要建立一个环绕马德里的类环状线性城市，就像是串了很多珠子的项链。从抽象形式上来看，线性城市扮演的是"运动脊椎"的角色，将现有的城市网络沿着交通要道连接起来。该街道不仅将城市交通和其他服务设施整合在一起，而且可以继续延伸，并与现有的城市中心相连（图 3-12）。这种线性发展的城市模式虽然占地较多、交通流线过长，却有利于城市空间与绿色开放空间的接触和融合，能为市区提供相对较好的生物气候条件。[21]

工业化时期对城市规划思想影响最大的是霍华德于 1898 年提出的一个没有贫民窟、没有烟尘的田园城市理想。他想建立一种环形田园城市，这种

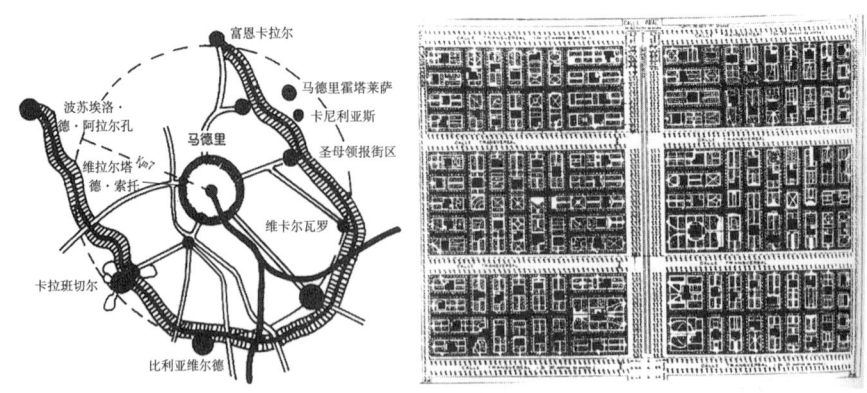

图 3-12 带形城市

（图片来源：洪亮平. 城市设计历程 [M]. 北京：中国建筑工业出版社，2002.）

模式综合了城市生活和农村生活两者的优点。田园城市思想主要是通过控制城市规模的方法来达到城市生活和自然保持密切联系的目的，通过分散于大范围绿色环境中的城镇群之间的协调，避免大城市发展带来的拥挤、混乱和嘈杂，让居民远离城市、亲近自然。在霍华德的"三块磁石"中，城市内部负面的环境条件，例如污秽的空气、雾与干旱，以及阴暗的天空，都被郊区清新的空气和明媚的阳光所取代。每个田园城市均由一个拥有 58 000 人的中心城和 6 个能容纳 32 000 人的卫星城镇所组成（图 3-13）。[22]

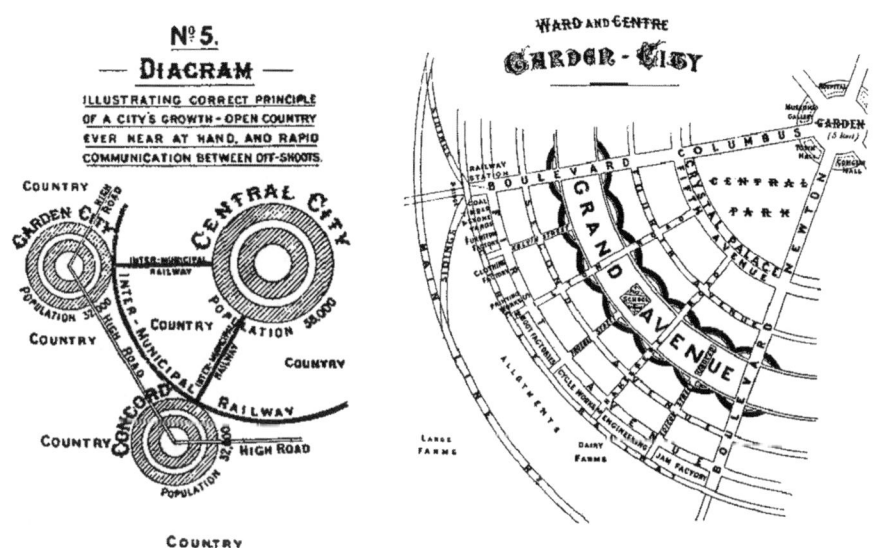

图 3-13　田园城市组群

（图片来源：埃比尼泽·霍华德.明日的田园城市 [M].金经元，译.北京：商务印书馆，2010.）

田园城市理论对现代城市规划思想起着极为重要的启蒙作用，对后来出现的有机疏散理论、卫星城镇理论等影响巨大，也是绿色城市设计最重要的理论渊源之一。"随着田园城市的成长，大自然的免费馈赠——新鲜空气、阳光、呼吸空间和游戏空间——仍将保留足够的数量；在使用现代科学成果的基础上使技艺可以补充自然，从而使生活变得永远愉快幸福"。[22]

2. 现代城市设计模式演变 [23]

在两次世界大战之间，现代主义在人类发展和社会组织新形式的关系中确定了基本信念，并成功地跨越了政治和意识形态之间的隔阂。城市规划及其他不同的文化领域都致力于表达新的时代特征。其中，一些学者热衷于反城市化和回归自然；与之相反，也有不少人热衷于倡导科学和理性，反对个人主义和浪漫主义。

当时，通过反城市化从而使人们回归健康、阳光的生活方式是一种颇具竞争力的学术思潮。托尼·戛涅（Tony Garnier）所倡导的社会主义"工业城市"是这一时期的典型代表。该城市模式与当地环境紧密联系，最终形成了绿树成荫的居住区和低密度的城市形态。1917 年，戛涅在"工业城市"的方案中将居住区布置在一处日照、通风良好的山坡上，并根据生产需要将大量工业部门于河口附近集中布置，且首次将不同的工业企业分解为若干群体，对环境影响较大的工业，如高炉等尽可能使其远离居住区，而纺织厂等则临近居住区安置。[24] 该方案将不同功能的用地划分得相当明确，并使之各得其所（图 3-14）。这一朴素的城市设计思想已初步具备了现代城市功能分区的基本雏形，也对应了一种能源主导的形态线索。

尽管田园城市的发展主要集中在大城市的边缘郊区，但在 20 世纪初的英国，田园城市思想还是得到了广泛认可，基于公共交通系统的郊区化运动曾经一度主宰了大都市区的形成与发展。美国也提出了有关城市郊区化设计的革新思想。例如，新泽西州的雷德伯恩新城规划，强调人行与车行交通分离，绿化空间相互连接，房屋单元簇群状围绕道路呈现尽端式空间布置（图 3-15）。同一时期，最抽象、最具有理论高度的思想是由尼古拉·亚历山德罗维奇·米柳京（Nikolay Alexandrovich Milyutin）于 1930 年提出的，他的理论概括起来就是将线性城市按功能分成六个平行的地带。莫赛·金兹堡（Mosej Ginzburg）和米亥尔·巴奇（Mikhail Barshch）为莫斯科扩建而设想的绿色城市模式，则以另一种特殊的结构形式表达了相同的原则。[25]

工业时代是一个属于英雄主义的光辉时代，不少建筑师和研究者都试图通过论述和实践改造环境、改良社会。1929 年，希格弗莱德·吉迪恩（Siegfried Giedion）出版了《居住的解放》一书，书中倡导将"阳光、空气和开敞性"作为新的生活准则。[26] 与此相似的是，理查德·诺依特拉（Richard Neutra）认为设计与其使用者的身心健康具有某种关联。他在《生存贯穿设

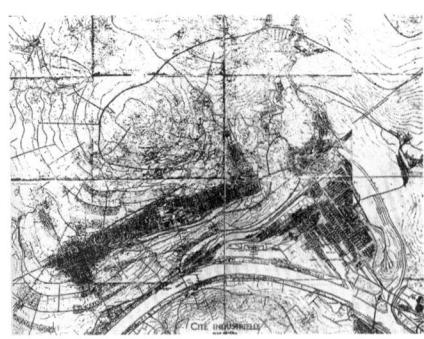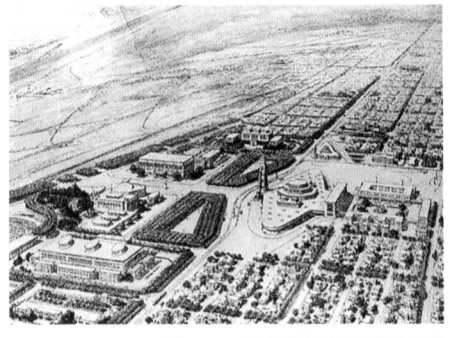

图 3-14 工业城市平面与总体形象

（图片来源：洪亮平. 城市设计历程 [M]. 北京：中国建筑工业出版社，2002；BREND R V. Green Architecture: Design for a Sustainable Future[M]. London：Thames and Hudson，1996.）

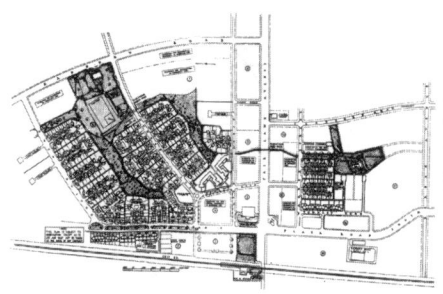

图 3-15 雷德伯恩新城规划
（图片来源：WATSTON D，FAIA，Alan Plattus，et al. Time-Saver Standards for Urban Design[M]. New York：McGraw-Hill，2001.）

图 3-16 曼哈顿上空以大地测量为基础的圆顶
（图片来源：BREND R V. Green Architecture：Design for a Sustainable Future[M]. London：Thames and Hudson，1996.）

计》（*Survival Through Design*）一书中写道："现在越来越紧要的是，设计物质环境时应有意识地增加对人生存的基本问题的研究"。

与 20 世纪早期的城市设计实践相比，美国的巴克敏斯特·富勒（Buckminster Fuller）具有丰富的想象力。他在居住模式中同样表达了有关生存的新概念，涉猎范围从超轻量设计直到空气动力学的形式，其目的在于改善居住环境的通风、隔热、抗风压等性能。富勒倡导了实用导向的城市所需的弹性设计——利用"人工气候"发挥细分空间层次的自由。在这类案例中，最令人震撼的是他在 1962 年的提案（图 3-16），"那是一个以大地测量为基础的圆顶，目的在于防止曼哈顿受到空气污染。在这个末世的景观中，覆盖的结构不过是一层表皮，它包住了都市生活，使其免于外界恶劣气候的侵扰。富勒的提案已将建筑领域拓展到了极限，整个方案侧重于建筑的某一个方面，即抵抗不良的气候，至于圆顶本身如何使用，富勒没有提出更进一步的说明"。[27]

在 20 世纪 20—30 年代，勒·柯布西耶（Le Corbusier）在城市规划设计方面同样取得了突出成就。他主导的城市设计理论与实践中非常关注风和太阳对城市居住区的影响。在"光明城"的方案中，柯布西耶首先提出了将整个城市底层架空及立体绿化的观念，从而将"底层架空"和"垂直的花园城市"的理念发挥到了极致（图 3-17）。[28]特别是在《光辉城市》里，柯布西耶提出了现代城市的概念，指出诸如交通堵塞、高密度和大气污染等城市问题，并设想了一个有着绿色的"肺"和有着连接高效公路网络的高楼林立的现代城市，注重能源效率、可持续发展和人类舒适性。柯布西耶在总结自己战后的设计方向时宣称，"一个人以现代的方式建造，会发现景观、气候与传统的和谐"。与柯布西耶不同，另一位建筑大师弗兰克·劳埃德·赖特（Frank Lloyd Wright）在广亩城市（1928—1963 年）中提出了一种低密度的未来城市或城市郊区景观模型。他认为每个住宅单元应占地一英亩（约 4 046.856 m^2），并且各自独立，每栋住户都可根据个人喜好选择不同的生活方式（图 3-18），这是一种城乡合生型的田园城市。[29]

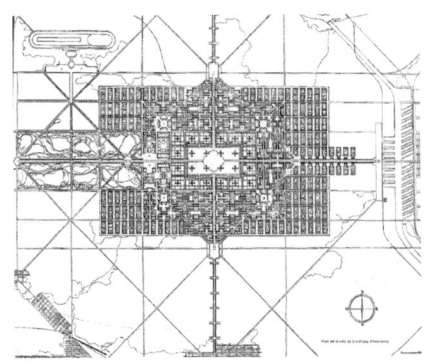

图 3-17　巴黎伏瓦生规划总图与整体模型
（图片来源：洪亮平 . 城市设计历程 [M]. 北京：中国建筑工业出版社，2002.）

同一时期，世界各地的建筑师们都在致力于寻求"工业社会里的适宜生活方式"，探寻城市和建筑形态的优化，从而使得每位居住者都能最大限度地获得阳光、空气和健康的生活空间。亚历山大·克莱因（Alexander Klein）是这方面的先驱，他努力使土地使用、建筑密度、隔热和通风达到最优化，并引发人们对城市几

图 3-18　广亩城市
（图片来源：BREND R V. Green Architecture：Design for a Sustainable Future[M]. London：Thames and Hudson，1996.）

何构成和住宅范型的浓厚兴趣。沃尔特·格罗皮乌斯（Walter Gropius）对自然环境要素中的太阳辐射对住宅的影响给予了关注，他认为气候是设计基本概念中的首要因素，并在其诸多住宅设计和规划方案中都以太阳照射角度的选择为设计准则。[30]

1933 年的《雅典宪章》明确了城市的三个基本要素，即阳光、空气和绿化，提出了一系列城市规划原则，包括由绿地分割的城市功能分区，以及每公顷一千人这样一个密度基础上每栋建筑表面能接受到的最大太阳辐射热量和日照时间。基于这一理念，由 7 位年轻建筑师完成的坐落在苏黎世城郊的诺依希尔（Neuhiihl）规划，就是一个很成功的阳光住区范例。该住区位于斜坡上，建筑顺应地形变化并按照人体尺度成组群式布置，基本为东南朝向，能够很好地满足环境舒适性要求。[31]

第二次世界大战后，有关阳光住区规划的看法出现了分歧。一方面，高密度的、以绿色开放空间环绕的、基于国际现代建筑协会（CIAM）原则建设的现代街区在旧城更新和城市周边住宅开发中得到认可；另一方面，人口扩散和城市郊区化步伐进一步加快。在美国，生产力和技术革新重新被用来创造新的生活和居住模式，在城市中心区，玻璃幕墙摩天楼建筑在不断改进

的技术推动下日臻完善。而在欧洲的战后重建和新城建设中，则通过制定新城规划来鼓励低密度建设，注重城市功能结构的完善和绿化环境的建设。事实上，当时所采纳的许多指导原则早在 50 年前的田园城市思想中就已被提及。1942 年，由帕特里克·艾伯克隆比（Patrick Abercrombie）主持编制的大伦敦规划在汲取霍华德和帕特里克·盖迪斯（Patrick Geddes）等先驱者理念的基础上，将生态学原理应用到城市规划中来，采用地域圈层手法，将大伦敦地区划分为内圈、近郊圈、绿带圈和外圈，其中绿带圈为一条 8 km 宽的绿化带，用以阻止城市向外蔓延，改善城市环境。[32]

此后，希腊学者道萨迪亚斯建立的人类聚居学（Ekistics，1963 年），美国麦克哈格教授"设计结合自然"的学说（1969 年），以及莫斯科总体规划（1971 年）等，分别从理论上和方法上对城市生态思想进行了深入探讨。这些学说在城市建设史上都有着重要意义。

3.2.3　经济增长至上的城市设计

第二次世界大战在一定程度上改写了人类文明的发展进程，由此所激发的先进技术的发展所造成的影响直接波及战后人们生活的各个层面，其中，尤以汽车等新型交通工具和空调的使用对城镇建筑环境的影响最大。

首先，整个 20 世纪，汽车、铁路等新型交通网络的日益普及对城市景观格局的形成和改变产生了深远影响。当城市铁路、电车及有轨电车等新型交通网络出现后，人们就不必居住在离他们工作地点很近的范围内，而是可以居住到令他们满意的发展中的郊区。上述郊区化所造成的城市空间扩张，打破了城市旧有的发展模式与能源集约体系，将导致城市无序蔓延。

其次，第二次世界大战之后空调的使用更加普遍，人类已由早期的被动适应气候步入"人工调控"微气候的时代。建筑逐渐摆脱作为人类"庇护所"和气候"过滤器"的束缚，人工环境设计中无视地理环境、气候条件的城市和建筑设计屡见不鲜。最令人感到荒诞不经的是，人们一边在承受漠视能源滥用的惩罚，一边又在为"人工调节"微气候付出高昂的能源代价，并忍受"空调综合征"的折磨。

最后，从总体来看，工业时代城市发展注重城市的功能合理和运行效率，提出了田园城市、阳光城，以及不少关于阳光、空气、绿化的生态相关的城市设计理念，但城市无序扩张和技术滥用也带来了诸多"城市病"，其背离自然环境、生物气候条件和依赖汽车交通的模式使人类不得不付出巨大的经济和能源代价，也在一定程度上削减了城市、建筑和人类生活环境的多样性和舒适性。随着城市问题的不断积累和恶化，原有的城市理论、方法和模式已无法提供有效的解决方案，原先建立在工业文明基础上的思想、手段也无力解决这些沉疴，这就要求我们在后工业文明的基础上对这些问题重新进行思考与探索。

相对于工业时代的人类中心论，后工业时代"可持续发展"思想的提出是人类社会对自身发展认识的一次深刻反思与超越。"可持续发展"要求人类重新回归自然，合理利用自然环境资源和其他资源，防止资源赤字，建立"自然—人—城市"融合、共生的绿色文明。这种新的资源观、技术观和环境伦理观将在很大程度上决定城市未来的走向和发展道路，同时也为绿色城市、生态城市和低碳城市的出现做了思想上和技术上的准备。

3.3.1　形成背景

20 世纪 60 年代以来，人类对自然无节制的掠夺使开发建设导致全球环境恶化，从而引起了人们的广泛关注。1962 年卡逊出版的《寂静的春天》，以及 1969 年麦克哈格出版的《设计结合自然》，均对人类滥用自然资源、竭泽而渔的发展方式提出了直接的批评，同时也建构了人类应与大自然合作的一系列具体的设计原则与方法。

1972 年，罗马俱乐部发表《增长的极限》，分析阐明了人们对有限自然资源的滥用及其对环境所产生的负面影响，并鲜明提出人类社会的增长是有极限的。1973 年，全球能源危机给世界各国尤其是发达国家敲响了警钟。高企的油价和紧缺的能源供给迫使欧美发达国家开始关注城市和建筑供暖、通风等与能耗相关的方式，寻找替代性绿色、低碳能源成为当时最紧迫的课题之一。能源危机促使人们开始反省人类自身的生产、生活和能源消耗方式，太阳能的应用在这一时期得到了前所未有的重视和发展。以美国为例，在能源危机之后，政府用于太阳能研究的预算增加了十几倍。很快，这股浪潮又席卷欧洲大地，一座座太阳能建筑、太阳能村庄和太阳能城镇如雨后春笋般不断涌现。

就在这一时期，国际组织和政府开始推动绿色城市设计的发展。例如，联合国通过可持续发展目标（SDGs）和《新城市议程》（*New Urban Agenda*）等文件，呼吁各国加强城市规划和设计，以实现可持续城市发展。当时，引起广泛关注的太阳能应用的案例是索勒里设计的阿科桑底城。该城位于临近亚利桑那州首府凤凰城近郊的玄武岩山麓，从 1971 年开始动工兴建，目前可容纳近 5000 人生活。这是一座按照三维空间堆积的、高度密集的城市结构类型，可以加强人口、资源和城市诸功能之间的相互关联，并充分发挥自然资源（如太阳能等）的效用，从而实现城市效益最大化及能源耗费和土地占用最小化，提高能源利用效率，消除因城市空间扩张而产生的各种不利影响。作为城市生态建筑学研究的典范，该城中有很多系统在共同运作，例如高效率的人流循环和资源循环，以及太阳能在采光、供暖和制冷方面的应用等。[33]

阿科桑底城实际上是各种类型的大型温室建筑的组合。温室是整个城市的"能源围裙"，其屋顶朝南倾斜。温室设计的目的比较复杂，不仅用于生产食物，也承担着冬季供暖和夏季制冷的能源供应重任。此外，大尺度的太阳能温室也利于城市居民与乡村自然景观保持密切联系。阿科桑底城试验直接推动了第二代即"两个太阳"的城市建筑生态学理论的形成，其中一个"太阳"是物质的，是生命、能源的源泉，而另一个"太阳"则表示人类的精神和不断进化的意识。两者共同利用四种无机效应（温室效应、烟囱效应、半圆顶效应和蓄热效应）及两种有机效应（园艺效应和城市效应）服务于新城建设（图3-19）。[34] 尽管阿科桑底城建设经验的普适性一直受到质疑，但索勒里对自然环境要素的利用和节能、节地的自觉绿色思想对能源和资源危机时代的城市设计和建设产生了深远影响，人们开始关注建筑的能源效率、材料选择和室内环境品质，以减少对自然资源的消耗和环境的负面影响。这为绿色城市设计提供了基础，强调城市规划和建筑设计的可持续性。

图 3-19　阿科桑底城
（图片来源：宋晔皓．鲍罗·索勒里的城市建筑生态学 [J]. 世界建筑，
1999（2）：62–67.）

与此同时，城市设计与当地风力资源相结合的探索也开始崭露头角。风力可以由建筑物自身通过集成化的涡轮机或其他集风装置加以利用。目前最常见的是将诸如风车这样的技术设计加以改良，并使之成为城乡人居环境中的一部分（图3-20）。汉斯·希尔所设计的太阳能风车将太阳能和风能的利用完美结合（图3-21），其工作原理是：太阳能风车平台下面空腔中的空气经太阳能

图 3-20　新疆达坂城风力装置
（图片来源：由周立，拍摄）

63

加热后，上升到风车的中心风道，利用上升气流驱动中部的涡轮机来发电。[35]

3.3.2 发展历程

技术和工业的进步，推动着城市和建筑现代化进程的发展。长期以来，人们习惯性地认为改革创新和技术发展可以战胜人类社会发展中的一切困难。但到了20世纪60年代，这一信念开始受到质疑，人们逐渐发现现代主义的普遍化、理性化和标准化并非提高人类生活水平的唯一基础。

科学推论在当时的环境大辩论中处于一种非常尴尬的境地。一方面，对知识的理性和客观性的质疑损害了真理和推论的权威；另一方面，科学观察和分析技术的提高使得人们

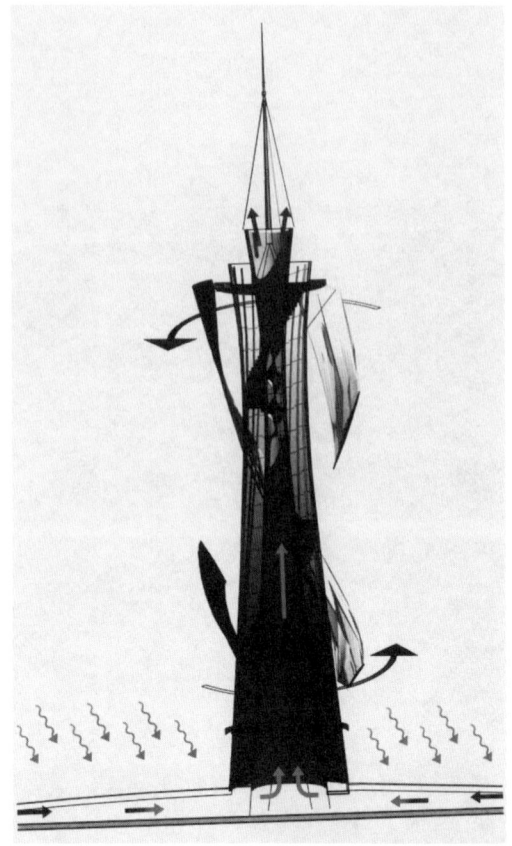

图3-21　太阳能风车工作原理
（图片来源：周浩明，张晓东.生态建筑：面向未来的建筑[M].南京：东南大学出版社，2002.）

能更好地理解环境是如何运行的。因此，科技进步提供了更多的方法和模式来解释人类活动对环境所造成的负面影响，以致人们认为那些用来克服这些不利影响的传统技术形式现在已经不起作用了。然而，即使是今日，人类同自然的关系仍然处于不断的博弈和试错之中。[36]正如理查德·罗杰斯（Richard Rogers）所言：今天的城市问题不是因为技术的飞速发展所造成的，而是对技术疯狂地、错误地运用的结果。

索菲亚·贝林（Sophia Behling）和斯蒂芬·贝林（Stefan Behling）认为，从伦理视角来看，如果技术层面无法提供解决方案，就需要重新审视人们的生活模式和生产消费活动。这就要求改变人们现有的生活模式，并在现行经济结构中依赖新的组织模式。尽管如此，技术的重要地位仍然不可动摇，人们对环境的认识与技术之间的辩证关系将成为未来绿色城市设计的内在要求。技术进步可以促使人们对自然环境要素（如气候等）形成的机理和组织结构展开持续研究，从而更精准地认识地球环境系统的复杂性。未来的挑战在于如何利用这一点来推动设计创新，并引领发展方向。

对人类和城市、建筑相关性的准确理解和把握，以及对复杂的数字技术的应用，都是绿色城市设计成功的关键。计算机辅助设计、虚拟现实技术、流体动力学、风洞试验、人工智能等领域的发展，都使得原本不可见的理论日益具象和可视化。这可以帮助人们在城市和建筑设计中获得更高的环境性能和能源效率，有助于人们清楚地理解在不同自然环境与气候条件下城市与建筑运作的差异性，无论其是源于外部压力抑或是内部需求。

目前，以"3S"技术，即遥感（Remote Sensing，以下简称 RS）、地理信息系统（Geographic Information System，以下简称 GIS）和全球定位系统（Global Positioning System，以下简称 GPS）为代表的空间信息技术已经广泛应用于城市总体设计阶段的环境分析中；计算机模拟技术则可以模拟城镇建筑环境中的日照、通风和声场分布情况，可以方便地预测和模拟城市设计方案阶段物理环境的优劣，并提出修改意见，帮助设计者改进设计。现在，可用的典型计算机模拟工具主要包括：针对用能的城市能耗建模（BEM），针对风热环境的计算流体动力学（CFD），针对光环境的日光 / 人工光照模拟、城市声环境分析技术，以及非数理模型的等比缩放实验等。最近，基于大数据分析和算法的城市环境气候图（UCMap）[37]、城市建筑能源系统（CityBES）[38] 等逐渐成为国内外相关研究的前沿领域，具体如表 3-2 所示。

典型计算机模拟工具 表 3-2

名称	功能	内核	开发平台
CityBES	城市尺度建筑能源建模分析	EnergyPlus	美国劳伦斯国家实验室
UMI	城市尺度建筑能源建模分析	EnergyPlus	麻省理工学院可持续实验室
COFFEE	建筑能源电网分析	EnergyPlus	美国国家电网
Envi-met GmbH	可持续性街区分析	CFD	德国美茵茨大学 Bruse 和 Fleer 的团队
Simcenter FLOEFD	快速线上流体力学计算引擎	CFD	西门子股份公司
Ecotect	建筑环境综合模拟，已停止维护，功能被整合进 Autodesk CFD	CFD	Autodesk 公司
Ansys Fluent	全尺度风热模拟	CFD	Ansys 公司

除了上述"白箱"模型软件以外，以"机器学习"为代表的数理辅助模型已经逐步运用于"增强或者替代"城市总体设计阶段的环境分析过程中，关注关联性形式研究与数据可视化编排。与上述模型不同的是，这两类模型需要依靠数据代码调试并以建筑物理知识为基础，需要有解决模型运算效率需求的建筑师和专业软件工程师的合作研究。除此之外，现今还有很多大数

据分析软件和 APP 可帮助建筑师与城市设计者进行城市尺度的建筑能源建模分析及其实施演算。

3.3.3　环境伦理导向的绿色城市设计

20 世纪下半叶不时爆发的能源危机说明工业化国家要想维持其目前的生活方式，就需要消耗大量的自然资源。不断加强的环境意识使人们逐渐认识到空气污染、酸雨及臭氧层破坏等将会对子孙后代产生长远的不利影响，且情况会变得日益严峻。因此，需要在此基础上将这一认知转变为对可持续发展模式的支持，强调发展应在环境可以承载的范围内而不是去征服和破坏环境。目前，争论的焦点主要集中于对城市形态与功能、当代工业化实践和发展阶段的重新认识与评估上，亦即：城市形态与气候条件的关联性，城市密度与能源效率的相互作用，对环境的关注，以及城市和建筑群体布局结合自然环境与气候条件设计的意义等。很多关于城市范型的讨论也在逐步展开。

紧凑城市是针对城市无序蔓延发展而提出来的城市可持续发展理念。紧凑城市的形态取决于城市中人口和建筑的密度，强调土地混合使用和合理密集的开发策略，主张人们居住在更靠近工作地点和日常生活所必需的服务设施的地方，是一种基于土地资源高效利用和城市精致发展的新思维。1973 年出版的《紧凑城市——适于居住的城市环境计划》是最早提出紧凑城市模型的专著，麻省理工学院的运筹学学者乔治·B. 丹齐格（George B. Dantzig）和托马斯·L. 萨蒂（Thomas L. Saaty）在书中主张的"概念的理想城市"，是一座可以容纳 25 万人口居住、2 英里（约 3.218 km）宽、8 层高的圆锥形建筑。该建筑内部装备了气温调节装置，力求将水平空间和垂直空间的交通距离缩减到最小。这一理念出现在石油危机之后，是人们对于能源危机的反思。1990 年，欧洲社区委员会（CEC）于布鲁塞尔发布绿皮书，首次公开提出回归"紧凑城市"的城市形态，其最基本的事实依据就是许多欧洲城市、历史城镇保持了紧凑而高密度的形态，并被普遍认为这是居住和工作的理想环境。绿皮书提出要通过提高居住密度和增强集中化来增加城市空间的使用效率，认为规划应以实现土地使用的整合化和紧凑化为目的，并从以下五个方面定义了紧凑城市：①促进城市复兴，中心区的再开发；②保护农地，限制农村地区的大量开发；③更高的城市密度；④功能混合的用地布局；⑤优先发展公共交通，并在其节点处集中开发。

同一时期，柯里亚认为要在利用生物气候条件上具有创造性，就必须在生活方式上有所创造。通常，普通大众对环境问题的支持比较高调，但实际上要将这些观念转化为生活方式的改变仍然非常困难，关键是要去充分理解其改变的动机，即个人的决定如何才能具有价值？当占主导地位的经济以自由市场为原则时，个人对待价值的尺度，例如对环境的判断力，也即对所谓的公众利益的理解是相当复杂的。尽管大家已经认识到全球环境问题的重要性，然而这些问题只有在地方层面上才能得以落实，而这种能力的获得是基于人们对社会价值与社会原则的重新评价。环境问题是公众普遍关注的焦点，也必须如此才能真正解决这一问题。[39]

与之对应的生物圈 2 号（图 3-22）是一种人工干预下的解决预案。这是建于美国亚利桑那州图森市以北沙漠中的一座微型人工生态循环系统，是由美国前橄榄球运动员约翰·艾伦（John Allen）发起，由爱德华·巴斯（Edward Bass）等人资助建造的人造封闭生态系统。在 1991—1993 年的实验中，研究人员发现生物圈 2 号的氧气与二氧化碳的大气组成比例无法自行达到平衡，其原因如下：其一，内部水泥建筑物影响到了正常的碳循环；其二，其内部因为物种多样性相对单一，缺少足够分解者的作用，多数动植物无法正常生长或生殖，其灭绝的速度比预期的要快。经广泛讨论，确认"生物圈 2 号"实验失败，未能达到原先设计者的预定目标，也再次印证了人类地球环境的不可复制性，从而加速了人们对地球环境自身问题的解决及可持续发展逐渐成为人类共同使命的共识。

目前城市社会暴露的种种问题，正在演变成人与人、人与社会，以及人与自然的全面冲突。这就要求人们采用一种整体的设计方法，把握好研究对象的整体相关性，促使建筑、城市与环境，以及世界万物之间保持一种互惠共生的关系。因为人们确定了高效能的目标，所以今天的环境控制是对建筑和城市设计的巨大挑战。这就要求不同团队之间应加强合作，并综合运用整

图 3-22　生物圈 2 号

（图片来源：李勉 . 人类能离开地球生活吗？"生物圈" 2 号实验的启示 [J]. 青海科技，2014（1）：90–91.）

体城市设计方法。

当可持续发展成为人类共同的使命时，建筑外部能量的性能标准就应建立在人们对社会和环境的责任之上。最终，建筑和城市应处于一种积极的全生命周期的能量平衡状态，并以碳排放为线索导向，具体包括材料能量耗费（从启用到报废）及翻新、再循环或者再利用，当然还有实际建造中的能耗。只有当所有有益的能源和可再生能源被使用、保存并充分发挥其潜能时，上述设想才会变成可能。尽管到目前为止，这还只是一个愿景，但可以肯定的是，人类将会经历一次史无前例的效率革命，城市能源性能及其体系与构成都将受到气候与效率的重新评估。[39]

一方面，最基本的是应当鼓励使用有益的，以及能够利用的外部可再生资源。未来的城市设计者需要从自然结构、处理生物气候资源的方法中获得启发，研究形式是如何追随气候的，可以从那些进化了数千年的构筑物中获得取之不竭的创作灵感：无论是乡土类型的，还是城市类型的，人们必须研究其设计与形态发展过程同技术变化的关系。

另一方面，绿色城市设计面临的挑战涉及众多的知识领域和职能部门，这就需要新的组织形式来共同运作一个由多元主体参与的团队。城市设计者不再是孤立地工作，而是应依靠大量的其他专业机构和公众的参与。随着城市设计复杂性、科学性的不断加强，设计师还要同城市规划机构、环境组织、气象专家、社会学家、地理学家等密切合作。除了专业知识外，设计师还应与当地公众时刻保持联系，同时，也需要将其自身以某种形式融入整个设计过程中去。

3.3.4 数字时代的绿色城市设计

进入 21 世纪后，以移动互联网、大数据、人工智能、物联网和云计算等为代表的数字技术的发展风起云涌。数字技术的发展深刻改变了人们对城市空间形态的认知和识别方式，其基于多源数据系统整合且具有概率可靠性的数据层成果，能够在"自上而下"的空间规划、场所体验的碎片化局地场景之间构建起互联互配、发展安排及"自下而上"的基于个体认知联系的桥梁。从数字认知、数字思维、数字设计到数字成果的城市设计范型，都与日益深层次改变社会组织方式和城市运行机制的万物互联联系在一起。这些数字技术的发展，可有效促进城市设计中的绿色低碳策略在城市宏观、中观及建筑单体等不同尺度间传递，进而内外兼修，覆盖兼顾城市空间形态的"高度、宽度、深度、精度、温度"等要素的绿色城市设计。

在 2003 年南京市开展的老城高度的控制与引导研究中，编者团队尝试利用数字技术建构南京老城中城市用地的影响因子互动模型。由于受到当时算力的局限，只能通过简化要素和减少城市用地地块划分的数量来操作信息集取和设计处理过程。近年来，数字技术的突飞猛进为重新建构城市形态及其设计的整体性提供了可能。对于同样老城建筑高度管控的命题，在2023年重新研究时，地块计量数量就达到了2003年的7倍多，成果的精度和实用性远非先前可比（图3-23）。另一项代表性工作是通过计算机的高算力，麻省理工学院可持续设计实验室（SDL）基于波士顿城市形态和能耗模拟引擎，构建了波士顿城市建筑能耗模型。该模型可估算波士顿市不同地点、不同建筑全年每小时的天然气和电力需求，帮助波士顿的城市管理人员更好地了解城市整体的能耗运行规律，并以此制定城市尺度的节能减排策略，促进波士顿的绿色发展与建设。[40] 相同的案例还有纽约、旧金山等城市。总体而言，数字技术的进步为绿色城市设计的整体性建构和大量性复杂运算提供了可能。

随着物联网、大数据、人工智能等新技术的出现，数字化绿色城市设计也出现了智能化发展的端倪，这一阶段的代表性技术包括城市大数据分析、数字孪生等。一方面，通过数据分析、模拟预测等方式，为城市管理人员提供决策支持和优化方案；另一方面，基于精确和最新的传感器提供的数据来模拟物理环境，以促进所有的利益相关者的决策过程。通过软件和相关数据库的结合，再通过收集、分析各种各样的空间信息，并根据彼此的关系进行定位，在此过程中，表格数据与一个或多个"层"组合在一起。"分层"显然不是空间设计中的新现象。早在18世纪，景观设计师汉弗莱·雷普顿（Humphrey Repton）就提出了借助描图纸将一系列空间层整合成一个可视化的想法。然而，这种技术有其局限性，因为更复杂的层状结构还不能表现出

图3-23　经过多重校核和修正的南京老城高度引导管控
（图片来源：由南京东南大学城市规划设计研究院有限公司，提供）

69

来。因此，"分层"与麦克哈格1969年提出的"千层饼"分析方法及20世纪70年代末的地理信息系统一起，当时被认为是一种"相对年轻"的技术，用于展示大规模的城市信息。"层"的使用依赖于源自各种不同参与者和机构的数据的自动聚合。数据的叠加和连接使分析和解释复杂的空间秩序和动态成为可能。相反，复杂的情况可以逐层分解，以便简化凝练出某些元素。对于绿色城市设计来说，要厘清与分析各种不同的建成环境与自然要素之间的关系，"分层"的思路为实现绿色城市设计的全局性、系统性解析起到了重要作用（图3-24）。

以往的绿色城市设计研究主要与可持续发展理念相关，包括自然系统和人工系统耦合、以定性为主的生态优先的城市设计指引、自然生态要素的计量分析和初步的数字化等。在"人人互联""万物互联""虚拟现实""人机交互"的时代，设计师可以链接物理世界和数字世界，故而极大地促进了绿色城市设计的操作性与可行性。数字化时代的绿色城市设计需要对城市各个系统的多源异构数据进行数字化集成与分析，揭示各要素作用的内在机理，并通过分析结果来提升城市设计生态优先策略的整体水平，最终成果以数据库的形式呈现并在空间信息系统中集成。随着空间信息系统的不断发展，建筑信息模型（BIM）、城市信息模型（CIM）和地理信息系统（GIS）等已经成为绿色城市设计应用领域的重要数字工具，其主要作用在于提供"映射表达""处理计算"和"模拟仿真"等功能，为绿色城市设计的实践和治理提供有效支持。数据库成果可接入智慧城市的建设和管理系统，例如城市能源系统的监测和管理，如太阳能、风能、储能等；智能系统可以自动化控制建筑设施和能源消耗，例如自动化控制照明、空调、供水等，优化建筑能效

图3-24　泛维城市
（图片来源：由东南大学城市设计研究中心，提供）

和环境性能。智能城市可以通过物联网连接传感器，对城市环境进行实时监控，使得绿色城市设计更具时效性。

世界上不少知名研究机构都在聚焦数字技术与城市设计的及时结合，同时也从不同角度关注到绿色城市设计，尝试运用数字技术从物理环境、资源流动、政策、城市文化等方面探索城市可持续性、城市热舒适调控、城市能源系统建设与优化提升的策略。例如，麻省理工学院的研究人员利用海量谷歌街景（Google Street View）照片提出一种绿视率（Green Visual Index）的数字化计算方法，用于衡量城市中植被覆盖率和绿色空间的质量，更好地反映城市中植被的分布和品质，帮助城市规划者更好地设计和管理城市绿地空间。[41] 又如，雄安新区致力于打造低碳、环保、智慧、优质的绿色生态宜居新城区，保证蓝绿空间不低于 70%，同时将森林覆盖率由 11% 提高到 40% 以实现生态优先的空间格局，[42] 而这一切都需要数字技术的有力支撑。今天面对在碳达峰碳中和目标实现过程中的未知情境，数字技术时代的绿色城市设计可以科学研判城市可持续发展的生态底线，更加宏观、全面、精准地为绿色城市建设提供专业支撑和实操抓手，其已成为城市实现低碳转型的重要工具和手段。

3.4 本章小结

通过对上述绿色城市设计历史演进的回溯，我们已经初步了解了不同理念与实践的发展历程。据此，可以对已有的知识体系和经验进行分析、总结和提高，以达到综观过去、明察现在和预示未来之功效。面对纷繁芜杂的城市建设思想，本章以时间为主线，对前工业时代、工业时代、后工业时代三个时段的绿色城市设计理念、方法和类型加以阐述，初步勾画出其发展脉络和基本趋向，力求从城市发展演变中寻求绿色城市设计发展演变的内在规律。

（1）从人类城市建设发展的历史角度，总结了城市建设生态思想演变的历史进程，即从对自然气候条件的自发被动适应（前工业时代）到矛盾对立（工业时代）再到自觉回归和应用（后工业时代）的演变规律。这实际上是对人与自然关系由尊重、顺应到对立、征服再到和谐发展过程的反映，也是人类认识自然、利用自然和改造自然的螺旋式上升与发展。这种演进反映了人与自然在更高层次上的协同，是人类获得改造世界的巨大能力的同时对更美好生存环境的追求，而不是简单回归和被动适应。

（2）人类早期的城市建设活动大多尊重自然，考虑适建性，因地制宜。传统的基于自然环境要素与气候条件的城市设计方法，是人类历经数千年的不断试错，在与自然长期适应、抗争及在城市建设实践过程中不断总结的结果，也是与当时生产力水平和社会经济条件相适应的结果，其所蕴含的朴素的生态思想对当下城市设计和建设仍具有重要的启发和借鉴意义。

（3）工业革命带来的城市发展以工业现代化和经济效益为主要导向，使原先人类与自然的均衡关系逐渐被打破。人类从臣服自然有节制地发展到"人定胜天"的征服自然的地位。人类对自然的尊崇日渐淡薄并反映到城市建设中来，从而导致日益严重的环境危机。工业化时期也出现过一些朴素的绿色城市设计思想，与其说是对人与自然均衡关系的重视，还不如说是人们痛定之后的反思。但是，田园城市、区域协调发展等一些思想至今仍在发挥重要作用。

（4）城市建设的发展过程也是人类对理想人居环境的探求过程，体现了其所处的社会发展阶段的价值观念和价值取向。人类对待自然的观念转变反映了社会发展的深层价值观的改变。在经历了工业社会狂飙式的发展和自然对人类的无情报复之后，基于"我们共同的未来"的新的能源观、技术观和伦理观逐渐形成和发展，一种新的谋求人类可持续发展的思想随之产生。于是，自然环境要素与文化、技术、伦理更加错综复杂地交织在一起，城市设计也与交替变更的生活方式产生了更加紧密的关联。

综上所述，绿色城市设计建立在对未来社会、经济和技术可行性基础之上，是理想与现实的有机结合，也为未来绿色城市设计提供了切实可行的方法和途径。这既是现代能源危机的现实后果，也是一次机遇，眼下的城市建设与更新活动为人类提供了前所未有的机遇和挑战。

思考题与练习题

1. 简要说明绿色城市设计形成的历史沿革和不同发展阶段。
2. 针对性地了解不同阶段绿色城市设计关注的核心问题，可尝试用表格进行分析与归纳。
3. 了解数字技术在未来绿色城市设计中的应用及可能的迭代进阶。

参考文献

［1］ 王建国.现代城市设计理论和方法 [M].2 版.南京：东南大学出版社，2001.
［2］ 全国城市规划执业制度管理委员会.城市规划原理 [M].北京：中国建筑工业出版社，2000.
［3］ 约翰·里德.城市 [M].郝笑丛，译.北京：清华大学出版社，2010：17-45.
［4］ BEHLING S，BEHLING S. Sol Power：The Evolution of Solar Architecture[M]. Munich, Germany：Prestel，1996：78.
［5］ 陈志华.外国建筑史（十九世纪末叶以前）[M].北京：中国建筑工业出版社，1979：57.

［6］ DANI A H. Critical Assessment of Recent Evidence on Mohenjo-Daro[R]. Mohenjo-Daro, Pakistan: Second International Symposium, 1992.

［7］ 凯文·林奇. 城市意象 [M]. 方益萍, 何晓军, 译. 北京: 华夏出版社, 2001: 35-36.

［8］ RUMSCHEID F. Priene: A Guide to the Pompeii of Asia Minor[M]. Turkey: Ege Yaylnlari, 1998.

［9］ 董卫, 王建国. 可持续发展的城市与建筑设计 [M]. 南京: 东南大学出版社, 1999: 32.

［10］ 维特鲁威. 建筑十书 [M]. 高履泰, 译. 北京: 知识产权出版社, 2013.

［11］ 曹伟. 城市生态安全导论 [M]. 北京: 中国建筑工业出版社, 2004.

［12］ 全国城市规划执业制度管理委员会. 城市规划原理 [M]. 北京: 中国建筑工业出版社, 2000: 1-2.

［13］ ELIZABETH T M B. The Public Health Act of 1848[J]. Bulletin of the World Health Organization, 2005, 83 (11): 866-867.

［14］ 全国城市规划执业制度管理委员会. 城市规划原理 [M]. 北京: 中国建筑工业出版社, 2000: 15-16, 39.

［15］ 王建国. 城市设计 [M].2 版. 南京: 东南大学出版社, 2004: 27.

［16］ CUMMING E, KAPLAN W. Arts & Crafts Movement[M]. London: Thames and Hudson, 1991.

［17］ JORDAN D P. Haussmann and Haussmanisation: The Legacy for Paris[J]. French Historical Studies, 2004, 27 (1): 87-113.

［18］ HANSON J. Order and Structure in Urban Design: The Plans for the Rebuilding of London after the Great Fire of 1666[J]. Ekistics, 1989, 56: 334-335.

［19］ OLMSTED F L. Public Parks and the Enlargement of Towns[M].Cambridge: The Riverside Press, 1991.

［20］ CONNOR J O. Chicago District Evokes Blue-Collar History[M]. New York: Associated Press, 2008.

［21］ Anon. Linear City [EB]. wikipedia, 2008-10-25.

［22］ 埃比尼泽·霍华德. 明日的田园城市 [M]. 金经元, 译. 北京: 商务印书馆, 2010: 96.

［23］ BEHLING S, BEHLING S. Sol Power: The Evolution of Solar Architecture[M]. Munich, Germany: Prestel, 1996: 156-186.

［24］ WIEBENSON D. Utopian Aspects of Tony Garnier's Cité Industrielle[J]. Journal of the Society of Architectural Historians, 1960, 19 (1): 16-24.

［25］ BEHLING S, BEHLING S. Sol Power: The Evolution of Solar Architecture[M]. Munich, Germany: Prestel, 1996: 128-129.

［26］ GIEDION B W. Orell Füssli Verlag Zürich[Z]. Switzerland, 1929.

［27］ 伯纳德·卢本, 克里斯多夫·葛拉富, 妮可拉·柯尼格, 等. 设计与分析 [M]. 林尹星, 薛皓东, 译. 台北: 惠彰企业有限公司, 2001: 98-99.

［28］ 肯尼思·弗兰姆普敦. 现代建筑: 一部批判的历史 [M]. 原山, 译. 北京: 中国建筑工业出版社, 1988: 187, 218.

［29］ 威廉·阿林·斯托勒. 弗兰克·劳埃德·赖特建筑作品全集: 原著修订版 [M]. 赵静, 刘莉, 李卓, 等, 译. 北京: 中国建筑工业出版社, 2011.

［30］ 乔瓦尼·莱奥尼. 诺曼·福斯特 [M]. 李梦非, 译. 大连: 大连理工大学出版社, 2011.

［31］ INGBERMAN S. ABC: International Constructivist Architecture, 1922—1939[M]. Cambridge: The MIT Press, 1994.

［32］ FORSHAW J H, ABERCROMBIE P. County of London Plan[M]. New York: Macmillan, 1943.

［33］ SOLERI P. Arcosanti: An Urban Laboratory[M]. Arizona: Cosanti Press, 1994.

［34］ 宋晔皓. 结合自然 整体设计: 注重生态的建筑设计研究 [M]. 北京: 中国建筑工业出版

社，2003：256-257.

[35] 周浩明，张晓东.生态建筑：面向未来的建筑 [M]. 南京：东南大学出版社，2002.

[36] BEHLING S，BEHLING S. Sol Power：The Evolution of Solar Architecture[M]. Munich，Germany：Prestel，1996：191-202.

[37] 任超，吴恩融，KATZSCHNERLUTZ K，等.城市环境气候图的发展及其应用现状 [J]. 应用气象学报，2012, 23（5）：593-603.

[38] HONG T Z，CHEN Y X，LEE S H，et al. CityBES：A Web-Based Platform to Support City-Scale Building Energy Efficiency[Z]. Urban Computing，2016.

[39] BEHLING S，BEHLING S. Sol Power：The Evolution of Solar Architecture[M]. Munich Germany：Prestel，1996：16-17，235-236.

[40] 亚历山大 C，安尼诺 A.城市设计新理论 [M].陈治业，童丽萍，译.汤昱川，审校.北京：知识产权出版社，2002.

[41] LI X，ZHANG C，LI W，et al. Assessing Street-level Urban Greenery Using Google Street View and a Modified Green View Index[J]. Urban Forestry & Urban Greening，2015，14（3）：675-685.

[42] 新华社.国务院批复同意《河北雄安新区总体规划（2018—2035 年）》[EB]. 中国政府网，2019-01-02.

第 4 章 基于典型环境要素的绿色城市设计策略

【本章要点】

· 本章探究了影响城市环境的气候、地形地貌、建成环境及开放空间等要素，系统总结了城市设计应对自然环境要素和人工环境要素的生态策略。

· 在城市气候影响及其城市设计应对策略中，从太阳辐射、大气环流、地理环境等方面出发分析了城市气候成因，并重点剖析了日照、风、气温、湿度及降水量等城市气候要素及其城市设计应对策略。

· 在地形地貌作用及其城市设计应对策略中，从太阳辐射、温湿状态及城市风环境等揭示了地形地貌对城市环境的影响机理，重点分析了早期聚落选址所反映的朴素气候适应性思想、选址原则及相关案例解析。

· 在建成环境要素影响及其城市设计应对策略中，系统分析了城市结构对城市通风、城市热环境及能源需求的影响，并重点就街道布局、城市铺装、城市色彩及高层建筑对城市环境的影响展开剖析，并提出不同气候条件下的城市设计生态策略。

· 在开放空间影响及其城市设计应对策略中，重点分析了开放空间中的绿地、水体等自然环境要素对城市环境的影响和作用机理，并系统总结了城市开放空间的布局模式与特点。

影响城市发展的环境要素主要分为自然环境要素和人工环境要素。其中，自然要素包含气候条件、地形地貌、资源禀赋等，是城市人居环境体系赖以生存和发展的基础，在一定程度上对城市发展起着鼓励性和限制性的作用，并对于绿色低碳发展模式具有某种决定性的影响；人工环境要素则包含了城市布局、城市结构、基础设施、城市下垫面、建筑群等。正确认识自然环境要素和人工环境要素对城市环境的影响，对于合理进行城市规划设计和建设、改善城市生态环境、促进"双碳"目标实现、走高质量的城市可持续发展道路都具有十分重要的意义。

绿色城市设计要求人们从整体关联出发，将城市纳入系统范畴，充分考虑城市与周边环境之间的物质与能量均衡。在此基础上，设计对与城市环境相关的影响因素加以分析与归类，并对各种因素的作用方式、形成机理进行剖析和比较，其目的是在遵循自然气候和地理适应性及环境热力学[①]原理等的基础上，通过自然环境要素和人工环境要素的有机结合来了解城

---

① 环境热力学（Environmental Thermodynamics）主要研究热环境及其对人体的影响，以及人类活动对热环境的影响。环境的天然热源是太阳，环境的热特性取决于环境接受太阳辐射的情况，并与环境中大气同地表之间的热交换有关。

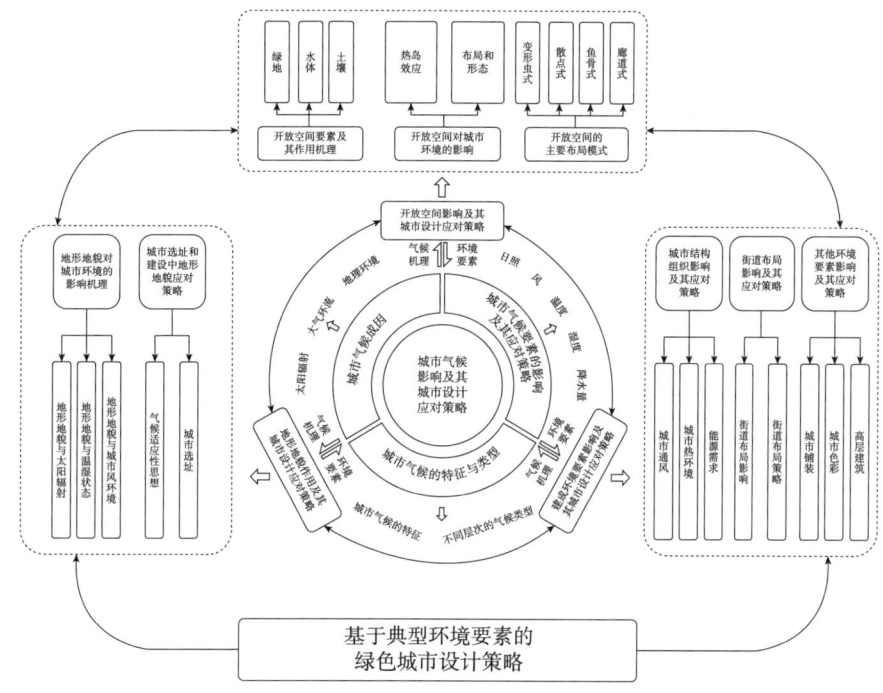

图 4-1　典型环境要素的结构框架图

市空间形态与环境物理性能及环境舒适度之间的内在关联，突出城市设计策略对碳排放的影响作用，提出有指导意义的设计方法和策略（图 4 1）。诚如荷夫所言："气候的力量形成影响所有自然和人文作用的共同条理……要能促成生态健全且良好生活品质的都市，须整合自然和人文系统，并将重要的元素相互关联。"[1]

4.1.1　气候成因

《中国大百科全书》将气候定义为地球上某一地区多年的天气和大气运动的综合状况。气候的形成和变化的原因较为复杂，受多种因素制约，而太阳辐射、大气环流和地理环境是影响全球气候的主要因素。其中，太阳辐射是全球气候的基本原动力；大气环流是导致区域气候差异的重要因素，它使得热量和水分得以超越区域地理环境的局限，在更大范围内进行交换；地理环境则是形成地方性气候的根本原因所在。

1. 太阳辐射

太阳辐射主要通过短波辐射的形式向地球输送能量，它几乎是地球上全部能量的来源。太阳辐射直接决定了地表气温的变化，也几乎主导了地球上所有的气候现象，是诸多气候因素中最为核心的一个。同时，地球围绕太阳公转，使得太阳直射点在南北回归线之间做周期性的移动，从而形成四季更替。

到达地面的太阳辐射量会随纬度、季节、时间、天气变化而差别很大，它主要取决于太阳辐射角度、天空云量、大气成分以及地面反射率的影响。太阳辐射穿过地球大气层时，不仅要受到大气中的空气分子、水汽和灰尘的散射，而且要受到大气的氧气、臭氧、水汽和二氧化碳等分子的吸收和反射，致使到达地面的太阳辐射显著衰减。据估计，地球反射回宇宙的能量约占辐射总量的30%，被吸收的约占23%，到达地球陆地和海洋的能量只占47%。[2]

2. 大气环流

大气环流是指地球上各种规模和形式的空气运动的综合情况。由于地表接受太阳辐射的不均匀造成从赤道到两极热量得失的不平衡，而作为调节这一失衡状态的热量流动正是大气环流形成的原动力。大气环流对于全球热量平衡、水分平衡的调节具有直接而重要的影响（图4-2）。

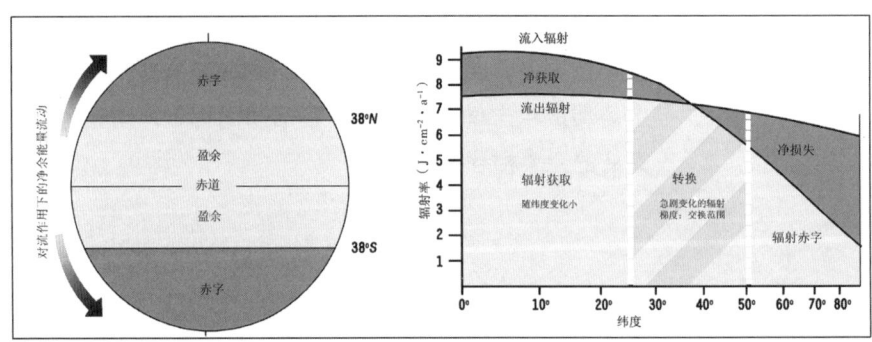

图4-2　全球能量平衡与流动示意图
（图片来源：SCOTT R. Physical Geography[M]. St. Paul：West Publishing Company，1992.）

赤道和极地之间存在的温差形成赤道低气压和极地高气压。由于气压带的存在，高压带空气向低压带流动，从而形成全球不同的气压带和三圈环流模式。大气环流中的季风现象非常值得关注，即在一年内，大范围地区的盛行风随季节的变化而显著改变的现象。季风的主要成因是海陆间存在的热力差和季节变化。大陆冬冷夏热，海洋冬暖夏凉，因此，冬季气流从大陆流向海洋，夏季气流则从海洋流向大陆。亚洲东部季风现象最为突出，一年中当冬季风盛行时，气候寒冷、干燥、少雨；当夏季风盛行时，气候炎热、湿润、多雨。

3. 地理环境

气候与地域性总是联系在一起，地理环境的复杂性决定了气候因素的多样性。不同纬度、不同下垫面性质及地形、洋流等因素与太阳辐射、大气环流相互作用，共同形成了千差万别的气候类型。

纬度是影响地表太阳辐射量和大气环流的最根本和最重要的因素，而地表下垫面的差异对气候的形成也有显著影响。首先，由于海陆差异形成了各具特色的海洋性气候和大陆性气候。一般而言，越靠近内陆，气候的海洋性越弱，大陆性越强。其次，冷暖洋流对于滨海地区的气候有着较大的调节作用，从而导致全球气候分布并不完全遵循纬度地带性。最后，海拔高度、山脉走向、长度、坡度、坡向等地形地貌因素也会影响地表太阳辐射，形成局地环流。

4.1.2 城市气候的特征与类型

1. 城市气候的特征

城市气候是指某一地区在不同的地理纬度、大气环流、海陆位置和地形地貌所形成的区域气候背景上，在城市特殊下垫面和人类活动的影响下而形成的一种局地微气候。城市气候与周围郊区的气候存在明显差异，表现为气温和风速的不同，主要出以下因素造成：城市空间热辐射平衡的改变、地面和建筑物之间及其上方空气流动的对流热交换及城市内部产生的热量等。[3]

在绿色城市设计工作的具体分析时，首先应确定城市气候组成要素分布的时空范围。根据欧凯（Oke）的建议，常选取城市边界层（Urban Boundary Layer）和城市覆盖层（Urban Canopy Layer）进行分析研究。[4] 其中，城市覆盖层的空间范围与人类日常生活最为密切，是城市设计关注的核心区域。城市边界层系指城市建筑物屋顶向上至积云中部的高度。它受城市大气质量和高低错落的屋顶的热力影响，湍流混合作用显著，与城市覆盖层进行着物质和能量交换，并受周围区域气候因子的影响。城市覆盖层则指屋顶向下直至地面的这一段空间，其气候变化受人类影响较大，也与城市布局、建筑群体和街道走向、城市密度、建筑物形式、高度、材料、地面铺装、绿化覆盖率、水环境、大气污染及"人为热"和"人为水汽"排放量等因素密切相关（图4-3）。[5]

（1）城市"五岛"效应

城市气候既受所属区域大的气候背景的影响，也反映了人类生产、生活所产生的影响。尽管不同气候区域的城市气候不尽相同，但也存在着一些共同特征。与郊区相比，城市集中表现为气温高、湿度低、风速小、太阳辐射

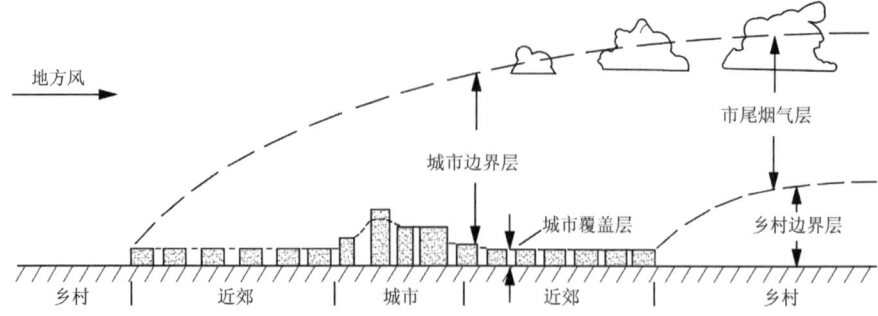

図 4-3　城市大气分层示意图
（图片来源：中国地理学会 . 城市气候与城市规划 [M]. 北京：科学出版社，1985.）

弱、降水多、能见度差的特点，也即通常所说的城市"五岛"（热岛、雨岛、干岛、湿岛、混浊岛）效应。其中，能量平衡和水分平衡是探讨城市气候形成和变化的基本问题（图 4-4）。[6]

城市和郊区能量平衡的差异是导致城市热岛形成的物理基础。市区由于人口过度集中、人工发散热大、绿地水体不足，从而呈现出日渐高温化的"热岛"现象。"冷岛"效应则经常出现于沙漠绿洲或城市公园绿地周围的低温区域。"热岛效应"增加了低纬度城市夏季用于制冷的能耗量，但节省了高纬度城市冬季的供暖费用。[7]

（2）城市"逆温现象"与"尘罩效应"

逆温现象是指城市空气下层温度低而上层温度高的现象，这与一般下高上低的大气温度分布常态不同。通常情况下，大气污染会随着热空气上升气流混入高空的冷空气而扩散，但在逆温现象出现时，污染的冷空气就难以上升、扩散，从而导致空气污染加重。

当城市处于区域静风又有热岛环流的条件下，烟气及灰尘会在城市上空形成穹隆形尘罩（图 4-5）。这种"尘罩效应"使得城市中的粉尘、烟气无法

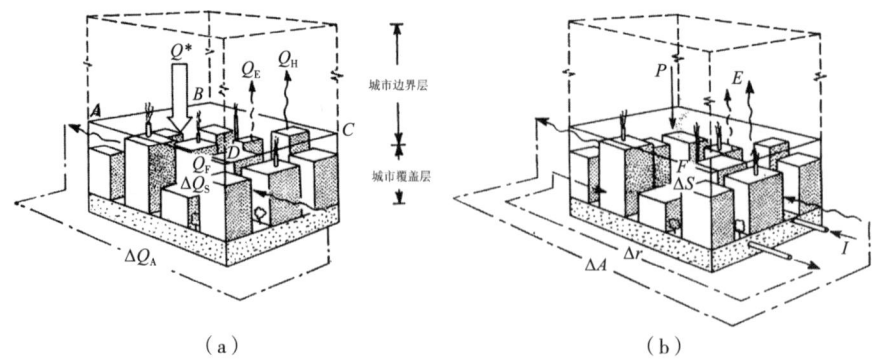

（a）　　　　　　　　　（b）

图 4-4　城市建筑物—空间系统的能量平衡和水分平衡图
（a）城市能量平衡示意图；（b）城市水分平衡示意图
（图片来源：中国地理学会 . 城市气候与城市规划 [M]. 北京：科学出版社，1985.）

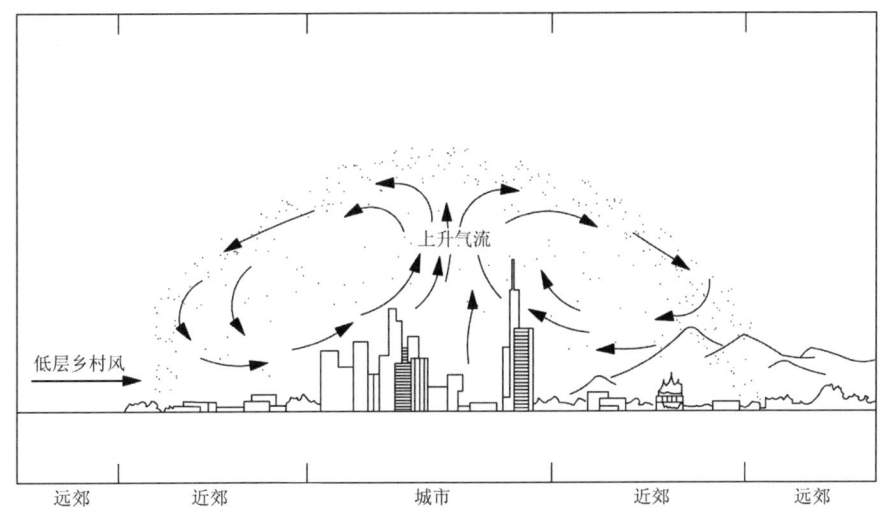

图 4-5　城市大气尘罩示意图
（图片来源：戴天兴 . 城市环境生态学 [M]. 北京：中国建材工业出版社，2002.）

及时排除，而城市周边的污染物又会随着热岛环流抵达中心区，从而加重了市区的大气循环污染，造成空气质量恶化。粉尘、烟气的存在会进一步增加热量的吸收，扩大市区的"热岛"面积。

2. 不同层次的气候类型

根据城市设计的区域范围和规模尺度不同，可以将与城市运作系统关系密切的气候条件分为三个层次，即宏观气候、中观气候和微观气候（局地微气候）。宏观气候是城市所在区域气候条件的总和，包括日照、降雨、气温、湿度和常年风向等资料。中观气候是指城市所在地区特殊的自然地理因素对宏观气候的修正，如山丘、河谷、滨海（水）或森林，这种局部的特殊自然环境要素对城市微气候的影响会相当显著（图 4-6）。微观气候主要是指各种人为因素，包括人工环境要素等对城市局地微气候的影响，例如相邻建筑物之间的空间关系可影响到室外环境的日照、通风、温湿度等。

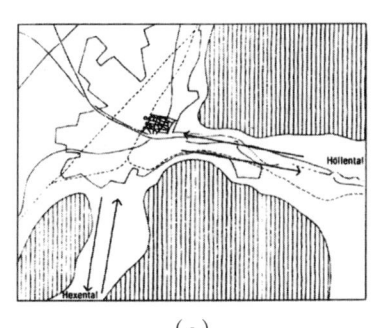	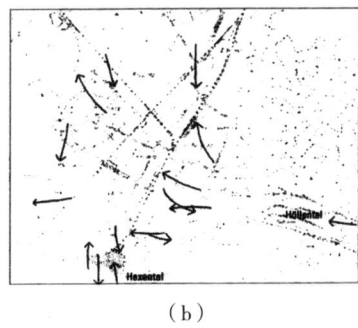	
（a）	（b）	（c）

图 4-6　中观气候分析
（a）因地方因素形成的气流；（b）不同时间气流的变化；（c）山风与谷风对城市的影响
（图片来源：董卫，王建国 . 可持续发展的城市与建筑设计 [M]. 南京：东南大学出版社，1999.）

4.1.3　城市气候要素的影响及其应对策略

在一定意义上，气候不仅是资源，而且在很多方面还是形成城镇居民点最基本的自然环境条件。城镇建筑环境热舒适性涉及的气候要素主要有日照、风、气温、湿度、降水量等，其他还包含闪电、飓风、沙尘暴、雾、雪等。气候要素属于无形的自然环境要素，其在城市空间中的分布状态及其相互作用，会形成特定的物理过程和效应，对城市的气、声、光、热和风环境都有重要影响。[8]

1. 日照

日照是指一天中太阳光照射的时长。日照的主要技术参数为日照时数、日照率，以及太阳高度角和方位角。日照时数和日照率受云量影响较大，沙漠地区云量一般比热带雨林地区小，因而最强的太阳辐射通常不在赤道地区，而是在南北纬 15° 附近。[9]太阳最大高度角（正午时）随纬度和时间的不同而不同，通常赤道比极地的太阳高度角大得多。在城市和建筑群体的空间层次上，影响日照效果的因素主要是地形地貌及空气中的微粒与粉尘等。

（1）日照对城市与建筑布局的影响及其城市设计应对策略

日照是影响城市设计的核心因素，其在很大程度上影响了温湿度、风和降水量等其他气候因素，因而成为决定城市与聚落选址和布局，以及建筑物朝向、间距控制的关键考量因素。太阳辐射的强弱和不同地区对日照要求的差异使得城市布局、建筑群体组合和单体设计的原则、方法都有所不同。从研究传统城镇街道形态来看，寒冷地区的城市以最大限度地获取阳光为出发点，而炎热地区则以减少太阳辐射为目标。

城市建筑空间采光研究的历史大致可分为：无采光规范时期（19 世纪中叶前）、几何测算时期（19 世纪中叶至今）、计算机评估时期（20 世纪中叶至今）及生成式设计时期（20 世纪末至今）。生成式设计是指设计师在定义设计目标和性能约束条件后，借助计算机和智能方案的集合以帮助决策，例如元胞自动机、遗传算法和多智能体等算法模型，又如 Wallacei、Biomorpher 等都是基于 Grasshopper 平台的生成工具插件。[10]

自 1970 年始，有关太阳能的开发与利用不断增加，成为提高建筑能源利用效率的重要途径。与此同时，随着玻璃幕墙和光洁材料的广泛采用，导致城市光污染日益严重，急需设计优化和管理控制，为人们的居住和生活营造一个健康舒适的日照环境。

（2）日照控制面在城市设计中的应用

日照不仅是直接受形态影响的空间概念，而且还受到时间的影响。当日照成为城市设计的基本组成时，就意味着引入了时间作为城市形式的一个因素。在美国，南加利福尼亚大学研究人员提出了日照控制面（Solar Envelope）[11] 的概念。他们根据对日照和能源有效利用的时间长短、基地的几何尺寸，综合地形、朝向、地理纬度等因素，得出环境设计可以利用的三维空间，并且要求在规定的时间内对邻近用地的阳光没有遮挡，塑造在空间与时间上与太阳光同步的城市与建筑形态（图4-7）。

日照控制面的大小和形状，随着"日照持续时间、用地位置和形状，以及周围条件不同而不同"。[12] 当日照控制面的概念用于现有的城市设计与管理时，其可能成为城市发展的动态调节者，在保证阳光权利的同时能够尽可能地提高城市建筑物密度，并且进一步增加了新的建筑方案的可能性，以及城市设计方案与各地区自然环境要素和人工环境要素的整体和谐性（图4-8）。

KPFui（KPF Urban Interface）是国际知名建筑事务所KPF旗下的城市数据辅助设计团队，其与康奈尔大学等高校实验室和纽约城市规划部门等机构合作，形成了一个集数据采集、场景分析、生成设计和成果3D可视化表达的成熟工具系统。KPFui在基于伦敦的历史街区形态的研究中提出了"理想街区"的模式，目的是在平衡采光的同时实现更高的城市密度，并以布鲁姆斯伯里（Bloomsbury）街区作为研究对象，通过控制城市空间要素来影响采光与密度的平衡，而且从单街块、多街块、片区等总结了不同影响要素之间是如何相互作用和制约的（图4-9）。[13]

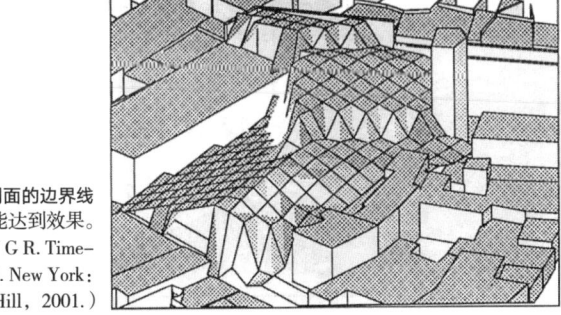

图 4-7　日照控制面的边界线
注：其必须满足多种边界条件，才能达到效果。
（图片来源：PLATTUS A，SHIBLEY G R. Time-Saver Standards for Urban Design[M]. New York：McGraw-Hill，2001.）

图 4-8　按日照控制面设计的方案
（图片来源：KNOWLES R L. The Solar Envelope：Its Meaning for Energy and Buildings[J]. Energy & Buildings，2003.）

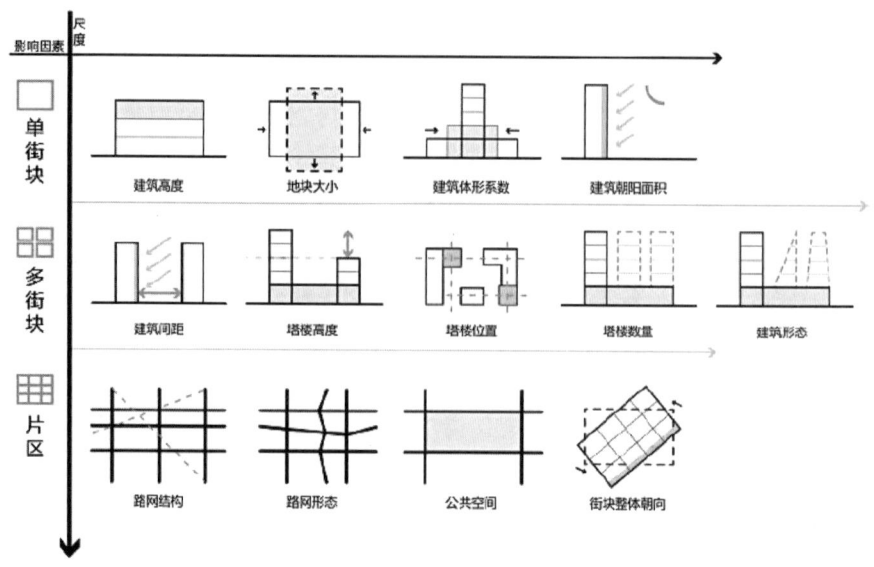

图 4-9　伦敦理想街区三个尺度中影响采光的空间因子
（图片来源：高栩，李煜，徐跃家，等 . 应对高密度城市采光问题的生成式城市设计方法研究：
以 KPFui 伦敦理想街区为例 [J]. 国际城市规划，2023，30（8）：136-144.）

在明确影响高密度城市中采光因素和机制的基础上，KPFui 在伦敦理想街区案例中运用生成式设计方法，试图解决高密度与采光平衡的问题。第一步，通过研究伦敦既有历史街区，提出合适的单街块肌理类型（即庭院式带塔楼）。第二步，用提出的形态类型生成大量的建筑布局选项，通过采光测试总结出片区尺度生成式设计采用街块类型的三个前提规则：控制塔楼数量为每 1/4 街块一个；控制两塔楼的相对位置，可以节约算力；控制裙房遮挡关系，推荐建筑障碍物的角度（50°），保证一定的密度。第三步，根据上述前提性规则和生成的不同街块的采光测试，确定高性能街块配置。第四步，在假设地点通过改变路网进行片区的生成式设计，得出 155 次迭代的路网形态作为优选样本帮助决策，并最终选择出合适的方案（图 4-10）。[14]

2. 风

风是构成气候条件的重要因素，其主要参数有风向、风速和风的温度属性，且与风能利用、热环境和空气质量都有着密切关联。风是地表接受太阳辐射不均而引起的空气流动，因而具有不稳定性。地表下垫面状况会导致风速变化，不同地表状况和不同海拔高度的风速也有所不同。一个城市的风向、风速主要由大气环流、水陆位置和地形地貌特征所决定。[15]

（1）风对城市环境的影响及其城市设计应对策略

风对城市热环境的影响很大，风速越大，热交换也就越强。同时，风向对气温的影响也不可忽视。就中国大多数城市地区而言，一般来说，来自海

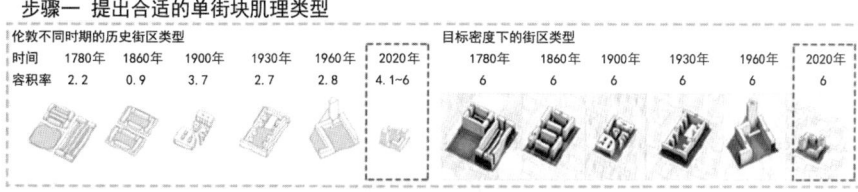

步骤一 提出合适的单街块肌理类型

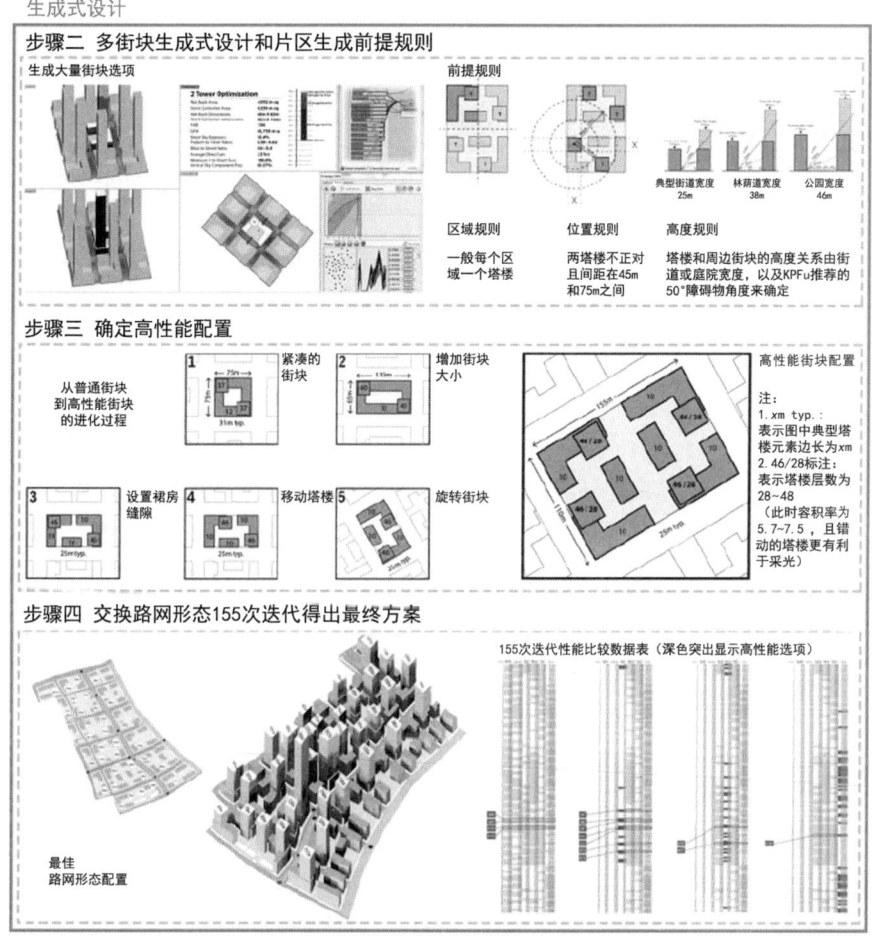

生成式设计

图 4-10 伦敦理想街区案例中运用四步生成式设计方法
（图片来源：高栩，李煜，徐跃家，等 . 应对高密度城市采光问题的生成式城市设计方法研究：
以 KPFui 伦敦理想街区为例 [J]. 国际城市规划，2023，30（8）：136–144.）

面的东南季风温暖湿润，而来自西伯利亚和戈壁地带的西北风则寒冷干燥。
针对不同的气候地区，绿色城市设计的开展在于一方面需要避免不利风环境
的产生，加强冬季防风，优化高层建筑和街道广场等局地风环境；另一方面
则可结合当地的主导风向，根据人体舒适性需要，促进夏季城市自然通风，
确保局部地段获得理想的微气候。例如，针对城市局部地区的"热岛效应"，
可根据地方风向资料，通过地形地貌的利用及开放空间的合理设置形成风
廊，引入夏季主导风，促进自然通风。

（2）风对城市功能布局的影响

为了减少或避免由于工业区布局不合理而引起的大气污染，在进行总体城市设计和国土空间规划时，通常要考虑大气输送、扩散等自然通风条件对城市功能布局的影响。德国学者 A. 施马斯（A.Schmuss）在 1914 年提出了根据主导风向将生活区布置在工业区上风向的原则，这对于以西风和西南风占绝对优势的西欧、北美地区而言比较适合。中国东部地区受东亚季风影响，夏季盛行东南风，冬季盛行西北风，故运用上述原则就存在一定的局限性。

多年来，中国城市空间规划布局一直以风玫瑰图作为确定城市污染源和生活区相对位置的依据。20 世纪 70 年代以来，国内外许多城市气象工作者发现，这种单一的依据存在明显偏差。[16] 因此，在以盛行风向作为空间规划布局的依据时，城市功能分区还应兼顾地域特点，因地制宜，选择合适的夹角区域安排城市居住区和工业区，以避开不同盛行风向的不利影响（图 4-11）。

（3）多尺度风环境体系构建及其城市设计策略[17]

不同尺度下的城市通风有其不同的诉求。城市尺度最重要的是将外部自然环境的风引导入城市内部，并形成城市级别的通风廊道，贯穿城市。这一尺度的作用是形成下一尺度的外部风环境条件，并吹散城市大范围的雾霾、降低城市热环境影响等，形成城市整体的环境安全格局。街区尺度对市民生活环境安全的影响最大。街区尺度重要的是将风引入街区内部，促进街区内部的空气流动，从而避免产生静风环境，防止形成持续的热岛效应，以及防止空气污染物的滞留区对环境安全与健康产生威胁。建筑尺度对室外活动的人群影响最大。建筑的布局及其形态，可能会产生风速的急剧变化，或形成大范围的静风区，或出现强风、闷热、扬尘等诸多影响环境安全的不利因素。

从城市、街区及建筑三个尺度建立完整的城市风环境体系，目的是通过从宏观到微观形成风的引入、风的交流、风的控制三个方面的层层衔接，最终建立完整的城市风环境安全格局，实现改善城市通风环境、优化城市热环境及缓解空气污染的目标。

在城市尺度下，应注重利用现有的天然或人工的线性要素，形成连续的廊道式开放空间。通风廊道的规划调整应注意与城市各功能片区的关系，特别是城市建设强度较高的中心区域，应结合通风廊道，

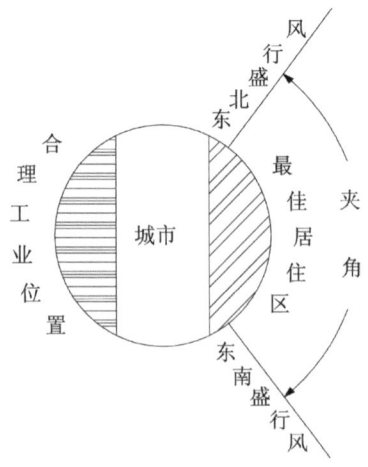

图 4-11　按盛行风向规划的城市功能布局

保留或建设足够的开放空间，以增强通风能力，避免通风廊道受阻。在街区尺度下，应在保持城市界面完整性的基础上，适当打开街区界面，使得街区内外的风环境能够有效连通，形成整体。此外，还应注意街区内部建筑的朝向及布局方式，避免风进入街区内部后出现流动不畅的情况。在建筑尺度下，应在尊重城市整体形态布局及特征的基础上，通过建筑形态和布局方式的调整，形成相对稳定的风环境，并尽可能避免静风区的产生（图4-12）。

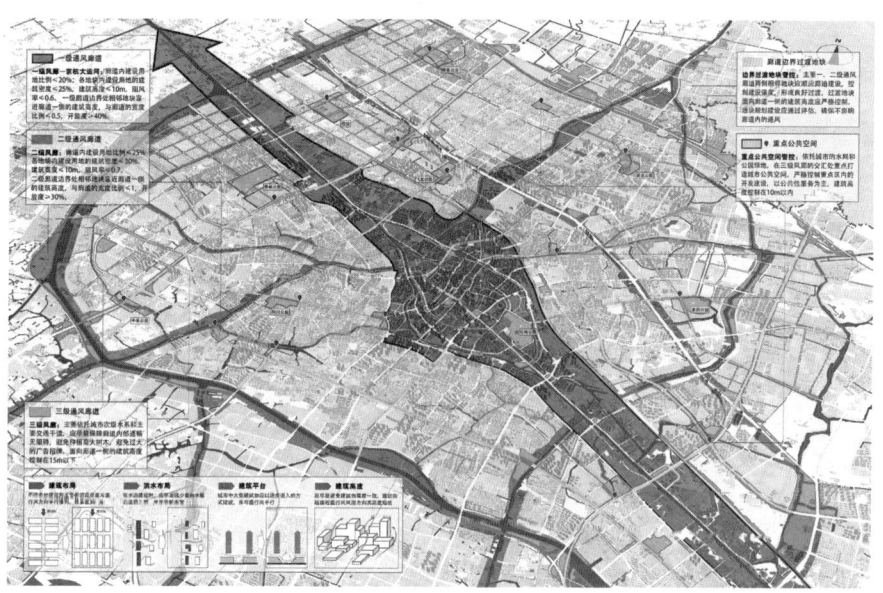

图 4-12　常州老城区通风廊道规划
（图片来源：由南京东南大学城市规划设计研究院有限公司，提供）

3. 气温

1）气温的分布特征及其对城市环境的影响

气温是表示空气冷热程度的物理量，其既是人们最为熟悉的气候因素之一，也是影响人体舒适性的主要因素。气温是一个非常易变的参数，不同的时间、地点、高度、朝向都会有或多或少的变化，其影响因素主要有太阳辐射、风、地表覆盖状况及地形等，尤以太阳辐射为最。[18]

从全球范围来看，气温的空间变化和时间变化是十分显著的。一方面，气温的空间分布状况与纬度、大气环流、海陆分布、地形地貌、洋流分布有关，从赤道到极地、从内陆到滨海气温的分布变化都十分显著；另一方面，由于地球自转和公转所引起的周期性变化，某一地区的气温也会有明显的年变化和日变化，且随着纬度的升高，年较差比较明显，日较差逐渐减小。

2）城市设计中的气温应对策略

应对城市设计中的气候可先评估极端高温的灾害风险，进而针对宏观、中观与微观的不同层级采取相应的生态策略。随着科技的进步，风险评估突破了传统的以历史经验数据为基础的预测法，转而形成以数据模型为基础的未来气候变化场景的预测模型，从而更加科学地预测未来极端气候灾害变化的发生概率，更为合理且准确地评估其对城市基础设施、洪涝灾害、水文地质、城市生活等方面所引发的风险（图4-13）。

应对极端高温的关键策略之一是种植更多的绿色植物以改善微气候，主要包括以下措施。

（1）通过水汽蒸发改善局部热环境。在私有领域中鼓励加强绿色屋顶、垂直绿化、私人花园和私人庭院的建设；在公共领域规划建设更多的城市绿廊、绿色运动场地、绿色街道、林荫道、绿色自行车道和绿色步行道等，形成点、线、面相结合的绿化体系。

（2）结合雨水收集利用，建设适度的水体、地面雨水池、小型自然湖泊等，从而增加水汽蒸发，实现降温效果。

（3）通过建筑设计改善建筑热效能。优化建筑设计，改善室内热舒适度，例如采用绿化屋顶或具备高反光率的浅色屋顶，采用隔热性能更高的建筑材料，采用遮阳设备等。同时，可通过数字化建筑热性能评估模型对建筑的整体热性能进行评估，以制定出有利于通风、隔热的设计方案（图4-14）。[19]

4. 湿度

1）湿度对城市环境的影响

湿度主要用于表达空气中的水汽含量或潮湿程度，其既是影响云、雨生成，造成各地气候差异的重要因素，也是影响人体舒适性的一项重要指标。湿度的主要技术参数有水汽压、饱和差、绝对湿度、相对湿度、露点、比湿等。

城市热岛效应影响天数 受高温热浪侵袭的机构团体

|1|3|5|7|10|14|18|22|28|34|

受高温影响的65岁以上老人集中区
· >50人/hm²
⊛ >100人/hm²
● 护理院
▣ 办公集中区
— 交通瓶颈桥梁

图4-13　极端高温下鹿特丹灾害风险评估

（图片来源：Rotterdam Climate Initiative. Rotterdam Climate Change Adaptation Strategy[R]. Rotterdam：City of Rotterdam，2013.）

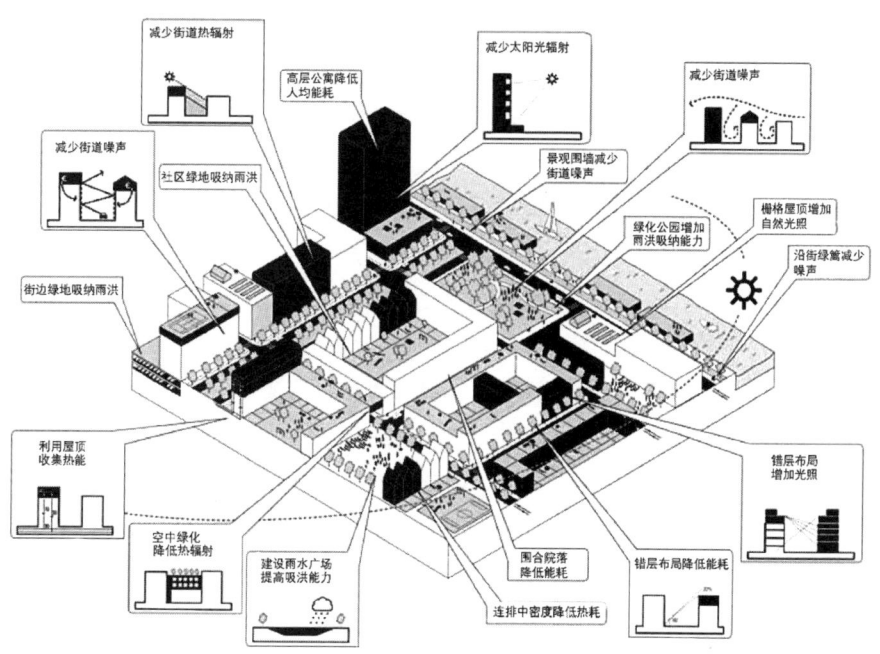

图 4-14 提高社区城市韧性措施

（图片来源：Rotterdam Climate Initiative. Rotterdam Climate Change Adaptation Strategy[R]. Rotterdam：City of Rotterdam，2013.）

从全球范围来看，水蒸气的分布是不均的，在赤道地区含量通常较高。[20]

空气湿度会影响建筑物的热工性能及其老化速度。空气湿度也与人体热舒适性密切相关，过高、过低都会造成人体感觉不舒服，一般而言，50%~60% 的相对湿度比较适宜。此外，由于城市大气污染，当地面空气的相对湿度接近饱和时，水蒸气会凝结形成湿雾，从而影响城市能见度，给城市交通带来一定的压力。

2）城市设计中的湿度应对策略

城市的湿度环境与城市景观配置紧密联系，与空气温度、风环境、降水、太阳辐射强度等密切相关。此外，绿化配置、水体形式、下垫面布置方式等都对城市环境中水的存在与循环起到重要作用。

（1）植物配置策略。在绿地空间中，高大的乔木有很好的遮阴作用。乔木的树冠能够有效阻挡并吸收一部分太阳辐射，再加上植被自身的光合作用、蒸腾作用及蒸散作用，故可以有效地降低场地气温，同时增加场地的湿度。植被的垂直结构、绿地面积、绿地绿量、形状指数是影响绿地降温增湿的主要因素。通常复合型的绿地有更好的降温增湿的效果，所以城市游憩绿地的植物种类应尽量丰富化，在垂直结构上乔木、灌木、地被也应当有合理的搭配，以起到更好的效果。在园路两旁应将高大乔木和丰富灌木、草本的种植进行合理搭配。园路应尽可能平行夏季主导风方向布置，使之成为一条条风道，走在里面会感到非常凉爽舒适；而在冬季风方向上要密植植物加以阻挡，使植物起到挡风的作用。同时，植被还有降低环境噪声、减轻污染及保护生物多样性的作用。在炎热的夏季，完全可以通过乔木、灌木、草本的合理配置来营造舒适的微气候环境。

（2）水体布置策略。水面在调节生态环境方面具有与绿地类似的作用，在游憩绿地中适当布置水景可以起到良好的降温增湿效果。由于水体接受太阳辐射升温较慢，这就造成了水体与陆地的温差，水中的冷空气向陆地运动便形成了风；同时由于水体表面比较光滑，风受到的阻力小，故而使风速加快，所以人们站在水体旁会感受到习习的凉风。常见的水体形式包括开阔水面、喷泉、旱喷、浅水池及水幕墙等。

（3）下垫面布置策略。首先，要深入研究各种硬质铺装的物理性质，选择渗水能力强、低导热性和低反射率的材质。其次，要将硬质铺装与软质铺装相结合，同时营造出变化丰富的微地形，例如缓坡或者下沉空间。坡地可以为公众提供休息的场所，下沉空间则可在夏季起到一定遮阴降温的作用。最后，要结合植物的合理搭配分割空间，在营造舒适的微气候环境的同时创造公众需要的多种功能空间。[21]

5. 降水量

（1）降水量的分布规律

降水是指从云层中降落到地面的液态或固态水，包括降雪、降雨、冰雹等。降水量也是气候的重要影响因素之一，其大小主要受纬度、海陆分布、大气环流、地形地貌等因素的影响。[22]

全球各地的年平均降水量差别较大。在平原上，降水量分布是均匀渐变的，具有一定的纬度地带性。但在山区，由于山脉的起伏，降水量分布产生规律性变化：一是随着海拔的升高，气温降低而降水增加；二是南坡降水量大于北坡，并且南坡的空气、土壤和植被均好于北坡，这在山地城市建设选址时应特别加以关注。

（2）城市雨水应对策略

国内外针对地域气候的差异，采用不同的方式应对不同地域的降水对城市功能的影响及城市雨水变化所带来的内涝威胁。

中国历代城市建设就十分注意处理好"水用足"和"沟防省"的辩证关系，充分利用自然水体，有组织地开挖沟渠湖池，不仅达到"水用足"，而且对防洪排涝、生产、航运、美化环境等方面也起到了重要作用。古代最重要的防止暴雨内涝的经验，是建设一个完善的城市水系，采用"城壕环绕、河渠穿城、湖池散布"的城市水系规划布局方式与"排蓄一体化"的重要基础设施。古代城市水系中流动的活水可以不间断地将城内废水、雨水直接排出城外，一般规模的降雨不会造成城内涝灾。若遇特大暴雨或长时间的降雨天气，当城外自然河流水位低于城壕水位时，城内雨水主要依靠沟渠排出城壕。古代城市水系具有调蓄雨水的能力，这对暴雨或久雨后防止涝灾有重要作用。除城内湖泊、池塘具有调蓄作用外，城内河道及环城壕池本身也具有一定的调蓄能力。如果久雨造成城壕水体无法向城外河流自由排放时，就需要依靠城壕、城内河渠、湖池的蓄水来避免或者减轻涝灾（图4-15）。[23]

发达国家通过建设可持续雨水系统，收集并循环利用雨水资源，从人、生态保护、城市可持续发展、经济双赢等角度出发，以创造更加友好的可持续生活环境。可持续雨水管理

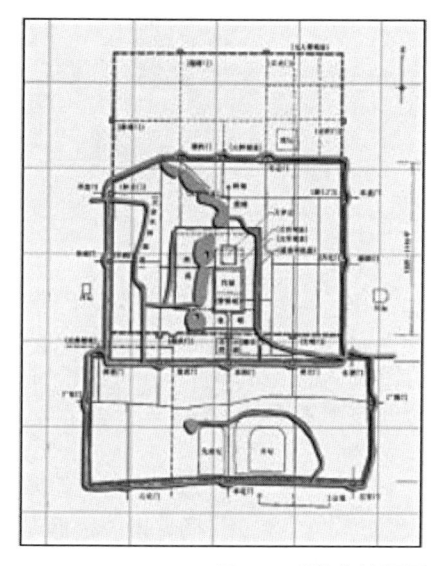

图4-15 明清北京城平面
（图片来源：吴庆洲，李炎，吴运江，等.城水相依显特色，排蓄并举防雨潦：古城水系防洪排涝历史经验的借鉴与当代城市防涝的对策[J].城市规划，2014，38（8）：71-77.）

系统以美国的"雨洪管理实践"和"低影响开发"、澳大利亚的"水敏性城市设计"及英国的"可持续城市排水系统"为代表。

应对极端降雨灾害的关键策略是增加城市吸纳洪水的能力，提高城市应对暴雨的韧性。第一，增加公共空间雨水存储能力。对现有公共空间进行评估，适度更新替代原有的硬质铺装，增加绿化面积，以乔木、灌木替代草坪，增加植物量，提升雨水滞洪和下渗能力。也可采用功能复合雨水公园提升公共空间滞洪和雨水存储能力。第二，增加私有建筑雨水存储及滞洪能力，采用绿色屋顶、垂直绿化，在社区中将推广"铺装换绿"计划，最大化社区公园、街头公园等的绿化量。第三，修建城市地下雨水储存库。在雨水排除特别困难的地区，特别是在地势较低的高密度历史城区，没有空地进行相关的韧性提升或雨水排放工程设施的更新，此时建设地下雨水储存库也是应对暴雨的一种有效措施。第四，在微观街区和场地尺度上，采用生物渗透系统、渗透排水沟、植物过滤带、绿色屋顶，并使之与处理屋面径流的雨水收集桶之间相互联系，通过增加雨水的渗透、收集、利用措施，实现科学合理的雨洪管理（图4-16）。[24]

应充分借鉴"排蓄并举"的营建思路，建立多层次的城市防涝排蓄一体化系统。在城市总体层面，构建以城市水系为主体的城市防涝排蓄大系统，立足"排蓄并举、排蓄互补"的设计理念，构建以河、湖、渠、池等城市水系为主体，地下调蓄隧道、调蓄池等设施为辅的城市防涝大系统。基于城市的排水管网与城市水系是一个前后承接的有机统一体，合理的水面率、河网

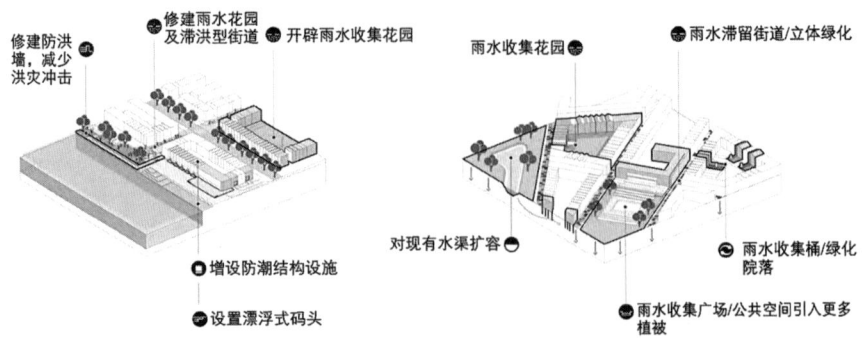

修建防洪墙，减少洪灾冲击

修建雨水花园及滞洪型街道

开辟雨水收集花园

雨水收集花园

雨水滞留街道/立体绿化

增设防潮结构设施

设置漂浮式码头

对现有水渠扩容

雨水收集广场/公共空间引入更多植被

雨水收集桶/绿化院落

图 4-16 堤外城市区和堤内城市区气候适应性设计导则

（图片来源：Rotterdam Climate Initiative. Rotterdam Climate Change Adaptation Strategy[R]. Rotterdam: City of Rotterdam, 2013.）

密度、科学的城市竖向排水分区是规划排水防涝系统的基础性先决条件。不同城市应根据现状地形、原有自然水系和规划用地布局，划分出若干竖向排水分区，建立城市宏观层面的雨水排、蓄平衡，规划设计合理的水系布局、各种水体的形态和容量，确定雨洪行泄的竖向通道，引导排水安全流入河湖。对于水面率低、河网密度不足、城市低洼等内涝风险大的区域，应尽可能规划增加人工河湖、水道，或局部规划下凹式绿地、道路、广场等，使之成为雨涝灾害情况下的地表行洪通道和调蓄水池。

运用城市雨水模型，规划城市排水管网系统，校核、量化管网与水系的防涝排蓄能力，例如围绕城市各排水分区采用不同的排水管网设计标准，利用 GIS 地理信息系统建立城市竖向规划高程模型，采用 SWMM（Storm Water Management Model，雨洪管理模型）等雨洪软件录入拟设计的城市排水管网、河道、湖池、泵闸等排水排涝设施及未来城市下垫面的规划信息，并在可能的条件下，加入流域水系的雨洪外围条件。

引入城市雨水源头控制理念，在城市地块层面，制定防涝排蓄控制指标体系。雨水源头控制系统可以明显缓解排水管网和城市水系的排放压力，需要在城市片区、地段规划层面，通过对雨水的"渗透、滞蓄、调蓄、净化、利用、排放"进行量化控制，这样才能高效率地实现对雨洪地的综合管理。[25]

4.2 城市设计应对策略 地形地貌作用及其

地形地貌系指地表的综合形态。在地貌学中，按规模不同大致可分为小地形地貌（决定房屋、构筑物及其综合体）、中地形地貌（决定整个城市及其个别地区）、大地形地貌（决定居民点组群系统）和特大地形地貌（影响发展大区和全国居民分布体系）四种。地形地貌，包括地质状况，对一个城市地理位置的确定具有重要作用，是城市规划设计的重要内容。在自然环境的诸因素中，地形地貌的构造及海拔高程，对用地的日照、温湿度、风力方向、噪声和污染物质在大气中传播的影响，以及对于形成城市周围的地方性环境卫生状况都有决定性的作用。[26]

4.2.1 地形地貌对城市环境的影响机理

气候总与一定的地域性紧密联系，不同地理环境的气候因素会有很大不同，这种多样性在很大程度上是由于地区总体的地形地貌差异所引起的。地形地貌通过影响光照、气温、热量、降水、径流、风向等，在一定程度上会影响城市的碳循环系统。

1. 地形地貌与太阳辐射

地形地貌对太阳辐射的影响由与地形地貌相关的辐射状态的差异所决定。首先，因地理方位、地形地貌、坡度、海拔及太阳直接辐射和天空漫射的不同，地面各处的太阳辐射量呈现出明显的差异性。其中，对地区太阳辐射量影响最大的是坡态，就北半球的城市而言，对于东西向延伸凸起的地形地貌可能遮挡用地日照的问题应在方案设计时加以考虑。同时，坡态还影响到基地上建筑物的阴影长度，例如位于南坡的阴影缩短，而在北坡的则变长。为确保城市室内外空间获得必要的日照，在选择建筑类型与设计手法时，必须考虑到此类因素（图 4-17）。其次，由于与太阳光线垂直的法线面有最大的辐射热，因此直接辐射热与地面和太阳光线所形成的角度成正比，它们会随季节和纬度的不同而变化。

最后，太阳辐射还与当地空气中的水蒸气含量、浮尘含量及云量等大气清晰度有关。例如湿度高的海岛型气候，就因为空气中的水分吸收太阳辐射而造成太阳辐射量比同纬度的大陆性气候区要低一些。

2. 地形地貌与温湿状态

在地形地貌较为复杂时，由于太阳辐射的不同，再加上其他诸多因素的综合作用，因而形成城市局部地区特定的温湿状态。苏联学者研究发现，高出河谷 50~100 m、朝向较为理想的坡地，较少受到有害强风侵袭，再加上其大多位于那些在低洼地区形成的导致地表冷却或相对密度大的冷空气沿坡下沉的逆温层和"冷湖"区上方，故一般都具有较佳的温湿环境；而坡顶和坡谷则往往形成冷高原和冷气坑，环境不佳。[27]

高大山脉形成潮湿的向风坡，而小的山脉则形成潮湿的背风坡。当遇到高大的山脉坡地时，潮湿空气集聚并且快速上升，当空气达到其露点时，就会在向风坡形成湿冷气候；穿过山脊后，空气下降并逐渐变暖，低于其相对湿度而使背风坡变得干燥。因此，高大山脉多造成"迎风坡多风多雨，而背

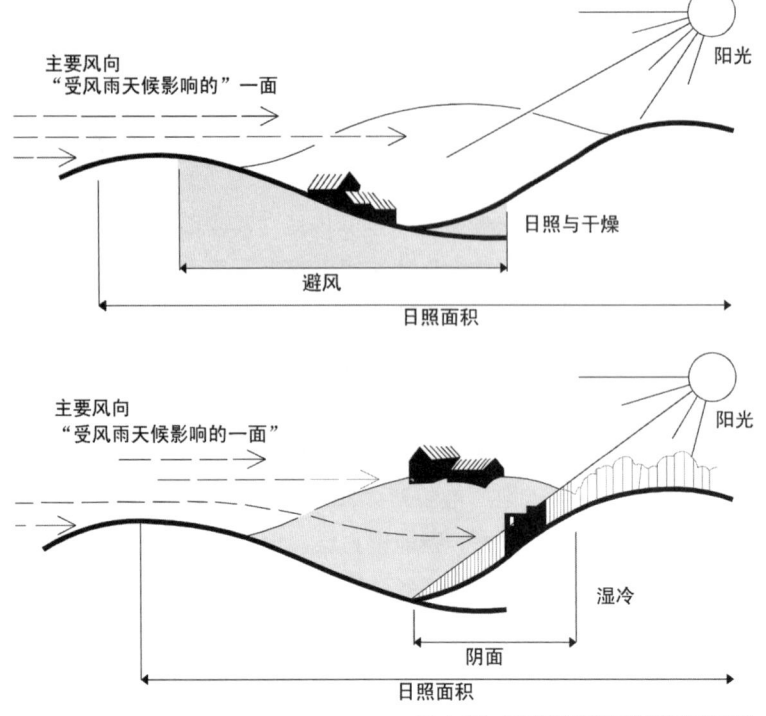

图 4-17　不同地形影响下的生物气候条件

（图片来源：PRINZ D. 图解都市计划 [M]. 蔡燕宝，译. 张清烈，校. 台北：詹氏书局，1995.）

风坡干旱少风"的局部气候现象。对于小的山体，情况则恰好相反。[28]

　　温湿状态还主要表现为气温与地方海拔高程的规律性关系上。在通常情况下，气温呈现为一定的垂直梯度，当一定体积的空气上升时，每升高 100 m 平均气温大约下降 1℃；而当一定体积的空气下降时，气温也以同样的速率升高。[29]对许多城市而言，如俄罗斯的梯比利斯、意大利的热那亚等，城区内的局部高差可达 200~400 m，温差可达 2~4℃。作为极端例子，玻利维亚最大的城市拉巴斯位于很深的峡谷内，其建成区范围内的高差竟达 1000 m，从而导致城内建筑层次极为复杂，街道形态蜿蜒曲折，局地微气候差异很大。[30]

　　由此可见，地形高差所形成的城市内部温差对改善居住条件非常有效。寒冷或炎热地区的城市功能布局，如果能对地形及其引起的温湿状态变化加以综合考虑和利用，则对于提高城市环境的舒适性有着积极作用。

3. 地形地貌与城市风环境

　　起伏变化的地形地貌能够明显改变大气总循环中近地气层的方向，再加上前述坡态的冷热温差共同作用，可形成地区性的大气循环，从而对城市风环境产生很大影响，形成局部地形风。局部地形风作为局地微气候的特殊现象，其影响规模约为水平范围 10 km 以内，垂直范围 1 km 以下。[31] 丘陵和山区地形地貌对气流的影响比城市建筑物对气流的影响大得多，有关主导风向与风速受地形地貌影响的结论应成为城市设计方案构思和选择的重要依据。

山谷风是一种与大气循环无直接关系的特殊地方风，一般产生于长而狭窄的陡峭山谷中，具有昼夜循环的周期性特点。这种风通常比较轻微，是因为夜间空气沿着山坡下降，在与土地接触的过程中被冷却而产生的，在静风情况下对城市局地微气候的改善起积极作用。虽然山谷风对局部风环境的影响不如海陆风那样显著，但也足以改变某个地区某一季节的主导风向。例如徽州地区群山环抱，导致一些城镇夏季主导风向迥异，不如江淮平原地区那样有规律。

从上述分析中可以发现，影响城市局地微气候环境的基本地形地貌如丘陵、山脊、坡（台）地、谷地等，都有着相对独立的自然生态特点（表 4-1）。分析不同地形地貌及与之相伴的局地微气候条件，可为绿色城市设计策略构建提供一定的理论依据。

不同地形共生的自然生态特点　　　　表 4-1

地形	升高的地势			平坦的地势	下降的地势			
	丘陵，丘顶	垭口	山脊	坡（台）地	谷地	盆地	冲地	河漫地
风态	改变风向	大风区	改向加速	顺坡风/涡风/背风	谷地风	—	顺沟风	水陆风
气温	偏高易降	中等易降	中等背风坡高处热	谷地逆温	中等	低	低	低
湿度	湿度小，易干旱	小	湿度小，干旱	中等	大	中等	大	最大
日照	时间长	阴影早，时间长	时间长	向阳坡多，背阳坡少	阴影早，差异大	差异大	阴影早，时间短	—
雨量	—	—	—	迎风雨多，背风雨小				
地面水	多向径流小	径流小	多向径流小	径流大且冲刷严重	汇水易淤积	最易淤积	受侵蚀	洪涝洪泛
土壤	易流失	易流失	易流失	较易流失	—	—	较易流失	
动物生境	差	差	差	一般	好	好	好	好
植物多样性	单一	单一	单一	较多样	多样	多样	—	多样

（表格来源：全国首届山地城镇规划与建设学术讨论会论文选辑，转引自刘贵利. 城市生态规划理论与方法 [M]. 南京：东南大学出版社，2002.）

4.2.2　城市选址和建设中的地形地貌应对策略

理想的"城市应位于有利于人健康的地方，不受地上的雾、烟及其他病害的影响……城市的大气不应受到污染；必须为城市的建筑空间和空地提供正确的空间标准和日照标准；必须有可能在城市中方便地活动而不致有人身的危险；城市中各个部分的布置必须便于居民居住、工作和游憩，并且不应排除居民与近郊农村有方便的接触"。[32] 城市形态布局对低碳城市建设具有重要的意义，因此，尽最大努力来考虑城市选址与用地的地形地貌条件的关联性是明智之举。

1. 早期聚落选址所反映的朴素气候适应性思想

城市与地形地貌的关系具有双重性。一方面，地形地貌对城市建设因地制宜、形成独特的城市特色风貌比较有利，在古代还可能有居高扼守、水防等军事防御好处；另一方面，复杂的地形地貌也给城市建设、空间组织和城市管理带来一定负面影响。各个时期都不乏城市建设利用地形地貌的优秀案例。例如，维特鲁威在概括希腊时期的建筑理论和实践的论著中，就提到要在防潮、防风的高山地段发展城市；意大利文艺复兴时期著名的建筑理论家阿尔伯蒂则更准确地提出城市选址的要求，禁止利用通风或透水不好的闭塞河谷，并要确保进行建设的坡地的稳定性。

在城市建设结合地形地貌方面，我们的先人表现出卓越的营造智慧。中国古代城市选址"凡立国都，非于大山之下，必于广川之上，高毋近旱而水用足，下毋近水而沟防省。因天材，就地利。故城郭不必中规矩，道路不必中准绳"，[33] 亦即城市建设选址要因地制宜，地势要高低适度，水源要满足生活和城壕用水，同时又不能有洪涝之患。传统的城市空间主要以自然空间为架构，并由人工形体空间与自然山体、水域相配合，强调"龙、砂、水、穴"四大构成要素，共同构成完整的城市空间格局。"龙"即山脉，这是因为形成城市空间意象的第一要素便是城市所依傍的山脉；"砂"泛指前后左右环抱城市的群山，并与城市背后依托的"来龙"呈隶从关系；"水"可界定和分隔空间，形成丰富的空间层次与和谐的环境围合；"穴"是指山脉或水脉的聚结处。以浙江古城瑞安为例，其以群峰云集的集云山脉作为城市背景，老城中隆山、西山东西对峙，构成完美的"龙砂"之穴，"以其护卫区穴，不使风吹，环抱有情，不逼不压，不折不窜"，故而创造了良好的"聚气藏风"之所（图 4-18）。[34]

堪舆理论指导下的城市选址，"首先追求的是空气新鲜，朝向良好，土地肥沃；浅冈长阜，平坂深壑，澄湖急湍，都要搭配得好……希望北面有一座山可以挡风，夏季招来凉意，有泉脉下注，天际远景有个悦目的收束，一年四季都可以返照第一道和末一道光线"（图 4-19）。[35] 用今天的眼光来看，堪舆理论虽有着一定的时代局限性，但却蕴含着朴素的气候适应性思想，对改善城市环境有着积极作用。

2. 城市选址与地形地貌的关系

城市在某一区域中所处的地理位置十分重要。从城市选址、布局和总体设计来看，区域性的大尺度地形地貌对城市环境的影响不容忽视，且为先决因素。地形地貌决定了微气候及地表径流的走向，与微气候之间交互作用，在较大尺度上决定了植被、水流、土地使用及生产活动。由于城市系统的复杂性，城市设计必然具有跨尺度的性质。空间尺度愈大，其复杂性和不确定性通常愈高；空间尺度愈精细，环境愈容易为使用者所认知。因此，通常着眼于中观和微观层面的城市设计，尤其关注中小尺度地形地貌对城市环境的影响与作用。在某种程度上，局部地段的地形地貌是可以由规划设计者所优化和改变的。在场地整理时，可以充分利用或营造局部的地形地貌改变该地段的风环境，进而达到调节微气候、减少碳排放的目的。与此同时，由于全球气候特征差异性极大，城市规划设计还应根据当地不同的生物气候条件，合理确定结合地形地貌的规划设计应对策略（表 4-2）。[36]

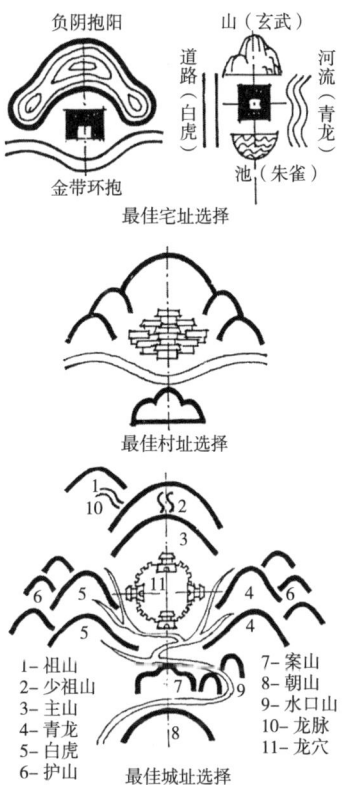

图 4-18 堪舆理论中聚落的理想格局
（图片来源：王其亨 . 风水理论研究 [M].
天津：天津大学出版社，1992.）

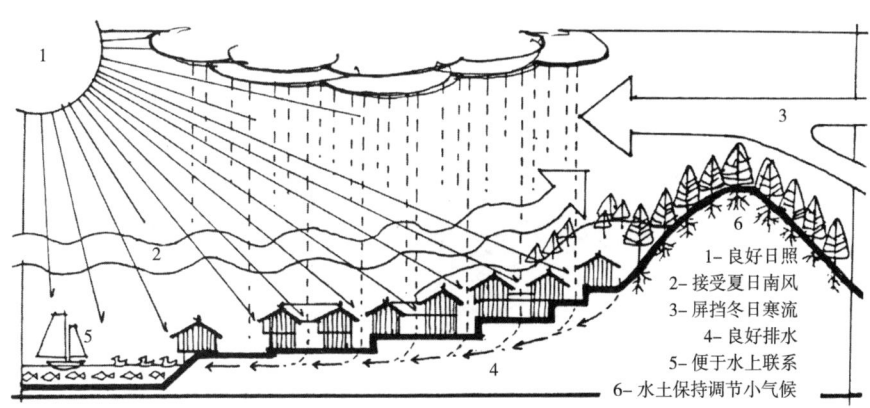

图 4-19 聚落的生态梯度
（图片来源：王其亨 . 风水理论研究 [M]. 天津：天津大学出版社，1992.）

气候类别	气候设计特征	地形地貌利用原则
湿热地区	最大限度遮阳和通风	选择坡地的上段和顶部以获得直接的通风，同时位于东向坡地上，以减少午后的太阳辐射
干热地区	最大限度地遮阳，减少太阳辐射热；避开满是尘土的风；防止眩光	选择处于坡地底部以获得夜间冷空气的吹拂，选择东坡或东北坡以减少午后的太阳辐射
温和地区	夏季尽可能地遮阳和促进自然通风；冬季增加日照，减轻寒风影响	选址以位于可以获得充足阳光的坡地中段为佳，在斜坡的下段或上段要依据风的情况而定
寒冷地区	最大限度地利用太阳辐射，减轻寒风影响	位于南坡（南半球为北坡）的中段斜坡上以增加太阳辐射；且要求高到足以防风，而低到足以避免受到峡谷底部沉积的冷空气的影响

（表格来源：根据 WHISTON A，SPIRN. The Granite Garden：Urban Nature and Human Design[M]. New York：Basic Books Inc.，1984. 中第 88 页相关内容改绘）

　　世界上有很多城市都依山傍水而建。自然山体是人们生活和生产资料的来源地和承载地，水域则是万物生机的源泉，没有水，人类难以生存，故依山傍水可以为生存打下良好基础。国内如"据龙盘虎踞之雄，依负山带江之胜"的六朝古都南京，"水绕郊畿襟带合，山环宫阙虎龙蹲"的北京，"群峰倒影山浮水，无山无水不入神"的桂林，"片叶浮沉巴子国，双江襟带浮图关"的重庆，"五岭北来峰在地，九州南尽水浮天"的广州，"四面荷花三面柳，一城山色半城湖"的济南，其他诸如苏南名城宜兴"一山枕两城，五水系双汊"，常熟"七溪流水皆通海，十里青山半入城"，皆水网密布，山水相依，自然禀赋极其优越，为城镇建成环境的改善创造了有利条件。由于水陆地形特征会引起局地环流而形成水陆风，故沿海或临近较大水面的地区往往受益良多。滨水（海）城市空间形态不少都沿水岸呈带状分布，水域通过绿带、河流等廊道与城区连通。与同心圆式布局相比，这种分散式尽端开敞布局更利于通风。如果城市位于滨水（海）地区，则还必须避免将大量高层建筑绵延布置在水体边缘区域，以免形成"风墙"，从而影响市区的空气交换（图 4-20）。[37]

 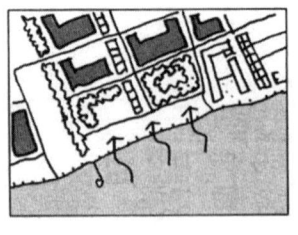 

（a）　　　　　　　　　　（b）　　　　　　　　　　（c）

图 4-20　滨水（海）型城市形态处理
（a）垂直海岸的道路系统；（b）沿海岸布置开敞空间；（c）海岸附近布置点式建筑
（图片来源：克利夫·芒福汀. 街道与广场 [M]. 张永刚，陆卫东，译. 北京：中国建筑工业出版社，2004.）

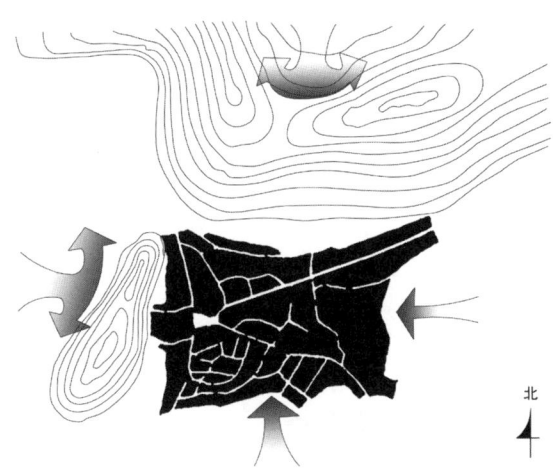

图 4-21 丽江大研古城微气候生成示意图
（图片来源：毛刚. 生态视野·西南高海拔山区聚落与建筑 [M].
南京：东南大学出版社，2003.）

中国幅员辽阔，地形地貌复杂，许多城镇依山而建。例如丽江大研古城，海拔高度2400 m，其所在的丽江盆地属于低纬度高原，环绕的玉河水流甘冽清凉，为城市提供了理想的饮用水源。城市选址位于北依象山、金虹山，西枕狮子山的平坝地段，东南两面开朗辽阔，狮子山所形成的天然风屏障可以阻挡冬天的西北寒流，夏天则有习习的东南凉风。据观测，冬季的大研古城中心四方街和土司府衙等地的气温比城外高 1~2℃，气候宜人。[38] 古城冬无寒意，活水长流，河无冰冻；夏无酷暑，春秋温凉，年平均气温为 12.3℃。这种四季如春的局地微气候是充分利用地形地貌的结果，其科学选址对于当下城市规划设计与城镇建筑环境的建设仍具有重要的借鉴意义（图 4-21）。

与之相反，如果规划设计忽视地形地貌的影响，则将会导致严重的后果。19 世纪美国旧金山早期的城市规划建设，规划人员过于强调土地划分及开发出让要求，无视特定地形地貌的存在，将方格网结构强加在有着显著地形地貌特征的用地上。该规划既不考虑城市的主导风向、工业区的范围、土壤性质，也不考虑决定城市土地合理利用的其他主要因素。至于房屋的朝向和日照问题，以及如何在冬季能受到最多的阳光的照射，则完全被忽略了[刘易斯·芒福德（Lewis Murnford），1961 年]。

历史上其他因人为因素导致气候变迁而引发城市衰落的例子更是比比皆是。例如，丝绸之路上的楼兰古城历史上曾是"森林茂密，软草肥美""七里十万家"的繁华都市，如今却"四望黄沙，城垣倾颓"。作为人类文明最早发祥地之一的古巴比伦及苏美尔文明衰落的原因及经历也与此相关。

4.2.3　案例研究

1. 马丁城（Mardin）

以土耳其东南部的马丁城（Mardin）为例，它地处干热多风的气候区域，冬季持续的时间较长。城区主要位于一个 20°~25° 的斜坡上，坡度较陡，下为平地。马丁城在设计时充分利用地形地貌安排城市路网结构及其整体走向，整个城市结构偏向东南方向以减少午后的太阳辐射。同时，紧凑布局的建筑群可确保建筑物在东西方向能够产生阴影，相互遮阴，而在南北方向上又不影响冬季日照。夏日夜晚，由于山坡与低洼处水池之间空气密度的差异，形成局部环流，从而在建筑物之间产生空气流动，可以改善室内环境的热舒适性，低洼处的水池也常常被当地居民视为室外的"睡床"。研究表明，在这一地区南向 20° 斜坡上排布的建筑群与在水平地面上采取相同布局方式的建筑群相比，为保持同样的室内温度和舒适度所需的能源消耗大约要节省 50%（图 4-22）。[39]

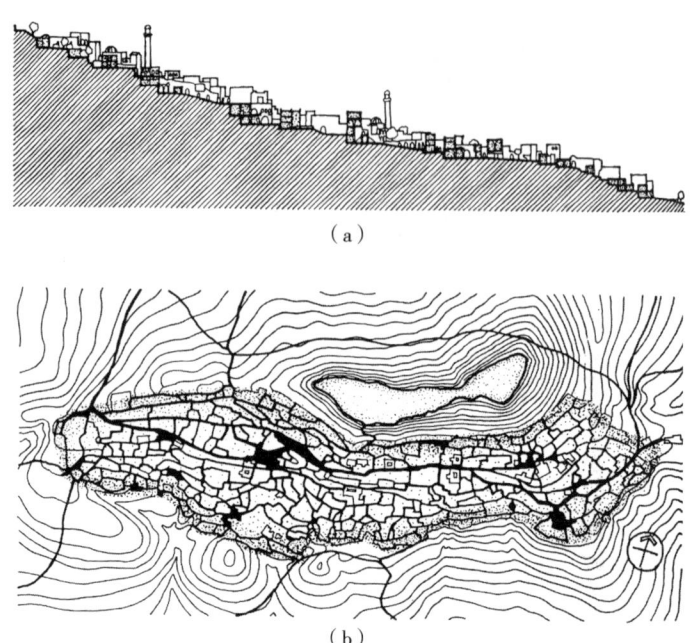

（a）

（b）

图 4-22　土耳其马丁城剖面、总平面图
（a）土耳其马丁城剖面图；（b）土耳其马丁城总平面图
（图片来源：BROWN G Z，DEKAY M. Sun，Wind & Light：Architectural Design Strategies[M]. 2nd ed. New York：John Wiley & Sons Inc.，2001.）

2. 攀枝花市

攀枝花市位于四川省川滇交界处，属于南亚热带半干旱气候（干热河谷气候），四季不明显而干湿季分明；自然植被保存情况较差，大部分为干热河谷的次生植被类型。该地区太阳辐射强烈，高温持久，年降雨量小且蒸发快而强，昼夜温差悬殊，常受热风侵袭。同时，攀枝花城市沿金沙江两岸分布，具有典型的高山峡谷地形特征，金沙江两岸地势狭窄，地形起伏较大、沟壑纵横的地形条件构成了攀枝花市的自然特色。[40] 攀枝花城市设计以环境热力学和气候地理适应性为指导，结合高海拔干热地区的自然生态和气候垂直化、立体化分布的独特优势进行城市规划和建设布局，通过一系列符合山地气候条件的营造，例如利用高海拔地区昼夜温差大的特点营造相对聚集的建筑群，形成相应的阴影空间，以及开发滨水区，引导并加强河谷风以调节城市"热岛效应"等，从整体上建立起城市的自然调控系统（图 4-23）。加

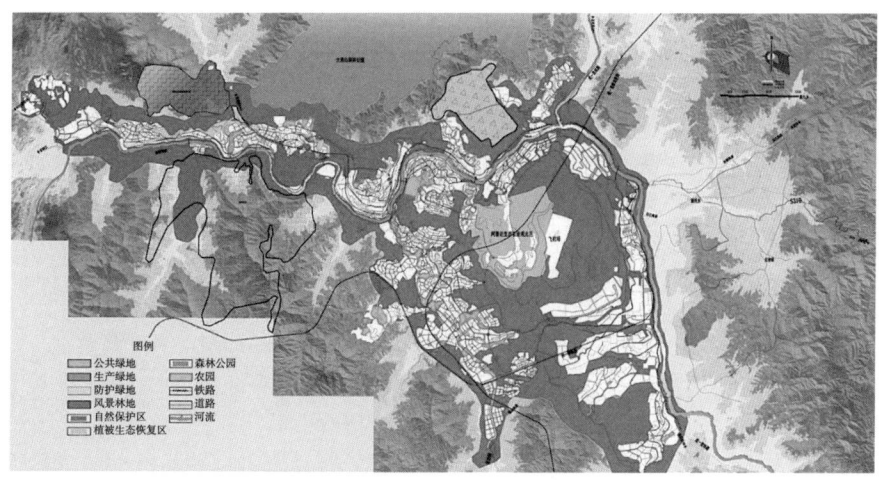

图 4-23　攀枝花市绿地系统规划
（图片来源：引自《攀枝花市总体规划（2011—2030 年）》，由攀枝花市规划局，编制）

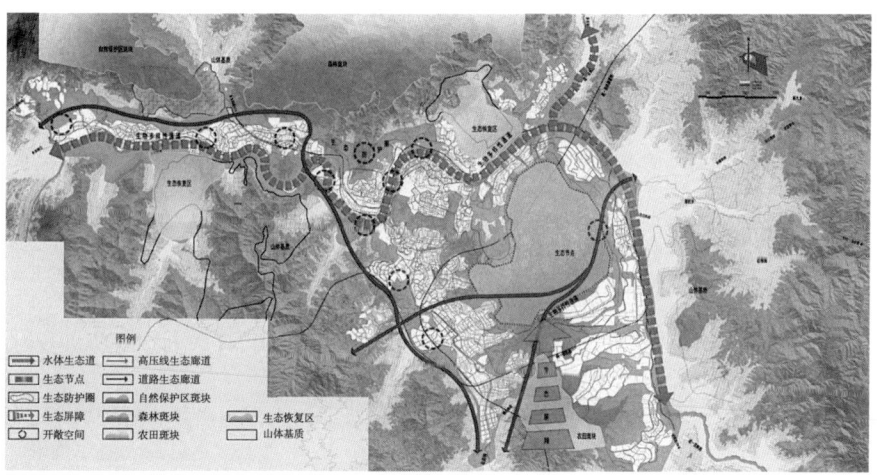

图 4-24　攀枝花市生态系统分析
（图片来源：引自《攀枝花市总体规划（2011—2030 年）》，由攀枝花市规划局，编制）

上 30 年来建构起的自然与人工相结合的立体化生态系统，攀枝花城市微气候状况得以明显改善，既减少了城市的碳排放量，也大大提升了市民生活环境的舒适度（图 4-24）。

3. 重庆市九龙新城

重庆属于典型的山地城市，其在城市规划和设计中充分考虑了地形地貌的重要影响，以保护生态环境，提高城市的生态安全和韧性，促进其可持续发展。在重庆市规划设计中，综合考虑了城市的绿地、水系、交通等基础设施，使城市与自然环境相协调，实现城市与自然的融合共生。通过建设城市公园、生态廊道、生态保护区等措施，保护山地城市的生态环境，提高城市的生态安全性和适应性。例如,在南岸区规划了一条长约 20 km 的南滨路,将城市绿地、水系、交通等基础设施有机地融合在一起,形成了一条生态廊道;此外,还规划了一些生态保护区以维系山地城市的生态环境。科学布局生态文明与绿色低碳循环发展经济体系,形成了蓝绿碳汇区,为城市提供生态服务功能,协调城市与环境的可持续发展(图 4-25)。[41]

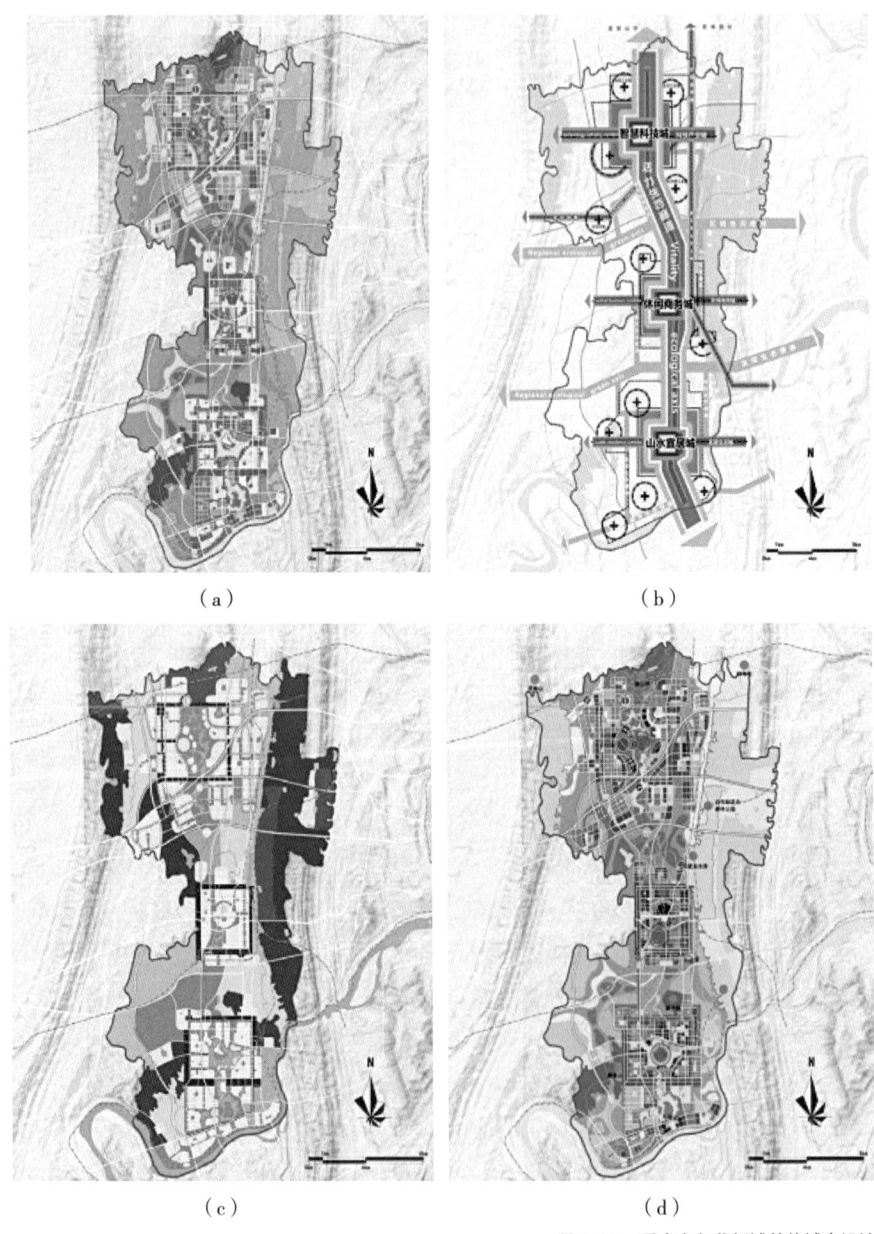

（a）   （b）

（c）   （d）

图 4-25 重庆市九龙新城总体城市设计
（a）土地利用规划图;（b）空间结构规划图;（c）绿地系统规划图;（d）密度分区规划图
（图片来源:赵万民,束方勇 . 山地总体城市设计的理论认识与实践探索 [J]. 上海城市规划, 2018（5）: 14-21.）

建成环境是人工环境要素的重要组成部分。相对于城市中由绿化、水体构成的"绿色"和"蓝色"下垫面而言，城市中的建成环境要素，即街区、建筑、道路、铺装等构成了城市"灰色"下垫面，其结构组织与布局模式对城市局地微气候影响甚大。因此，通过合理的规划管理政策及周边地区乃至整个城市的科学规划设计来实现局地微气候的改善、减少建筑能耗与碳排放是完全可能的。

4.3.1 城市形态结构组织影响及其应对策略

城市形态的结构组织（密度、肌理）对城市下垫面的物理性能影响很大，通过累积效应，建筑物密度、肌理决定了对该地区局地微气候的修正，并在一定程度上影响到城市空间组织和交通能耗等能源需求状况。

1. 城市形态结构组织对城市通风的影响

城区中较高的建筑物密度、肌理具有较大的地面摩擦力，通常会降低风速。然而，这种影响还取决于城市空间的不同环境要素的细部，例如对于相同密度的城市风环境会因为城市下垫面屋顶（顶棚）的平均高度的差异而呈现出不同的情况。由于受建筑物平均高度的修正，建筑物高低不平的区域通常比高度相近的区域拥有更好的通风条件，这是由于相邻建筑在高度上的差异所引发的气流改变而造成的。与之相反，在那些高度相似的建筑物密集区，风几乎全部掠过屋顶而很少到达地面，从而形成"顶棚效应"。这种现象在冬季很有用，但在夏季，尤其是在湿热地区，就可能因为产生的热量无法及时排出而给行人带来不适。

在中高密度的城市，当高度相同的一列建筑物垂直于风向时，建筑物间距对它们之间的风速几乎没有影响，这是因为第一排建筑使风流经时产生偏移，导致后面的建筑处于"风影"区内。此时，建筑物之间的风主要是风经过屋顶后由于受到摩擦力作用而产生的湍流（图4-26）。

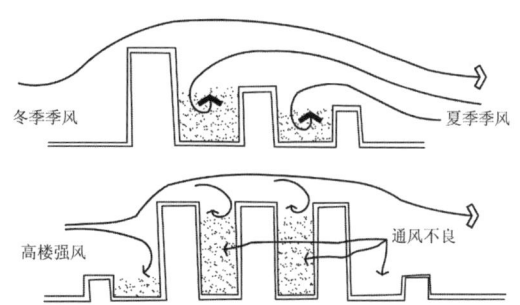

冬季季风　夏季季风

高楼强风　通风不良

图4-26 建筑物组合对风环境的影响
（图片来源：林宪德.热湿气候的绿色建筑计画（划）：由生态建筑到地球环保[M].台北：詹氏书局，1996.）

由于城市建筑物密度、高度及下垫面粗糙程度的不同，会形成不同的梯度风，在通常情况下，其越接近地面风速越低。风速衰减的幅度和范围会因下垫面的不同而变化，空旷的郊野、城市开放空间内的风速衰减较小，建筑物密度高的市区风速会明显降低，并且随着密度的增加，风速递减的趋势越发明显（图4-27）。

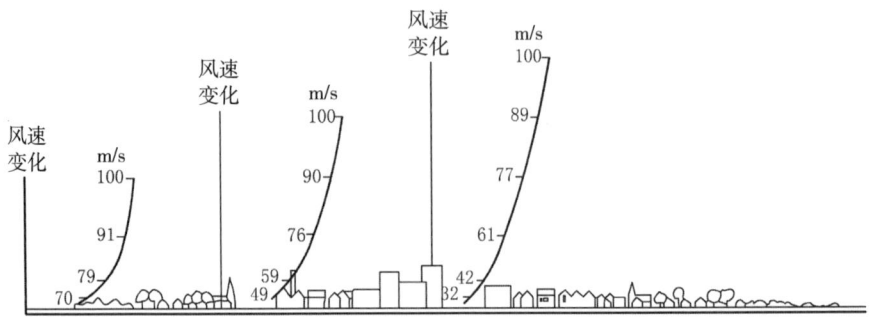

图4-27 风速的垂直分布特性
（图片来源：HOUGH M.都市和自然作用[M].洪得娟，颜家芝，李丽雪，译.台北：田园城市文化事业有限公司，1998.）

2. 城市形态结构组织对城市热环境的影响

在大城市，气温的改变主要表现在"热岛"现象上。人们很容易观察到城区夜间的气温比郊区要高出3~5℃，最多甚至可达8℃；而在白天的时段内，城市和郊区之间的气温差异不过1~2℃。[42]究其原因，主要是由于与城市其他硬质地面相比，绿地、水体在白天具有较低的升温速率（冷源），在夜间有较低的冷却速率（热源），而高密度的建筑物减少了绿化、水体面积，故而容易加剧热岛效应。据研究，"每提高10%的建筑覆盖率，都市气温约上升0.14~0.46℃；每提高10%的容积率，都市气温约上升0.04~0.10℃"。[43]城市里大量交通、空调和其他家庭与工业生产过程排放的热量，也是引发城市热岛的重要原因。此外，热岛效应在很大程度上还与城市物理特征的细节有关，例如建筑屋顶和墙壁的颜色、建筑物的大小、形状及它们的相对位置。

城市中某一地区的气温模式与当地的自然环境要素有关，例如土地的自然状况、地形高差、相对于区域风向的位置等，依赖这些特征，该地点就可能比周围区域气温更高或更低。研究表明，地方"热岛"甚至可以在相当小的城市区域中发生，最初的范围虽然很小，但它们的影响累积起来可能会导致城市中心附近峰值气温的出现。

在已知的许多例子中，城市形态结构组织和城市生产活动会随着城市规模的扩大而改变。城市规模越大，建筑密度、肌理越密集，被观察到的城市中心与周围地区在夜间的温差就越大。导致城市热岛现象的主要因素既与城市规模和人口密度相关，也与城市建筑物密集区域的大小、建筑物密度、肌理及规划设计细节有关。上述情况表明，城市密度、肌理与规模和城市中心的热岛强度之间存在一定的数学关系，可用热岛强度（dT）表示城市中心和开阔乡村之间的热岛最大差值，并用统计学的方法将城市规模和密度与城市人口规模（P）联系起来。当区域风速（U）较大时，热岛降低。

下面是欧凯（Oke）于1982年导出的公式：[44]

$$dT = P^{1/4} / (4 \times U)^{1/2} \tag{4-1}$$

式中　dT——热岛强度，℃；

　　　P——人口规模（因建筑物密度、肌理无法用气候学的方法进行定义，故在统计学上可用城市的人口数代替）；

　　　U——区域风速，m/s。

该数学模型表明，城市热岛强度与城市形态结构组织（密度、肌理）及规模成类正比关系，而与风速成类反比关系，这对指引城市设计如何改善城市热环境具有重要意义。因而，通过卫星城——多中心模式将大城市化整为零，限制城市规模，同时增加城市开放空间容量，降低建筑物密度，疏通城市风廊，增强局地风速等措施，对降低城市"热岛效应"都具有显著作用。

3. 城市形态结构组织对能源需求的影响

城市形态结构组织（密度、肌理）对于城市整体能源需求的影响是复杂和矛盾的。首先，高密度的城市形态结构有利于减少对汽车能耗的需求，通过公共交通组织可降低私家车的出行比率，减轻汽车尾气排放引起的大气污染。其次，高密度的城市形态结构减少了居民出行所需的道路长度和其他基础设施的供给，降低了"水平交通"所需的能源消耗（图4-28）。最后，高密度的城市形态结构还降低了整体建筑的外墙面积和热量损耗，减少了冬季供暖所需的能源，也有利于城市废弃热能的集中利用。然而，密集的城市形态结构组织影响了城市的自然通风，增加了夏天的空调需求，并在一定程度上影响了日照条件，增加了建筑物照明所需的电力供应。

密度是城市能源消耗的

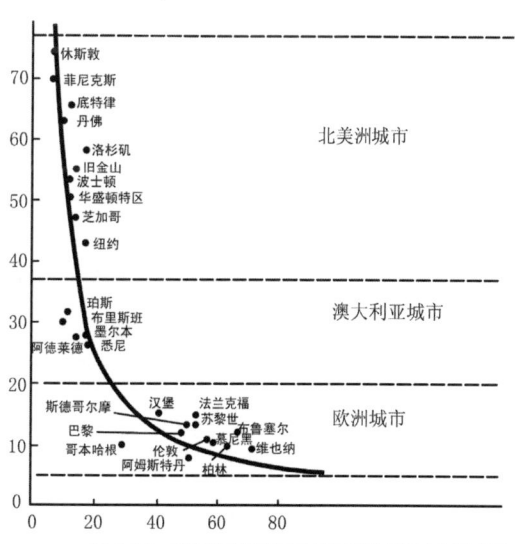

图4-28　城市结构组织和交通运输的能耗之间的关系
（图片来源：布赖恩·爱德华兹. 可持续性建筑[M]. 2版. 周玉鹏，宋晔皓，译. 北京：中国建筑工业出版社，2003.）

关键因素之一，适当的分散与集中有机结合，既有利于形成能源使用更为高效的土地使用模式，也有利于维持良好的城市生态环境。当然，这些都必须建立在局部的紧凑与适当的开放空间相匹配的基础上，以及基于城市良好的规划设计和总体形态结构组织之上。

4.3.2 街道布局影响及其应对策略

街道作为城市形态结构特征的重要组成部分，构成了城市的基本骨架，亦是城市其他活动空间的联系纽带。街道不仅对城市的日照、通风、景观和人流组织等起着重要作用，而且其空间组织与形态特征对城市环境影响亦很大。

1. 街道布局对城市环境的影响

以色列学者沙林（Sharlin）和霍夫曼（Hoffman）于 1984 年针对街道宽度对气温与到达地面的太阳辐射量的影响进行了大量研究，结果表明：建筑包络面积和占地面积的比值（BESA）与建筑周围的阴影面积和占地面积的比值（PSHA）最有效，而其他因素包括整体的建筑和铺装面积、绿化面积、人口等影响甚微。[45]

通常情况下，街道布局模式决定了沿街建筑的朝向，因此也决定了建筑暴晒率和日照条件，并影响到地面行人的舒适性。狭窄的街道与宽阔的街道相比，两侧建筑物可为行人提供良好的遮阴效果。对于南北向的街道，将它两侧的建筑设计成东西向与街道平行，故在低纬度地区常会导致令人不适的高暴晒率。从这一点而言，东西向的街道更为有利。在干热地区的城市，平行于风向的宽阔街道会在整体上加剧市区的沙尘问题。

街道宽度对城市气温的影响在昼夜期间并不一致。通常在入夜到清晨这一时段，宽阔的林荫路上的气温最低，而狭窄街巷由于较大的高宽比和较小的天空视角因素，容易产生热岛效应；但在一天中的其他时段，特别是中午和下午，作用结果则正好相反，最高气温出现在宽阔的林荫道上，而狭窄小巷的地表温度最低，这有助于提高炎热地区白天室外空间的热舒适性。

在城市街区建筑密集地区，由于街道和建筑之间的间距、方位关系不同，街道与建筑周围的风速和空气污染状况会有一定的差异性。

（1）当街道布局与风向平行时，风可以从建筑间的空隙穿过，因而对风速影响不大。如果街道很宽的话，气流受到两侧建筑物的阻力较小，这有利于提高城市整体的通风能力；如果街道较窄或高宽比很大，则此时的街道犹如变窄的峡谷，风受到不同方向的挤压，会加速通过，从而导致"峡谷效应"，产生强风，形成城市急流而殃及行人。[46] 但因"峡谷效应"而产生的强风有利于城市空气的流动与大气污染的扩散。

（2）当街道及其间的板式建筑与风向垂直时，建筑之间形成"风影区"，风速很小，街道上的气流也主要是二次气流，即风在城市上空被沿街建筑反射回来而产生的螺旋型涡流（图4-29）。在此情况下，街道宽度对城市通风影响甚微。此时，较为有效的途径是通过高层建筑的分布所产生的垂直湍流来改善近地风速，将污染物带回高空，远离街道，从而有助于街道空气质量的提升。

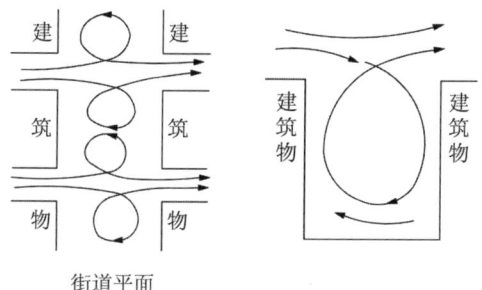

图4-29　街道内气体流动示意
（图片来源：马光，胡仁禄.城市生态工程学[M].北京：化学工业出版社，2003.）

（3）当街道与风向之间有一倾斜角时，风力作用可分成两部分：一部分是沿着街道顺风面的风，另一部分是在街道逆风面产生的低压区，从而使各个方向均能获得较好的通风条件，并可避免盛行风平行或垂直吹向街道时引起的风场分布不均或瞬间局部强风造成的危害。此时，增加街道的宽度，不但可以改善建筑内部的风环境，也可以提高城市街道空间的通风能力。

通常情况下，街道内部的气流多为速度较小的竖向管状气流，难以在两侧建筑内部形成良好的穿堂风，因而还必须综合考虑利用道路、绿地、水体等将城市与外围开放空间连接起来，以形成更好的自然通风能力。环形加放射所构成的街道布局模式是目前许多城市所采用的网络结构形式，例如巴黎、华盛顿、堪培拉等城市。这种街道网络结构及其形成的梯形地块近乎完全仿照蜘蛛网结构，"可以获得蜘蛛网的自然优化几何形态及性能"。如此，每个地块都规划设计为以不大于30°的角度朝南、避免过多东西向布局的建筑物，这样既有利于改善寒冷季节的日照条件，也能"使不利于城市居民的污浊空气和干扰，即中国堪舆理论中的'阴气'化解"。[47]

2. 不同气候条件下的街道布局策略

街道布局及方位对建筑周边的局地微气候及其自身的日照、通风条件有着很大影响。不同的气候条件，与其相适应的街道布局与方位是不同的，应加以区别对待。图4-30反映了街道布局与方位在不同纬度的夏至日对建筑日照和荫蔽模式的影响，表4-3则显示了街道布局一系列潜在的气候适应性设计原则。

以光环境舒适性问题为例，严寒地区城市冬季太阳高度角较小，再加上既往城市与建筑设计规范仅关注室内日照时长要求，对于市民最经常使用的街道空间关注较少，使得严寒地区城市街道普遍存在因冬季长期处于阴影面而导致路面结冰，从而引发行人安全问题。通过适应性设计扩大日照面积和提升日照时长，能够改善公共空间冬季光环境舒适性。为此，倡导在开展重点街区城市设计时应注重增加街道的阳光覆盖面积，保障城市街道人行空间冬至日接受日照时长不低于 2h，并基于城市设计作为形态管控工具的重要职能，提出光环境舒适性引导下的 4 种严寒地区的城市街区空间形态适应性优化模式（图 4-31）。[48]

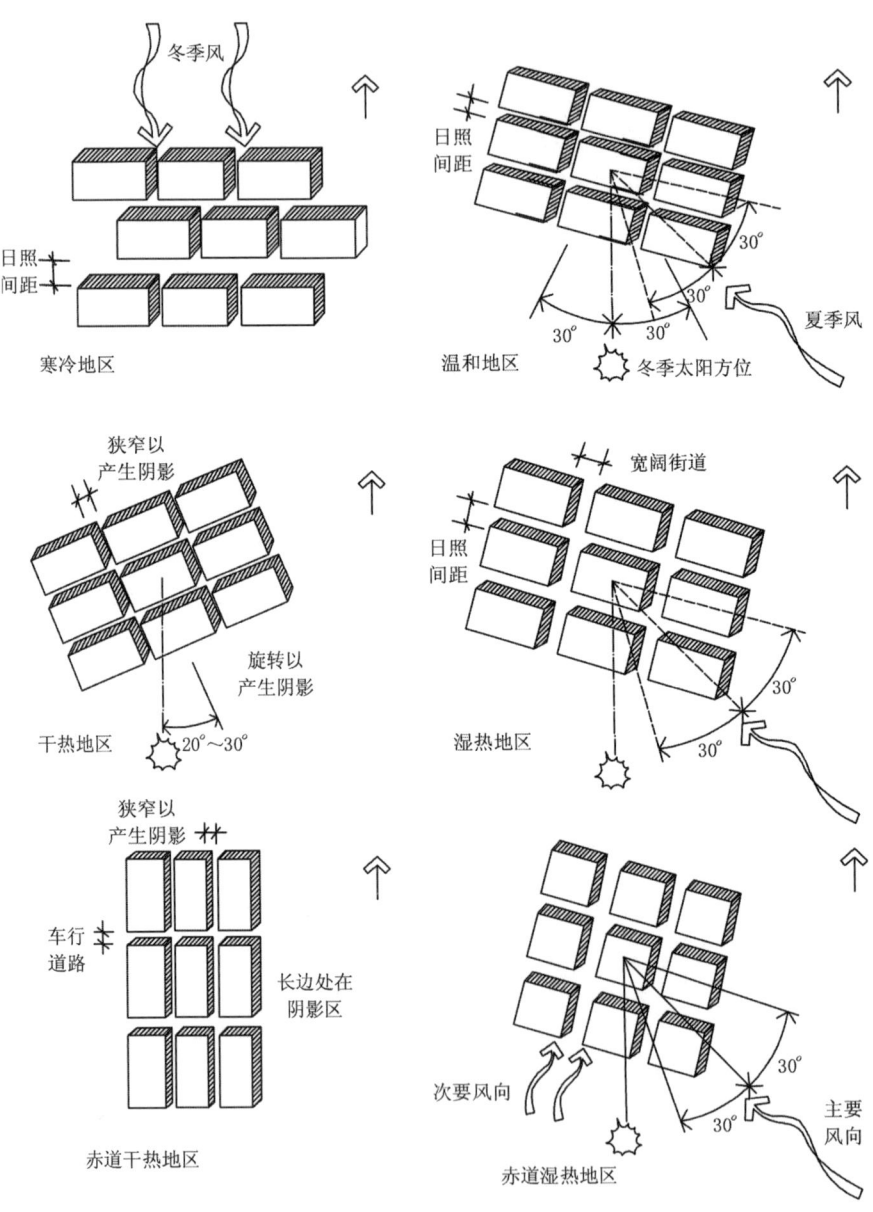

图 4-30 街道方位应对原则

（图片来源：BROWN G Z，DEKAY M. Sun，Wind & Light：Architectural Design Strategies[M]. 2nd ed. New York：John Wiley & Sons Inc.，2001.）

由气候条件决定的街道布局与方位策略（气候适应性设计原则）　　表 4-3

气候类型		对气候的适应		备注
内部负荷	外部负荷	第一特性	第二特性	
—	寒冷	避风	日照	·与太阳的基准方位严格一致； ·在冬季主导风方向不连续的街道； ·在春、秋天可接纳阳光的东西向街道
寒冷	凉爽	日照	庇荫	·与太阳的基准方位一致； ·在冬季主导风方向不连续的街道； ·在夏至日可以让阳光进入的东西向的宽阔街道
凉爽	温和	冬季日照，夏季通风	冬季避风，夏季遮阴	·与太阳基准方位呈正负 30°； ·调整方位与夏季风向偏 20°~30°
温和干旱	炎热干旱	夏季遮阳	夏季通风，冬季日照	·为获得阴影，增加南北向的狭窄街道，与太阳基准方位偏转一定角度； ·如需阳光进入，可采用东西向的宽阔街道，并延长东西向的街区
温和潮湿	炎热潮湿	夏季通风	夏季遮阳，冬季日照	·街道方位与夏季主导风偏斜 20°~30°； ·与太阳基准方位偏转，增加街道阴影； ·如需阳光进入，可采用东西向的宽阔街道，并延长东西向的街区
干热及热带干旱	炎热干旱	所有季节均需遮阳	晚上通风，白天庇荫	·南北向的狭窄街道以获取阴影； ·供车行的东西向的宽阔街道
湿热及热带雨林	炎热潮湿，热带雨林	所有季节均需通风	需要遮阳	·与主导风向倾斜 20°~30°； ·对次要风向的适当回应； ·促使风速最大化的宽阔街道，无铺设

（表格来源·根据 BROWN G Z，DEKAY M. Sun，Wind & Light：Architectural Design Strategies[M]. 2nd ed. New York：John Wiley & Sons Inc.，2001. 中第 103 页相关内容改绘）

在环境与能源面临严峻挑战的当下，街区节能备受关注。在城市设计的早期阶段，优化街区形态布局被认为是降低建筑能耗和提升综合环境性能的一种有效方法。随着数字技术、建筑性能模拟技术与人工智能技术的迅速发展，国内外众多学者借助强大的计算机平台逐渐将数字领域的最新成果引入建筑群体形态优化与建筑能耗的研究与实践中。例如，有研究提出了能源性能驱动的居住街区形态布局自动优化方法，并进行了相关案例研究。该研究首先在 Grasshopper 参数化平台上选取建筑类型、建筑高度和开放空间位置作为形态变量，构建了街区形态的参数化模型；然后，以街区年均能耗强度、月均能源平衡指数和大寒日平均日照时长作为优化目标，运用 Ladybug Tools 环境性能模拟工具集进行性能模拟；最终，使用 Wallacei 多目标算法引擎对街区形态布局进行自动优化，获取最优解集。研究以常规设计经验手动排布的初始方案作为参照对象，与优化后得到的最优方案集进行对比分析，检验优化方案的实际节能效果（图 4-32）。该项研究结果显示，在早期方案

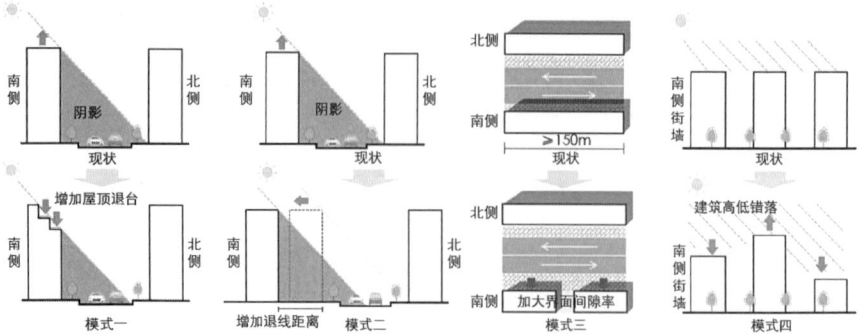

图 4-31　光环境舒适性导向的城市街区空间形态适应性优化模式

（图片来源：孙澄，解文龙.气候韧性导向的严寒地区城市设计框架：以长春市总体城市设计为例 [J].

风景园林，2021，28（8）：9-44.）

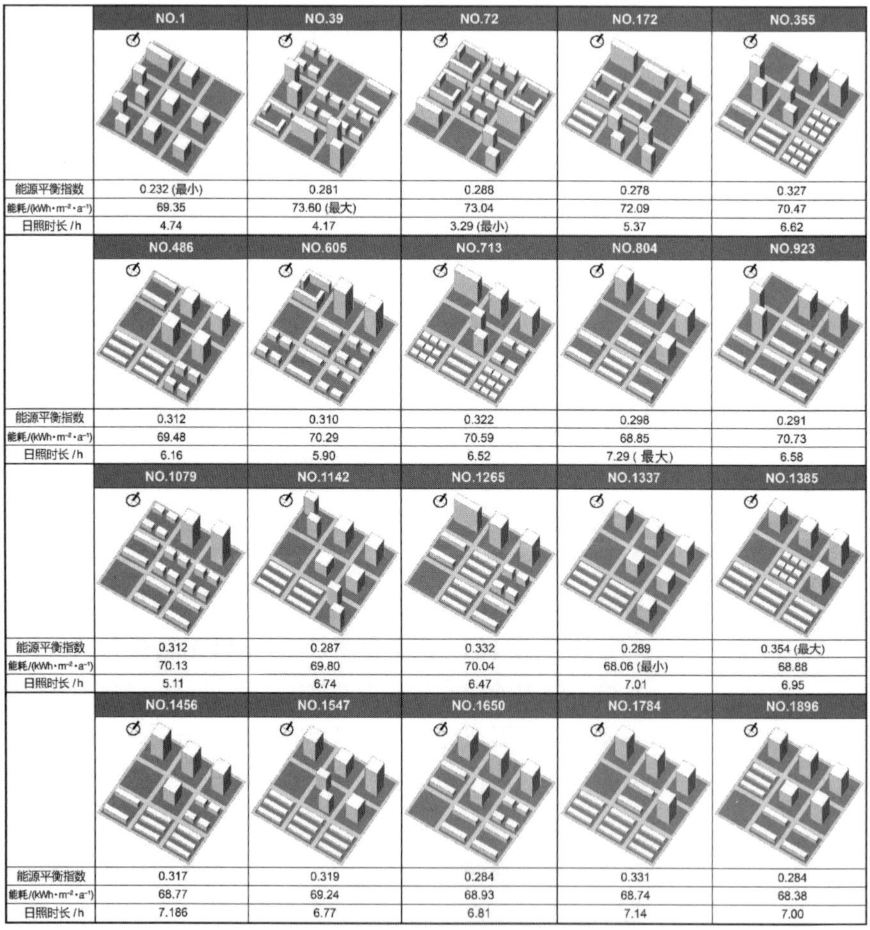

	NO.1	NO.39	NO.72	NO.172	NO.355
能源平衡指数	0.232（最小）	0.281	0.288	0.278	0.327
能耗/(kWh·m⁻²·a⁻¹)	69.35	73.60（最大）	73.04	72.09	70.47
日照时长/h	4.74	4.17	3.29（最小）	5.37	6.62
	NO.486	NO.605	NO.713	NO.804	NO.923
能源平衡指数	0.312	0.310	0.322	0.298	0.291
能耗/(kWh·m⁻²·a⁻¹)	69.48	70.29	70.59	68.85	70.73
日照时长/h	6.16	5.90	6.52	7.29（最大）	6.58
	NO.1079	NO.1142	NO.1265	NO.1337	NO.1385
能源平衡指数	0.312	0.287	0.332	0.289	0.354（最大）
能耗/(kWh·m⁻²·a⁻¹)	70.13	69.80	70.04	68.06（最小）	68.88
日照时长/h	5.11	6.74	6.47	7.01	6.95
	NO.1456	NO.1547	NO.1650	NO.1784	NO.1896
能源平衡指数	0.317	0.319	0.284	0.331	0.284
能耗/(kWh·m⁻²·a⁻¹)	68.77	69.24	68.93	68.74	68.38
日照时长/h	7.186	6.77	6.81	7.14	7.00

图 4-32　街区形态典型优化布局方案样本模型

（图片来源：LIU K，XU X D，HUANG W X，et al. A Multi-objective Optimization Framework for Designing Urban Block Forms Considering Daylight，Energy Consumption，and Photovoltaic Energy Potential[J]. Building & Environment，2023：110585.）

设计阶段优化街区布局形态，能够取得较好的节能与环境性能提升效果，可为设计师进行中观层面的节能与可持续城市设计提供技术参考。[49]

3. 案例研究

（1）查尔斯顿市

位于美国南卡罗来纳州的查尔斯顿市，地处阿斯利（Ashley）和库柏（Cooper）两河交汇处的半岛上，其街道布局的主要特征是能够充分利用每天下午有规律性的西南季风。城区主要街道被设计成东西走向，从半岛东侧的河流一直延伸到西侧的河流，这样能最大限度地将自然风引入城市中心区。此外，城市街道还以一种特殊的方位沿南北向伸展，以引导风穿越花园和建筑门廊之间的院落空间进入朝西南方向偏转的建筑内部。同时，为了增强建筑与街道的交叉通风并促使街道上空的气体流动，降低市区空气污染，特意将街道和门廊的方位与夏季主导风向偏转约20°~30°（图4-33）。

（2）常州市火车站片区

在对常州市火车站片区的现状更新中，通过风环境模拟可以发现，建筑密度较高的老旧住区或住宅排列与主导风向接近垂直的居住区，往往会出现大范围的静风区域，而新建的高层住宅区则可能会出现大面积的强风区（图4-34）。行列式建筑的排布方向应尽量顺应城市夏季主导风向，且建筑高度顺应风向呈阶梯提升的形态方式，能有效促进空气流通。从具体节点风环境的模拟中可进一步发现街区形态与风环境的关系：A节点河风局地环流，应控制河流两岸的建筑高度及布局方式，避免对河风的阻挡，并结合与河流走向垂直的带状绿地，通过绿地通风廊道网络改善城市通风；B节点高层建筑阻挡风廊，边界应尽量避免建设高层建筑，以改善街区内部通风环境；C节点低矮建筑有利于通风廊道的形成，唯有建筑密集区通风效果较差甚至形成静风区；D节点铁路本身也是风的重要通廊之一，可结合垂直铁道的绿地打造通风廊道网络。在此基础上形成的城市设计方案，可有效消除现状的强风区，确保大部分地区的风速均在较为舒适的范围内，且街区整体形态高低错落、疏密有致。[50]

查尔斯顿市总平面

图 4-33　查尔斯顿市总平面
（图片来源：BROWN G Z, DEKAY M. Sun, Wind & Light: Architectural Design Strategies[M]. 2nd ed. New York: John Wiley & Sons Inc., 2001.）

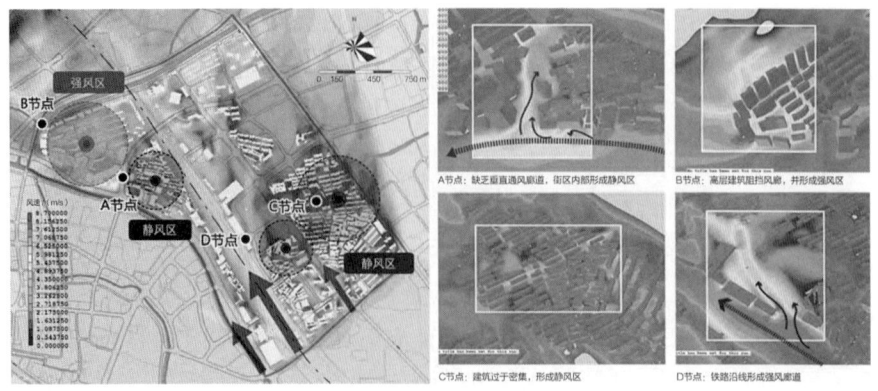

图 4-34　常州市火车站片区现状风环境模拟及问题分析
（图片来源：史北祥，杨俊宴，杨晓方. 多重尺度城市风环境构建的城市设计策略：基于城市安全的视角 [J]. 新建筑，2021（6）：83–87.）

4.3.3　其他环境要素影响及其应对策略

1. 城市铺装

一般而言，林地、草地和水体等自然地表能够较好地调节地表温度的变化，而人工铺装的地面则会影响大地—空气间的热量交换，加大气温变化的幅度并减少水汽蒸发，从而造成周边地区湿度降低。这是因为城市铺装面积的增大导致原有透水面积变小，减少了雨水的渗透量，致使城市地表径流速度加快、洪峰流量出现频率增加，从而影响城市的透水、排水。另一方面，随着城市硬质铺装总量的迅速增加，雨水对地下水的补给量减少，使得地表和绿地的水分蒸发和蒸腾作用相应减弱，再加上城市铺装所占面积较大，对城市热环境有着很大影响，通常非渗透性的城市地表在炎热夏季里会吸收且储藏热量，从而使气温比周围的乡村高 8%~10%，导致热岛效应。尤其是夏季，城市需要大量的能耗供给降温设备，从而进一步加剧了热岛效应，形成恶性循环。因此，设计时应尽量减少硬质铺装，采用一些蓄热、导热小的材料，力求减少长波辐射，降低地表温度，避免气温升高。

2. 城市色彩

对城市环境而言，还有一个细节不容忽视，这就是城市色彩。城市的能量守恒和气温高低与这个城市吸收或反射的可见光数量亦有关联。一个城市的反射率主要取决于其下垫面中屋顶、道路、停车场等设施的色彩。城市反射率是决定这个城市吸收太阳辐射量多少的重要因素，一般黑色的反射率较低，白色的反射率较高。因此，可以在城市设计时通过控制建筑色彩尤其是建筑屋顶色彩来调控城市气温。该方法可以明显影响城市的热平衡，这是因为密集型城市中屋顶面积占据了城市表面积的相当一部分。

在炎热地区，可以将屋顶设计成浅色，增加其反射率，以降低城市白天的气温，改变城市的热平衡。有数据表明，如果将反射率从 0.25 改到 0.40，则在夏日能量使用高峰期用于制冷的能量会从总能耗的 45% 减少到 21%[阿克布拉伊（Akbrai），2001 年]；[51] 而在寒冷地区，采用相反的措施可以取得令人满意的增加城市辐射热的效果。

3. 高层建筑

高层建筑的出现是对城市人口剧增、地价昂贵和功能集聚的自然回应，但从环境的价值取向而言，其建设过程及建成后的一系列污染和隐患影响了城市的环境平衡。高层建筑集中区域也易产生新的环境问题，例如导致周边其他建筑日照不足等，并且现代高层全封闭的办公环境本身也需要额外消耗能源来补充新风，减少室内污染。此外，高层建筑对城市环境和局地微气候环境也存在一定的负面影响，主要包括热岛效应、热岛环流、噪声效应及对城市风环境影响等几方面。

高层建筑独立于空气气流中，由于它们的高度而给周边风环境带来直接影响，引起局地微气候发生异常变化，从而影响到周边环境的日照、阴影及空气流动模式，例如产生倒灌风、突然阵风和角流风等，且风速会随楼层高度升高呈指数增加。高层建筑容易受到巨大的侧向风力影响，会在一些塔楼的底部形成强烈的下行风和旋风，其速度甚至达到 4 倍于由低层建筑所围合的街道风速，从而明显影响到地面行人和建筑物（图 4-35）。不同形态的高层建筑分布对城市风环境的影响有着明显差异，主要表现为以下方面。

（1）孤立分布的高层建筑附近风速往往较大，强风时易产生危险风速地带，给行人带来安全隐患。超高层建筑甚至在相对静风的气候环境下，也能围绕其自身产生强烈的空气振动，形成气流、涡流和阵风。

（2）板式高层建筑会在背风面形成涡流和旋流，影响污染物的正常扩

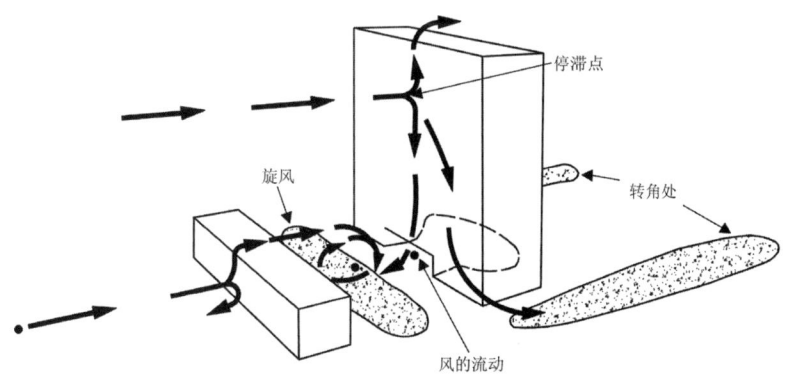

图 4-35 高层建筑对城市风环境影响的几种效应和分布图
（图片来源：HOUGH M. 都市和自然作用 [M]. 洪得娟，颜家芝，李丽雪，译. 台北：田园城市文化事业有限公司，1998.）

散，从而导致风污染效应。根据张伯寅等人的监测发现，北京崇文门和宣武门一带空气质量之所以不佳，主要是因为沿街两侧东西走向的高层板式建筑挡住了北京南北向的常年主导风而引起的。

（3）密集分布的高层建筑在强风条件下，其周围的"峡谷效应"和"绕流效应"会使部分街道和开放空间内部的风速过大，从而影响步行和人群活动，导致安全性和舒适度降低。

（4）角部效应是风环绕建筑运动而导致的风速过快，那些高而宽的建筑体量容易产生更强的角部效应，并一直延伸到与建筑宽度相同的区域。一个螺旋的、不确定的向上气流的激发效应，会在下风向一侧形成强烈效应，尤其是当高层建筑与周边建筑之间存在很大高差时会更明显。在高层板式建筑下面的通道、与风向平行的开放空间内部，会产生风速过高的区域，该间隙效应取决于建筑高度。[52]

为此，亟待改进高层建筑设计优化的工作流程，并将其应用于以节能为导向的设计项目的早期策划阶段。图4-36以南京地区高层办公建筑群布局为例，利用模型算法，减少每年的能源消耗，提高太阳能和风能的利用潜力，并减少结构位移；在优化能源性能的同时，快速识别高层建筑的自身能源需求和新能源利用，探索具有成本效益的总体解决方案。

4. 特殊细节

城市设计通常关注于那些较大尺度的建筑物或构筑物，然而一些特殊的细节设计，如景观材料、建造技艺也比较重要，它们不仅可以改善建筑室内的气候条件，而且在很大程度上还影响到行人的安全和舒适。因而，在设计时也应强调对这些细节的把握。例如，采用骑楼模式为在城市商业和娱乐中心区户外活动的行人提供一个防止风吹雨打、遮蔽日晒的气候防护罩；采用立体绿化及利用立面突出物产生阴影，有利于降低光照强度，防止眩光；积极建设生态屋顶，增加屋顶绿化，这对于城市热环境的改善亦具有无可替代的作用。

4.4 城市设计应对策略 开放空间影响及其

开放空间是指具有开放性、可达性、大众性和功能性的城市外部空间，包括绿地、水域、待建与非待建的场地、农林地、山地、滩涂，以及城市的广场与街道等自然和人工系统要素，是城市设计主要的研究对象之一。开放空间体系作为城市生态空间的主体，是城市系统中能够执行"吐故纳新"负反馈调节机制的子系统，具有生态调节作用与栖息地支持功能，可以影响到整个城市的局地微气候、碳汇功能、城市韧性、生态修复及生物多样性。

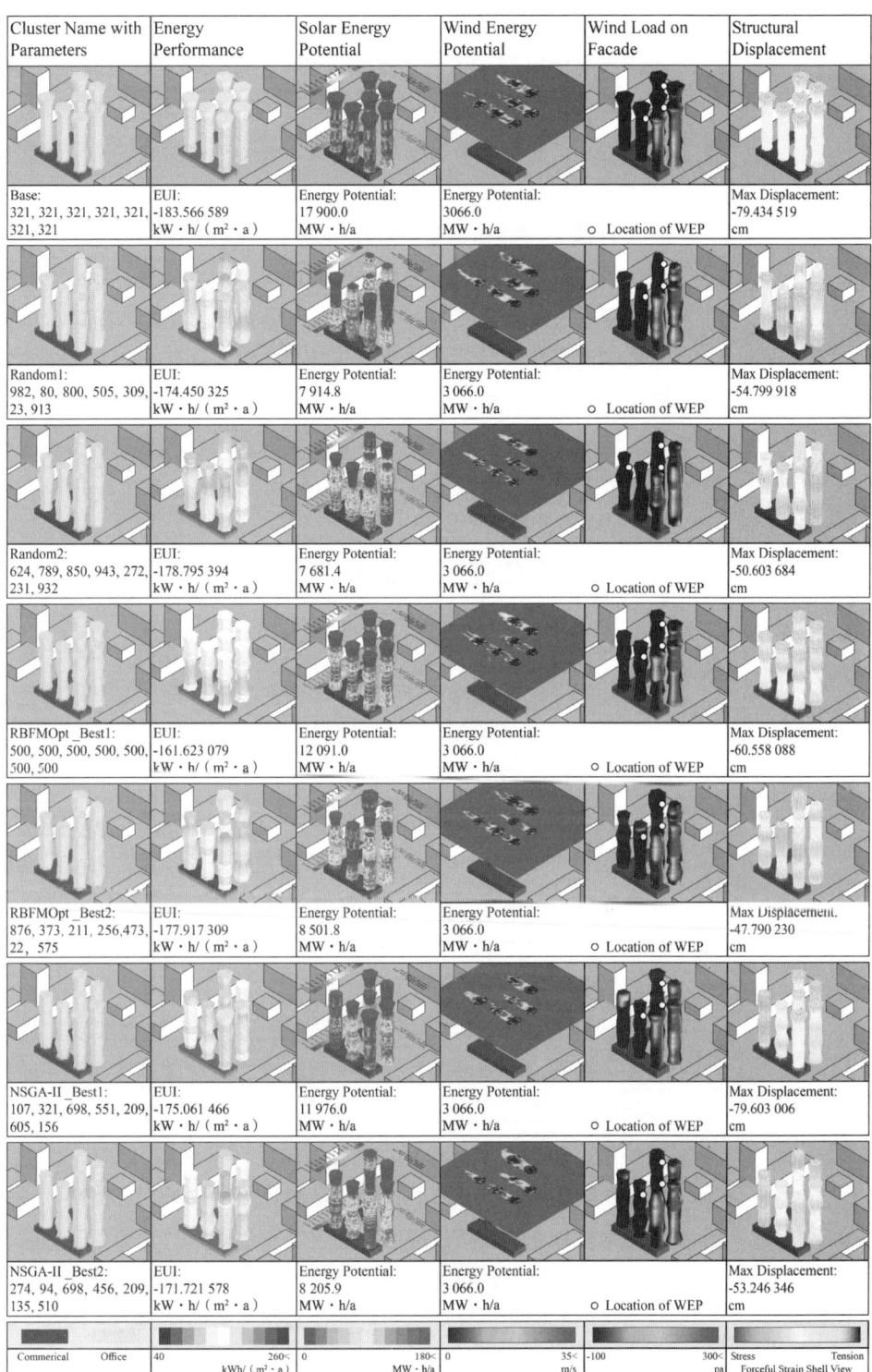

Cluster Name with Parameters	Energy Performance	Solar Energy Potential	Wind Energy Potential	Wind Load on Facade	Structural Displacement
Base: 321, 321, 321, 321, 321, 321, 321	EUI: -183.566 589 kW·h/(m²·a)	Energy Potential: 17 900.0 MW·h/a	Energy Potential: 3066.0 MW·h/a ○ Location of WEP		Max Displacement: -79.434 519 cm
Random1: 982, 80, 800, 505, 309, 23, 913	EUI: -174.450 325 kW·h/(m²·a)	Energy Potential: 7 914.8 MW·h/a	Energy Potential: 3 066.0 MW·h/a ○ Location of WEP		Max Displacement: -54.799 918 cm
Random2: 624, 789, 850, 943, 272, 231, 932	EUI: -178.795 394 kW·h/(m²·a)	Energy Potential: 7 681.4 MW·h/a	Energy Potential: 3 066.0 MW·h/a ○ Location of WEP		Max Displacement: -50.603 684 cm
RBFMOpt _Best1: 500, 500, 500, 500, 500, 500, 500	EUI: -161.623 079 kW·h/(m²·a)	Energy Potential: 12 091.0 MW·h/a	Energy Potential: 3 066.0 MW·h/a ○ Location of WEP		Max Displacement: -60.558 088 cm
RBFMOpt _Best2: 876, 373, 211, 256,473, 22, 575	EUI: -177.917 309 kW·h/(m²·a)	Energy Potential: 8 501.8 MW·h/a	Energy Potential: 3 066.0 MW·h/a ○ Location of WEP		Max Displacement: -47.790 230 cm
NSGA-II _Best1: 107, 321, 698, 551, 209, 605, 156	EUI: -175.061 466 kW·h/(m²·a)	Energy Potential: 11 976.0 MW·h/a	Energy Potential: 3 066.0 MW·h/a ○ Location of WEP		Max Displacement: -79.603 006 cm
NSGA-II _Best2: 274, 94, 698, 456, 209, 135, 510	EUI: -171.721 578 kW·h/(m²·a)	Energy Potential: 8 205.9 MW·h/a	Energy Potential: 3 066.0 MW·h/a ○ Location of WEP		Max Displacement: -53.246 346 cm
Commerical Office	40 260< kWh/(m²·a)	0 180< MW·h/a	0 35< m/s	-100 300< pa	Stress Tension Forceful Strain Shell View

图 4-36 高层建筑群参数设计实例与四个目标的优化算法之间的最佳结果

注：SEP—太阳能发电潜力；WEP—风力发电潜力；SD—结构偏移；EUI—全年能耗系数。

（图片来源：ZHANG R，XU X D，ZHAI P F，et al. Agile and Integrated Workflow Proposal for Optimising Energy use，Solar and Wind Energy Potential，and Structural Stability of High-rise Buildings in Early Design Decisions[J]. Energy & Buildings，2023，300：23.）

同时，开放空间也是满足居民户外休闲娱乐活动的主体空间。随着人们生活水平的提高与生活方式的转变，主动或被动的休闲活动需求不断上升，这一需求往往由开放空间，特别是自然环境类型的开放空间来满足。[53] 充分的休闲活动能够改善居民身心健康，促进社会交流，实现健康可持续的生活方式。

开放空间体系的规模布局和功能类型影响到城市生态功能效益，受到城市气候条件影响的同时又调节城市局地气候条件，因此开放空间体系是气候适应性设计的主要内容之一。这一体系与其他城市环境之间的相互作用关系影响到开放空间的自然功能与社会功能，同时也对其他城市功能的实现有着不同程度的影响，因而关系到居民福祉与社会可持续发展。作为与自然协调、与社会融合的城市发展的重要实现途径，具有自然与人工双重属性的开放空间系统是绿色城市设计中不可忽视的重要子系统。

4.4.1　开放空间要素及其作用机理 [54]

绿地与水体是构成城市开放空间系统的重要组成部分，具有生态调节作用，共同形成城市的"绿色"和"蓝色"下垫面，是开展绿色城市设计研究过程中最敏感、最值得关注的核心内容之一。

1. 绿地对城市环境的影响

巴顿（L.J.Batten）认为：小气候主要是指从地面到十几至一百米高度空间内的气候，这一层次正是人类活动和植物生长的区域和空间。[55] 绿地是实现城市生态平衡的重要手段，可以有效增加碳汇，对提升城市的综合环境品质有着重要作用（表 4-4）。

绿地对城市环境的影响机理主要通过以下途径实现。其一，是植物光合作用的影响。植物通过光合作用吸收二氧化碳，并源源不断地释放出人类赖以生存的氧气。城市绿地系统中大量的绿色植物是氧气的生产者，对调节城乡氧平衡起着重要作用，既是城市的"天然氧气库"，也是人类生存与发展的重要生命线。其二，是植物蒸腾作用的影响。在炎热的夏季，一部分太阳辐射被稠密的树冠所吸收，树冠吸收的辐射热主要用于光合作用和水分蒸发。由于蒸腾作用把水分大量发散到空气中，而水的比热很大，其从液态转化为气态要吸收大量的热，故而使周边环境明显降温；同时，大量的水汽弥散到空气中，将大幅度提高环境湿度。

相关资料表明，夏季城市中草坪表面温度比裸地低 6~7℃，林地树荫下气温比非绿地气温要低 3~5℃；一般森林的湿度比城市高 36%，公园的湿度比城市其他地区高 27%。[56] 此外，树木对空气湿度的调节与距离有关。一般

改善城市 气候条件	城市其他生态功能	社会/心理作用	塑造城市基础设施
改善城市总体层面的气候条件	降低废气和灰尘引发的空气污染	为儿童提供游玩场地	决定未来城市扩展的方向
为热带城市提供带有树荫和气温较低的开放空间	在居民区内，降低由交通、儿童娱乐引起的噪声污染	为不同年龄段的人提供运动娱乐场地，满足不同需求	为未来的发展和公共机构预留土地
改善城市自然通风条件	保持和涵养雨水	为团体活动提供聚会场所	作为城市交通和服务系统的土地
在炎热的沿街提供遮阴面	土壤保持，洪水控制	提供远离城市生活紧张节奏的机会	不同性质的土地使用区域隔离带
在冬天保护行人免受寒风的侵袭	有利于生物多样性的保护	为居民和参观者美化城市街道和公共场所	在城市系统内将土地分割成独立区域

（表格来源：根据 GIVONI B. Climate Consideration in Building and Urban Design[M]. New York：Van Nostrand Reinhold Cornpany Inc.，1998. 中第303、304页相关内容改绘）

来说，宽10.5 m的乔木、灌木绿化带可将附近600 m范围内的空气相对湿度增加8%，在更近的距离内可提高30%。对人体感觉而言，相对湿度的增高类似于气温的降低（酷暑时期除外），相对湿度增高15%与气温降低3.5℃对人体感觉的影响相当，因而在城市绿地中人们会觉得比较凉爽。[57]

（1）绿地对城市气温的影响

建筑周围的乔木和灌木可以降低建筑表面的空气和辐射温度，例如在炎热地区和季节降低室内温度与冷却热负荷，而在寒冷地区则可降低它们周围的风速。植物全年可以吸收90%的阳光，通常能降低气温和减弱10%的风速，并保持均衡的日夜温差。[58]林宪德通过大量观察发现，"大约每提升10%的绿化覆盖率，对周围平均气温有降低0.13~0.28℃的效果，其中尤以台北市的降温效果最大（0.27~0.28℃），这已证实了都市绿化政策确实对于都市气候有良好的缓和效果"。[59]

绿地对城市气温的影响取决于绿化覆盖率，一个地区的绿化覆盖率应在30%以上，才能起到调节气候的作用。北京对城市绿色空间分布特征与调节气候的研究亦表明：城市绿化覆盖率低于37%时，对气温的改善不明显，理想的绿化覆盖率最好达到40%以上，如果市区普遍达到50%的绿化覆盖率，则夏季的酷热可望根本改变。

（2）绿地对城市风速的影响

由于植物的蒸腾作用，绿地对气流可形成引导、偏移和过滤等作用，促进城市空气流动形成局地风，从而将太阳能转化为风能，其影响方式视植物的种类和种植方式而异。一棵独立高大乔木，可将气流集中于树冠之下，改善树冠周围的通风效果；一排密集种植的树木，可以阻挡自由气流并有效降低风速；通过精心组织的乔木和灌木可以将风导向人们需要的地方。相对于树木而言，草地对气流的阻碍最小，提供了最佳的通风条件；灌木则影响了地面及其上方的通风效果，在寒冷地区和季节可起到积极作用，而对湿热地区和季节并不适用。

绿地不仅能降低风速，还能促进空气流通。城市的带状绿地，如道路绿地、滨河绿地作为城市的重要通风廊道，可以将郊区的自然气流引入市区，创造良好的通风条件。同时，成片的绿地与邻近的建筑物密集区之间因气温变化速度不一致，可出现速度达 1 m/s 的局地风，即林源风。林源风从林地缓缓流向非绿化地段，这在炎热的夏季能有效改善静风状态时城市环境的舒适性。

（3）绿地对城市空气净化的影响

城市绿地对空气污染有着直接和间接的影响，前者主要是通过植物吸收、吸附和过滤部分污染的空气，如粉尘、煤气和烟尘，后者则通过对城市通风条件的改变来影响街道上那些由机动车辆排放的尾气污染。植物还能吸附空气中传播的病菌，在人员流动相同时，绿化较好的街道比绿化较差或没有绿化的街道空气含菌量要低 1~2 倍。

植物的过滤能力随着绿化覆盖率的增加而增强。一般市域范围内的树木逆风时最前排的林木承担了主要的过滤任务，故在种植时，应形成狭长的中间带有间隔的林带，其效果比单个的树林更有效。国外学者哈德（Hader，1970）发现：在绿色植物区域外部，空气污染降低很少。因而哈德建议在城市的整体范围内分散布置林地和公园，其效果比集中式要好。[60]

（4）绿地对城市噪声控制的影响

公园和茂密的林带也有助于隔离或减弱城市噪声的干扰，这是因为它们在噪声源和可感知噪声的地方加入了一个缓冲区域，可以降低噪声水平。[①] 植物控制噪声的效果与树木的种类、树叶的密度和距离地面的高度有关（图 4-37），最好是由常绿乔木和常绿灌木组合的、宽度不少于 10 m 的绿墙组成。散植的行道树无助于减轻交通噪声的影响。从实际效果来看，植物对减少噪声的影响较为有限，但植物具有重要的心理调节作用，人们看到很多的植物时会感觉噪声被挡在外面了。

（5）绿地对城市碳汇的影响

城市绿地具有增碳汇、减碳排的双重生态效益，是推动城市实现"双碳"目标的重要自然途径。[61] 绿地碳汇包括植物碳汇与土壤碳汇两种类型。植物碳汇效益受到植物自身、群落整体及人工因素的影响。良好的本地适应

---

① 植物，特别是林带对防治噪声有一定的作用。据测定，40 m 宽的林带可以降低噪声 10~15 dB，30 m 宽的林带可以降低噪声 6~8 dB，4.4 m 宽的绿篱可降低噪声 6 dB。参见王祥荣. 生态与环境：城市可持续发展与生态环境调控新论 [M]. 南京：东南大学出版社，2000：162.

图 4-37　典型的城市开放空间
（图片来源：左上：由刘雅旭，拍摄；右上：由樊澄珉，拍摄；左下、右下：由编者，拍摄）

性可以提高植物碳汇效能，同时有助于减少养护成本。打造复层和自然演替的植物群落，提高植物多样性，促进植物群落生态系统稳定性，减缓土壤有机质损失，可以提高生态系统的生产力，有助于提高植物和土壤碳汇能力。此外，还可增加对植物废弃物的应用。植物废弃物经填埋、堆肥或其他景观利用途径，可以实现长期的储碳，制成生物炭还能够作为土壤有机质改良剂，减少废物运输处理成本和碳排放。

增加土壤碳汇的设计措施包括：保护建造时间长的绿地可以维系现状土壤，提高碳储量；堆肥熟化后的建筑渣土、垃圾污泥等城市废弃物能增加土壤微生物含量，增加碳汇；施用生物炭，增加土壤有机碳，增加碳汇；人为恢复土壤生态系统，减少土壤有机质分解，保存碳储量；混合种植多年生草本植物，增加土壤碳储量；增加地被植物、绿篱等低矮植物比例，减少土壤有机质损失；利用硅酸盐岩石加速自然风化固碳进程（硅酸盐岩石遇水时与大气中的 CO_2 反应，形成碳酸盐矿物）；在绿地安装直接空气碳捕获装置，从空气中直接捕获 CO_2，并将 CO_2 转化后埋于地下。

（6）实践应用

城市绿地作为天然的空气调节系统，具有降温、通风和提供树荫等作用，因而许多城市都将它作为调节城市微气候的重要手段。欧美新城规划要求绿地占城市用地面积的 1/5~1/3；日本通过加强城市林带建设来促进"城乡

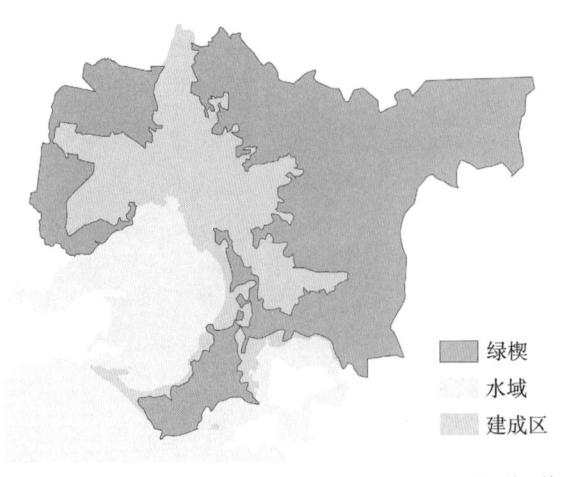

图 4-38 墨尔本楔状绿地系统
（图片来源：改绘自墨尔本政府官网）

绿楔
水域
建成区

一体化"建设，许多林带宽达 1 km，实际上已经形成具有气候调节功能的生态斑块；澳大利亚墨尔本市以 5 条河流为骨架，形成了楔状绿地系统（图 4-38）。在中国，20 世纪 90 年代的经济快速发展时期，城市建设用地与绿化用地的矛盾日益突出，政府部门和开发商往往为了短期利益而侵占绿地。例如一些城市为缓解交通压力、拓宽城市道路，曾不惜砍伐行道树，但遭到专家极力反对。近年来，中国在城市绿地建设方面取得了令人瞩目的成效，在政府的大力支持下，城市绿地的规模和质量不断提升，为人们创造了更美好的生活环境。值得指出的是，城市开放空间不应只考虑大规模地使用草坪植被，还应与林地、水景设施及自然通风等手段有效结合，充分发挥绿地、水体在改善城市热环境方面的巨大作用，以免违背生态学原理，大幅增加绿化浇灌费用和维护费用。

绿色城市设计要考虑景观全生命周期的碳汇和碳排情况。通过对景观营建的各个阶段的碳排放和碳汇因素进行汇总，内容包括材料的种类及数量、运输方式、能源消耗、运营维护及植物碳汇等数据清单，将观测数据与相对应的碳排放 / 碳汇因子（碳排放 / 碳汇系数）相乘，得到每一个阶段的碳排放和碳汇量，进而得出景观全生命周期总的碳排放和碳汇量（图 4-39）。[62] 通过案例研究表明，植物群落的固碳能力取决于植物群落的生态稳定性，应按照低维护、多样性、生态性、美观性的原则构建植物群落，将具有不同固碳能力的植物进行搭配，以达到更高的固碳效益；同时低维护的设计又能减少后期养护产生的碳排放。可以据此形成适宜不同气候条件的高固碳植物群落配置模式。考量景观全生命周期中碳排放和碳汇的平衡状况，是低碳景观营造的重要检验标准，能够为城市绿地低碳设计及低碳草本植物群落配置提供科学依据。

伴随着"双碳"政策的落实，住房和城乡建设部已启动对《零碳建筑技术标准》的征求意见，其中包括对区域园林景观规划建设的一些规定。例如针对公园等集中绿地的建设，除了部分植物品种要求，还提出绿地整体的郁闭度应 ≥ 0.4 的硬性指标；同时考虑在全生命周期的植物养护中，利用雨水等非传统水源灌溉、利用植物自然产生的废弃物转化为种植肥料或生物质材料等再利用策略。再如社区等场地内的绿地建设，建议在恰当配植和种植的基础上，充分考虑场地、道路及住宅建筑冬季日照和夏季遮阴的需求，结合气候及建设条件，宜采用立体绿化等方式丰富景观层次、增加环境绿量；同

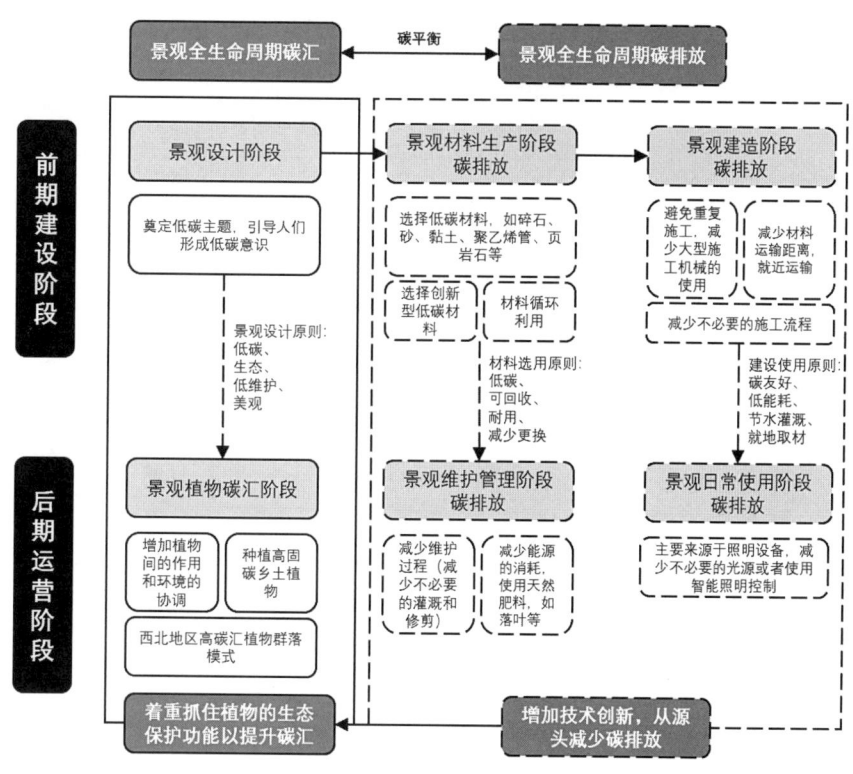

图 4-39　小尺度绿地低碳排高固碳的措施

（图片来源：王晶懋，齐佳乐，韩都，等. 基于全生命周期的城市小尺度绿地碳平衡 [J]. 风景园林，2022，29（12）：100–105.）

时要求绿地浇灌和景观造景采用非传统水源的用水量占其总用水量的比例不低于80%；此外结合自然水体的碳汇特征进行针对性的景观设计，有条件时宜利用自然水体进行蓄能，提高碳汇贡献。

为方便准确计算碳足迹，中国城市温室气体工作组（CCG）公开了中国产品全生命周期温室气体排放系数集（2022年），其中包括核算、计量和评估各省造林全生命周期温室气体排放（表4-5）。这对于从消费端管理温室气体排放和基于产业链推动碳减排具有重要意义，也是推动中国实现碳达峰碳中和的重要数据支撑。

2. 水体对城市环境的影响

城市中的天然河段、湖泊、池塘及人工形成的水库、人工湖等共同构成城市的水域空间。城市水体在绵延的建筑群中形成独特的蓝色空间，对城市局地微气候有着积极的调节作用。现代科学的发展进一步揭示了水体对城市环境的作用机理。荷夫认为水体对城市气候调控的影响相当大，水体温度变化比陆地慢，可借水域吹来的冷风给陆地降温，这是利用蒸发作用将太阳能转化为潜热的一种能量转化方式，能降低气温并形成天然的冷气机（图4-40）。[63] 同时，

省、自治区及直辖市	上游排放 / (吨二氧化碳当量·年$^{-1}$·km^{-2})	省、自治区及直辖市	上游排放 / (吨二氧化碳当量·年$^{-1}$·km^{-2})
北京	−552.00	湖北	−390.00
天津	−882.00	湖南	−192.00
河北	−515.00	广东	−396.00
山西	−751.00	广西	−454.00
内蒙古	−522.00	海南	−153.00
辽宁	−233.00	重庆	−686.00
吉林	−343.00	四川	−83.00
黑龙江	−444.00	贵州	−421.00
上海	−802.00	云南	−331.00
江苏	−1543.00	陕西	−890.00
浙江	−487.00	甘肃	−776.00
安徽	−606.00	青海	−120.00
福建	−758.00	宁夏	−1173.00
江西	−327.00	新疆	−511.00
山东	−1925.00	西藏	64.00
河南	−719.00	—	—

我国各省造林全生命周期温室气体排放系数　　　表 4-5

注：1. 上游排放指的是生产单位该产品的温室气体排放量（包括电力、运输等）；

　　2. 不同温室气体（二氧化碳、甲烷、氧化亚氮、含氟温室气体）的排放量统一折算为二氧化碳当量。

（表格来源：王万同，唐旭丽，黄枚，等.中国森林生态系统碳储量：动态及机制 [M].北京：科学出版社，2018；李海奎，雷渊才.中国森林植被生物量和碳储量评估 [M].北京：中国林业出版社，2010.）

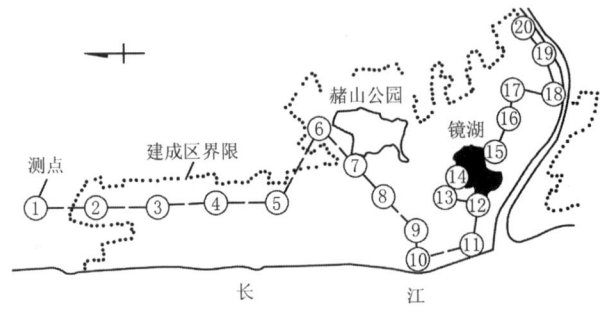

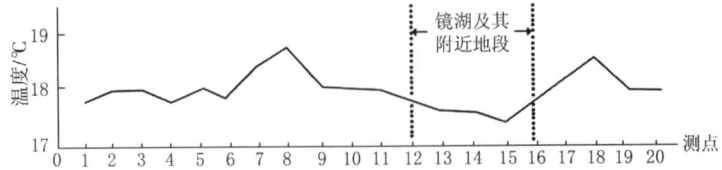

图 4-40　水面对城市气温的调节作用

（图片来源：同济大学.城市规划原理 [M].2 版.北京：中国建筑工业出版社，1991.）

水域作为城市水汽蒸发的源区，夏日能保持其上方及邻近区域相对高的空气湿度。此外，水面水分子的分解会产生负离子，可以增加空气中的负离子含量，再加上水面还能吸收空气中的污染物和尘埃，从而有利于人居环境的改善。

（1）水陆风的形成及应用

水体对于局地微气候和地方风的形成也有明显作用，这是因为水陆的热效应不同，导致水面与陆地表面受热不均，引起局部热压差而形成白天吹向陆地、夜间吹向水面的昼夜交替的水陆风（图4-41）。滨水地区多得益于水陆风，从水面吹向陆地的风对于水域周边区域有明显的降温效果。水陆风的作用范围较为局限，在距海边大约20 km相对较小的范围内每天的气温变化较大，超出这个范围，海洋对气温的影响就变小了。

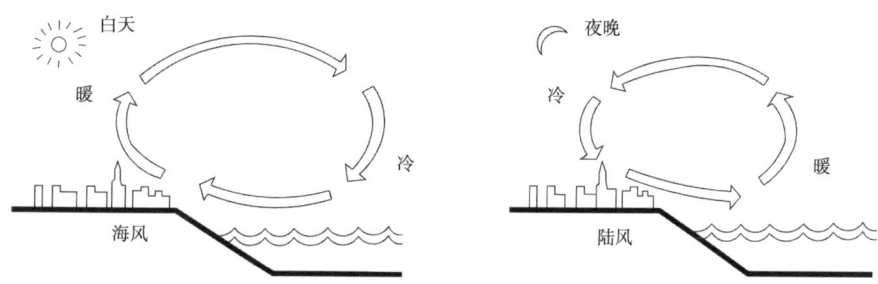

图4-41 海陆风示意
（图片来源：同济大学，城市规划原理[M].2版.北京：中国建筑工业出版社，1991.）

水体的降温效果是由其面积及温度、风速和湿度所决定的，水体面积越大。其对城市局地微气候的影响越大。当蒸发面积从20%提高到50%时，气温最多会降低3℃。[64]这对滨水地区城市设计如何利用水陆风改善城市局地微气候条件具有重要启发作用，在城市总体功能布局时应加以考虑。

（2）水体的价值

河流水体是城市自然环境的重要组成部分，城市"蓝带"具有重要生态价值，植被覆盖良好的河岸、水域对改善城市环境、调节城市局地微气候具有显著作用。柳孝图等通过对南京市玄武湖实地观测，发现水体具有调节热环境的功能，同时还发现连续的城墙不利于水体对邻近区域环境的降温作用（图4-42）。①

在小环境方面，河流、水域不仅可提供阴凉与通风廊道，而且可通过蒸腾作用使城市变得凉爽，还能为野生动植物提供良好的生境。再者，蓝带系

---

① 柳孝图等于1995年7月17日在南京市玄武湖进行了实地观测，两测点分别布于玄武门城墙内、外相距20 m的地方，中间间隔高大的古城墙。白天的观测结果表明，玄武湖内测点处的平均温度比墙外低1.05℃。该结果不仅说明了水体具有调节热环境的功能，而且还表明水体周围的建筑物不利于水体对邻近地区环境的降温作用。详见柳孝图.城市物理环境与可持续发展[M].南京：东南大学出版社，1999：62.

统对减少水土流失、净化水
质、控制污染和降低噪声都有
着明显作用。此外，水体还具
有不容忽视的景观价值和经济
价值，体现在美化城市景观、
塑造可视形象方面，具有怡情
养性、赏心悦目、缓减压力的
心理作用。

（3）水体碳汇

水体碳汇包含在水体中溶
解的 CO_2 与水生植物、浮游植
物等光合作用吸收的 CO_2 等。

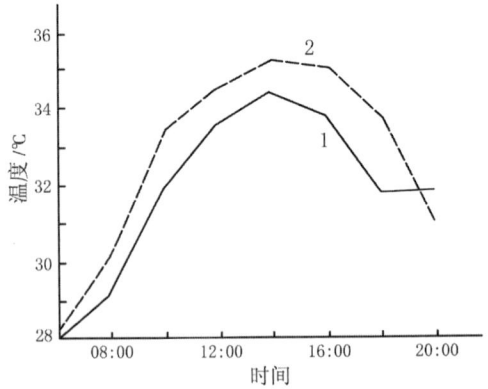

1– 玄武湖城墙内（靠近水体）；2– 玄武门城墙外（市区）
图 4-42　玄武湖公园内外一天不同时间里的气温对比
（图片来源：柳孝图 . 城市物理环境与可持续发展 [M]. 南京：
东南大学出版社，1999.）

能够增强水体碳汇的设计措施一般有：雨水截污处理，以防止水体富营养化
和酸化可能会减弱水体碳汇能力；建设湿地花园（含雨水花园），扩大水生
植物种植面积，能够抑制土壤中碳的分解；提升水生植物、岸线、土壤等生
态功能，健康的水生态系统能够提高水中和水边的动、植物碳吸收量。

总体而言，水体是城市生态环境中最活跃、影响最广泛的要素，是城市
生态环境的重要组成部分。绿色城市设计应摈弃过去水体整治工程只是为了
满足排水、防洪需要的简单做法，而将城市水域的开发建设与水质保护、水
体碳汇纳入城市生态设计的整体架构中去。

4.4.2　开放空间对城市环境的影响

开放空间对缓减城市热岛效应、净化空气的作用较为显著（图 4-43），
但其对城市环境的影响大小还与景观破碎度和景观连接度有关。通常情况
下，比较紧凑的几何状的开放空间，其生态效应就较小，对周边影响也很有
限；而相对复杂、舒展的形态，其伸展幅度越大，对周边的影响范围也就越
大。针对蒙特利尔停车场的研究表明，在接近开放空间的街区，植被的冷却
作用很大，但通常只向建筑街区内延伸 200~400 m 的距离。[65] 因此，低破碎
度和高连接度的开放空间系统有利于形成网络状结构，对城市环境产生的积
极作用更为有效。

对一个城市而言，不仅要考虑绿地、水体等开放空间的绝对数量，还要
注意其空间布局和形态。良好的开放空间应由形态上表现为点、线、面的微
观、中观和宏观三个层次构成："点"主要指城市中的微型公园、交叉口、街
头绿地、小水面、小广场等节点空间；"线"指的是河流、林荫道和滨水步道
等，通过加强相关绿化，使之成为城市的蓝道、绿道和风廊；"面"则是指大

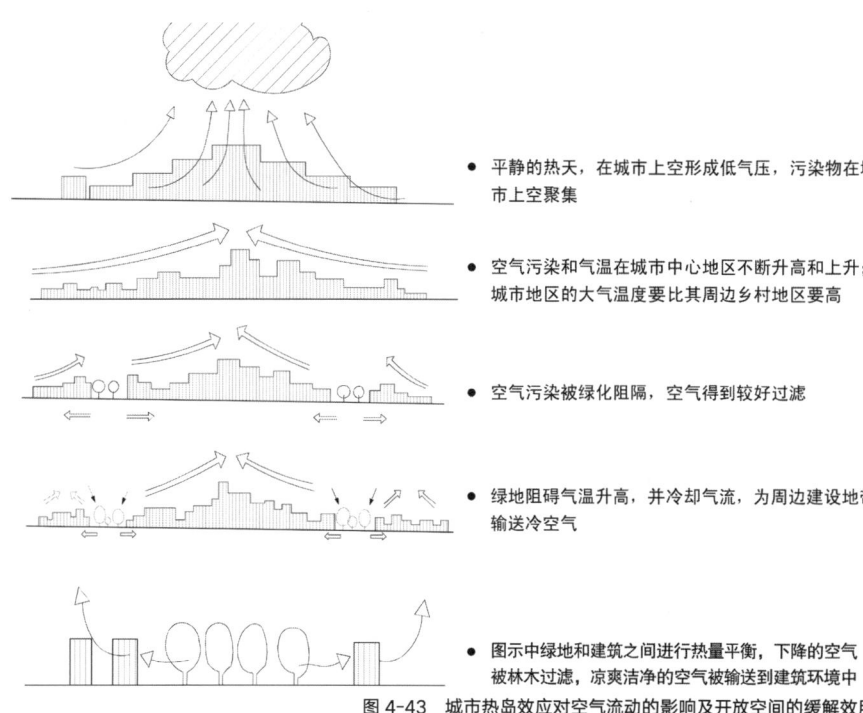

- 平静的热天，在城市上空形成低气压，污染物在城市上空聚集

- 空气污染和气温在城市中心地区不断升高和上升；城市地区的大气温度要比其周边乡村地区要高

- 空气污染被绿化阻隔，空气得到较好过滤

- 绿地阻碍气温升高，并冷却气流，为周边建设地带输送冷空气

- 图示中绿地和建筑之间进行热量平衡，下降的空气被林木过滤，凉爽洁净的空气被输送到建筑环境中

图 4-43　城市热岛效应对空气流动的影响及开放空间的缓解效用

（图片来源：GARY O. Robinette. Landscape Planning for Energy Conservation[M]. New York：Van Nostrand Reinhold Company Inc.，1983.）

型公园、广场等。开放空间中最为活跃的因素要数线性的街道、河流空间及面状的公园、广场等。

对于给定的城市区域和人口，决定开放空间的理想规模仍是一个复杂的问题。目前比较有效的方法就是在新开发的地区，一次性预留足够面积的系统化、网络化的开放空间；而在老城区则采用"渐进疏导，见缝补绿"的方针，不断提高城市"绿质"和补充城市"绿量"。

4.4.3　开放空间的主要布局模式

城市开放空间紧邻居民生活区，对居民日常生活影响最大，因而选择何种开放空间模式非常重要。目前城市开放空间布局主要有以下几种模式，参照气候适应性原理进行分析，它们各具特点，在实际操作时可结合场地情况因地制宜综合加以运用。[66]

1. 变形虫式

变形虫分布模式以英国哈罗新城、美国哥伦比亚新城等为典型，用绿色开放空间在新城的街区之间、街区内各邻里之间及各住宅组群之间加以分隔，通过城郊绿野连续不断地渗入街区内部，形成联系紧密的有机整体，从而获得最大的整体性与连续性。这种模式要求以不小于 100 m 的绿化带将街区分割为若干面积不大于 250 hm² 的区域，从而有利于形成通畅的城市风道，将郊外新鲜的空气源源不断地输送到城区。从景观和生态角度来看，该模式最为有利（图 4-44），但缺陷是占用的土地较多。

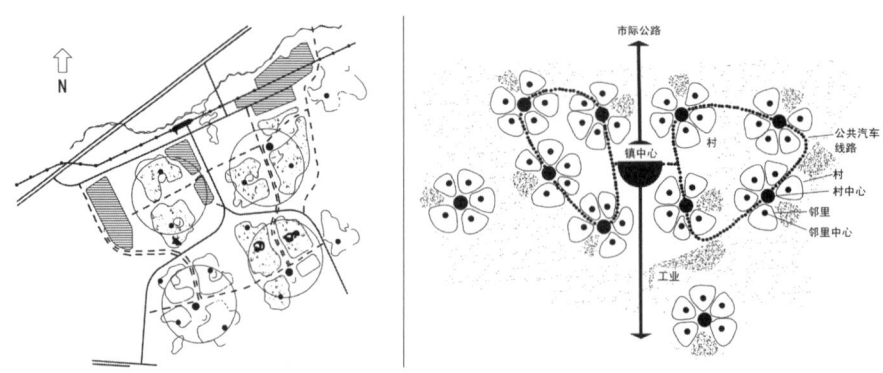

图 4-44　英国哈罗新城模式、美国哥伦比亚新城结构
（图片来源：方咸孚，李海涛 . 居住区的绿化模式 [M]. 天津：天津大学出版社，2001.）

2. 散点式

散点分布模式受到苏联游憩绿地分级分布的影响，是在用地紧张情况下的一种绿色开放空间布局模式（图 4-45）。它要求街区以交通干道为界，各级公共开放空间作为绿色嵌块分布于各自相应规模的用地中心，并用绿道将各嵌块联系起来，基本呈现出向心模式。这种多点分散布局的模式有利于形成"网状组构"，比单独一个大型开放空间具有更好的生态效果，是一种较为理想的布局模式。

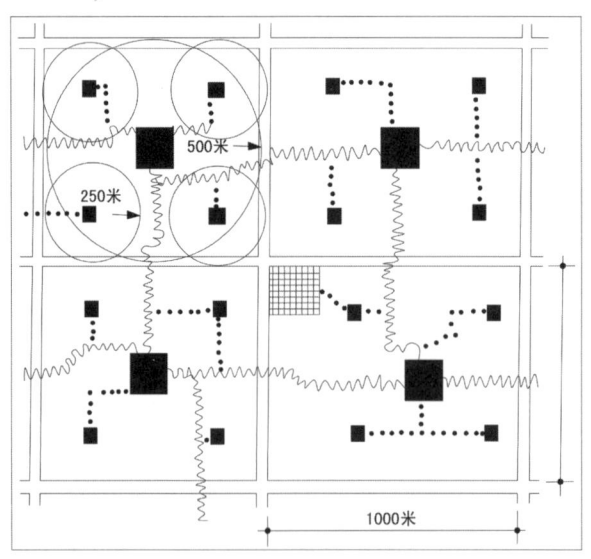

图 4-45　散点分布模式
（图片来源：方咸孚，李海涛 . 居住区的绿化模式 [M]. 天津：天津大学出版社，2001.）

3. 鱼骨式

鱼骨分布模式以印度昌迪加尔为代表（图4-46）。该市具有复杂的气候条件，冬天凉爽，夏日干旱炎热，并夹杂着带有季风的炎热潮湿的天气。昌迪加尔市开放空间布局的主要特点是以带状公共绿地贯穿街区，并相互联系成为纵贯城区的绿带，可确保建筑组群与公共绿地充分接触，并能保持较高的建筑密度。该模式的绿带方向与夏季主导风向一致，可使线性开放空间系统穿越每一个超大街区的中心，有利于城市整体层面的通风组织，并相对容易形成明确的环境意象。

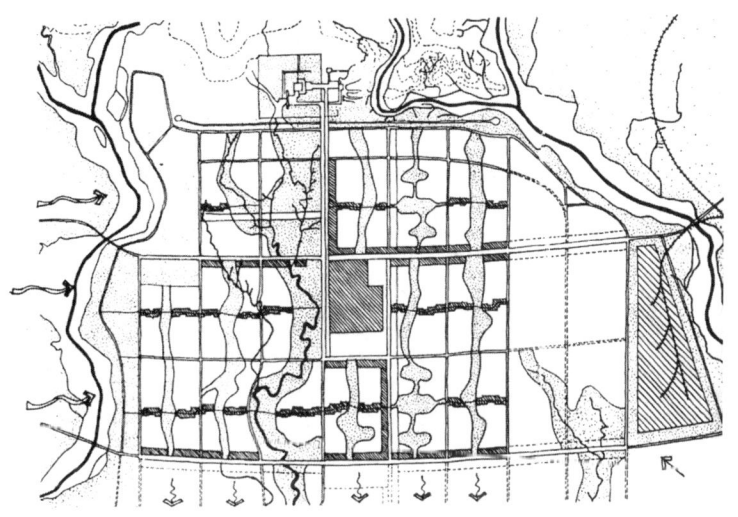

图 4-46　昌迪加尔模式
（图片来源 · BROWN G Z，DEKAY M. Sun，Wind & Light：Architectural Design Strategies[M]. 2nd ed. New York：John Wiley & Sons Inc.，2001. ）

4. 廊道式

廊道分布模式属于鱼骨式的变体，要求结合地形（山形、水体）和城市道路结构，组织好线性"绿带"与"蓝带"系统，因地制宜，系统建构城市视觉走廊、通风走廊和排污走廊。2000年左右杭州就已规划了18条生态廊道贯穿主城，南京也将7条绿色走廊楔入城区。此后，国内其他一些大型城市设计和社区规划也大量采用这种模式。

4.4.4　案例研究

国内外不少城市都非常注重城市开放空间的规划设计与建设，并使之成为城市主要的生态源。例如杭州，西湖、钱塘江两大水体是该城市最主要的开放空间，但由于它们所处的地理位置和水体性质不同，故对城区微气候调节作用也不尽相同。钱塘江在城市外缘沿东南—西北方向从市郊穿越，位于城市主导风向的上风侧，与市区毗连的水体面积达 12 km²，成为市区主要的具有生物气候调节功能的缓冲空间。西湖水面面积 6.38 km²，在夏季位于盛行风的下侧，再加上湖水容量较小，调节气温的作用自然比钱塘江小，其影响范围仅限于滨湖沿岸地区。其他如美国纽约中央公园、波士顿翡翠项链绿地系统（图 4-47），日本名古屋中心久屋大通公园，中国南京玄武湖（图 4-48）、常熟虞山、徐州云龙湖、宜兴三氿（西氿、团氿、东氿）和西安环城绿带等开放空间，都成为各自城市非常重要的具有生物气候调节功能的缓冲空间，对城市生态环境维护和微气候调节起着无可替代的作用。

1. 南京钟山风景区博爱园

钟山风景名胜区位于南京都市发展区的核心地带，自然生态资源丰富、历史文化资源深厚、景观资源荟萃。南京市人民政府和有关部门十分重视钟山风景区的规划和建设问题，对中山陵的周边环境进行了综合整治，确立以文化旅游和生态发展为主的未来土地利用和开发方向。

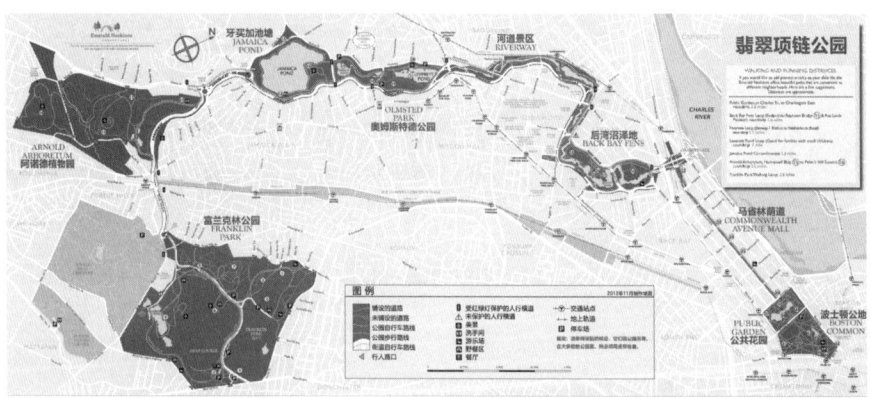

图 4-47 波士顿翡翠项链绿地系统
（图片来源：波士顿翡翠项链管理局 . Emerald Necklace Conservancy [EB]. emeraldneck lace 官方网站，
2013-03-24.）

图 4-48 南京玄武湖
（图片来源：由金润喜，拍摄）

钟山风景区博爱园的规划设计涉及自然、经济、文物和工程等诸多因素，需要在对场地的生态环境现状调查的基础上，明确生态环境敏感区域，合理确定适建性用地，为规划设计方案总体布局提供科学依据。规划设计选择地形和植被作为用地适建性分析的因子，基于 GIS 开展用地适建性综合评价分析。规划秉承生态优先的原则，对坡向、坡度、汇水、植被（优势树种）、林相等进行重点研究（图 4-49），同时开展土地承载力分析，将规划区内的建设用地适宜性划分为四个等级，数值越大越不利于建设。等级 4 是生态高敏感区，禁止建设区；等级 3 是生态中敏感区，不适宜建设区；等级 2 是生态低敏感区，可以有条件进行建设区；等级 1 是非生态敏感区，是可建设区（图 4-50）。在此基础上，形成整个用地范围的规划总平面，将规划建筑大部分布置在适宜建设用地的范围内。最后完成总体设计方案，建成后将原本的驾校、丛林等改造成了以市民休闲休憩为主的主题休闲公园，现已成为婚纱摄影的基地。其中天地科学园结合原有的南京大学太阳塔、地震观测所、陵园老邮局等，建成一处与基地历史相关的考察学习天文学、地质学等为主题的科学园（图 4-51~ 图 4-53）。

2. 新加坡公园连接网络

　　新加坡公园连接网络（Park Connector Network，PCN）是一个覆盖全岛的线性绿色走廊网络，将新加坡的主要公园、自然保护区、自然开放空间及

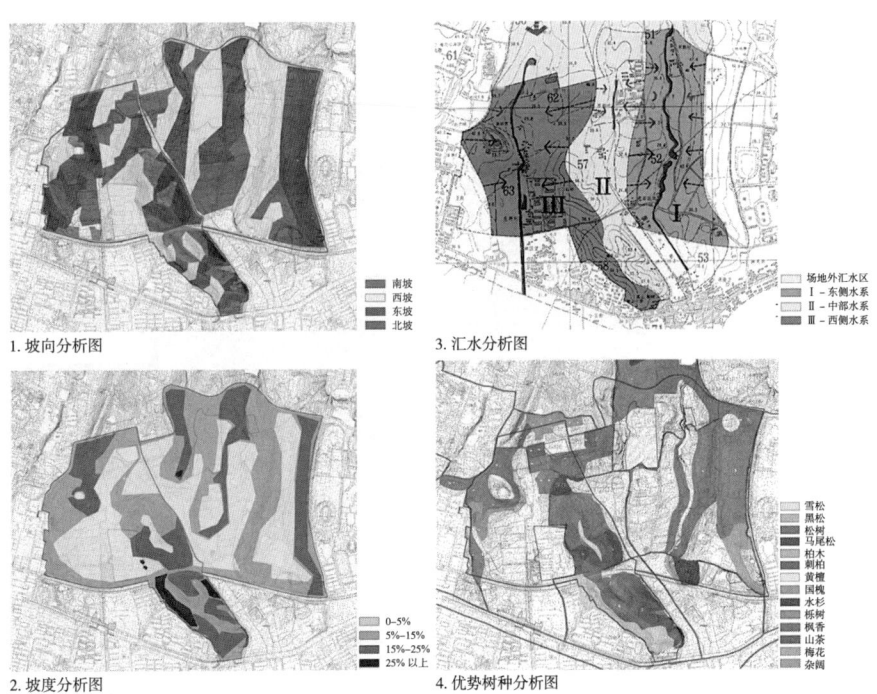

1. 坡向分析图

　　　南坡
　　　西坡
　　　东坡
　　　北坡

3. 汇水分析图

　　　场地外汇水区
　　Ⅰ - 东侧水系
　　Ⅱ - 中部水系
　　Ⅲ - 西侧水系

2. 坡度分析图

　　0~5%
　　5%~15%
　　15%~25%
　　25% 以上

4. 优势树种分析图

　　雪松
　　黑松
　　松
　　马尾松
　　柏木
　　刺槐
　　黄檀
　　国槐
　　水杉
　　栎树
　　枫香
　　山茶
　　梅花
　　杂

图 4-49　基于 GIS 开展用地适建性综合评价分析图
（图片来源：由东南大学建筑设计研究院有限公司，绘制）

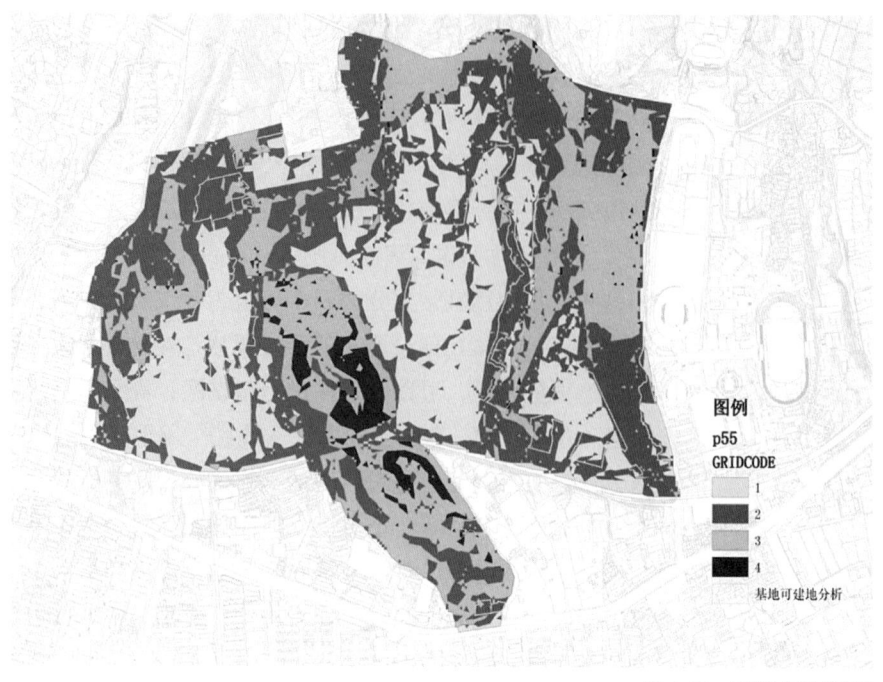

图 4-50　可建设场地分析图
（图片来源：由东南大学建筑设计研究院有限公司，绘制）

图 4-51　南京钟山风景区博爱园规划草图　　　图 4-52　改造后场景照片

图 4-53 南京钟山风景区博爱园规划总平面图
（图片来源：由东南大学建筑设计研究院有限公司，绘制）

其他名胜古迹联系起来。该网络全长超过 300 km，其一方面为人们提供了多种多样的绿色休闲机会，为热衷户外活动的人们提供了通往全岛自然空间的便捷通道；另一方面有助于加强自然栖息地之间的生态关联，为物种在不同生态斑块之间的迁徙与交流提供了充足的生态环境支持，从而有效维系城市内部的生物多样性（图 4-54）。

新加坡面积狭小，土地资源紧张，故公园开发用地获得的难度不断增加。公园网络的用地多属于低经济潜力的土地，包括排水缓冲区、道路保护区、浅滩保护区和高架铁路系统下方未利用的土地等，这就使得连接网络的建设能够为不同的相关利益者所接受。开发用地的选择标准包括是否有适宜用地、用地数量及其与公园的距离，密集的城市发展使得大部分绿道规划用地均毗邻人类居住区，因此在实际规划中，用地与社区之间的距离并未成为主要的考虑因素。

公园连接网络包括了中央城市环线、东海岸环线、东北部河滨环线、北部探索环线和西部探险环线等，区域的自然与人工环境差异使得各个环线的景观特征与功能服务各不相同（图 4-55）。绿道的观赏乔木、灌木提供遮阳，为居民出行提供舒适环境；而沿水绿道则是季风运河定期清淤的重要通道。其中，中央城市环线涵盖新加坡中部地区的标志性组屋，包括碧山、宏茂桥、大巴窑和黄埔，可直接通往碧山—宏茂桥公园、加冷河畔公园和榜鹅公园。这一环线使得行人与非机动车出行居民能够在高密度建筑区域中快速穿

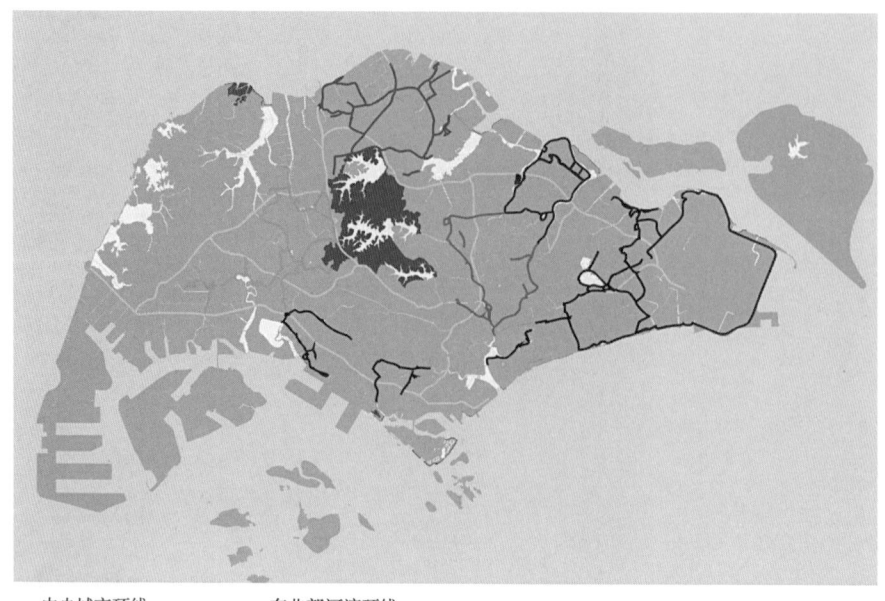

— 中央城市环线　　— 东北部河滨环线
— 东海岸环线　　　— 南部脊状环线
— 北部探索环线　　— 西部探险环线

图 4-54　新加坡公园连接网络总平面
（图片来源：ROWE P G，HEE L，ROWE P G，et al. Gardens，Parks and Green Reserves[M]//A City in Blue and Green：The Singapore Story. Singapore：Springer，2019.）

图 4-55　新加坡公园连接网络的不同区域实景
（图片来源：引自新加坡政府官方网站）

行的同时与机动交通相隔离，从而为居民提供大量的休闲娱乐选择与近距离观察各种野生动物的机会，也为游客提供了领略不同街区魅力的观光路线。全长 26 km 的东北部河滨环线贯穿万谷、盛港和榜鹅的中心地带，并延伸至乡村风景区，这一地区有绵延的海岸线、运河和湿地，能够看到丰富多彩的鸟类和各种独特的植物，是以生态探索为主线的环线。

4.5 本章小结

　　总体而言，虽然影响城市环境生态品质的因素很多，但其主要取决于城市下垫面的物理性质，例如城市的地形地貌、绿地、水体等自然地理状况，以及其自身的城市化特征，例如建筑物密度、街道和高层建筑布局、铺装、色彩等，其物理性质与几何形态的差异会直接导致太阳辐射吸收与反射的不同。如果这些因素设计不当，将会引起城市环境的结构性失衡和微气候条件的改变，进而对城镇建筑环境产生不良影响，也将间接影响到城市生产生活过程中的能耗和碳排放情况。因此，本章重点在于要了解城市的复杂性，对城市环境的各种影响因素及其作用机理进行分析和探讨，发挥各要素在此过程中的联动作用与综合效益，并进一步提出相应的绿色城市设计应对策略。

　　（1）气候条件是城市环境和人体舒适度的重要影响因素。正确认识和把握城市总体气候特征，以及太阳辐射、风、气温、湿度、降水等气候因素的自然规律和特征，对改善城市微气候条件、提高环境舒适度起到基础性作用，为理解人工环境要素和自然环境要素影响城市设计策略提供了基础。

　　（2）气候与一定区域的地形地貌状况密切相关。特定的地形地貌和气候条件是城市环境最主要的决定因素，应充分认识和把握地形地貌与气候因素之间的相互影响和作用规律。通过地形地貌变化合理划分和组织空间，从而改善局地微气候及室外环境舒适度，进而减少城市能源消耗。

　　（3）建成环境要素构成的"灰色"下垫面在城市中所占的比例日益升高，其组成要素与物理结构特征对城市风环境、热环境和大气环境产生的影响也日益增强，并最终影响到人们的生活环境。因此，从城市通风、城市热环境、能源需求出发探究建成环境要素对城市设计影响的应对策略，综合相关气候学、建筑学的技术、经验和手段，能够有效地改善室内外环境舒适度及局地微气候。

　　（4）开放空间所包含的绿地、水体、土壤是天然的城市碳汇要素，其中绿地面积、水体面积、本土植物指数会直接影响到一个地区的碳汇能力。"开放空间优先"应成为城市设计的重要准则，相关规划应为城市发展预留足够的绿地、水体开放空间，并使它们形成相互关联的系统，实现碳汇功能提升，成为城市的天然风道、绿肺和具有微气候调节功能的缓冲空间。

思考题与练习题

1. 简述主要的城市气候类型及其成因。

2. 举例说明在城市设计中为应对不同城市气候要素的影响所采取的针对性策略。

3. 简要分析在城市设计时如何考虑地形地貌对于城市环境的影响及其应对策略。

4. 简述在城市设计时如何考虑开放空间的碳汇作用及其应对策略。

参考文献

[1] HOUGH M. 都市和自然作用 [M]. 洪得娟，颜家芝，李丽雪，译 . 台北：田园城市文化事业有限公司，1998：294.

[2] 刘砚刚 . 太阳辐射在大气层中的衰减 [J]. 太阳能，1992（1）：12–13.

[3] BARUCH G. Climate Consideration in Building and Urban Design[M]. New York：Van Nostrand Reinhold Company Inc.，1998：241.

[4] OKE T R. The Distinction between Canopy and Boundary - layer Urban Heat Islands[J]. Atmosphere，1976，14（4）：268–277.

[5] 戴天兴 . 城市环境生态学 [M]. 北京：中国建材工业出版社，2002：217.

[6] 中国地理学会 . 城市气候与城市规划 [M]. 北京：科学出版社，1985：171–173.

[7] 林宪德 . 城乡生态 [M]. 台北：詹氏书局，1999：42.

[8] 董卫，王建国 . 可持续发展的城市与建筑设计 [M]. 南京：东南大学出版社，1999：76–77.

[9] 李娟，夏炎，杨军 . 干、湿大气环流模式中地表增温的经向分布及其机制 [J]. 北京大学学报（自然科学版），2020，56（1）：123–134.

[10] KPFui. London Ideal Block & Master Plan[DB]. KPFui 官方网站，2020–11–21.

[11] KENSEK，KAREN M，KNOWLES R.Work in Progress：Solar Zoning and Solar Envelopes[J]. ACADIA Quarterly，1995，14（2）：11–17.

[12] 拉尔夫·诺里斯 . 日照与城市形式 [J]. 林龄，译 . 世界建筑，1981（4）：24–27.

[13] 高栩，李煜，徐跃家，等 . 应对高密度城市采光问题的生成式城市设计方法研究：以 KPFui 伦敦理想街区为例 [J]. 国际城市规划，2023，38（6）：136–144.

[14] KPFui.London Ideal Block & Master Plan[DB]. KPFui 官方网站，2020–11–21.

[15] 中国地理学会 . 城市气候与城市规划 [M]. 北京：科学出版社，1985：164–166.

[16] 陈喆，魏昱 . 规划与设计中城市气候问题探讨 [J]. 新建筑，1999（1）：67–68.

[17] 史北祥，杨俊宴，杨晓方 . 多重尺度城市风环境构建的城市设计策略：基于城市安全的视角 [J]. 新建筑，2021（6）：83–87.

[18] 中国地理学会 . 城市气候与城市规划 [M]. 北京：科学出版社，1985：171–173.

[19] 李磊，陈天 . 滨海低地城市鹿特丹应对气候变化灾害的策略及路径 [J]. 国际城市规划，2022，37（1）：153–159.

[20] BERGLUND，LARRY G. Comfort and Humidity[J]. ASHRAE Journal，1998，40（8），35.

[21] 彭历，王予芊 . 城市游憩绿地小气候适应性设计策略解析 [J]. 华中建筑，2017，35（1）：71–76.

［22］姜会飞.农业气象学 [M].北京：科学出版社，2008：67.

［23］[25] 吴庆洲，李炎，吴运江，等.城水相依显特色，排蓄并举防雨潦：古城水系防洪排涝历史经验的借鉴与当代城市防涝的对策 [J].城市规划，2014，38（8）：71-77.

［24］李磊，陈天.滨海低地城市鹿特丹应对气候变化灾害的策略及路径 [J].国际城市规划，2022，37（1）：153-159.

［26］克罗基乌斯 B P.城市与地形 [M].钱治国，王进益，常连贵，等，译.王凡，校.北京：中国建筑工业出版社，1982：69.

［27］徐小东，徐宁.地形对城市环境的影响及其规划设计应对策略 [J].建筑学报，2008（1）：25-28.

［28］BROWN G Z, DEKAY M. Sun, Wind & Light: Architectural Design Strategies[M]. 2nd ed. New York: John Wiley & Sons Inc., 2001: 88.

［29］GIVONI B. Climate Consideration in Building and Urban Design[M]. New York: Van Nostrand Reinhold Company Inc., 1998: 275.

［30］克罗基乌斯 B P.城市与地形 [M].钱治国，王进益，常连贵，等，译.王凡，校.北京：中国建筑工业出版社，1982：69.

［31］林宪德.绿色建筑计划：由生态建筑到地球环保 [M].台北：詹氏书局，1996：84.

［32］吉伯德 F，等.市镇设计 [M].程里尧，译.北京：中国建筑工业出版社，1983：1.

［33］管仲.乘马 [M]// 管仲.管子.李山，轩新丽，译注.北京：中华书局，2019.

［34］何志平.城市滨水空间规划 [EB].温州市规划局 ① 官方网站，2002-10-29.

［35］王其亨.风水理论研究 [M].天津：天津大学出版社，1992：7.

［36］徐小东，徐宁.地形对城市环境的影响及其规划设计应对策略 [J].建筑学报，2008（1）：25-28.

［37］徐小东，徐宁.湿热地区气候适应性城市空间形态及其模式研究 [J].南方建筑，2011（1）：80-83.

［38］王玉德，张全明，等.中华五千年生态文化：下 [M].武汉：华中帅范大学出版社，1999：822-828.

［39］BROWN G Z, DEKAY M. Sun, Wind & Light: Architectural Design Strategies[M]. 2nd ed. New York: John Wiley & Sons Inc., 2001: 86.

［40］李和平，章征涛，杨宁.攀枝花市民商务办公区城市设计的气候适应性探讨 [J].规划师，2017，33（1）：99-104.

［41］赵万民，束方勇.山地总体城市设计的理论认识与实践探索 [J].上海城市规划，2018（5）：14-21.

［42］GIVONI B. Climate Considerations in Building and Urban Design[M]. New York: Van Nostrand Reinhold Company Inc., 1998.

［43］林宪德.城乡生态 [M].台北：詹氏书局，1999：38.

［44］[45] GIVONI B. Climate Consideration in Building and Urban Design[M]. New York: Van Nostrand Reinhold Company Inc., 1998: 279-280; 287.

［46］马光，胡仁禄.城市生态工程学 [M].北京：化学工业出版社，2003：74.

［47］亢亮，亢羽.风水与建筑 [M].天津：百花文艺出版社，1999：240.

［48］孙澄，解文龙.气候韧性导向的严寒地区城市设计框架：以长春市总体城市设计为例 [J].风景园林，2021，28（8）：39-44.

［49］LIU K, XU X D, HUANG W X, et al. A Multi-Objective Optimization Framework for Designing Urban Block Forms Considering Daylight, Energy Consumption, and Photovoltaic Energy Potential[J]. Building & Environment, 2023: 110585.

［50］史北祥，杨俊宴，杨晓方.多重尺度城市风环境构建的城市设计策略：基于城市安全的

---

① 现为温州市自然资源和规划局。

视角 [J]. 新建筑，2021（6）：83-87.

[51] PLATTUS A，SHIBLEY G R. Time-saver Standards for Urban Design[M]. New York：McGraw-Hill，2001：4-5.

[52] BROWN G Z，DEKAY M. Sun，Wind & Light：Architectural Design Strategies[M]. 2nd ed. New York：John Wiley & Sons Inc.，2001：99.

[53] MARUANI T，AMIT C I. Open Space Planning Models：A Review of Approaches and Methods[J]. Landscape and Urban Planning，2007，81（1-2）：1-13.

[54] 徐小东. 开放空间应优先成为城市设计的重要准则 [J]. 新建筑，2008（2）：95-99.

[55] 王祥荣. 生态与环境：城市可持续发展与生态环境调控新论 [M]. 南京：东南大学出版社，2000：160.

[56] 车生泉. 城市绿地景观结构分析与生态规划：以上海市为例 [M]. 南京：东南大学出版社，2003：4.

[57] 胡渠. 生物气候要素在城市和建筑设计中的运用 [D]. 南京：东南大学，2000：35.

[58] HOUGH M. 都市和自然作用 [M]. 洪得娟，颜家芝，李丽雪，译. 台北：田园城市文化事业有限公司，1998：254.

[59] 林宪德. 城乡生态 [M]. 台北：詹氏书局，1999：37.

[60] HADER F. The Climatic Influence of Green Areas，Their Properties as Air Filters and Noise Abatement Agents[Z].[S.l.]：[s.n].

[61] 王敏，宋昊洋. 影响碳中和的城市绿地空间特征与精细化管控实施框架 [J]. 风景园林，2022，29（5）：17-23.

[62] 王晶懋，齐佳乐，韩都，等. 基于全生命周期的城市小尺度绿地碳平衡 [J]. 风景园林，2022，29（12）：100-105.

[63] HOUGH M. 都市和自然作用 [M]. 洪得娟，颜家芝，李丽雪，译. 台北：田园城市文化事业有限公司，1998：254.

[64] 王鹏. 建筑适应气候：兼论乡土建筑及其气候策略 [D]. 北京：清华大学，2001：393.

[65] BROWN G Z，DEKAY M. Sun，Wind & Light：Architectural Design Strategies[M]. 2nd ed. New York：John Wiley & Sons Inc.，2001：122.

[66] 方咸孚，李海涛. 居住区的绿化模式 [M]. 天津：天津大学出版社，2001：29-35.

第 5 章

气候适应性绿色城市设计策略

【本章要点】

· 特定地域的气候条件是城市形态最为重要的决定因素之一，越是特殊就越需要设计来反映它，"形式追随气候"应像"形式追随功能"一样，成为城市设计的重要原则。

· 本章主体部分从生物学的适应与补偿原理入手，分别就干热地区、湿热地区、温和地区和寒冷地区的绿色城市设计策略展开探索，重点针对基地选址、城市结构肌理优化、街道网络布局、开放空间设计与建筑设计策略等内容展开梳理与分析，初步建立起绿色城市设计的模式语言。

· 本章结语部分强调绿色城市设计应重点关注自然条件制约与城市形态应变的内在机理，提倡因具体时空位置和气候条件的不同而具有不同的结构、形态和特征，处理好城镇建筑环境的规划建设与地理环境、气候条件的有机结合，并促使传统文化特色和技术手段得到继承与发展。

特定地域的气候条件是城市形态最为重要的决定因素之一，它不仅造化了自然界本身的特殊性，而且是人类行为与地域文化特征的重要成因。气候条件关系到一个城市的能源利用模式和人居环境的舒适性，在极端气候环境中，它甚至在很大程度上决定了一个城市的选址、结构形态、街道布局、开放空间设计等。作为自然环境的基本要素，气候条件是城市规划设计的重要参数，其越是特殊就越需要通过设计来反映它。"形式追随气候"应像"形式追随功能"一样，成为城市设计的重要准则。

世界各地的气候条件错综复杂，划分因素和标准也很多。英国学者斯欧克莱（S. Szokoay）在《建筑环境科学手册》中根据空气温度、湿度和太阳辐射等因素，将地球上的地域大致划分为四种不同的气候类型区：湿热气候区、干热气候区、温和气候区和寒冷气候区。尽管这种划分方法比较主观和概略，但在研究城市、建筑与气候关系时也通常采用此种分类。本章提供了关于如何在设计和建造过程中考虑环境因素的策略，以及如何提高建筑物可持续性和舒适性的方法。

本章从生物学的适应与补偿原理入手，从"趋利避害"的深层含义去理解气候适应性绿色城市设计。"趋利"：主要指基于生态学原理，充分利用当地生物气候资源并采用合理的技术、方法和手段来创造理想的人居环境；"避害"：指通过适当的城市设计手段来削弱外界气候条件对城镇建筑环境的不利影响。本章分别就湿热地区、干热地区、温和地区和寒冷地区的绿色城市设计策略展开探索，并尝试建立初步的研究模型和模式语言，从而实现"在人的需要与特定地理气候之间达成协调"（图 5-1）。[1]

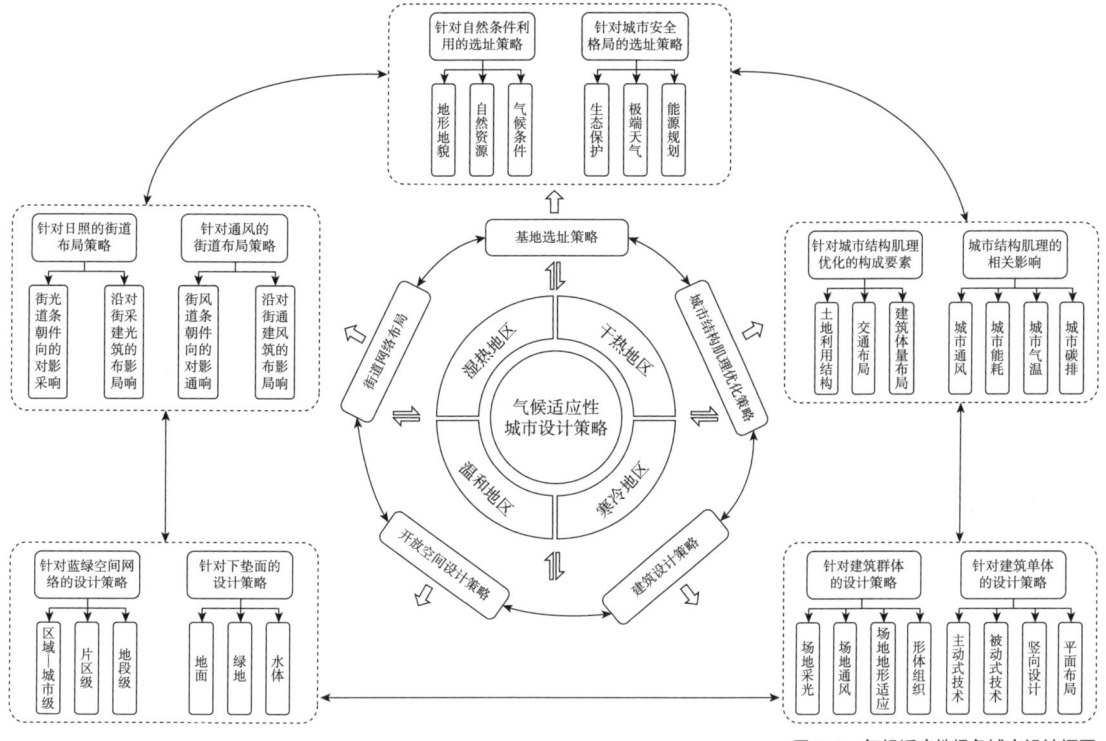

图 5-1　气候适应性绿色城市设计框图

5.1 湿热地区的绿色城市设计策略

湿热型气候具有高温和高湿的特点，二者的结合使得该气候区很难获得舒适的热环境，因此通过设计使城市与建筑适应气候来改善环境具有重要意义。湿热地区主要包括两种气候类型：一类是夏季湿热，但有短暂寒冬的次湿热气候区（包括中国南方地区、长江流域局部地区）；另一类是典型的赤道气候类型区（沿赤道两侧的南北狭长区域，纬度 0~15° 之间）和热带海洋气候区（南非、澳大利亚的东北部），其主要气候特征是年平均气温和湿度相对稳定，虽然每天会有波动，但每月平均值相对稳定，日平均气温 27℃左右。湿热地区湿度和降雨量一年中很高，相对湿度常为 70%~80% 甚至更高。该地区风力状况主要取决于其离海洋的距离，并受制于每年信风带的移动。在沿海地区，午间会有规律性的海陆风产生，夜间通常风较弱。高温潮湿的气候，除影响人类的舒适性之外，还促进了霉菌和真菌的增长、建筑材料的腐蚀及各种虫害的滋生。[2]

湿热地区的气候具有以下显著特点。首先，该地区夏天的气候并不仅仅是单纯的热，而是高温、高湿组合的热湿，从而使设计改善面临很大的挑战。这是因为随着气温的升高，从植物和潮湿土壤蒸发的水汽也升高，从而导致更高的气温和太阳辐射，致使当地居民感觉十分不适，也影响了一些被动式冷却系统的效用。其次，该地区常受到飓风和洪水的影响。这是由于信风经过辽阔的海洋之后常聚于赤道地带，造成潮湿空气对流加剧，导致该地区午后降雨并伴有雷暴这一有规律的现象。再次，该地区气温几乎没有季节性的变化，除受太阳直接辐射外，云层的漫辐射影响很大，仅靠单一的遮阳措施往往效果不佳。最后，相对于其他气候区，适应于该气候特征的城市与建筑设计所采取的系统性研究还较少，再加上该地区很多人支付不起昂贵的空调费用，因此，必须通过低成本的、适宜的城市与建筑设计细节来从根本上减少热应力对人体健康和生产、生活的不利影响。[3]

基于上述湿热地区气候特征分析，可以概括该地区绿色城市设计的重点是：在城市安全层面，通过基地选址、水系优化、江河湖联控、海绵城市等韧性方式应对热带风暴和洪水的危害；在能源结构优化层面，充分利用热带气候的条件，提高能源结构中太阳能、生物质能等可再生能源的占比；在城市结构肌理优化层面，通过通风廊道规划、城市开放空间网络化等手段提升自然通风条件和环境热舒适性，协同创建安全健康、绿色低碳的城市。

5.1.1 基地选址

地理区位环境和生物气候条件对城市居住环境的舒适性有着长期影响。对位于炎热潮湿和多雨气候地区的新区规划或城市更新改造项目，应选择那些气温较低、通风良好及周边地形地貌特征适于自然排水的地方，并避免将密集的住区或商业街区建造在洪水易发地段。

第一，应选择通风良好的区域，避免因地形地貌影响而导致的空气滞留。良好的通风对湿热地区居民舒适性而言是至关重要的，决定湿热地区热应力水平的一个主要因素即为通风能力。除了积极利用自然风之外，也应借助地形地貌变化产生的局地风。在无风的夜晚，山谷的斜坡可使气流向下运动产生谷地风，而沿海或滨水地区则可受益于白天及夜间生成的水陆风的作用。中国岭南地区多为湿热气候，先民在利用自然条件及应对自然灾害的过程中积累了许多经验。该地区村落在布局选址上常遵循"负阴抱阳，背山面水"的堪舆思想，村落所处之地往往背山面水、坐北朝南，朝向好、有阳光、通风好；同时结合气候条件，注重通风防风与排水防潮。建筑群前多有溪流或池塘，房屋沿坡而建，前低后高，"地高气爽"。[4]

第二，应尽量避免自然危害。湿热地区的城市建设，应选择有利的地形地貌，避免位于江河两侧或江河出口附近低海拔的平坦地区，因为这些地方常是雨水汇集之处，水位较高。此外，也应避免紧邻沿海区域，因为这些地区易受飓风和暴雨袭击，海平面上升和飓风引发的海浪也会造成严重破坏。

第三，应满足一定的防洪要求。城市洪涝灾害主要由来自远方的流域客水及市区汇集的超量雨水所引发，前者需要从区域规划的层面加以解决，后者则可以通过采取适当的城市设计举措加以改进。通常需要结合城市水系、道路、广场、居住区和商业区、园林绿地等空间载体，运用"海绵城市"的技术方法，合理处理好城市地面高程和基地不同部分之间的高差；尽可能多地保持自然植被和具有渗透性的表层土；用具有渗透性的路面铺装替代原先密实的人行道、广场和停车场；在有条件的地方，设立屋顶蓄水池（既能蓄水，又能减少太阳辐射热），或在市区开挖人工湖，甚至可采取类似新加坡的做法修建地下水库；保留土地结构的自然灌溉特征等。

广州南沙明珠湾起步区城市设计使用"超级堤"以保护开发区免受雨洪灾害，并提供高品质的开放空间（图5-2）。[5]中国岭南地区兼具生产和防洪排涝功能的基塘—田塘农业系统，以及集水产养殖和水体改良功能的咸淡水基围系统等，这些传统生态智慧对绿色城市设计亦具有启发意义。

此外，在湿热地区进行建设活动选址时需要考虑保护自然生态系统。例如广东省加强珠三角山地、丘陵生态系统的保护，建设连绵山体森林等生态屏障以构建区域生态安全体系。又如在广州市琶洲片区城市设计中，注意保留基地原有地形和蓝绿要素，利用开放空间实现动态水安全设计。

在"双碳"目标背景下，湿热地区的城市设计还需考虑推动可再生能源利用和采用可持续的城市设计方法。例如充分利用热带气候条件，提高能源结构中太阳能、生物质能等可再生能源的占比。巴西是湿热地区发展生物质能的典型。1975年，巴西政府为了减少对石油进口的依赖，实现能源多元化，因地制宜制订了以甘蔗为主要原料的酒精燃料发展计划。后续巴西又推出生物柴油生产和使用计划并且不断革新技术，以鼓励生物燃料的生产和使用，提高其能源效率。2003—2019年，巴西通过消费乙醇减少了6.03亿tCO_2的排放，这等于是在未来的20年内种下40亿棵树才能达到同等的碳减排水平。

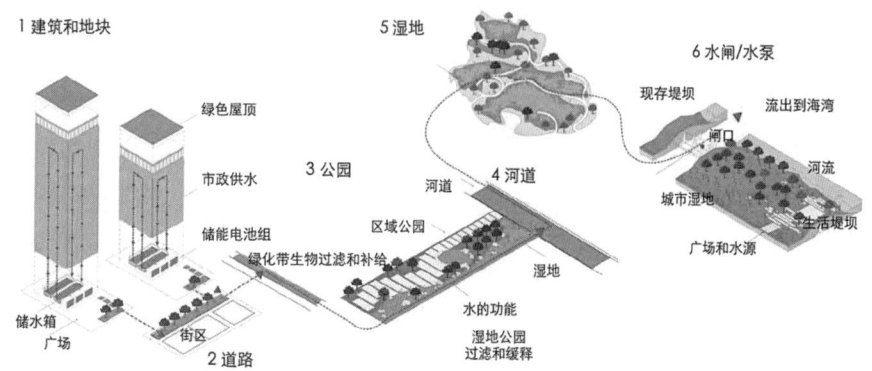

图5-2 南沙明珠湾韧性水网络

（图片来源：李敏稚，尉文婕.绿色城市设计策略体系：以粤港澳大湾区为例[J].风景园林，2021，28（8）：51-57.）

5.1.2　城市结构肌理优化

　　城市结构肌理是对城市结构形态与特征的综合描述，往往与土地利用结构、建筑密度、高度、体量和布局方式有关。城市结构肌理对城市热岛效应、建筑节能、能源传输及城市交通等方面意义重大，可对城市微气候产生不同程度的影响，进而影响到建筑与城市能源消耗及碳排放。对于湿热地区，良好的通风是提升城市整体或局部生物气候环境的重要方式。

　　湿热地区的城市布局应尽可能开敞通透，组织一些符合夏季主导风向的空间廊道，增加有庇护的、户外活动的开放空间；同时城市布局应尽量采用分散式结构，尽端开放以有利于通风。

　　建筑密度也是决定城市通风性能和城市气温的主要因素之一。通常情况下，建筑密度越高，通风效果越差，越容易出现热岛效应。尤其是在湿热地区，过高的建筑密度常常会导致市区长时间维持在较高的热应力水平。现代城市比传统城市具有更高的建设强度，故而只有采取适宜的城市设计策略才能将环境质量的影响减到最小。湿热地区建筑密度应维持在相对较低的水平，鼓励不同高度的建筑交错布置，并使建筑的长边与主导风向成一微小角度，以增强城市通风性能。

　　在城市建设时，第一，应尽量避免采用高层板式建筑，以免阻碍风在街道和建筑间的自由流动。例如中国香港的高强度开发的板式高层住宅楼造成光线遮挡，影响了空气流通，也加剧了局部地区空气污染，影响居民健康。第二，应避免与主导风向垂直布置的、具有相同高度的建筑群，以免产生"风影区"而降低城市峡谷的通风性能。可采用阶梯式布局，即沿着风向建筑逐渐变高，以增加行人层的通风。在风影不可避免的地方，可置入绿地以提供冷却对流（图 5-3）。[6] 第三，应积极利用高层建筑对风环境的改变原理，鼓励建造

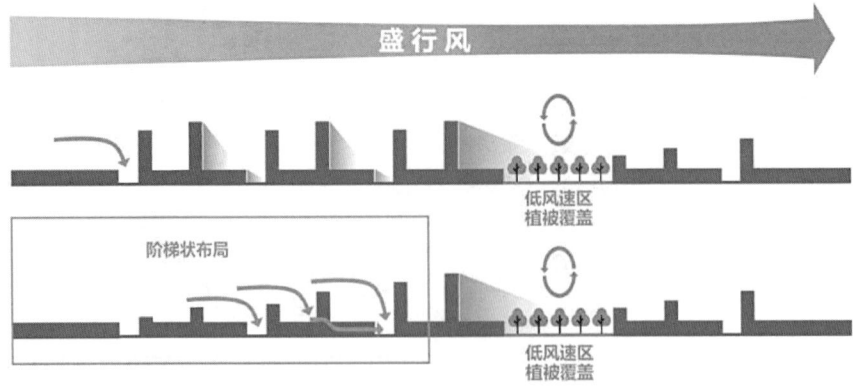

图 5-3　城市峡谷建筑布局对通风的影响
（图片来源：UNEP. Beating the Heat: A Sustainable Cooling Handbook for Cities[Z]. Nairobi，Kenya: United Nations Environment Programme，2021.）

高层塔楼，并将之相互远离，以促使高空的气流与地面附近的空气混合，将高处相对较冷的空气带到地面，增加近地风速，提高地面行人的舒适性。此外，对大的建筑群来说，通过提供一些平行于主导风向的通风走廊或者退台处理去提高风的渗透性是很重要的，这有助于在街道步行高度加强城市通风，促进机动车排放的污染物的扩散（图 5-4）。[7]

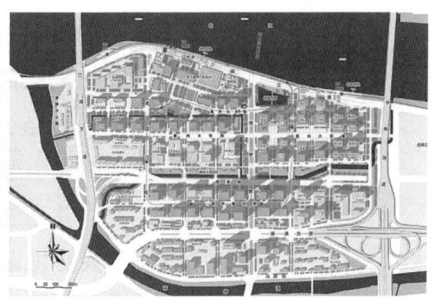

图 5-4　广州琶洲西区优化前鸟瞰与优化后总平面图
（图片来源：方素，夏晟 . 集约紧凑的城市空间立体化设计：广州琶洲西区实践 [J]. 建筑技艺，2021，27（3）：30–34.）

5.1.3　街道网络布局

湿热地区需要通过合适的城市空间规划与管理来形成生态友好的空间结构，支持公共交通与自行车等低碳出行方式，创造舒适的步行环境，并为沿街建筑提供良好的通风潜能，尽量降低城市密集区的热岛效应。为此，应尽可能采用尽端开放式和分散式布局，或将不同高度的建筑相互组合，或增加街道开口与宽度，或利用绿带、河流将其与城市外部空间相连，上述举措都可有效提高城市的通风性能。

通常，在建筑密度较低的地段，风可以在建筑及其周边自由流动，街道对风的阻碍较小（有高层建筑时，情况可能会不一样）；而在高密度区，这种影响就非常重要。当街道与风向平行时，街道能获得最好的通风效果，但沿街建筑内部的通风潜力则受到影响；当街道与风向垂直时，沿街建有长条形板式建筑的街道会影响整个片区的通风能力，这在湿热地区是十分不利的。因此，从湿热地区城市通风性能来看，良好的街道布局应使其与主导风向呈 30° 左右的倾斜角，既能促使风顺利穿过街道进入市区，同时也有利于在沿街建筑前后面产生空气压差，增强自然通风潜力。[8] 例如位于菲律宾的克拉克绿色城市项目（图 5-5），规划者考虑到了不同季节的日照和风向模式，使室外空间在炎热潮湿的气候中更加舒适和实用。又如沿海的越南清化市的城市设计，其主要街道也采取垂直于并延伸至海岸线的布局，以利用海风。

在具体处理时，湿热地区传统城镇中那些适应湿热气候的街道网络布局手段在当今仍值得借鉴与学习。例如，广东传统聚落形成了疏散式和密集式两种不同的布局模式，前者通过绿地、水体的合理布局来降低室外气温，并进一步结合建筑疏密

图 5-5　菲律宾克拉克绿色城市
（图片来源：引自菲律宾克拉克官方宣传网站）

差异和空间大小形成气压差来增强通风能力；后者则在南北向设置狭窄冷巷提供阴影，并通过热压作用强化传统聚落内部的通风效果。街道的遮阴设计对于提升炎热地区的步行舒适度十分重要。骑楼是结合南方湿热气候条件和商业经营需要而发展起来的，晴天遮阳，雨天挡雨，方便穿行，在今天考虑绿色城市设计时应积极加以利用。目前广州、福州等地常采用沿街建筑底层架空做法，一方面有利于防潮、通风，方便居民活动；另一方面，也有利于改善局地微气候，通过底层架空绿化形成室内外环境的相互渗透，丰富了住区环境，实践证明是适应南方气候特征的空间形式。

为了鼓励低碳可持续的出行方式，需要改善和发展大众公共交通及共享交通，鼓励清洁能源在交通工具上的使用，并在街道布局中增加步行道和自行车道，减少人均交通碳排放。为了鼓励更多人使用公共交通工具，在规划设计中可将社区或片区的交通枢纽与火车站或巴士站无缝衔接，并加设有遮蔽的人行道进行连接。同时，合理规划交通管理和停车设施，确保交通流畅和人车分流，减少拥堵和污染。此外，由于湿热地区雨水充沛，街道布局需合理规划排水系统和雨水收集设施，有效处理和利用雨水，减少洪涝风险并提供可持续的水资源管理。

5.1.4　开放空间设计

一般来说，气温会随着不透水表面和建筑物的增加及植被面积和水体的减少而升高，故增加城市中蓝绿空间（城市森林、行道树、公园、花园、田野、溪流、河流、运河、湖泊和池塘）的比例可以减少城市热岛效应。在湿热地区公共空间的设计上，需重视绿化景观的设计，增加植被、花坛和草地等，利用植被的蒸腾作用降低周围环境的气温，增加湿度，吸收空气中的污染物；同时可考虑在开放空间中增设凉亭、座椅、户外休息区等，或增加伞状结构、帷幕等阴凉遮蔽设施，以减少太阳暴晒，创造阴凉舒适的户外空间与休憩场所。遮蔽设施结合太阳能光伏板的设计也正成为一种流行选择，例

如在新加坡著名的滨海湾花园中，最引人注目的便是其标志性的超级树——这些覆盖着各种植物并集成了太阳能电池板与雨水收集系统的巨大的人工树塔，其间的空中步道为行人提供了壮观的风景（图5-6）。此外，水体蒸发可以降低周围环境的气温，在开放空间中增加水体设计，如喷泉、水池或人工湖泊等，可以创造湿润的微气候。

图 5-6　新加坡滨海湾花园超级树
（图片来源：李泽，张天洁. 迈向"花园里的城市"：新加坡滨海花园设计理念探析 [J]. 中国园林，2012，28（10）：114–118.）

开放空间网络设计需要注意与当地夏季主导风向结合，形成城市的通风廊道，从而有助于提升城市通风能力，缓减城市热岛效应。在规划设计时，应注意将绿地、水体为主体的开放空间形成良好的网络，最好贯穿不同的城市建成区。例如中国珠江三角洲区域绿道网总体规划（图5-7），其由众多区域绿道、城市群之间绿道和社区绿道构成，形成了网络状绿色开放空间系统，在调节气候和固碳释氧等方面贡献巨大。再如，编者团队在2001年编制的海口总体城市设计中，通过保留连续的有树荫遮蔽的开敞绿地，并与海洋、河流及整个城市的绿地系统相连，从而为城市提供了通风走廊，有利于降低夏日炎热的气温，也为行人提供了良好的步行和骑行通道，同时保护了海鸟的栖息环境。

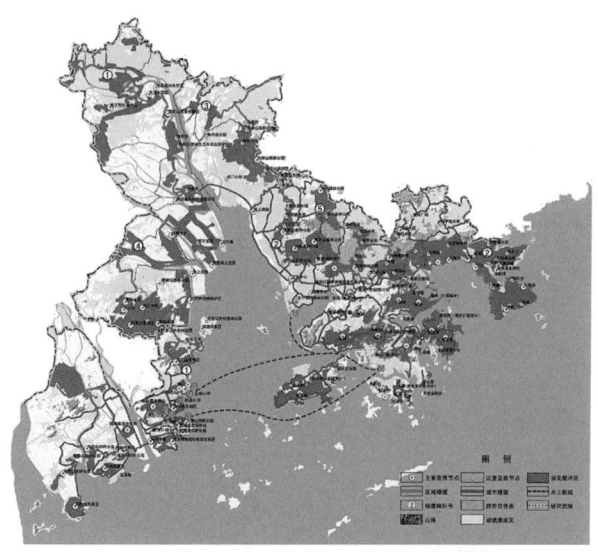

图 5-7　珠江三角洲区域绿道网总体规划示意图
（图片来源：庄荣，陈冬娜. 他山之石：国外先进绿道规划研究对珠江三角洲区域绿道网规划的启示 [J]. 中国园林，2012，28（6）：25–28.）

湿热地区的植物种植与局地微气候有时也存在矛盾。树木提供的阴影大多时候为城市居民阻挡了过多的阳光照射，但是过度浓密和低矮的树木林冠也会阻碍空气流通，再加上植物的蒸腾作用会增加空气湿度，无疑更加重了人们在开放空间中的不适感，尤其是在市区建成环境通风能力本来就较弱的情况下。在湿热气候环境中，当通风与遮阳起冲突时，通风更为重要，这时就要尽量避免树木对风的阻碍作用，选用草坪、花圃和高大乔木的结合，避免种植高耸的灌木丛。[9]

在树种选择上，热带与部分亚热带植物能够适应湿热环境，取得良好的种植效果；而温带植物的种植面临低温休眠时间不足所导致的易衰老、开花少等问题，需要结合场地具体的地理环境及微气候做进一步考量。乔木的选择应注重遮阴与通风功能，可选取郁闭度高、分支点高的伞形植物如南洋楹、细叶榕、金合欢、凤凰木、腊肠树等，充分发挥其庇荫降温的功能。同时，热带植物中观花植物品种多样，常用的大花乔木有木棉、火焰木、蓝花楹、黄花风铃木、大花紫薇等。由于湿热地区季相变化较小，故易实现四季有花可赏的景观（图5-8）。

图5-8 湿热地区乔木选择
（图片来源：由作者搜集整理）

棕榈科植物（三角椰子、酒瓶椰子、三药槟榔、琼棕等）、丛生竹类（粉单竹、孝顺竹、凤尾竹、大佛肚竹等）、芭蕉形植物（旅人蕉、鹤望兰、美人蕉等）与剑形植物（龙舌兰、红刺露兜、海南龙血树等）均为代表性的热带植物，其形态多样、品种丰富，适宜与小乔木、灌木进行组合搭配。湿热环境适合园林植物的多样性发展，形成多层次园林植物群落，突出大花乔木、棕榈科植物、丛生竹类与特型（芭蕉形、剑形等）植物等特色植物的综合应用（图5-9）。

5.1.5 建筑设计策略

湿热地区的建筑需要解决通风、降温、隔热、防潮及减少太阳辐射等诸

图 5-9　湿热地区特色植物
（图片来源：由作者搜集整理）

多问题，其中，维持持续通风是首要的舒适性需求，而且湿度越大，对通风要求也就越高。与之相适应，建筑布局通常较为松散，常采用开敞的平面布置和较大的门窗开口以利于自然通风，或通过较深的门廊、外廊、阳台和遮阳板帮助导风和降温，或采用"干阑式"的结构形式以加强建筑周边的空气流通。

在千百年的历史传统积淀基础上，传统民居建筑在平面设计和造型处理时通常都能反映地方气候特征。例如在中国云南西双版纳地区，气候炎热多雨，空气潮湿，当地居民为了防热、防潮获取干爽阴凉的居住条件，很多采用了出檐深远的干阑式竹（木）楼，从而有利于通风散热和排水防潮。珠三角地区的传统建筑设计在应对湿热气候方面也有很多构造做法，大致包括遮阳构造、通风构造、隔热构造、防潮构造和防台风构造等五种类型。中国岭南地区建筑利用敞厅、敞廊、冷巷、天井、露台、架空层等建筑设计元素，以及开敞空间之间的灵活布局达到遮阳、隔热与自然通风等目的。

传统湿热地区的城市以"屋顶文化"为特征，建筑屋顶除了挡雨之外，最大的功能在于遮阳。这是因为以前湿热地区的建筑比较低矮，大屋顶就可以起到充分的遮阳效果。随着技术发展，防水处理良好的平屋顶已能取代传统的坡屋顶，建筑（也包括立面）的遮阳功能也相应被各式各样的遮阳板、阳台所取代。现代湿热地区的建筑已逐渐由古代的"屋顶文化"转化为现代的"遮阳文化"，充满光影变幻的遮阳特征无疑是湿热气候特有的风土造型。现代建筑大面积的外墙需要各种遮阳形式的综合作用才能有足够的效果，例如出挑 1 m 的遮阳板每年可节省约 20% 的空调费用（图 5-10）。[10] 面对湿热地区高湿度和降雨的影响，建筑设计需要考虑防潮和防水，可采用地面架

空、设置防潮层、间歇通风及采用
吸湿面层等措施。

在建筑设计中，可以通过绿
化或水池建立局部的生物气候缓冲
层，在空间分布上不仅可以采用平
面绿化，还可以通过屋顶花园、立
面种植等方式实现垂直绿化，从而
成为城市增加碳汇的有效措施。新
加坡阿卡迪花园公寓是现代湿热地
区适应气候的典范，其"十字形"

图 5-10　现代遮阳措施

平面布局和造型处理手法独特，独具匠心。该建筑周边保留的绿带很好地阻
隔了周围环境的喧嚣，建筑外立面上一组组直线形阳台层层跌落，植满绿色
植物，起到很好的遮阳美化作用，再加上精心设计的内院，整个环境闹中取
静，清新怡人。

除了通过建筑布局与造型中的被动式的生物气候设计来减少建筑能源
消耗及碳排放之外，亦需关注建筑自身全生命周期的碳足迹。例如在建筑材
料的选择上，东南亚地区用常见的竹木来建造屋舍，并用竹片编织成墙壁和
地板，用树皮、茅草覆盖屋顶，这些围护结构有许多空隙，有利于保持气流
畅通。

5.1.6　案例研究

1. 香港——以城市风环境为导向的城市设计 [11]

香港位于中国南海岸，夏季炎热潮湿，人口密度高，地形多山，40% 的
土地被划为禁止建设的郊野公园。土地面积有限，地价不断上升，导致楼宇容
积率偏高，休憩用地少，楼宇高度和街道宽度比高，加之位于市区的高大板式
建筑时常阻挡海风，从而导致城市通风不畅，加剧了城市热岛效应。

2006 年，香港中文大学吴恩融团队受香港特别行政区政府规划署委托对
城市热岛效应进行研究，并寻求能够改善香港生活环境的具有前瞻性的规划及
解决方案。该团队为系统评估香港各个地区的气候特征，开展了《都市气候
图及风环境评估标准——可行性研究》。该报告制定了都市气候分析图和都市
气候规划建议图，并对诸如香港的高密度城市的风廊设计与气候规划提出了
增加绿色生态空间、倡导集约化发展、降低地面覆盖率、严控建筑高度与建
筑体积、加强建筑通风度、利用风廊加强开放空间的隐形连接等原则与策略
（图 5-11）。香港特别行政区政府规划署还编制了《香港城市气候地图系统》，
为规划和决策提供了一个以数据为基础的工具。该地图系统把香港的城市和农

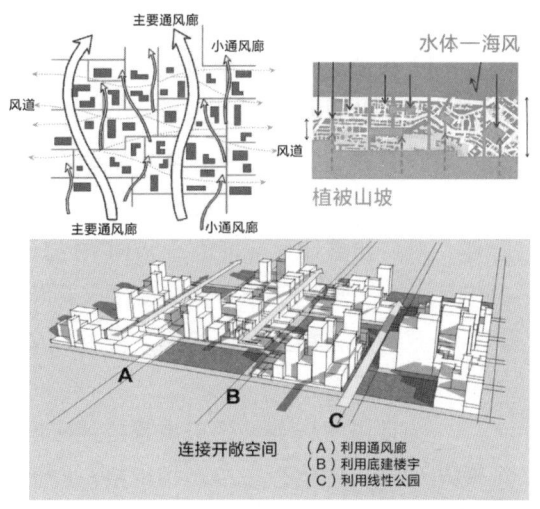

图 5-11　通风廊道设计
（图片来源：引自香港特别行政区政府规划署）

村地区划分为五个规划建议区，并对每个分区都提出了适用的规划建议。

香港拥有丰富的海岸线和一些新市镇发展区的河滨地带，地理位置十分重要，海水的冷却作用可让海风吹进市区腹地。在设计时应特别考虑海旁建筑物的适当规模、高度和布局，以避免阻挡海陆风和盛行风。在适当的情况下，应划定与海旁垂直的非建筑区，以便将海风引入内陆。海滨区应通过通风道、休憩用地、绿洲、园景人行道及低层建筑物等，与长满植物的山丘连接，促进空气流通（图 5-12、图 5-13）。

此外，香港正在积极建设智慧城市，使用技术来帮助保护资源和减少对气候变化的影响。香港在《香港气候行动蓝图 2030+》中设定了多项这方面的目标，包括到 2030 年碳排放量在 2005 年的基础上减少 26%~36%，发电逐步从煤炭转向天然气，并承诺到 2030 年可再生能源占总能源的 3%~4%。其他举措还包括增加公共交通的使用，改造城市基础设施以应对降雨量增加和海平面上升。

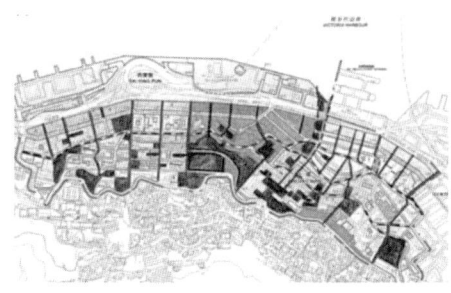

图 5-12　滨海区开放空间（蓝色）与通风廊道建议（红色）
（图片来源：RAVEN J，STONE B，MILL，et al. Urban Planning and Design[Z]，2018.）

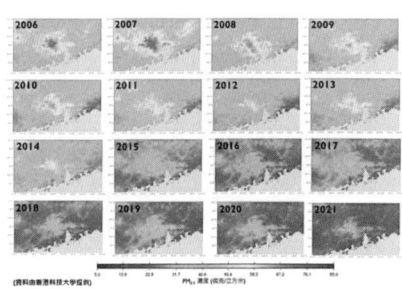

图 5-13　2006—2021 珠江三角洲域微细漂浮粒子的改善情况
（图片来源：引自香港科技大学卫星与地面站）

2. 广州——城市降温方案

广州地处亚热带季风气候区，人口与建筑高度密集，城市热岛效应严重影响了其宜居性。在湿热条件下营造舒适健康的人居环境成为现阶段广州建设健康、宜居、韧性城市所面临的关键挑战。通过自然通风减少热量累积，是城市降温最有效的途径之一。广州在国土空间总体规划编制工作中，对广州整体风环境进行 WRF 模拟研究，并结合城市河流、绿地等开敞空间布局，构建了市域 6 条主要通风廊道体系。通风廊道地区严格保护水系、绿地等开敞空间，控制主要入风口建设增量，加强建筑高度、建筑间距和密度管控。

为促进气候分析研究成果应用于国土空间规划管理与实践，使气候评估与城市、建筑形态控制相衔接，广州创新性地开展了热环境管控分区实践。其综合考虑广州的热负荷和城市通风潜力，识别广州的热脆弱性，以规划管理单元为基础，统筹未来发展需求，划定广州的热环境管控分区。各分区单元按照各自的地域气候条件提出针对性的规划设计建议，实施差别化的开发管控要求与城市降温措施。例如，热环境控制一、二区优先实施微改造类的改善手段，以增加绿化覆盖、提高透水性地表比例为主；热环境控制三、四区着力提高发展门槛，建设项目需满足可持续城市降温的建设标准（图 5-14、图 5-15）。

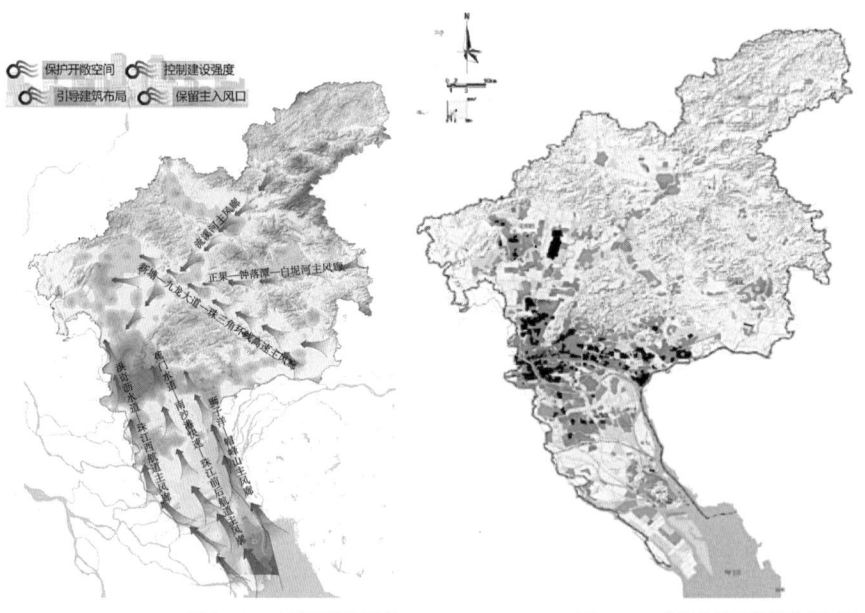

图 5-14 广州市城市风廊
（图片来源：引自《广州市城市总体规划（2017—2035 年）》草案）

图 5-15 广州市热环境管控分区图
（图片来源：改绘自杜鹃. 按热环境分区差别化管控降温 [N]. 广州日报, 2022-08-01（A10）.）

干热地区主要位于赤道南北 15°~30° 的亚热带纬度范围内，其太阳辐射强烈，昼夜温差大，包括亚洲的中部和西部地区、中东、非洲、美洲北部和南部，以及澳大利亚中部和西北部地区。[12] 中国新疆吐鲁番盆地一带，以及川西攀枝花地区、川东长江谷地、云南元江谷地和海南岛西部的部分地区也属于这一气候区。由于西北及东南信风在经过干热地区上空时带走了大量水汽，使得空气十分干燥。该地区总体气候特征主要表现为干旱、大面积高温和强烈的太阳辐射，有些地区还存在沙漠化和高盐碱化问题。这些地区通常在中午和下午有强风，但在夜间却风力较弱（局部干热地区夜间也有强风），从而引发该地区午后共同面临的沙尘暴问题，这也是导致许多不适和麻烦的原因。

干热地区的夏季气候最为严峻，但冬季通常较为舒适（局部地区也有寒冷的冬季）。干热气候给人们的日常生活带来了巨大压力，主要包括由高温和强烈的太阳辐射引发的热压力、刺眼的光线、沙尘暴及局部地区的冬季严寒。因此，该地区的城市设计应以确保城镇建筑环境夏季的热舒适性为主要目标，这是因为在通常情况下，"若能满足人在夏天的热舒适条件，也就等于满足了冬天的热舒适条件"。[13]

5.2.1　基地选址

干热地区城市设计的主要目标是减轻恶劣气候给人们室外活动带来的压力，尽可能提高单体建筑的节能性能，并综合利用地形地貌变化来获取良好的通风条件。针对夏天的干燥炎热，在基地选择时应注意以下几点。首先，选择合适的海拔、坡度和方位，以降低城镇建筑环境所受的太阳辐射，并利用自然通风促进热量扩散。应尽量避免位于低矮、狭长的谷地，宜选取山的迎风坡或较高海拔位置，以便获得良好的通风能力和适宜的气温。其次，较为理想的状况是在基地的夏季主导风向的上风向有大型水域或灌溉区，可提供有益的水汽蒸发，从而能够降低该地区气温。此外，也可对地面采取特殊处理，加快白天所积聚的辐射热的散发。最后，在总体规划布局时应使居住与工作场所能通过快速、便捷的交通系统连接起来，并将社会公共服务设施分布于适宜的服务半径内，以减少通勤距离，节约交通能源。

为了最大限度地减少干热气候对城市生活的影响，增加居住的舒适性，格兰尼在谈及干热地区的城市规划设计原则时强调：要有紧凑的自然环境；重点在于垂直发展，而不放在传统的水平发展；偏重采取向半地下和地下发展，而不是向高层建筑发展，最大限度地节省公共设施与基础设施的建设投资及其后的运行与维护费用。[14]

干热地区通常具有丰富的太阳能资源，这为发展太阳能等清洁能源提供了良好的条件。例如阿联酋，其处于基本无雨的阳光带，年晴天比率达到80%~90%，且覆盖广袤的几乎全部的国有土地。这些条件为阿联酋发展太阳能带来了极大的优势，同时其进行了马斯达尔"零碳零污染"城市、马克图姆太阳能公园等大型项目的实践，从而在过去十年中逐步从石油出口国转变为清洁能源的领导者。[15]

5.2.2 城市结构肌理优化

干热地区的城市通常呈现为密集型、紧凑式的结构形态，这主要是由当地的气候条件所决定的，也是长期以来适应自然的结果，对于改善建筑室内外环境的舒适性有着积极作用。

1. 干热地区建筑密度与城市气温

对干热地区的城市而言，狭窄的街道和密集的建筑是比较适宜的形式，因为与宽阔的街道相比，其可以产生更多的阴影（图5-16）。对于建筑高度相同的街道来说，宽阔的街道与狭窄的街道相比在白天会产生更大的气温波动。针对孟加拉国的首都达卡的研究结果表明：在夏季白天，街道两侧建筑与街道面宽之比为1：1的街道气温会比该比值为3：1的街道高出4℃。[16]究其原因主要因为：在白天，前者比后者地面受到更多的太阳辐射；在夜晚，与此相反，由于只有一个狭窄开口敞向天空，后者会比前者地面温度下降慢一些。到了后半夜，街道上空的冷空气会沉降，可以改善地面的热环境。针对高度相同的建筑，如果增加其密度，也就意味着减少了建筑周围的开放空间面积，而它的减少对城市气温的影响在一定程度上还取决于建筑朝向、色彩尤其是屋顶的色彩。此时，如果能综合优化建筑密度、高度和建筑构件的平均反射率，将屋顶、墙壁涂成白色，采取"浅色化"措施，则将会明显减少建筑对太阳辐射热的吸收。

上述研究表明，无论是从对街道及其周边环境的理论分析，还是从实际测量中都可以发现，在干热地区高密度建筑布局方案从总体上来说有利于白天建筑降温，但是狭窄的街道可能会造成风速降低、空气污染及更多的噪声影响。

图5-16 利比亚住宅群
（图片来源：伊玛德. 阿拉伯现代住宅研究 [J]. 建筑学报，2007（7）：96~99.）

2. 干热地区建筑密度与通风潜力

干热地区通常白天风较强而晚上风较弱，令人感到意外的是该地区一般白天不需要通风（屏蔽沙尘），而夜间为确保室内温度比较舒适通风又成为必需。因此，规划设计中关注的重点是如何提高城市街道及其建筑在夜间的通风性能。

在高密度且层数接近的区域，街道狭窄，建筑间距较小，风几乎全部从屋顶掠过，这时应结合建筑设计充分利用屋顶空间作为夜间休息的场所，其他楼层则可利用"风斗"将风向下引导来改善建筑底部的通风条件。例如位于美国犹他州的斯普林代尔的锡安游客中心（图5-17），其采用了蒸发冷却塔引入冷风的形式。当室外温度较高时，风塔将室外的风导入，通过加湿和蒸发冷却降温后，再将其引入室内，同时利用南向的窗户将室内的热空气排出。此外，亦可利用高层建筑产生的局地风来改善地面风环境；同时，也应避免板式建筑在与主导风向垂直的方向上形成"风墙"而影响地面风环境。

3. 干热地区建筑密度与城市开放空间

干热地区容易受当地的沙尘暴和沙尘"波"的影响，裸露的空地通常是沙尘的源泉，而植被覆盖的土地有助于过滤空气中的沙尘。但雨水的匮

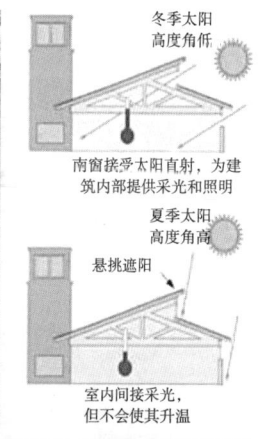

冬季太阳高度角低

南窗接受太阳直射，为建筑内部提供采光和照明

夏季太阳高度角高

悬挑遮阳

室内间接采光，但不会使其升温

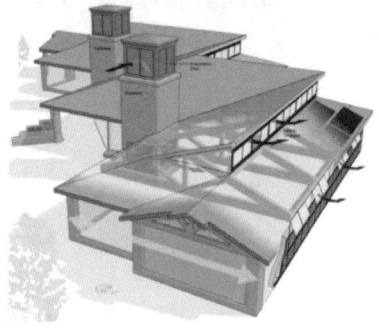

图5-17 锡安游客中心的风塔
（图片来源：引自 CarbonPositive RESET）

乏和异地引水的高昂成本限制了该地区城市美化露天环境的能力。这时较为合理的城市设计对策就是尽量限制建筑之间的距离（按规则退让）至居民能够绿化的尺度，这在一定程度上也导致干热地区的城市密度要高于其他气候区。

5.2.3 街道网络布局

在干热地区，对通风的关注主要是保证建筑夜间的通风能力，但同时也要注意沙尘防治。街道宽度决定了其两侧建筑的间距，能够影响街道的通风能力和太阳能利用潜力。干热地区街道布局的原则是在夏季尽量为行人提供阴凉，并减少建筑暴晒。在常见的沙漠化地区，与风向平行的宽阔街道会从总体上恶化城市的沙尘问题。由于干热地区的风主要从西向吹来，所以与街道方向相关的阳光暴晒问题与沙尘问题之间存在冲突，需要通过整个城市的防沙措施加以解决。[17]例如，通过街道铺装设计来改善地表覆盖率和近地风速；或者保持场地的自然状况，通过种植沙漠植物来限制沙尘的形成，降低沙尘污染。

不同方向的街道提供的遮阴模式也是不一样的，南北向街道与东西向街道相比，夏天能提供更好的阴影条件；而呈"对角线"方向的街道从阳光暴晒角度来看，东北—西南方向比西北—东南方向要更好一些，其能够在夏季提供更多的阴凉而在冬季获得更多的日晒（Knowles，1981年）。[18]在干热气候下，通常不考虑利用穿堂风来降温，这是因为建筑布局非常紧凑，就像突尼斯城，街道很窄，建筑之间相互遮蔽（图5-18）。哈桑·法赛（Hassan Fathy）在为埃及新巴里斯城（New Bariz）所做的规划（图5-19）中，也是采用狭窄的

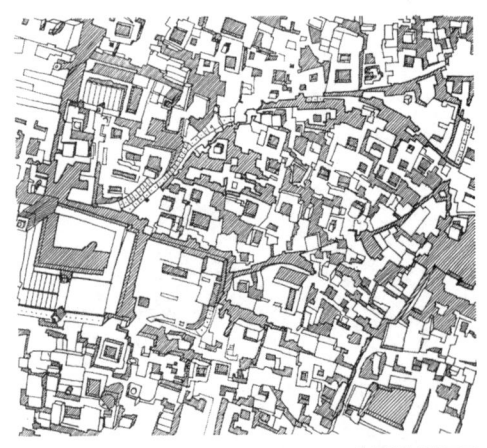

图 5-18 突尼斯城总平面
（图片来源：BROWN G Z，DEKAY M. Sun，Wind & Light: Architectural Design Strategies[M]. 2nd ed. New York: John Wiley & Sons Inc.，2001.）

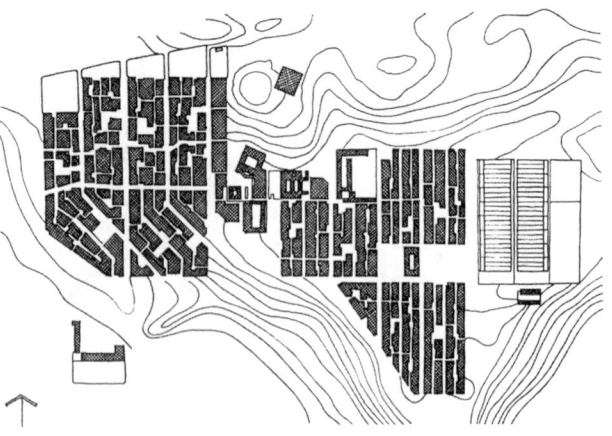

图 5-19 Bariz 新城总平面
（图片来源：BROWN G Z，DEKAY M. Sun，Wind & Light: Architectural Design Strategies[M]. 2nd ed. New York: John Wiley & Sons Inc.，2001.）

南北向街道以加大清晨和午后的阴影。又如中国的喀什老城，其通过街道空间的精心设计以增加风阻、提高聚落的防风能力，并利用狭窄的巷道、过街楼等强化遮阳与降温作用，密集的院落式布局为干热气候下的当地居民提供了一处遮阳、防风且气温相对稳定的人工环境。

5.2.4 开放空间设计

干热地区地表水汽蒸发率较高，从覆盖植物的土壤中蒸发的水汽可以降低气温、提高湿度。因此，城市开放空间包括私人绿地、公共绿地、公园等对该地区的微气候影响最为显著。从舒适性角度考虑，在绿化区附近的户外活动要比在混凝土建筑附近更加舒适。大面积的浅色屋顶与树木种植的有机结合，将会提高空气湿度，并明显降低当地的室外温度。在干热气候条件下，人行道应尽可能不暴露在阳光下，尤其是白天人们活动的室外聚集场所。那些狭窄且具有较好遮阳设施的街道可为步行人流、室外活动及购物休闲提供更加舒适宜人的空间环境。

当地居民在与恶劣气候长期共存的过程中积累了丰富的经验，一些独具地方特色的降温措施十分有效。在有条件的地区，水体的引入无疑具有直接而显著的作用。例如西班牙阿尔汗布拉宫采用了凉快的、有遮阳的庭院和喷水池，它不只是华丽的景致，而且是最深刻、最丰饶的建筑创造力的源泉——对格拉纳达干热气候挑战的直接应对，尽量阻隔温热空气并使之湿润，再利用水汽蒸发降低气温。又如，位于印度阿格拉的举世无双的莫卧儿城堡——在这个有着围墙的花园里，淙淙的水渠将一座座凉爽的大理石凉亭连接起来。再如，中国新疆维吾尔族居民在自家院子里用葡萄棚遮阳，葡萄棚下面常有一条小溪缓缓流经以增加空气湿度，很好地将葡萄种植与改善室内外局地微气候结合起来。在吐鲁番市中心区，有一条长达 1 km 多的葡萄棚步行街，能在夏日提供阴凉，颇具地方特色（图 5-20）。

图 5-20 吐鲁番青年路遮阳措施
（图片来源：由周立，拍摄）

由于干热地区气候环境较为特殊，故开放空间的植物选择宜采用当地原生物种，提升种植成活率以达到较为理想的效果。胡杨、沙枣、梭梭、柠条、骆驼刺、沙棘等乔木、灌木（图5-21）能够适应戈壁沙漠的气候环境，是中国西北地区常见的树种，具有较好的防风固沙效果。

而在城市空间中，由于微气候环境与养护条件的差异，可以依据实际情况选用景观效果丰富的观赏草与多肉植物等（图5-22）。

图 5-21　干热地区常见乔木、灌木
（图片来源：由作者搜集整理）

图 5-22　观赏草选择
（图片来源：由作者搜集整理）

5.2.5　建筑设计策略

干热地区的建筑设计重点应解决隔热与降温问题，通过建筑构造设计来提高室内舒适度。为减弱太阳辐射的影响，在当地通常采用紧凑的平面布局，将主要功能房间布置在较好的东南方向，同时尽量减少暴露的屋顶和墙体面积，或增加墙面的突出物以增加阴影。柱廊常常在干热地区的室内外之间起到过渡作用，丰富空间层次的同时，减少建筑外墙受热，降低建筑能耗。在建筑内部组织单向穿堂风，或利用室内外热压差形成自然对流的原理设置"风斗"之类的垂直风道，可取得较好的效果。此外，带有遮阳的格栅窗可起到遮阴及促进空气流通的作用（图 5-23）。

干热地区的建筑通常采用厚重的夯土和砖砌结构的外墙和屋顶，以适应高温和昼夜温差的影响。中东地区、中国新疆地区的住宅至今仍在使用，这是因为夯土和砖砌结构的蓄热性能高，可以很好地保持室内温度的稳定性。与此同时，由于受风沙和日晒的影响，当地建筑开窗面积相应很小。例如在风沙严重的河西走廊武威地区，甚至在建筑外围设立高达 4 m 的夯土墙以抵御风沙侵袭。此外，如果地质条件许可，覆土建筑或地下建筑模式也是不错的选择，可利用地下"风道"等方式，有效适应严酷的气候条件，也有利于降低周边建筑密度以形成宜人的自然景观。

院落为干热地区的建筑创作提供了良好范式，它对微气候改善具有显著效果，特别是在通过对流作用保持空气流通方面。夜晚，凉爽、潮湿的空气在院落底部形成，慢慢流入室内，从而使房间冷却下来，一直到第二天都能保持较为舒适的温度。再者，院落还在一定程度上起到缓冲器的作用，可抵御外来的噪声，防止灰尘和沙粒进入室内（图 5-24）。干热地区院落模式的应用较为普遍，例如，大多数传统的中东和地中海住宅通常由一个带有庭院的矩形建筑和 L 形建筑组成，或带有两个庭院的 H 形建筑与 T 形建筑组成，偶尔还可以看到带有三个庭院的 Y 形建筑的复杂设计，以及由四个庭院组成的十字形建筑。在伊朗亚兹德，普通人家的院子中常常有一个水池，用于装饰和浇灌院内的植物，从而起到降温和增湿的作用。房屋还包括一个半开放的天井，天井西南侧有一个捕风室，天井下面有一个地下室。捕风室可

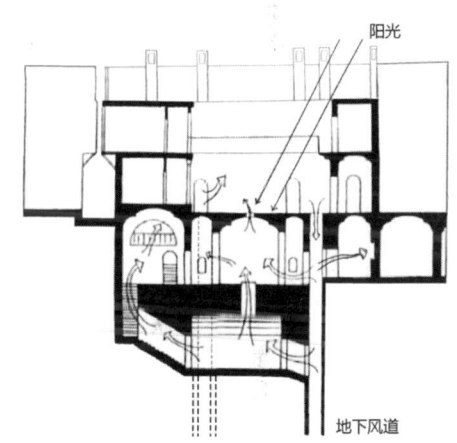

图 5-23 干热地区低层内庭建筑地下空间剖面
（图片来源：伊玛德. 阿拉伯干热地区地域性气候与地域传统建筑形式研究 [J]. 华中建筑，2006，24（10）：188–193.）

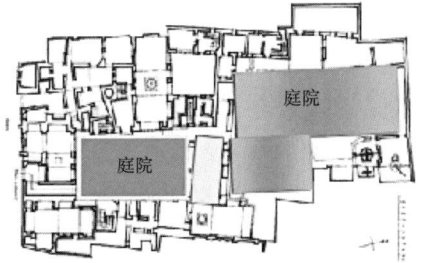

图 5-24 埃及多庭院建筑对流空间、伊朗民居内部庭院
（图片来源：FATHY H. Architecture for the Poor: An Experiment in Rural Egypt[M]. Chicago: University of Chicago Press，2010.）

图 5-25 伊朗亚兹德
（图片来源：由孙海霆，拍摄）

直接与中庭相连，也可以与中庭旁边的一个小房间相连。在炎热的下午，居住者会转移到地下室，并在晚上迁移到屋顶休息（图 5-25）。[19]

近年来，相当多的干热地区城市设计都采用了上述设计类型，可以取得较为合理的开发强度和环境舒适度。

5.2.6 案例研究

1. 美国凤凰城太阳绿洲

由柯克（J. Cook）设计的美国凤凰城太阳绿洲是一项蕴含气候适应性理念加部分主动干预技术的综合性城市设计方案，它将建筑、生态、机械设计融于一体，其主要目的是想改善这个位于世界上最热的城市中心地下停车场顶部的城市空间，使之成为一处真正向市民开放的、人人能共享的交流场所。

方案采用一个呈对角线的、不对称的张拉膜结构帐篷覆盖在广场上，方便行人穿越。一方面，其可使冬日温暖的朝阳自由洒落，而在其他时间又能遮蔽阳光；另一方面，其富有动态的形体能使热气流从顶部溢出，而雨水恰好可从底部排出。最为特殊的是，该方案还运用生态技术手段，在绿洲的东侧布置了两排冷却塔，对酷热的沙漠气候加以过滤和弱化。10 个 18 m 高的冷却塔，在顶部配有可反转的烟囱罩以蒸发顶部用于被动制冷的水（图 5-26）。相对密度大的湿冷气流下沉，在底部形成一股冷气流，从

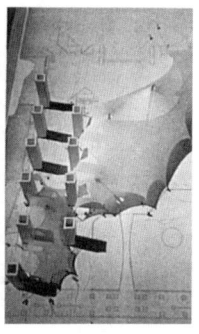

（a）   （b）

图 5-26　美国凤凰城太阳绿洲
（a）总体鸟瞰模型；（b）冷却塔局部模型
（图片来源：董卫，王建国．可持续发展的城市与建筑设计 [M]. 南京：东南大学出版社，1999.）

而确保夏日广场上 1.7 m 高的水平面上的空气每隔 20s 就被冷却和更换一次。于是建筑、生态和机械的设计被融合在一个城市露天停车场中，从而使该公共空间成为一个向市民开放、人人共享的社区场所。[20]

美国凤凰城的社区成员还将公共汽车站重新设计为"微型公园"或"休息站"，利用垂直或水平的遮阳及植被，为候车者提供舒适的等候环境，为行人提供休息场所。

2. 阿联酋马斯达尔城（Masdar City）——"太阳城" [21][22]

作为世界自然基金会可持续发展计划"一个地球生活"项目重要组成的马斯达尔城——"太阳城"，占地 6.5 km²，由福斯特设计。马斯达尔城的环境目标是一个全球性的创举——世界第一座完全依赖太阳能、风能实现能源自给自足，且污水、汽车尾气和二氧化碳零排放的环保城，从而为未来可持续发展的城市设计设定了新的基准（图 5-27）。

阿联酋气候干热，白天气温常达 50℃ 以上，空调降温能耗需求惊人。为此，"太阳城"采取了多项绿色降温举措。

在结构肌理上，整个城市是一座以林荫人行道和狭窄的街道为重点的、紧凑的、有围墙的城市。大部分街道只有 10 英尺（约 3.048 m）宽，这样设计是为了遵从传统阿拉伯城市设计的原则，来创造一个能够适应沙漠极端气候的环境。有的街道还结合运河系统，从而实现进一步降温。此外，马斯达尔城还采用覆盖在城区上空的由特殊材料制成的滤网来为城内纵横交错的狭窄街道提供遮阳。

在城市交通规划组织上，马斯达尔城是一个没有小汽车的城市，所有来访者必须将车停在城外，通过步行、自行车和无人驾驶的公共电车到达各个目的地。该无小汽车的城市设计了狭窄的林荫街道，并配以绿色植物来鼓励步行。城内使用全自动化的个人城市交通系统（PRT），使用公共交通为人们

图 5-27 马斯达尔城总体鸟瞰
（图片来源：李璠. 马斯达尔学院，马斯达尔城，阿布扎比，阿联酋 [J]. 世界建筑，2012（1）：88–93.）

图 5-28 马斯达尔城中的光电太阳能场
（图片来源：李璠. 马斯达尔学院，马斯达尔城，阿布扎比，阿联酋 [J]. 世界建筑，2012（1）：88–93.）

提供长距离的出行方式，每隔 200 m 就会有公共交通停靠站。轻轨交通系统将马斯达尔城同机场和阿布扎比联系在一起。

马斯达尔城有着"零碳零废物"的目标，在能源上以太阳能为其主要的可再生能源，以风能、生物质能和地热能进行补充。城区内、外建有大量太阳能光电设备及风能收集利用设施，以充分利用沙漠中丰富的阳光和海上的风能资源（图 5-28）。在城市周边种植了棕榈树和红杉木，形成环城绿带，在改善环境的同时也可以提供制造生物燃料的原材料。此外，马斯达尔城未来还将建设大量的大型风车发电，形成茫茫沙漠中的一道独特风景线。

马斯达尔城在建筑设计上也采用高度节能的被动式太阳能设计，且能实现自然通风。专为通风设计的风塔装置，可利用风能、空气流动和水循环形成天然空调。城中密布的河道和喷泉可用于降温增湿。但是，尽管马斯达尔城的设计理念具有低碳的超前眼光及高科技手段，其具体建造代价与运行成本及可推广性仍然饱受争议。

3. 沙特阿拉伯布赖达（Buraidah）综合社区 [23]

布赖达综合社区项目是"未来沙特城市方案"的一部分，该方案由沙特市政和农村事务部（MoMRA）与联合国人类住区规划署共同制定。该项目的重点在于：针对沙特城市中普遍存在的问题，在建立一个舒适的城市环境的同时，拥有多样的住房类型和公共空间，并把交通与各种社会和公共设施联系起来，以统一的绿色网络系统进行组织，最终形成一个混合使用的社区。该方案为解决和应对城市无序扩张和沙特许多城市单调的环境问题提供了低碳可持续的发展思路（图 5-29）。

在结构肌理上，该方案以现代方式转译了伊斯兰历史名城典型模式的某些特点，例如相对狭窄的街道及较高的建筑密度。在街道网络与交通方面，该方案将步行道、车行道及公共交通系统进行了多层次衔接与联系。

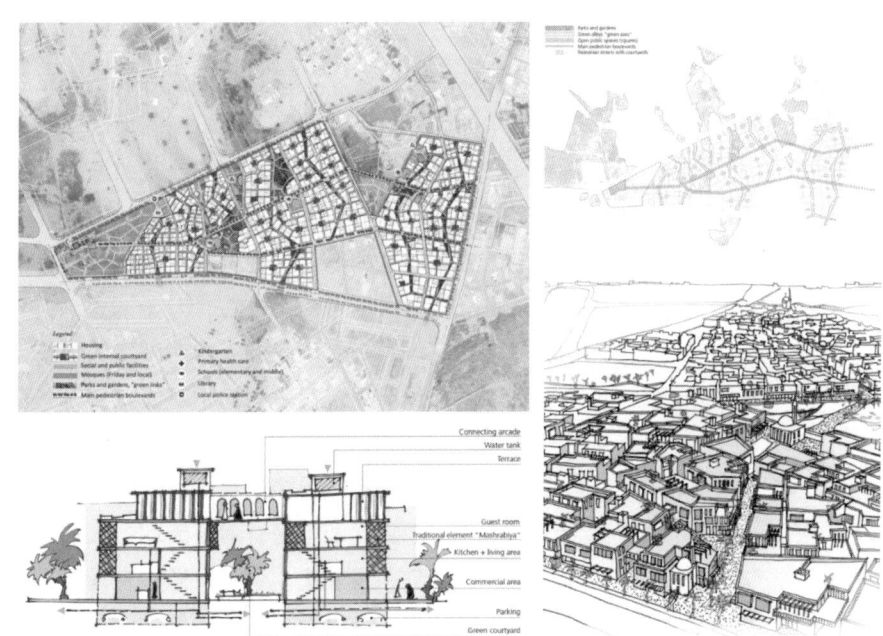

图 5-29 沙特阿拉伯布赖达（Buraidah）综合社区设计
（图片来源：UN–Habitat. Sustainable Densification Buraidah：Integrated Neighborhood[R]. Nairobi，Kenya：
UN–Habitat，2019.）

在公共空间的设计上，该项目提出了一个由不同规模、不同功能和特征的公共空间组成的网络系统。公共空间网络中大部分开放式绿地、线性绿道等的设计源于零散的湿地片段和残留植被，连接和活化现有的这些片段，目的是升级和重新联系被忽视的既有绿色基础设施系统，并将其与主要步行街沿线的公共空间整体系统相衔接，从而在微气候调节及环境优化中起到良好效用，并增加碳汇。

此外，相关概念在建筑物上亦有体现。例如，雨水收集系统实际上是作为建筑物的补充，在建筑屋顶安装雨水收集箱。在雨季，雨水会被收集到水箱中，其设计采用了典型的伊斯兰风塔形象。收集到的雨水通过一个特殊的竖井流入地下空间的水箱系统。然后，水可以通过水泵抽取或重新排放（取决于地形），用于灌溉栽有植物的人行小巷、公园、花园和邻近的内院；内院反过来又可以产生凉爽的小气候，改善微气候环境，减少建筑的能源消耗。

5.3 城市设计策略温和地区的绿色

在北半球，温和地区主要分布在北纬30°~40°。温和地区的特点是夏季比较炎热，白天的气温为30~35℃，最高可达37~39℃，甚至超过40℃；冬季较为寒冷，气温一般在 -10~5℃；其相对湿度变化较大，白天为30%~40%，夜晚则达80%。该气候区夏季需要空调，冬季需要供暖，只有春、秋季可通过自然通风获得较为理想的热舒适性。总体而言，温和地区能耗较大，需要特殊的节能设计。[24] 世界上的温和地区主要包括以下区域：亚洲东部地区如中国长江中下游地区、日本南部地区，欧洲中部和西部地区如法国、西班牙、意大利等地，大洋洲南部地区如澳大利亚南部、东南部及新西兰等，北美东部和西部沿海地区如美国的加州、华盛顿州、纽约州等地。需要注意的是，温和地区的具体范围可能因地理位置、海洋气流、海洋影响和地形等因素而有所不同。

通常，对城市环境舒适性而言，人类对寒冷的保护远比对过度热应力的保护更容易实现。加热能通过简单的、相对便宜的设备获得，而用于制冷的空调则比较昂贵，对于广大发展中国家的大多数人来说还不太适用。因而，除了那些冬季气候比夏季严峻得多的地区以外，夏天的热舒适性问题在城市设计时应予以优先考虑。温和地区针对夏天和冬天的"理想"城市设计指导方法截然不同，甚至会引发冲突。但是，通过合理处理城市选址、街道布局和开放空间设计等，提出与之适应的兼顾舒适、节能、低碳的城市设计方案仍是可能的。[25]

5.3.1 基地选址

在温和气候区，夏天常高温、高湿多雨，而冬天则比较寒冷，常在0℃以下。更为重要的是，该地区冬、夏两季的主导风向经常是不同的。例如在中国东部地区，冬天的风主要来自北方，夏天则主要来自东南方向。因此在该地区进行基地选择时，可从以下几个方面进行评估。

（1）从场地环境现状的角度：基地周边的自然环境需要被充分考虑，包括山脉、河流、湖泊等，一方面要保证冬季日照良好，夏季通风顺畅，在东南方向没有大的地形起伏与遮挡；另一方面要既能防止夏季高温辐射，又能阻断冬季寒流侵袭，在西北方向最好有高大地形或连续防护林阻隔。相关研究表明，城市要素对城市气候也有明显影响，城市形态、空间布局、下垫面材质等因素都与城市热岛之间存在密切联系。[26]

（2）从自然环境和生态保护的角度：在选址时要充分考虑自然环境和生态保护，避免在生态脆弱区域或生态重点区域进行城市建设。欧阳志云等通过从水资源开发强度、土地开发强度、水资源供给能力、环境污染物排放强度与碳排放强度五个方面分析城市、人与自然协调度特征，评估了中国146个城市的协调度特征，发现城市建设与发展对自然环境的影响仍然较大。[27]因此在基地选址时，应注意保护自然湿地、绿地和生物多样性等自然资源，提高城市环境质量，减少碳排放。

5.3.2　城市结构肌理优化

在温和地区，建筑密度的合理控制可以有效减少城市热岛效应和能耗。城市结构肌理布局首先应鼓励夏季风（中国为东南风）尽可能穿越城市空间，这就要求建筑群体应适应当地气候条件分散布置；而在冬天，为了最大可能地节省供暖费用，需要拥有最小暴露、紧凑布局的建筑群体。因而，在温和地区要求通过特殊的城市设计布局，形成一种由各种建筑类型混合排列的"夏天暴露分散，而冬天紧凑"的城市结构肌理。

在中国大部分地区，可依靠建筑群体的形态设计尽可能地使南向、东南向的夏季风得到强化，同时可阻挡冬季寒冷的北风、西北风。为了达到这个目的，可合理安排不同长度和高度的建筑，使其尽可能地面向主导风向呈梯级布置：尽量将一些体量小的独立住宅布置在最南边，然后依次是一些低矮的建筑类型，而在用地的北部边缘规划最高和最长的建筑类型（图 5-30）。这样，整个片区就依次由高层板式公寓楼、多层方形公寓楼、两三层的联排住宅、双拼或独立式住宅组成，形成了迎合夏季东南风的"凹口"状态，同时能阻挡冬季北向来风。这些建筑类型的混合布局与那些由单一类型建筑组成的片区相比，城市居住区的建筑密度、开发强度更高，也具有更好的环境品质和热舒适性。

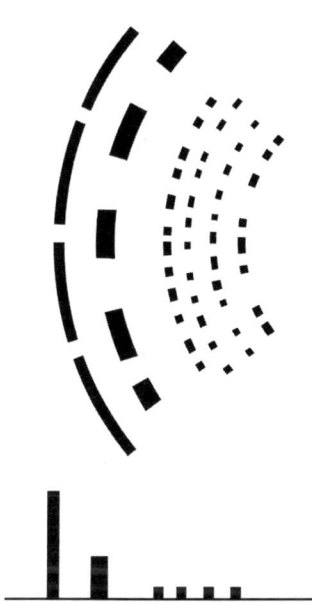

图 5-30　针对冬冷夏热地区通风效果的建筑群体形态布置
（图片来源：GIVONI B. Climate Consideration in Building and Urban Design[M]. New York：Van Nostrand Reinhold Company Inc.，1998.）

5.3.3　街道网络布局

1. 街道网络通风策略

街道方位对城市通风有着直接影响。温和气候区的城市街道宜平行于风向或与风向大约呈 45° 倾斜角，从而有利于形成无障碍的城市风道，引导风穿越城区。此外，街道方位在一定程度上会影响沿街建筑交叉通风的潜能。当街道与风向平行时，大多数的沿街建筑处于风力的"真空"地带；而当街道与风向呈 30°~60° 时，对建筑内部的自然通风较为有利。因此，通过对城市街道空间的总体通风条件和沿街建筑物的自然通风状况进行综合考虑，比较理想的街道方位应与主导风向呈 30°~60°，这样能产生较好的综合通风效果。在中国温和地区，东西走向的街道在冬天与主导风向（北风）垂直，而在夏天与主导风向（东南风）呈45°斜角，这种街道方位和布局将有利于冬天最大限度地减少北风的影响，而在夏天则能增强街道和沿街建筑的通风潜力。[28]

当街道与风向垂直时，应避免目前通常的沿街板式建筑布局，因为该模式对城市通风阻碍最大，将大大减弱屋顶上方的气流和地面的风速。在温和地区，可以考虑在建筑布局时使建筑高度由西北向东南逐渐降低，并将高层建筑置于街区角部位置。这样在夏季有利于引入东南向的季风，增强通风效果改善微气候；在冬季可以减小风影区，以及减小南向位置风速，还可以保证南向地区拥有充足的日照。良好的街区通风廊道，可以通过改善街区微气候环境，达到降低建筑能耗的效果，进而影响街区内建筑的碳排放。[29]

2. 街道网络日照策略

在中国温和地区，可以考虑在建筑布局时将低层、多层建筑置于靠近南向开放空间的位置，将高层建筑置于靠近北向开放空间的位置，这样可以保证行人主要活动的南向区域在冬季可以获得良好的日照。

城市设计时设置东西走向的街道在冬天与主导风向（北风）垂直，而在夏天与主导风向（东南风）呈45°斜角，这一布局对于冬日延长沿街建筑日照亦是一个好的方位选择，但对人行道上的行人会有一定的负面影响，需要通过设计加以优化。因此，从冬日街道自身的环境品质来看，在防风与日照的考虑上存在冲突。但总体而言，上述推荐的街道网络布局在季节更替中已经能够提供比较适宜的生活环境。

5.3.4 开放空间设计

温和地区的夏日需要良好的通风和遮阳，冬天则需远离寒风，阳光普照。舒适的环境总由一系列矛盾的参数控制着，这就要求在城市开放空间的设计过程中，充分考虑温和地区城市特定的地域生态条件和气候特征，通过双极控制原则积极加以调适。例如，作为行道树的悬铃木，夏日树叶茂密，给行人提供了舒适阴凉的室外空间；冬天树叶凋零，将温暖的阳光还于行人，这是自然法则所提供的最好的气候适应性策略。

此外，从缓解城市热岛效应的角度来说，在城市内的山体、公园、绿地等进行植被群落构建时，在树种规划上应选择高反射率、高气孔导度的树种，使垂直方向具有丰富群落结构层次，水平方向尽可能扩大群落配置面积，并适当提高种植密度和乔木覆盖度，冠层结构上增加叶面积指数、郁闭度和冠幅，同时林缘线设计不应执着于规则式延伸，而应适当结合自然，收放自如。[30] 这样不仅可以增加碳汇，还能够起到缓解城市热岛效应的作用。

浙江省林业部门及相关单位依据林业行业标准中碳汇造林树种选择的整体原则，按树种的碳汇效率、固碳效能、碳封存和造林可行性等碳汇属性构建了系统的量化评价体系，并从浙江省主要优势群落树种、乡土树种及已驯化的造林乔木树种中评选出樟树、浙江樟、木荷、杉木、浙江楠、青冈、栎树、枫香、栲树、柏木十大主推树种（图5-31）。根据浙江省林业局的相关研究与测算，这十大树种在中等土地条件下生长20年，每公顷碳汇可达80~190 t。[31]

地面铺装也会影响开放空间舒适度。研究表明，不同地表由于其反射率和热容量不同，气温升高的速率也不尽相同。人工硬化表面热量容易积累，从而使地表附近温度升高。使用透水性高的地面铺装（如混凝土砌块、天然卵石、砾石等）可以提升开放空间地面的透水性，降低地表热度，并能够解决雨水排放问题，吸收周边地块的地表径流，降低雨水处理的能耗。地表绿化可以通过蒸腾作用调节气候，且合理应用地被植物能够提升绿地的固碳释氧与降温增湿的生态效益。常见的地被植物中，黄花鸢尾、鸢尾的固碳释氧能力较强，五叶地锦、金银花、蔓长春等则具有较高的降温增湿能力。除此之外，选用养护成本低的地被植物能够显著降低绿地的碳排，提升绿地的生态效益水平（图5-32）。

在中国温和地区进行城市开放空间设计时，应注意尽可能将开放空间置于基地南部，考虑周边建筑为开放空间提供阴影，并合理设置遮阳设施。开放空间应在夏季可为行人提供活动的阴凉地，而在冬季能够保证良好的日照。同时，注意开放空间设计应尽量保持相对平缓的地形地貌起伏，避免因竖向高差带来建筑阴影的不利影响。

温和地区的室外活动较为频繁，开放空间设计就显得非常重要。以南京为例，由于气候原因，在炎热的夏季，街道和一些广场、街头小游园缺乏基

图5-31 浙江省十大碳汇树种
（图片来源：由作者搜集整理）

黄花鸢尾　　　鸢尾　　　　五叶地锦　　　忍银花　　　蔓长春

图 5-32　生态效益较高的地被植物选择
（图片来源：由作者搜集整理）

本的遮阴设施，一到午后酷热难耐，导致市民的出行意愿明显降低。随着近年城市更新的不断推进，南京的小游园环境舒适性已经有所改善，例如东南大学周边的珍珠河，通过对水体的治理及水岸步道的修整、樱花等观赏植物的栽种等措施，不仅成为周边居民休闲散步的好去处，而且每年花季也吸引了大量游人前往观赏（图 5-33）。

5.3.5　建筑设计策略

冬季防寒、保暖与夏季通风、隔热是温和地区建筑设计所要考

图 5-33　南京珍珠河小游园赏樱实景照片

虑的主要因素，这就导致该地区建筑形式较为折中，介于炎热和寒冷气候之间，既要保证一定的洞口面积以满足夏日通风和冬季日照之需，又要采用保温隔热性能良好的围护结构以满足夏日隔热和冬季防寒的需要。

1. 建筑群体布局

温和地区建筑群体布置既要与场地本土山水林田等环境要素相结合，又要注意与冬、夏两季主导风向和日照关系的协调。[32] 例如在益阳市民活动中心的方案设计中，建筑群以沿河道山脊布置的线性格局将建筑融入山体场景之中，在延续梓山湖南岸山水脉络的同时，体量之间预留通风廊道。益阳夏季气温偏高，潮湿多雨，为应对这样的气候条件，鼓励市民在室外活动，文化中心在很多地方设置了带顶棚的半室外公共空间（图 5-34）。[33]

2. 建筑单体设计

温和地区的建筑布局应选择最有利的南北朝向布置，以尽量减少太阳辐射的影响；平面设计力求开敞、通透，以保证夏季有良好的穿堂风。同时，

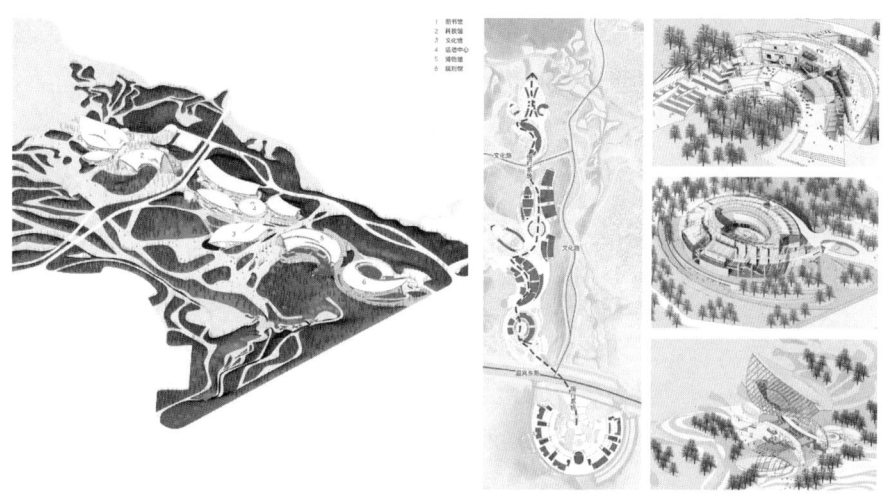

图 5-34　益阳市民活动中心方案设计示意图

（图片来源：刘亚东 . 市民文化中心的"公共性"设计策略：以益阳市"一园两中心"项目为例 [J]. 建筑技艺，2022，28（5）：72–76.）

应选择体形系数小的节能型建筑形体，从而尽量减少热损失。

　　在扬州江苏省园艺博览会主展馆建筑设计中，编者通过"别开林壑"立意进行布局以引人入胜，通过"随物赋形"这一策略展开设计以表达形意结合，又通过"构筑一体"这一方式展开营造以实现绿色建造。主展馆设计首先考虑如何顺应地形，以及如何显示与地形之间的对比关系。其通过不同尺度的院落分解建筑体量，契合地形，达成园艺博览会建筑所追求的自然得体。与此同时，展馆的内部空间则要求疏朗开敞，为此主展馆采用了丰富的型制组合，对厅、台、楼、阁等各种原型进行变化，并以连续不断的坡顶和水庭作为分别来自建筑与景观的要素加以协调，形成了连续而又变化的空间组合，通高的中庭也有利于保证通风换气。在建筑材料使用上，主展馆采用木结构这一绿色可再生材料，符合节能减排和绿色建筑产业化政策（图 5-35）。[34]

　　针对夏季的环境压力，温和地区建筑单体的设计在细节处理上，可采用隔热性能好的门窗型材，或使用中空玻璃、百叶窗和热反射窗帘，或在屋顶

图 5-35　扬州江苏省园艺博览会主展馆

（图片来源：佚名 . 江苏省第十届园艺博览会主展馆，扬州，江苏，中国 [J]. 世界建筑，2022（5）：16–19.）

保温层贴低辐射系数的材料（如铝箔等）；也可对建筑周边和外墙进行绿化，种植爬藤植物，以减少阳光的直接辐射热。

5.3.6 案例研究

1. 湖州长东片区城市设计

该项目基地位于湖州主城区以北、太湖以南、长兜港以东，面积约 22 km²。长东片区所在地是环太湖溇港系统的重要可开发建设部分。目前，长东新区建设范围内，溇港系统历史水系保存较为完好，生态基底优良，但历史遗存不足，仅存杨渎港和泥桥港入太湖，文化特色彰显不够，亟待提升。

经综合研判，发现以溇港圩田为代表的生态系统是该区有别于其他环湖发展新区的首要资源，也是片区发展的核心竞争力。该城市设计以环境定义容量，用生态区划边界，"以水定城"。丰沛的水资源既是场地发展的"原动力"，也是"生态底线"设置的依据。如何在不破坏场地生态基底、资源禀赋的基础上推进场地中合理的开发建设，协调好场地生态性与建设量之间的共生关系是该城市设计的核心抓手。

该城市设计方案以"两山理论"为规划基础，以生态优先为规划先决条件，基于水体的现状分析及限制条件，以构筑生态本底为目标。规划中对水系（溇港—漾塘）生态廊道功能的划分主要基于水系生态功能的界定：首先，最大限度发挥河流生态通道功能，水体与生态缓冲廊道耦合形成水道；其次，构建重要生态缓冲区和生态屏障，使湖州市域北部与太湖贯通；再次，保证动植物物种丰富度与流通廊道，连接湖州南部丘陵山区与太湖；最后，构建兼具防洪排涝及景观美感的空间载体。

具体而言，该城市设计方案以水环境研究为基础，通过优化计算，梳理连通现有的河沟漾塘为湖网和水网并形成湿地，以提高斑块的关联度，对水系进行水质分区优化、场地水面率的高标准控制及水网系统完整性和独立性的建构（图 5-36），并最终借助通河构网、联河融绿、城景交融等举措，营造出一个具有生态可持续性的"永续之区"。在城市设计成果的引导下，湖州市启动了长东片区分区规划，为后续国土空间规划的多规融合工作奠定了基础。[35]

2. 南京东山地区城市设计

东山地区隶属南京市江宁副城，位于南京主城区南侧，自然资源条件优越。其外有将军山—牛首山等大型山脉从该地区西南、东北方向向内楔入，内有秦淮河、牛首山河等主要水系呈南北走势穿越，并有百家湖、九龙湖及土山、竹山等中小型山体坐落其间，总体构筑出"山清水秀"的自然格局。

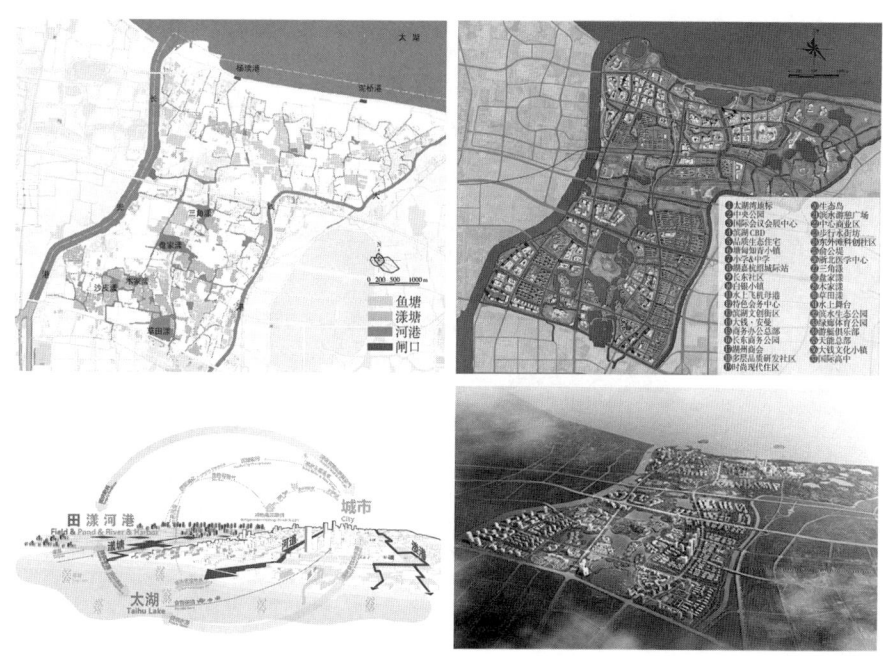

图 5-36 湖州长东片区场地水系及总平面图

（图片来源：王建国 . 中国绿色城市设计的概念缘起、策略建构和实践探索 [J]. 城市规划学刊，2023
（1）：11-19. ）

自 20 世纪 50 年代东山地区逐步发展以来，其自然格局与建成区物质形态之间的关系日趋紧密。2000 年以后，东山地区进入快速城市化的发展阶段，建设用地急速扩张并大规模逼近甚至侵占自然区域，自然要素甚至被认为是阻隔城市建成区持续发展的屏障。面对"保护与开发"这一相互制约的现状，东山地区面临的城市问题主要有"生态挤压""界面私有化"和"城市生态网络破损"等。

在生态挤压方面，城市建设向自然要素边缘逼近，部分侵入保护绿带，甚至对自然资源本体造成占据与破坏。在界面私有化方面，东山作为疏解主城人口的先行地区，近年来居住用地的开发在几乎所有用地类型中高居首位，各小区普遍实施的封闭化管理使得小区成为自然要素与城市腹地之间的阻隔性屏障，造成了自然景观视线的遮挡，也导致交通不畅，大大降低了本应属于城市自然资源及其周边用地的活力。最后，东山地区的整体城市生态网络目前处于相对破损的状态：一方面，山水资源周边必要的保护性生态空间被不断蚕食侵占，资源本体对于城市的潜在生态保护能力降低；另一方面，大量山水界面的私有化开发方式人为阻隔了自然资源与其他用地之间的联系，致使诸多要素之间只能各自为政，无法建立起有效的生态网络，发挥联动效应。

针对现状问题，南京东山地区在总体城市设计方面，确立了以下策略。从进行生态修复、提升生态效能方面，设计提出了织补生态网络和扩大保护

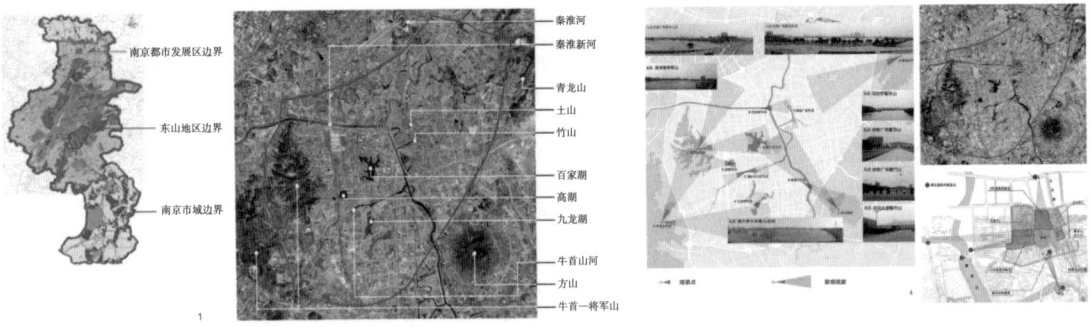

图 5-37　南京东山区位图及重要景观视线规划图
（图片来源：高源，王建国，杨俊宴.衔接与深化：从不同层面的城市设计实施对南京东山地区自然资源的保护利用 [J]. 中国园林，2014，30（1）：79-83.）

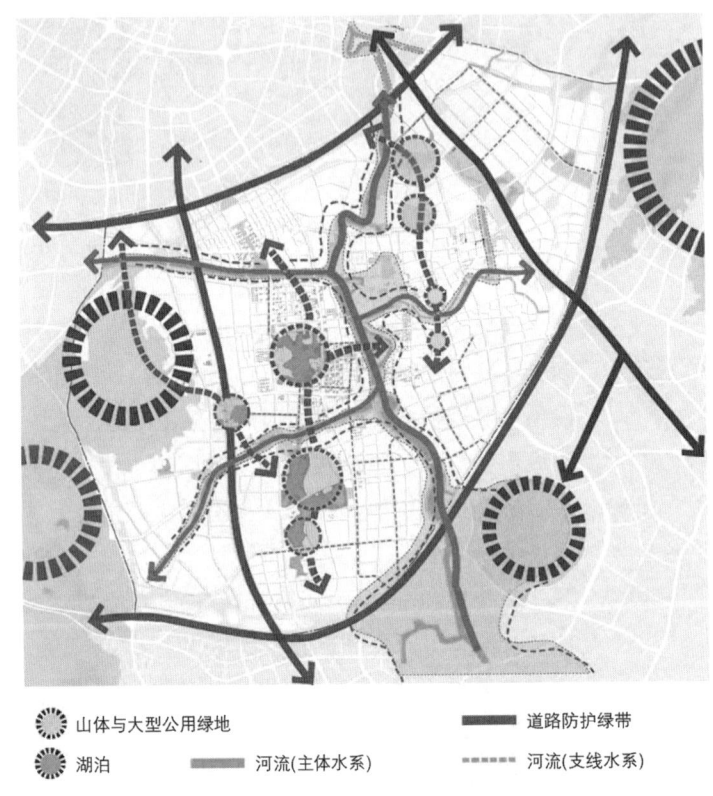

| ⊙ 山体与大型公用绿地 | ▬▬ 道路防护绿带 |
| ⊙ 湖泊 | ▬▬ 河流(主体水系) | ┅┅ 河流(支线水系) |

图 5-38　南京东山地区生态网络规划图
（图片来源：高源，王建国，杨俊宴.衔接与深化：从不同层面的城市设计实施对南京东山地区自然资源的保护利用 [J]. 中国园林，2014，30（1）：79-83.）

范围两大策略。旨在通过拓宽潜在城市水系，结合城市绿地形成多层级城市生态网络；通过扩大保护范围并依据山水资源划定保护范围，在保证绿地生态效能的同时，充分发挥城市水系与绿地调节区域微气候的功能，扩大城市绿地碳汇的作用。同时，也合理利用自然景观资源，提升户外公共空间活力（图 5-37、图 5-38）。[36]

寒冷地区是指夏天凉爽舒适，冬天（11 月至次年 3 月）平均气温低于 0℃的地区。从气候特征的角度，就北半球而言，寒冷地区主要分布在北欧如挪威、瑞典、芬兰、英国、俄罗斯、加拿大、日本北海道及中国东北、内蒙古和北疆地区等高纬度区域。[37] 全球 6 亿以上的人口有着生活在严寒气候地区的经历。由于地理位置特殊，自然条件严峻，该地区城市一年中有很长时间与严寒、黑暗、寒风及冰雪相伴，气候条件对当地城市发展产生了很大影响，乃至成为经济发展的瓶颈。

寒冷地区的建筑在夏季一般仅需良好的通风就能维系室内较好的舒适性。因而，该地区城市设计应以改善城市生态环境、减少冬季热损耗，以及降低由于室外严寒、冰雪和寒风对人体造成的不适作为一切设计的出发点。为此，亟需制定一些最基本的准则（Pressman，1989 年）：通过适当的城市形态与阳光通道政策，鼓励土地综合开发与混合使用；通过减少到户外活动场所、停车场、学校和娱乐中心的距离，使路径最优；通过拱廊、走廊、穿越街区的通道，以及相互连接的中庭和地下通道的一体化设计，使行人得到庇护；季节性地使用公共领域空间。

5.4.1 基地选址

对于严寒地区的城市或街区选址，那些受庇护、有阳光的地点会为居民提供更舒适的环境。因此在该地区进行基地选择时，可以考虑从下述几个方面进行评估。

从周边环境现状的角度：基地选择一方面要考虑冬季风向，另一方面要充分利用地形地貌对气候的有利修正。即使对于同一山丘，就北纬地区城市而言，南坡比北坡能够提供更充足的阳光。中国传统堪舆理论提供的"负阴抱阳"的理想模式，遵循某种"'全息同构'的准则，是环境内各项自然地理要素的有机协调"，[38] 有着一定的科学性，非常适用于寒冷地区。该模式周围的地形地貌能够阻挡冬日的寒风，其凹口又能很好地接受太阳辐射。

从利用自然资源的角度：受到冬季降雪、低温等不利自然条件的影响，寒冷地区住房及市政基础设施的建设及维护，能源供应以及冬季环境污染处理等方面的费用相对较高，因此适当地发展规模较大的城市有利于发挥城市的集聚效应，有效利用各种资源和发展基础设施，提高城市运行效率。[39] 因此，在基地选址时应注意有效利用基地周边的可再生资源，尤其是太阳能、地热能和风能等。

5.4.2　城市结构肌理优化

　　寒冷地区城市应采取相对集中的结构布局，以便加强冬季的热岛效应，降低基础设施的运行费用。加拿大学者诺曼·普莱斯曼（Norman Pressman）提出：寒冷地区的城市应采用集中紧凑的城市形态，在确保建筑享有充分日照的前提下，合理提高建筑密度，这样有利于减少交通需求和节约能源。这是因为，高密度意味着城市土地的高效使用，寒冷地区的城市居住区、商业区和服务设施的高度集中，可以节省步行和乘车的距离，也有利于减少管道长度及运输过程中的能源损耗，总体减少建筑供暖能耗，提高热能供给效率。同时，针对严寒地区城市冬季室外空间热舒适性较差的问题，采用紧凑型布局有助于利用热岛效应提升冬季室外环境的热舒适性。如果再结合一些特殊的城市空间组织方法，例如在一定区域布置高度相同的建筑群，使冬天的寒风直接掠过屋顶而不影响地面的室外活动空间，就能起到更好的防风效果（图 5-39）。此外，与小型建筑相比，大型、高密度、多用户使用的建筑可减少建筑表面积，降低热损失。

　　对冬天寒风进行有效屏蔽也是一项很重要的设计策略。在建筑布局和形体设计时，"一个弯曲的凸面，或一栋宽的、V 字形的、长条形的、东南朝向的建筑可遮挡北风，从而在它的南侧产生一个受庇护的区域。一系列这样的建筑能保护一个建造了较低建筑物的大片地区"。[40] 在现代住区中，布置在基地北侧的板式高层建筑可以为其院落内部的开放空间、公共设施、儿童游戏场地及其他低层建筑抵御北向的寒风提供有效屏蔽，这对改善冬季居住环境、增加户外活动大有裨益（图 5-40）。

5.4.3　街道网络布局

　　在绿色低碳背景下，面对寒地城市严峻的气候问题——寒风、日照和暴雪，可以结合特殊的气候条件，借助自然的力量来改善街道环境，实现城市街道空间与自然环境的协调发展，而不需要额外的机械设备和能源消耗。梅

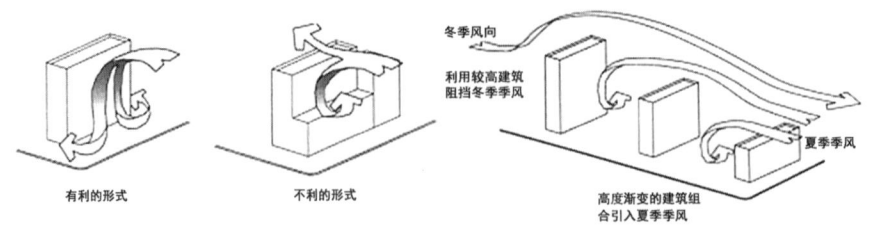

图 5-39　适当的建筑高度组合利于改善风环境
（图片来源：冷红，郭恩章，袁青.气候城市设计对策研究 [J]. 城市规划，2003（9）：49-54.）

图5-40 拜克墙

（图片来源：钱云，武旭阳，冯霖飞. Byker Wall 住区 [J]. 住区，2012（3）：71-75.）

洪元教授等学者通过对寒地城市的研究，从应对寒风、日照、暴雪三个角度来合理应对气候问题，[41] 以达到人与自然的和谐共生。

1. 应对寒风的策略

从应对冬季寒风的角度而言，可采取以下策略。

（1）采用连续的街道界面对寒风进行阻挡。城市主要街道走向应与冬季主导风向垂直，采用连续封闭的街道界面对冬季寒风进行有效遮挡，并配合以乔木为主，乔木、灌木、草本、藤本合理比例的复合式种植的绿化植物，在增加碳汇储量的同时共同形成挡风屏障。

沿街连续的板式建筑会降低路面的风速，而弯曲的或有角度的街道比相同方位垂直的街道具有更低的风速，且当狭窄的街道走向与风向平行时，这个特征尤其显著。防护墙或防护林可以用来保护建筑物及其外部区域不受冷风侵袭。研究表明，逆风的连续墙体可以降低穿过市区的风速，密植的防风林在发挥固碳生态效益的同时也能起到同样的挡风效果。

（2）通过沿街建筑高度平缓组合的方式合理引导风向。街区中的建筑应避免高度上的突然变化，应尽量以多层建筑为主，高度变化要循序渐进，以利于将冬季寒风导入城市上空。在进行寒地城市街道设计中，应尽量避免出现局部高大体量的建筑，取而代之的是低矮围合式的建筑界面。不同高度的街区衔接时，允许的高度改变应少于较高的高度区建筑高度的1/2（图5-41）。

2. 应对日照的策略

针对日照的绿色城市设计策略主要体现在以下几个方面。

（1）街区布局增大日照范围。街道南侧应尽量布置相对低矮的建筑，同时适当减小街道高宽比；建筑面向街道的界面进行退台处理，临街建筑采用

地理位置	街道信息	地理位置	街道信息
	城市名称：中国哈尔滨 街道名称：淮河路 地理纬度：N44°04′ 街道走向：E-W 冬季风向：NW, N 挡风模式：街道北侧挡风		城市名称：丹麦哥本哈根 街道名称：Tagensvej 地理纬度：N55°42′ 街道走向：S-N 冬季风向：W, SW 挡风模式：街道西侧挡风
	城市名称：俄罗斯莫斯科 街道名称：Tverskaya ulitsa 地理纬度：N55°45′ 街道走向：SW-NE 冬季风向：SW 挡风模式：街道西南侧挡风		城市名称：瑞典斯德哥尔摩 街道名称：Valhallav gen 地理纬度：N59°19′ 街道走向：E-W 冬季风向：SW, S 挡风模式：街道西南侧挡风
	城市名称：加拿大卡尔加里 街道名称：9Ave SW 地理纬度：N51°04′ 街道走向：E-W 冬季风向：N, NW 挡风模式：街道北侧挡风		城市名称：芬兰赫尔辛基 街道名称：Mannerheimintie 地理纬度：N60°10′ 街道走向：SW-NE 冬季风向：S, SW 挡风模式：街道西南侧挡风
	城市名称：挪威奥斯陆 街道名称：Jens Bjelkes gate 地理纬度：N59°54′ 街道走向：SW-NE 冬季风向：NE 挡风模式：街道东北侧挡风		城市名称：俄罗斯圣彼得堡 街道名称：Staro-Petergofskiy prospekt 地理纬度：N59°54′ 街道走向：S-N 冬季风向：E 挡风模式：街道东侧挡风

图 5-41 阻挡寒风的寒地城市街道建筑布局

（图片来源：梅洪元，代阳.回应气候的寒地城市街道绿色设计 [J].建筑学报，2012，532（12）：104-107.）

坡屋顶并尽量集中成组；采用深色的街道界面。

（2）温室效应强化日照效果。街道步行空间附加可随季节开启或关闭的透明玻璃顶，实现街道空间的有效庇护，通过温室效应创造更舒适的步行环境。例如加拿大卡尔加里市以"+5 m"人行天桥步行系统而闻名，市民可在离地 5 m 高的封闭天桥内行走，不仅有效实行了人车分流，还在冬季为人们提供气候庇护；美国明尼阿波利斯的天桥系统也被世界广为赞誉（图 5-42）。又如，巴黎、伦敦、米兰等城市给临街的 19 世纪建筑拱廊加上玻璃顶，并且配合了绿化和艺术装饰，通过温室效应让城市街道更加充分地利用日照资源。

（3）反季存储优化日照利用。利用土壤对夏季日照能量进行存储，通过循环系统用于对冬季街道的加热能源。例如日本北海道的一些城市通过在步行道路面下铺设热交换管道，将夏季存储的日照能量用于冬季路面的融雪系统。[41]

3. 应对暴雪的策略

针对降雪，可在冬季时对街道上的积雪进行收集存储，用于夏季环境制冷所需。日本札幌的新千岁机场采取这种方式，可以利用积雪为航站楼提供30%的制冷能源。日本"美呗市雪堆计划2009"，

图 5-42 美国明尼阿波利斯的天桥系统

运用大型雪堆进行空调制冷，其5万t积雪可以替代3000 kW的冷源。[42]

东方广场曾是北京十大新建筑群之一，位于东长安街与王府井的交汇处。虽然东方广场在城市设计层面存在一些争议，但设计师在总体环境布局时充分挖掘潜力，巧妙构思了山水小景、花坛、喷水池等，使其肩负起潜在的防风功能，化解角流风与涡流风冲击；并在产生狭管效应的通风道上加盖透明顶棚或设置小树林等多层绿化带，巧妙挡住街道强风，减轻其对行人的危害。东方广场的环境设计巧妙地给风留以出路，尽可能方便人们的出行。封闭的人行通道直接与各条大街相通，避免行人与风直接接触，从而使整个广场基本上能够满足风环境舒适度标准（图5-43）。[43]

图5-43　北京东方广场鸟瞰图
（图片来源：佚名．北京东方广场屋顶花园 [J]．世界建筑导报，2009（2）：24-25．）

5.4.4　开放空间设计

寒冷地区的城市开放空间设计，需充分考虑特定地域的地理环境和气候特征，减少开放空间在冬夏利用率上的差异，增强其在冬天的活力。一方面，应避免将开放空间建造在阴冷区域或可能频繁产生近地高速风的地段，其应能获取阳光和免受寒风侵袭。另一方面，应积极利用绿化植物来获取舒适的外部环境。北半球的冬天一般主导风向为北风，这时应在寒风来源的北方密植高大的常绿树木，能起到一定的防风效果且不会遮挡阳光照射；同时需沿着高大树木种植常绿灌木林带以防止寒风从树冠往下渗透。在寒冷的冬天为公园提供防风设施尤为重要，公园的休息场地、运动场地的南侧应多种草坪，北侧多植大树灌木，这样无论什么时候都会受到欢迎。

合理的植物种植和搭配还能够起到增加城市碳汇的作用。例如，以单个植物相关的种植设计指标而言，油松、栓皮栎、泡桐、国槐、紫薇等植物品种具有较高的碳汇效率（图5-44）；常绿乔木的平均碳汇效率高于其他植物类型，考虑到寒冷地区（例如中国东北及华北部分地区）的季节变化，常绿乔木还可以在冬季保持较高的碳汇效率；较大规格的植物通常具有较高的碳汇效率。此外，随着植物生物量的增加，其碳汇效率也会变化。以北京为例，研究表明中小型植物能够提供可持续碳汇（图5-45），半开放绿地碳汇效率能够随着植物生长显著提高，其中落叶乔木主导的半开放绿地是促进城市绿地可持续碳汇的最佳选择（图5-46）。[44]

寒冷地区的城市设计面临两难选择，人们是躲在封闭的空间里逃避冬天，还是在开放空间中享受冬季户外运动的乐趣？这就需要制订长期的"冬季自觉"的城市开发计划，积极拓展滑雪、冰上运动等冬季文化内容，发挥

图 5-44　寒冷地区常见高碳汇植物品种
（图片来源：作者搜集整理）

图 5-45　北京城市公园碳汇效率空间分布

生境单元类型		种植设计情景	种植设计建议
灰色空间	半开放灰色空间（HPO）		·选择碳汇效率高、寿命长的植物品种 ·选择树冠较大的大规格植物
绿色空间	开放绿色空间（GO）		·配植多种灌木和草本植物品种 ·选择不同大小规格的植物组合
	半开放绿色空间（GPO）		·配植不同的乔木、灌木、草本植物品种，营造开阔视野 ·选择不同大小规格的植物组合
	密闭绿色空间（GC）		·选择碳汇效率高、维护成本低的植物品种 ·植物规格以中小型植物为主
蓝色空间	半开放蓝色空间（BPO）		·选择碳汇效率高、耐水湿的植物品种 ·植物规格以中小型植物为主

图 5-46 北京市针对不同绿地生境单元类型的适应性种植设计策略
（图片来源：WANG Y，CHANG Q，LI X. Promoting Sustainable Carbon Sequestration of Plants in Urban Greenspace by Planting Design：A Case Study in Parks of Beijing[J].Urban Forestry & Urban Greening，2021，64（9）：127291.）

寒冷地区城市冰雪资源的独特魅力；同时深入研究在冬季利用公园、广场、街道和河流开展冰雪活动的方式，从总体上对城市冰雪景观作统一规划，为老人和小孩建设专门的活动设施。此外，还需鼓励清除积雪的计划和设施，确保交通畅达，从而提高城市的吸引力。

欧美一些国家的城市广场在设计中十分注重活动支持。例如英国伦敦的百老汇广场、纽约洛克菲勒中心广场、巴黎市政厅广场等，夏季可为音乐会和其他形式的娱乐活动提供舞台，冬季则作为溜冰场，吸引大批的冰上爱好者和观赏者，活跃了空间气氛。应尽可能创造让市民及游客参与活动的机会，例如提供自己动手制作冰雕、雪塑的场地，以及提供具有北方地域特色的活动支持，如溜冰、滑雪等，从而增加冬季户外环境对市民及游客的吸引力，增加开放空间的活力。[45]以哈尔滨为例，其总体城市设计就充分结合了松花江沿江绿带，以及流经市区的马家沟河生态廊道来规划建设城市的冰雪观光走廊，以此构建均衡布局的城市蓝绿空间系统，从而有效增加了城市碳汇总量，改善了城市微气候环境，创造出四季皆宜的城市景观。

此外，寒冷地区的城市冬季严寒，开放空间景观单调，会使人感到沉重与压抑，而适宜的城市色彩和夜景观设计有利于调节居民的视觉和心理感受。城市色彩应遵循"明快、含蓄、温暖、和谐"的原则，一般以色彩明快的暖色调为主；在夜景设计时，可采用以暖色的钠灯为主，从而在夜间给行人带来温暖舒适的感觉。

5.4.5　建筑设计策略

寒冷地区的建筑需要在解决冬季防寒、保暖的同时，还要兼顾夏季通风、降温等问题。为了争取更多的日照，该地区建筑的南向开口和间距通常较大，院落开阔。为了提升建筑供暖保温性能，应尽量减少建筑外表面积，加强围护结构保温、蓄热性能，提高门窗的气密性；同时采用复合墙体和Low-E中空玻璃，减少辐射热损失等。

在建筑群体形态设计方面：通过建筑群体的有机组织可以达到"挡风但不挡光、避寒且通风"的适寒效果。[46] 例如，在进行第十三届全国冬运会冰上运动中心设计时，从当地的气候条件入手，将五个单体建筑沿基地四周展开布置，以流畅的曲线作为场地的主要脉络串联起建筑，形成内向型围合式布局。群体形态外轮廓顺应当地主导风向，有效抵御冬季寒风侵袭；建筑群体起伏与天山山势形成呼应，起到了引导气流及实现良好通风的作用，并且能够借助风势吹走冬季屋面积雪（图5-47）。这种群体形态组织方式不仅创造了避风向阳的舒适空间，也是对新疆丝绸之路与天山雪莲独特历史文脉的现代演绎。[47]

在建筑单体形态设计方面：例如英国的贝丁顿住宅小区，其由比尔·邓斯特（Bill Dunster）负责设计。该建筑方案结合当地寒冷的气候条件，选用紧凑的建筑形体以减少建筑的总散热面积。同时，为了减少建筑表面的热损失，建筑屋面、外墙和楼板都采用了300 mm厚的超级绝热材料，而窗户则选用三层玻璃窗，并在屋顶安装了太阳能集热器和"风帽"（图5-48），可为室内提供新鲜空气。

图5-47　第十三届全国冬运会冰上运动中心效果图及形体分析
（图片来源：佚名. 第十三届全国冬运会冰上运动中心 [J]. 建筑实践，2019（12）：130–133.）

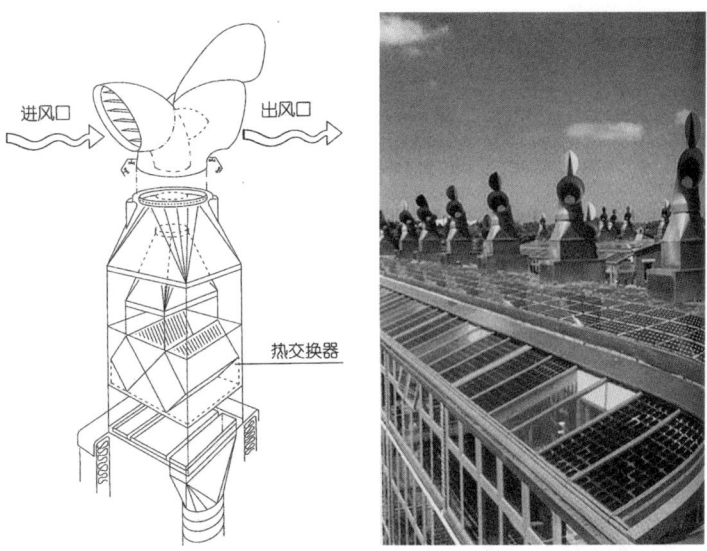

进风口　出风口

热交换器

图 5-48　建筑屋顶太阳能集热器和"风帽"
（图片来源：夏菁，黄作栋．英国贝丁顿零能耗发展项目 [J]．世界建筑，2004（8）：76–79.）

5.4.6　案例研究

1. 呼伦贝尔中心城区总体城市设计 [48]

呼伦贝尔是一个典型的民族富集和聚居的城市，市域内生活着汉族、蒙古族、达斡尔族、鄂温克族、鄂伦春族、回族、满族、俄罗斯族等 42 个民族。多样的自然地理条件与多彩的民族文化相交织，给当地小城镇建设打上了深厚的人文底色，老城区呈现出多民族汇集的城市风貌。正是这种人文特色的凸显，使呼伦贝尔成为边疆民族地区的城镇建设亮点。然而，呼伦贝尔的现状也存在不少问题，例如城镇沿街建筑多采用重外在、轻内涵的"穿衣戴帽"等民族元素符号的表达方式，民族文化仅仅存在于旅游开发和观演活动，传统的节庆活动却不受待见等。于是，研究多民族融合城市发展成为城市设计的重点之一。为此，呼伦贝尔中心城区总体城市设计方案提出了以民族共生为导向的"民族共生城"人文提升策略，设置了"十大民族文化记忆点"，包括火车站、西大街、巴尔虎东路、成吉思汗广场、鄂温克文体中心等，通过情感多彩的风貌体系和四季多样的节事体系集中体现了"民族共生城"的设计理念。

呼伦贝尔是典型的高纬度严寒城市，穿城而过的伊敏河为海拉尔河支流，气候和水文地理上的独特条件共同构成了呼伦贝尔寒地小流域城市的自然本底特征。项目考虑了"水绿生态城"营造的理念，并提出三大绿色城市设计策略。一是水绿格局策略。设计重点保障了千年不变的"木"字形城市山水骨架，凸显"井"字形都市生态结构，构建了城景式水绿生态格局。其中"木"字形城市山水骨架，横向由 500~1500 m 宽的海拉尔河生态廊道构成，纵向由宽 2000~4000 m 的城西生态走廊、城中 430~900 m 宽的伊敏河及东侧宽 140~1140 m 的东山台地 3 条生态廊道构成，通过该结构形成外围生态基底与内部生态斑块的有效过渡。二是均质共享的绿化空间。重点打造内、外双层景观翠环，通过景观保护外环整合并优化提升城市外围空间品质，形成完整的景观系统体系，与内环相呼应，改善整体绿地空间质量。三是活力共生的水网环境策略。营造并联通三大主体环，提升 17 个步行衔接节点。根据水模型分析，设计将主河槽拓宽至 100~200 m，局部地区直接以堤坝临水，部分区域开设休闲性水域，扩大景观观赏及休闲面，形成滨河 7.3 km 的步行系统。通过健康循环、人工管控、生态净化等三种方式，将环境治理与基础设施高效结合，实现弹性开发、多元调蓄、智能控制与净水防洪的功能。在此基础之上，根据不同河段的特征，设计对总长 58.1 km 的滨水岸线驳岸形式分别进行硬质和软质处理，其中，硬质岸缘 14.56 km，软质岸缘 43.54 km，如图 5-49 所示。

针对寒地气候特征，设计重点研究了建筑空间与室外广场的布置方式，提出了"阳光街区"理念。由于呼伦贝尔气温低、大风日较多、全年冰雪覆盖时间长，因此在建筑空间布置时，强调空间的围合感，通过连廊连接建筑组团，构建便于居民出行的室内人行系统。同时，设计设置了 4 种不同贴线率的街区组合模式。通过控制室外游憩广场面积和开口，增加广场空间的日照时间，减少阴影面积，尽量保障冬季日照时间能够达到 5h。设计建议更新 9 个南向开敞空间，并新建 35 个南向开敞空间。方案探索了适应极寒气候的商业及公共空间模式，提出了拱廊内街、室内外双流线、都市廊桥和地下空间整合 4 种空间优化的设计策略，体现了绿色城市设计的核心理念（图 5-50）。

图 5-49 规划总平面图
（图片来源：由南京东南大学城市规划设计研究院有限公司、中国建筑设计研究院有限公司，绘制）

180

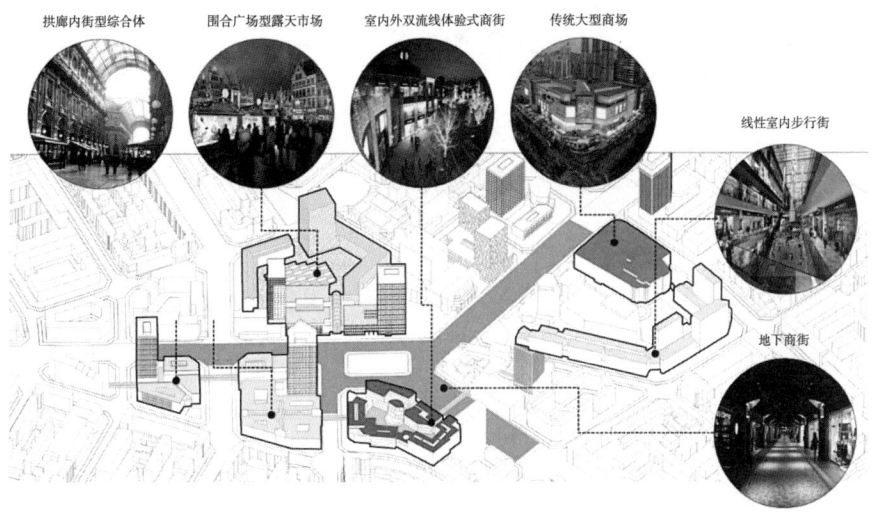

拱廊内街型综合体　　围合广场型露天市场　　室内外双流线体验式商街　　传统大型商场

线性室内步行街

地下商街

图 5-50　呼伦贝尔中心城区寒地城市和建筑空间组合方式
（图片来源：由南京东南大学城市规划设计研究院有限公司、中国建筑设计研究院有限公司，绘制）

2. 英国纽卡斯尔贝克居住区规划设计

英国的寒地城市设计专家厄斯金在北欧寒冷地区的长期实践中，利用空气动力学原理，积极引导夏季风，阻挡冬季寒风，建立起一系列适应寒地气候、节约能源、低碳环保及可持续的城市设计生态策略。其中，最广为人知的是厄斯金在贝克居住区规划设计中提出的"风屏蔽"策略，即：在场地北部建造环绕的板式多层建筑，为居住院落内的开放空间、公共设施、儿童游戏场地及其他层数较低的住宅抵御北向寒风提供有效屏障。由他主持设计的英国纽卡斯尔城的贝克（Byker）地段再开发项目，位于一片朝向西南的斜坡上，在此可以俯瞰整个城市中心。厄斯金使用连续的"薄墙型"板式建筑环绕整个基地的北侧边界，从而可以有效阻止北海吹来的寒风，并可以成功阻隔来自铁路、公路的噪声（图 5-51）。在设计过程中，厄斯金还成立了专门的办公室来接待来自社区的访问者。贝克住区改造获得了巨大成功，该城市设计在与特定地理环境、气候条件及公众参与结合方面树立了典范，其设计思想具有广泛而深远的影响。

"住宅和城市应该像鲜花一样向着春夏的太阳开放，并背向阴影和寒冷的北风，同时对平台、花园和街道提供阳光的温暖和寒风的防护"。[49] 厄斯金提出的巨构建筑形式的亚寒带城市模式，以风能发电为主维持城市社区运转，完全是从气候适应角度出发作出的理性判断。出于对阳光的高度关注，将整个城市置于群山环抱之中，坐落在向阳山坡上，这样既能最大限度地利用太阳能资源，又有利于躲避严寒的侵袭。城市步行交通系统也根据气候和季节被精心设计成彼此独立而又互为补充的两套系统，以确保在寒冷季节各种活动的正常进行（图 5-52）。其他如瑞士、俄罗斯一些国家的寒地城市，

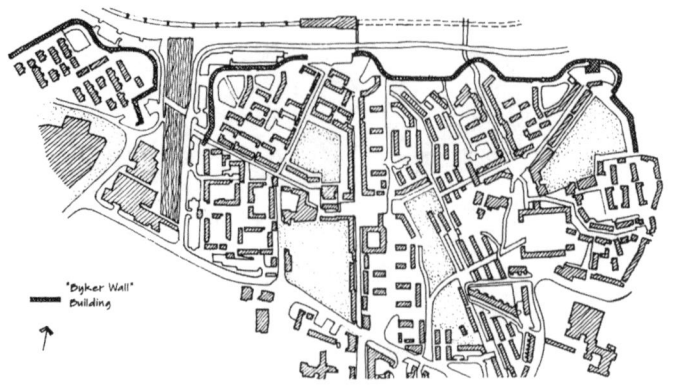

图 5-51 贝克住区总体规划

（图片来源：GIVONI B. Climate Consideration in Building and Urban Design[M]. New York：Van Nostrand Reinhold Company Inc.，1998.）

图 5-52 厄斯金的亚寒带城市

（图片来源：董卫，王建国. 可持续发展的城市与建筑设计 [M]. 南京：东南大学出版社，1999.）

为避免冬季暴风雪对居住区的侵袭，将多栋住宅沿基地周边建设，形成封闭的微气候防护单元。中国东北地区的住区建设也大多采用此类措施，周边式、合院式布局的应用较为广泛。

3. 气候适应性寒地城市规划设计

为了克服寒冷气候的制约，发挥自身优势，包括苏联、日本和加拿大等国家都制定了针对严寒地域特点的城市规划。苏联在 1985 年制订了北域 2005 计划，旨在提高约占其国土面积一半的西伯利亚地区的城镇建设水平。世界上降雪最多的城市日本札幌也制定了包括中远期综合规划、城市规划及 5 年建设规划，都充分考虑到结合自身地域特点，严格控制发展规模，保持紧凑的用地布局模式，并制订冬季节能、防雪的特殊计划。

加拿大许多城市也针对寒冷地区气候特点在规划设计中采取积极措施。例如在为圣琼斯郡制定的寒地城市设计导则中就包括了一些适应气候的策略，如保持日照、防风、防雪处理等，并在街道、公园和开放空间、住宅和商业建筑，以及停车场、绿化配置等方面提出设计导则及适宜的色彩、材质和照明等方面的指导（图5-53）。[50]

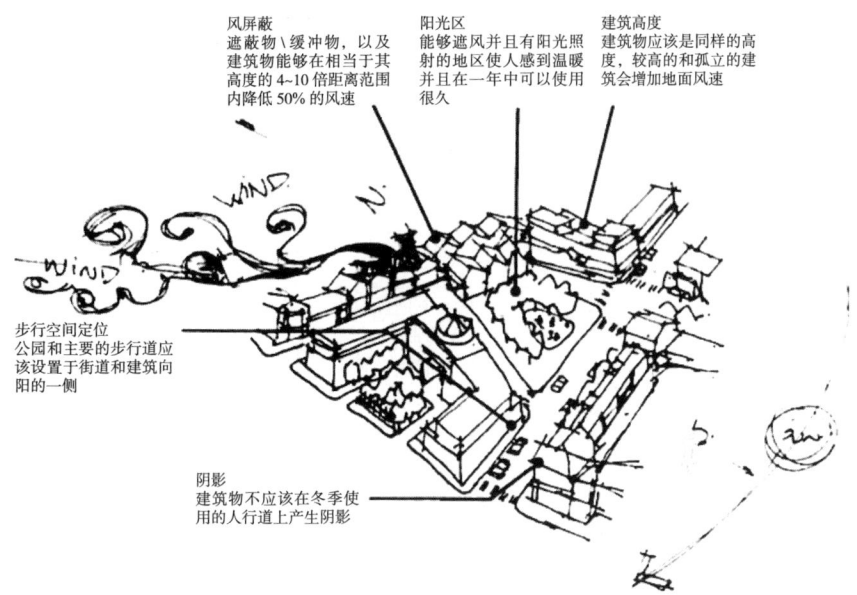

风屏蔽
遮蔽物\缓冲物，以及建筑物能够在相当于其高度的4~10倍距离范围内降低50%的风速

阳光区
能够遮风并且有阳光照射的地区使人感到温暖并且在一年中可以使用很久

建筑高度
建筑物应该是同样的高度，较高的和孤立的建筑会增加地面风速

步行空间定位
公园和主要的步行道应该设置于街道和建筑向阳的一侧

阴影
建筑物不应该在冬季使用的人行道上产生阴影

图5-53　圣琼斯郡制定的寒地城市设计导则
（图片来源：冷红，袁青．发达国家寒地城市规划建设经验探讨[J]．国外城市规划，2002（4）：60-66.）

5.5 本章小结

基于上述理解与分析，绿色城市设计遵循生态学的适应与补偿原理，重点关注自然条件制约与城市建筑形态应变的内在机理，提倡因具体时空位置和气候条件的不同而具有不同的结构、形态和特征，处理好城镇建筑环境的规划、建设与地理环境气候条件的结合，并促使传统文化特色和技术手段得到继承与发展。未来的城市建设应根植于地理环境与气候条件，因殊途而呈现出非均态的发展。只有这样，世界才能呈现多元、共生、丰富多彩的特征。人类应与自然和谐共生，走因时、因地、因气候制宜的绿色低碳、可持续发展的道路。

在分析了不同气候的地理分布与主要特征的基础上，重点就气候条件对城市环境的影响和作用方式加以剖析，并从基地选址、城市结构肌理优化、街道网络布局、开放空间设计、建筑设计策略及案例研究等方面提出绿色城市设计策略（表5-1）。"天下同归而殊途，一致而百虑"。（《易·系辞传下》）全球范围内的气候呈现出多样性和复杂性，因篇幅限制，本章仅就湿热地区、干热地区、温和地区和寒冷地区四种典型的气候区域的城市设计模式进行分析、归纳与总结，其他的亚气候区域也可照此类推。

气候类别	气候特点呈现	地理位置分布	基地选址	城市结构肌理优化	街道网络布局	开放空间设计	建筑设计策略
湿热地区	高温高湿组合，关键在于通风、防洪	纬度0~15°，包括中国南方地区、长江流域局部地区	气温较低、通风良好、周边地形适于自然排水的地方	低密度，布局松散，建筑高低错落并与主导风偏转以促进通风	与主导风向呈30°倾斜角，促使风进入市区，提高建筑通风	优先考虑通风与遮阳，草坪、花圃、树木有机结合，避免高大灌木丛	底层架空建筑形式、大屋顶、遮阳措施严密、层高较大、围护结构加厚
干热地区	夏季常干燥、炎热、强辐射、多风沙，冬季较为舒适	纬度15°~30°，包括中国吐鲁番盆地、攀枝花、长江和元江谷地及海南西部地区	通风良好、气温较低的迎风坡或高海拔区域，居住区接近工作场所	通常不考虑利用穿堂风来降温，城市和建筑形态高度密集，相互遮蔽	街道狭窄，避免与主导风向平行，南北向、东北至西南向、西北至东南向相对更好	大面积浅色屋顶与树木种植有机结合，改变地表覆盖状况，改善近地风速	外墙加厚，洞口很小，采用蓄热性好的夯土、砖筑结构，利用风斗加强通风
温和地区	夏天高温、高湿、多雨，以东南风为主；冬天非常寒冷，以北风、西北风为主	纬度30°~40°，包括中国长江中下游地区	东南方向没有大的地形起伏、遮挡；西北方向最好有高大地形或防护林阻隔	夏天暴露分散而冬天紧凑的城市结构模式，密度相对较高	东西走向的街道，在冬天有利于减少北风的影响，在夏天能促进通风	考虑特定地域的生态条件和气候特征，通过双极控制原则积极加以调适	保证一定的洞口面积，满足通风、日照需求；采取合理构造，满足隔热、防寒需求
寒冷地区	夏季的舒适性问题相对次要，主要解决冬季严寒与防风	纬度40°以上地区，包括中国内蒙古、黑龙江和西藏局部地区	考虑风向，利用地形对气候的有利修正，受庇护、有阳光的地方会受到欢迎	集中紧凑的城市形态，在确保建筑享有充分日照的前提下，合理提高建筑密度	街道宽敞，无遮阴设施，多呈东西走向；需科学安排防风隔断，减弱街道风的危害	充分考虑当地气候条件，减少其在冬、夏利用率上的差异，增强它在冬天的活力	建筑南向开口，间距较大，院落开阔；常采用降低层高、加厚墙体等保暖措施

思考题与练习题

1. 在研究城市、建筑与气候关系时通常采用的气候分区有哪些类型，各类型之间有何不同？

2. 本章适应不同气候条件的城市设计生态策略主要从哪些方面展开分析与总结？

3. 针对本章所提到的四种气候区的城市设计，简要分析其在基地选址及城市结构肌理优化过程中应注意的设计要点。

4. 结合你所在城市的气候特点，谈谈在街道布局及开放空间设计时应注意的设计要点。

参考文献

[1] 勃罗德彭特 G.建筑设计与人文科学 [M].张韦，译.北京：中国建筑工业出版社，1990：28.

［2］ 巴鲁克·吉沃尼.建筑和城市设计中的气候因素 [M].汪芳，阚俊杰，张书海，等，译.北京：中国建筑工业出版社，2011：287-289.

［3］ GIVONI B. Climate Consideration in Building and Urban Design[M]. New York：Van Nostrand Reinhold Company Inc.，1998：376-380.

［4］ 王静，周璐.解读岭南村落，探寻乡土精神 [J].规划师，2013，29（8）：126-129.

［5］ 李敏稚，尉文婕.绿色城市设计策略体系：以粤港澳大湾区为例 [J].风景园林，2021，28（8）：51-57.

［6］ UNEP. Beating the Heat：A Sustainable Cooling Handbook for Cities[Z]. Nairobi, Kenya：United Nations Environment Programme，2021.

［7］ 任超.城市风环境评估与风道规划：打造"呼吸城市"[M].北京：中国建筑工业出版社，2016.

［8］ GIVONI B. Climate Consideration in Building and Urban Design[M]. New York：Van Nostrand Reinhold Company Inc.，1998：411-412.

［9］ PLATTUSA A，SHIBLEY G R. Time-Saver Standards for Urban Design[M]. New York：McGraw-Hill，2001：4.7-11.

［10］ 林宪德.热湿气候的绿色建筑计画（划）：由生态建筑到地球环保 [M].台北：詹氏书局，1996：22-23.

［11］ RAVEN J，STONE B，MILLS G，et al. Urban Planning and Design[M]//ROSENZWEIG C，SOLECKI W，ROMERO L P, et al. Climate Change and Cities：Second Assessment Report of the Urban Research Network. Cambridge：Cambridge University Press：139-172.

［12］ 巴鲁克·吉沃尼.建筑和城市设计中的气候因素 [M].汪芳，阚俊杰，张书海，等，译.北京：中国建筑工业出版社，2011：255-256.

［13］ 董卫，王建国.可持续发展的城市与建筑设计 [M].南京：东南大学出版社，1999：81.

［14］ 吉·戈兰尼.掩土建筑：历史、建筑与城镇设计 [M].夏云，译.张似赞，李永盛，校.北京：中国建筑工业出版社，1982：240.

［15］ 寇静娜，张锐.阿联酋清洁能源治理：油气国转型与国际合作新模式 [J].国际经济合作，2020（4）：129-140.

［16］ BROWN G Z，DEKAY M. Sun，Wind & Light：Architectural Design Strategies[M]. 2nd ed. New York：John Wiley & Sons Inc.，2001：84.

［17］［18］GIVONI B. Climate Consideration in Building and Urban Design[M]. New York：Van Nostrand Reinhold Company Inc.，1998：255；373.

［19］ MAHYARI A. The Wind Catcher：A Passive Cooling Device for Hot Arid Climate[D]. Sydney：University of Sydney，1996.

［20］ 董卫，王建国.可持续发展的城市与建筑设计 [M].南京：东南大学出版社，1999.

［21］ 现代快报.世界最环保城撩开神秘面纱 能源自给零石油 [EB].央视网，2008-01-22.

［22］ 彼得·纽曼，安妮·马坦.亚洲绿色城市：正在崛起的绿色力量 [M].王量量，韩洁，译.北京：中国建筑工业出版社，2019.

［23］ UN-Habitat. Sustainable Densification Buraidah：Integrated Neighborhood[R]. Nairobi, Kenya：UN-Habitat，2019.

［24］ 巴鲁克·吉沃尼.建筑和城市设计中的气候因素 [M].汪芳，阚俊杰，张书海，等，译.北京：中国建筑工业出版社，2011：325-326.

［25］ 徐小东.基于生物气候条件的城市设计生态策略研究：以冬冷夏热地区城市设计为例 [J].城市建筑，2006（7）：22-25.

［26］ 邬尚霖，孙一民.城市设计要素对热岛效应的影响分析：广州地区案例研究 [J].建筑学报，2015（10）：79-82.

［27］ 刘晏冰，韩宝龙，刘晶茹，等.我国城市人与自然耦合系统的协调度 [J].生态学报，

2021, 41（14）：5578-5585.

[28] XU X D, WU Y F, WANG W, et al. Performance-driven Optimization of Urban Open Space Configuration in the Cold-winter and Hot-summer Region of China[J]. Building Simulation, 2019, 12（3）：411-424.

[29] 冷红，赵妍，袁青.城市形态调控减碳路径与策略 [J].城市规划学刊，2023（1）：54-61.

[30] 韩宝龙，束承继，欧阳志云，等.植被群落特征对城市生态系统服务的影响研究进展 [J].生态学报，2021，41（24）：9978-9989.

[31] 浙江省林业局.省林业局发布"十大碳汇树种"[EB].浙江省林业局官方网站，2023-03-08.

[32] 崔愷，刘恒.绿色建筑设计导则 [M].北京：中国建筑工业出版社，2021.

[33] 刘亚东.市民文化中心的"公共性"设计策略：以益阳市"一园两中心"项目为例 [J].建筑技艺，2022，28（5）：72-76.

[34] 王建国，葛明.别开林壑、随物赋形、构筑一体：扬州江苏省园艺博览会主展馆建筑设计 [J].建筑学报，2019（11）：33-37.

[35] 王建国.中国绿色城市设计的概念缘起、策略建构和实践探索 [J].城市规划学刊，2023（1）：11-19.

[36] 高源，王建国，杨俊宴.衔接与深化：从不同层面的城市设计实施对南京东山地区自然资源的保护利用 [J].中国园林，2014，30（1）：79-83.

[37] 巴鲁克·吉沃尼.建筑和城市设计中的气候因素 [M].汪芳，阚俊杰，张书海，等，译.北京：中国建筑工业出版社，2011：315-316.

[38] 刘沛林.理想家园：风水环境观的启迪 [M].上海：上海三联书店，2000：48.

[30] 冷红，袁青，郭恩章.基于"冬季友好"的宜居寒地城市设计策略研究 [J].建筑学报，2007（9）：18-22.

[40] GIVONI B. Climate Consideration in Building and Urban Design[M]. New York：Van Nostrand Reinhold Company Inc., 1998：425.

[41] 梅洪元，代阳.回应气候的寒地城市街道绿色设计 [J].建筑学报，2012，532（12）：104-107.

[42] YUKIE K, MASAYOSHI K. Introduction of Practical Use of Snow Mound[C]. Stockholm, Sweden Proceedings of 11th International Conference on Thermal Energy Storage, Effstock, 2009：73.

[43] 央视国际.城市里的风：街道风 [N].央视网，2003-09-01.

[44] WANG Y N, CHANG Q, LI X Y. Promoting Sustainable Carbon Sequestration of Plants in Urban Greenspace by Planting Design：A Case Study in Parks of Beijing[J]. Urban Forestry & Urban Greening, 2021, 64（9）：127291.

[45] 冷红，袁青，郭恩章.基于"冬季友好"的宜居寒地城市设计策略研究 [J].建筑学报，2007（9）：18-22.

[46] 梅洪元，王飞，张玉良.低能耗目标下的寒地建筑形态适寒设计研究 [J].建筑学报，2013（11）：88-93.

[47] 佚名.第十三届全国冬运会冰上运动中心 [J].建筑实践，2019（12）：130-133.

[48] 王建国.中国绿色城市设计的概念缘起、策略建构和实践探索 [J].城市规划学刊，2023（1）：11-19.

[49] 冷红，郭恩章，袁青.气候城市设计对策研究 [J].城市规划，2003（9）：49-54.

[50] 冷红，袁青.发达国家寒地城市规划建设经验探讨 [J].国外城市规划，2002（4）：60-66.

第 6 章

不同尺度的绿色城市设计策略

【本章要点】

· 本章为不同尺度的绿色城市设计策略部分，主要从多层级城市空间视角展开生态策略考量与研究，大致可分为区域—城市级、片区级和地段级三个层级。

· 在区域—城市级的绿色城市设计策略中，主要从整体空间结构、绿色系统建设、交通体系的组织及重大项目的生态保护等方面构建总体城市生态格局。

· 在片区级的绿色城市设计策略中，需进行明确的总体定位，妥善处理好新老城区生态系统的衔接关系，重点关注旧城改造和更新中的复合生态问题。

· 在地段级的绿色城市设计策略中，应处理好局部与整体的关系，关注建筑群体的基本组成部分，回应相邻地段的规划设计，强化局部的自然生态要素并对其空间结构加以改善，进而提升公共空间品质。

绿色城市设计基于"整体优先""生态优先"及可持续发展的理念，是在对传统城市设计方法总结与反思的基础上发展起来的整体设计方法，其除了运用以前城市设计的一些行之有效的方法外，还综合采用各种可能的生物气候调节手段与绿色低碳策略，"用防结合"即处理好积极因素的利用和消极因素的控制两个方面，在整体上优化城市空间品质，改善城市生态环境。绿色城市设计广泛涉及环境品质和生态问题，如果要实现全方位的绿色低碳转型，就必须从多层级空间视角加以全面统筹。有关绿色城市设计减碳降碳的综合研判目前正呈现层级化趋势，根据对象和空间范围大致上可分为三个层次，亦即：区域—城市级、片区级和地段级。基于自然梯度原理和生物的适应性与补偿性原则，针对不同尺度的绿色城市设计策略展开研究十分重要，同时当今还应注重设计对象在城市生态整体相关性及与碳排放、碳汇关联性方面的属性呈现，尤其是地理要素、人工要素和气候条件在城市设计中的整合与应用，最终实现"双碳"目标的稳步实施（图6-1）。

一般来说，城市建设常常是增加人工景观、减少自然景观。从生态学的角度看，人类活动在各个空间尺度层次上给生物多样性和景观多样性造成了一定的负面影响，而景观破碎和生境破坏是全球物种灭绝速率加快的主要原

6.1 区域—城市级的绿色城市设计策略

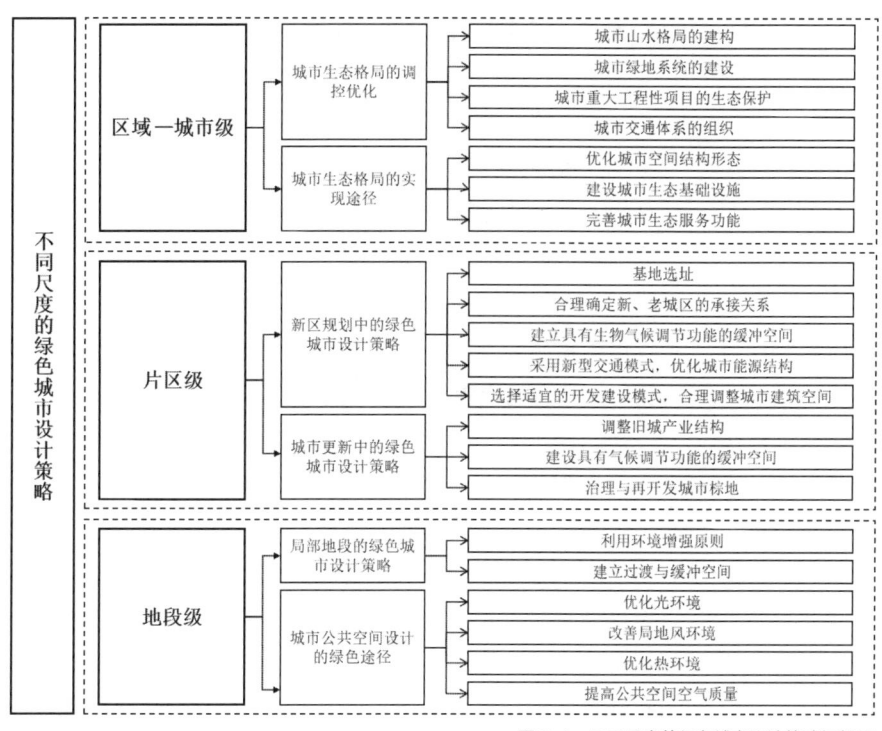

图 6-1　不同尺度的绿色城市设计策略框架图

因。当代城市的发展和建设改变了土地利用和景观格局。由于城市人口集聚和地域的不断扩大，故人们对于自然的可达性和亲密性相应减少，自然开放空间对于城市环境的调节作用也越来越小，开放空间本身的整体性和系统性亦逐渐丧失。这一结果最终影响了城市社区的环境质量。历史上的城市发展和建设的速度相对缓慢，人们所掌握的手段尚不足以对城市的自然过程构成威胁，而今天就完全不同。[1]

区域—城市级的绿色城市设计的工作对象主要是城市建成区环境及其与周边城乡的关系，其关注的主要问题是地区政策及新居民点的设计，前者包括土地使用、绿地布局、公共设施，以及交通和公用事业系统；后者包含了一些新城、城市公园和成片的居住区。[2] 在开展区域—城市级的绿色城市设计时，应首先做好生态调查，结合全域不同碳储能力与功能定位设置相应的碳平衡目标，编排与之适配的城乡碳通量统筹体系，并将其作为一切城市开发工作的基础，以高能效空间承接碳排梯度转移，以高品质环境提高碳流传递效率，做到根据生态与低碳友好原则利用土地和开发建设。同时，需要从整体优先的生态学观点出发，就总体城市生态格局入手，协调好城市内部结构与外部环境的关系，从人体感知、人类活动、人工环境与人地关系等多维度开展调控，在空间利用方式、强度、结构和功能配置等方面优化碳源汇格局，以抑制或转移高碳源空间，消解或转化低碳源空间，并以此来建设与自然生态系统相适应的绿色城市。[3]

6.1.1　城市生态格局的调控优化

城市格局主要是指城市内部各实体空间的分布状态及其关系，如结构形态、开放空间、交通模式、基础设施及城市社区等的布局和安排等。这将从总体上基本决定一个城市利用"先天"自然要素的状况。城市开发建设应充分利用特定的自然资源和条件，使人工系统与自然系统协调和谐，形成一个科学、合理、健康的城市格局。这是因为，假如在较大的范围内没有起促进作用的措施去稳定分散的、局部的环境改善所取得的成果，则这些分散的措施将无法创造出永久和持续的价值。

1. 城市山水格局的建构

对大多数城市而言，城市只是区域山水基质上的一个斑块。在维护区域自然山水格局连续性与完整性的基础上扩展城市，是维护城市生态安全的一大关键。城市建设应努力使人工系统与自然系统协调和谐，合理利用特定的自然因素，既使城市满足自身的功能要求，又使原来的自然景色更具特色和个性，进而形成科学合理、健康和富有艺术特色的城市总体格局。

城市的基本特点来自场地的性质，只有当它的内在性质被认识到或被加强时，才能成为一个杰出的城市。建筑物、空间和场所与其场地相一致时，就能增加当地的特色（麦克哈格，1969 年）。这就要求处理好城市与自然环境的关系，充分考虑地形地貌、水文植被和生物气候等自然要素及相关具有城市化特征的人工要素的相互作用机理，在更高层次上将人、自然环境、人工环境等纳入一个整体系统中加以全面整合。

自然环境的独特性决定了城市形态的独特性。绿色城市设计首先要保留和增强自然环境的特征。城市的地形地貌特点常常是城市设计师所倾心利用的自然素材，历史上许多著名城市的发展建设大多与其所在的地域特征密切结合，通过艺术性的创造建设，既使城市满足功能要求，又使城市因之获得更好的艺术特色和个性。

古城南京的空间格局建构充分利用原有的江河湖泊、山冈丘陵、花草树木等自然要素，尽力保留地区原始的景观风貌，从而具有丰富的山水形态特征（图 6-2）。从宏观上看，南京"群山拱翼，诸水环绕；依山为城，固江为池"；从微观上看，南京又有"低山丘陵楔入市区，有秦淮河流贯东西，有玄武湖镶嵌其间"的山水格局特点。可谓"内据青山绿水为城得其秀丽，外有名山大江环抱得其气势"，山、水、城在此有机融为一体，形成一幅人工与自然交相辉映的壮丽景观。[4] 南京城内点状分布的中小型公园和城外面状分布的公园通过线性林荫道相互串接，总体上呈现出"点""线"相连、"片""面"辐射的绿色网络空间骨架，为今日绿地系统规划奠定了重要的

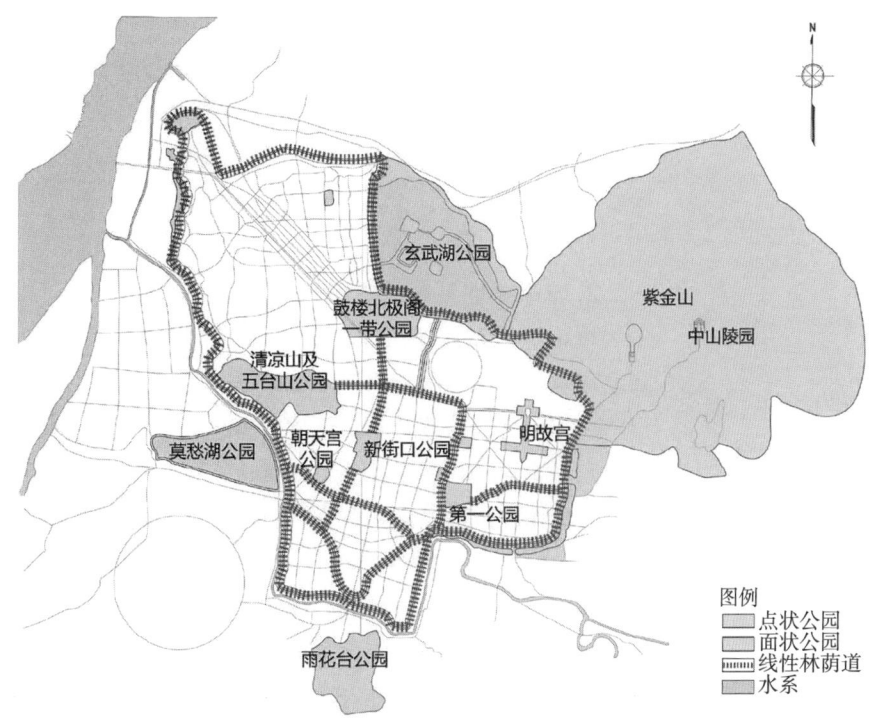

图 6-2 《首都计划》中南京绿色开放空间网络分析

（图片来源：汶武娟，林源. 从城市公园系统的初兴与发展看 20 世纪 20—30 年代中国城市绿地系统的建设 [J]. 中国园林，2023，39（8）：133-138.）

基础框架。其中大部分公园至今依然存在，并作为南京城市绿地系统中的重要绿环。[5]

美国建筑师 W.B. 格里芬（Walter Burley Griffin）为堪培拉所做的规划方案，在积极引入和强化自然环境的景观作用方面进行了成功的实践。规划充分利用地形，将城市东、南、西三面森林密布的山脉作为城市的背景，将市区内的山丘作为主体建筑的基地或城市对景的焦点，并使城市的三条主要轴线与山水结构一致，既尊重与保护了自然生态环境，又创造了与之有内在统一性的城市景观，"把适宜于国家首都的尊严和花园城市的魅力调和在一起"，创造了舒适宜人的城镇建筑环境，给人以深刻启发（图 6-3）。又如新加坡环状规划概念对中央集水区的保留，为其未来成为"花园中的城市"奠定基础。再如澳大利亚

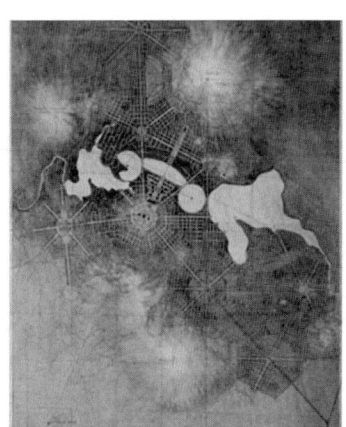

图 6-3 堪培拉规划总图与总体鸟瞰

（图片来源：GRIGG S. The Canberra Legacy：Griffin, Government and the Future of Strategic Planning in the National Capital[D]. Sydney：University of New South Wales，2007.）

布里斯班市中心对自然的山丘绿地予以保留，为城市平添了几分生机。所有这些，都是城市设计师在应答人工系统与外部环境的共生和谐问题时的一种创造性的思维结晶。在今天还必须处理好城市尺度的景观保护、景观治理和景观建设统一的问题，尤其是要解决好城市生态敏感区的城市设计问题。

2. 城市绿地系统的建设

城市绿地系统既可以固碳增汇，也可以与城市其他系统相关联，促进降温减排与绿色慢行，间接降低碳排。传统的绿地系统设计通常只是建筑和道路规划之后的拾遗补阙，不能在生态意义上起到积极的作用；而绿色城市设计则具有一种"和平共处"的意味，更多地与生态系统、大地景观、整体和谐、集约高效等概念相联系。城市开放空间的"绿道"和"蓝道"系统必须与动植物群体、景观连续性、城市风道、改善局地微气候等诸多因素相结合，以创造一个整体连贯的并能在生态上相互作用的城市开放空间网络。这种网状系统比集中绿地生态效果更好，可以"促成不同温度的空气作水平交换，更快更无阻力地达成平衡"，[6] 为城市提供真正有效的"氧气库"和舒适的游憩空间。"绿道"和"蓝道"系统作为城市生态廊道的重要组成部分，其主要作用有以下三个方面：第一是传输作用，风廊可以传输新鲜空气，平衡城市气温；第二是切割作用，用绿廊、水廊切割城市热场，降低城市热场辐射，缓减热岛环流，消除热岛的规模效应和叠加效应；第三是防护作用，森林廊道可用于城市防风、防沙、防二次降尘、消减噪声污染等。[7]

根据城市总体的地形地貌、山川河流特征，绿系系统可将城市分割成若干组团，形成特定的城市生物气候网络，布局合理的城市绿地系统可以促进区域空气流通，有效缓减城市热岛效应。为此首先需要探究城市建设合理的"适建性"和环境容量，然后制订合宜的城市绿地系统设计优化方案。

芝加哥市空气流动研究表明，带有廊道和楔形开放空间的指状发展规划对缓减城市热岛效应和提高空气品质有着积极的调节作用。战后华沙的城市建设就是通过有利于空气流动的通风地带和能够促进生物再生的气候区域来保证城市良好的生物气候条件。莫斯科总体规划中，为保证各片区居民能够就近休息，接触自然和保持生态平衡，在核心区界线花园环路外侧设计布置了一系列绿地，形成一条绿色项链；同时在核心区周围 7 个片区均设置一块面积不少于 1000 hm^2 的大片楔状绿地，其一端渗入城市中心，另一端与市郊森林公园相接，全市形成 2 道绿环和 6 条楔形绿带，为创造良好的城镇建筑环境打下坚实基础（图 6-4）。

再如，1967 年，新加坡针对自然资源比较匮乏的国情，提出通过公园连接道与林荫大道等开放空间联系成一体的"花园城市"规划概念，实

图 6-4　莫斯科总体规划（1935 年）
（图片来源：SIGRIST P. Stalinist Urbanism Polis[EB]. thepolisblog.）

图 6-5　1991 年新加坡概念规划之公园连接网络
（图片来源：WALLER E. Landscape Planning in Singapore[M].
Singapore：Singapore University Press，2001.）

图 6-6　琦玉武藏丘公园地区高速公路选线时避开林地
（图片来源：Anon. Contemporary Landscape in the World[Z].
Process Arch.Co.Ltd.）

施后达成了一定程度的经济发展与生态保护的平衡。到了 21 世纪之交，面对人口迅猛增长和城市化加剧，新加坡政府亦着手规划并逐步建设了公园连接网络（Park Connector Network，PCN）（图 6-5），以增进绿色空间的可达性，提供休闲娱乐场所，增进环境的生物多样性。此外，新加坡国家公园局进一步提出"公园中的城市"，更加强调城市生态的可持续性及公园绿地系统与森林系统和水域系统的整合。

中国城市对于绿地系统的建设由来已久。自 20 世纪初，各大城市逐渐开展了公园系统规划，使得这些城市初具现代绿地系统的雏形，不仅功能复合，并且形态上多呈现点、线、面相结合的城市绿色开放空间网络。例如，1930 年《天津特别市物质建设方案》中认为公园的类型除普遍意义的大公园外，还应包含学校运动场、儿童游戏场、公共体育场、小公园、近郊公园和林荫大道等；1930 年的《大上海计划》第六篇则包含了空地园林布置计划，包含有公园、森林、林荫大道、儿童游戏场、运动场和公墓等内容。如今，中国城市不断发展，中国城市绿地系统规划理论也在不断进化，并向整体结构的网络化、布局形态多元化、空间分布立体化、城市郊区一体化、规划视角区域化等方向不断优化。[8] 例如，杭州市结合自然山水格局建构都市区生态基础网络，以多条生态廊道和斑块生态绿地形成环绕中心城区的环状绿地系统，形成独具魅力的山水城市格局；广州依据山、城、田、海的自然特征，构筑"山水中的城市，城市中的山水"的生态格局；上海修编的城市总体规划（2015—2040 年）中，从更大的区域角度组织和规划城市绿地系统布局，将城市放在城市带与城市群中进行整体考虑，提出了增加长江三角洲地区级公园绿地体系和生态廊道体系的构建等建议。

3. 城市重大工程性项目的生态保护

城市重大工程建设应加强保护自然景观、维护自然和物种的多样性，以及由此引起的城市景观形态的变化，这是区域—城市级城市设计必须关注的领域。

以公路建设为例，以往的城市道路建设往往割断自然景观中生物迁移、觅食的路径，破坏了生物生存的生境和各自然单元之间的连接度。为此，法国在近年来的高速公路建设中，为保护自然物种，在它们经常出没的主要地段和关键点，通过建立隧道、桥梁来保护鹿群等动物的顺利通过，从而降低道路对生物迁移的阻隔作用。其他国家也纷纷加以重视，如日本埼玉武藏丘公园地区高速公路选线时，相关部门充分考虑到基地的自然生态条件，尽量避开地形起伏和森林茂密区域（图6-6），从而有效保护了当地的自然生态资源。

近年来，我国也加强了对这方面的重视。在淮宁高速公路选线时，为了确保中华虎凤蝶能继续"在老山翩翩起舞，公路规划部门特意摒弃了原先'炸山辟路'的传统做法，改用隧道式施工……投资随之剧增"。[9] 但也有一些建设性破坏令人扼腕叹息，无可挽回。例如连云港西大堤，将连岛与连云区便捷地联系起来，方便了连岛旅游资源的开发利用，但时隔不久，却发现此举加速了内湾的淤积，破坏了原有海滩植物与水下生物的生态环境。

对于城市其他重大工程，尤其是关系国计民生的大型企业、工业园区的选址和布局，一定要经过严格的论证，既要考虑经济效益、社会效益，又要考虑环境效益、生态效益。实践证明，北京首都钢铁厂、南京下关电厂以及宜兴团氿南岸的热电厂当初的选址并不理想，存在一定隐患，在静风或非主导风向时，给城市生态环境带来严重威胁。目前这些工厂都已经迁移或转型。

4. 城市交通体系的组织

交通直接或间接地关系到每个人的生活，不仅给人们带来各种机遇，将生产厂商和消费者连接起来，而且对社区和国家的经济利益和环境具有深远的影响。而其中作为交通动脉的道路无疑是城市的骨架，对城市的生态环境、微气候和能源结构影响很大。一个理想的城市道路系统必须满足交通、景观、环境生态等各方面的要求。随着城市的进一步发展，交通问题将会变得越发严峻。为避免拥堵成本不断增加，改善现有城市的交通状况，必须未雨绸缪，将近期建设和长远规划联系起来。绿色低碳的城市交通规划需要在保障交通安全运行的前提下，具体包括以下六个方面：通过交通与土地利用的一体化协调，促进空间利用集约等方法实现交通减量；需要发展慢行交通与公共交通，以清洁化的新能源交通方式为补充，综合优化交通方式结构；需要建立一体化的综合交通系统，通过主动引导等方式引导和管理交通需求发生量的时空分布状态；需要以差别化、分类别、有时序的交通设施供应策略与布局代替传统均质化的发展，实现交通设施资源的充分利用和资源整合的放大效应，促进城市交通高效运行；需要打造可持续的交通基础设施，建立水运、空运、公路、铁路全息型的整体交通模式，增加交通方式多样化，满足不同出行需求，保持系统平衡；需要与城市生态体系、景观风貌相协调，提高交通环境舒适性。[10]

（1）建立先进的公交体系，倡导步行与自行车交通

汽车时代已经延续了一个多世纪。事实表明，以小汽车为中心的高能耗的交通体系并没有表现出人们所期待的那种灵活机动性。相反，该模式不仅在绿色低碳方面存在问题，同时还体现在汽车所导致的交通拥挤等方面。面对日益紧缺的能源问题及环境和拥挤问题，亟需人们采取行之有效的方法。

首先，应采取就近规划的原则，预测居民出行需求与空间分布状况，通过城市形态、格局与结构的重组和调整，提高道路交通的均衡性和连通性，使人们的需求能够得到就近满足，引导合理的生活、交通模式，降低交通碳排放。例如将居住、生活、娱乐、学习等功能集中设置，倡导以步行作为日常出行方式，以减少交通出行需求及缩短出行距离。在巴黎德芳斯新区的初始规划及其后期的更新规划中，均重视工作、居住及休闲功能的融合，以此来提升城市活力及降低碳排放。在低碳交通技术使用上，可通过以出行服务平台（Mobility as a Service，MaaS）为代表的智能共享出行技术等，通过计算新能源汽车出行替代比例、绿色出行比例增量、通勤距离减量等指标，测度街区各类交通减碳技术的减碳潜力。[11]

其次，应限制私人汽车交通，倡导以公交优先、环保优先、清洁能源优先为主的出行方式，充分利用公共交通，积极改进技术，采用高效清洁的机械设备。通过构建与城市功能布局相适配的公共交通体系和低碳交通基础设施，在满足刚性出行需求的前提下降低交通出行的碳排放。此外，发展 TOD 导向的公共交通体系，各级商业中心和公共服务中心应与公共交通枢纽的布局相匹配，并配置低碳交通基础设施，保障街区居民"最后一公里"绿色出行（图 6-7）。我国台湾省的 C-Bike 共享自行车，广州、常州等城市的快速公交（BRT），上海的轨道交通建设，以及目前国内大小城市基于 TOD 的设计项目均为实现低碳交通的有益实践。

同时，应加强具有中国特色的便于自行车交通的慢车道建设和管理，改善城市步行空间，鼓励步行、骑自行车、电动助力车等环保、节能型交通模式。为了推动自行车交通的发展，德国布雷滕市建立了专门的自行车道路网，它不仅安全，而且可以联系各个地区，包括老城区及主要的自行车交通目的地。在被称为"自行车之城"的哥本哈根，有三分之一的通勤者骑自行车出行，包括政府官员、商业大亨和社会名流，其自行车绿色通道、车道建设与维

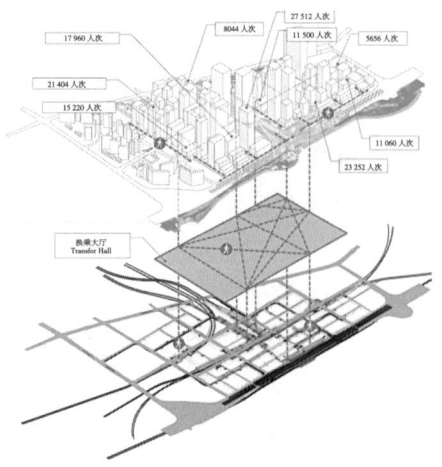

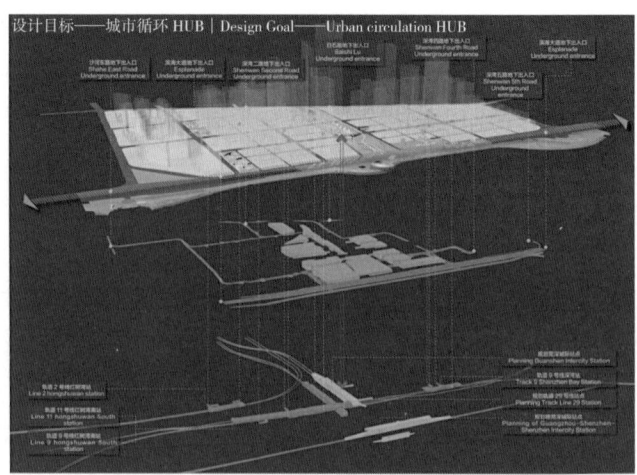

图 6-7　深圳湾超级总部慢行需求与路径、公共交通系统构建
（图片来源：由南京东南大学城市规划设计研究院有限公司，绘制）

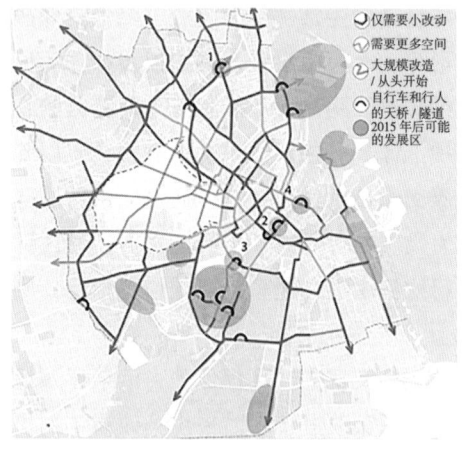

图 6-8　哥本哈根 2011—2025 年自行车战略中的自行车网络

（图片来源：City of Copenhagen.Good, Better, Best: The City of Copenhagen's Bicycle Strategy 2011—2025[R]. The City of Copenhagen Technical and Environmental Administration Traffic Department，2011.）

护体系、交通优先权、自行车专用信号灯、自行车停车位、自行车与公交车的整合、自行车租赁[12] 等成熟的组织和管理经验值得我国学习与借鉴（图 6-8）。

最后，在市中心区局部地段还可采用适当手段来限制机动车，鼓励步行，例如设立步行街区、步行购物中心、慢速街道和无交通街区等。以南京为例，比较典型的有夫子庙历史街区（图 6-9）、新街口商业中心（图 6-10）等。

（2）完善交通政策，提高交通网络的综合效率

莱斯特·R. 布朗（Lester R. Brown）认为从城市范围内来看，汽车和城市是有冲突的，它常导致城市交通拥挤，大气污染和噪声污染严重，以及大量土地被公路、道路、停车场等不断吞噬的种种恶果。从全球范围而言，城市道路建设远远赶不上城市扩张的速度，交通拥挤是一个世界性的难题。无论何时，被动地修路、扩路都无法从根本上解决城市交通问题。未来生活质量的改善将在一定程度上取决于道路交通的状况，故应及时对交通方式优化组合，优先考虑集体交通方式，推广和加强无噪声、污染小、使用效率高的技术。

我国未来的交通改善可借鉴国外的先进经验，及早谋划。巴西南部的库里蒂巴所倡导的公交优先的模式早已引起国际社会的广泛关注，其交通布局特点主要表现为：快速巴士沿专用公交道路行驶，支线巴士可到达道路尽端，各个道路尽端之间可由小区内部巴士线连接，而直达巴士可直接穿越城区（图 6-11）。库里蒂巴所设立的公交专用车道和高效公交系统的做法，以

图 6-9　南京夫子庙历史街区　　　　　图 6-10　南京新街口商业中心

及以现有的城市外围道路和内部道路为基础将高密度土地混合利用规划与交通系统规划相结合的模式，对于其他地区的城市交通发展具有一定的借鉴意义。[13]

此外，亦可通过适度的土地混合紧凑发展模式，使居民更倾向于使用公共交通、步行和自行车出行，进而降低交通碳排放。具体方法如下：在组团布局上，通过生态廊道的合理安排限定组团边界；依托公共交通系统对土地使用加以科学引导，合理组织站点周边土地开发强度；同时，交通组织

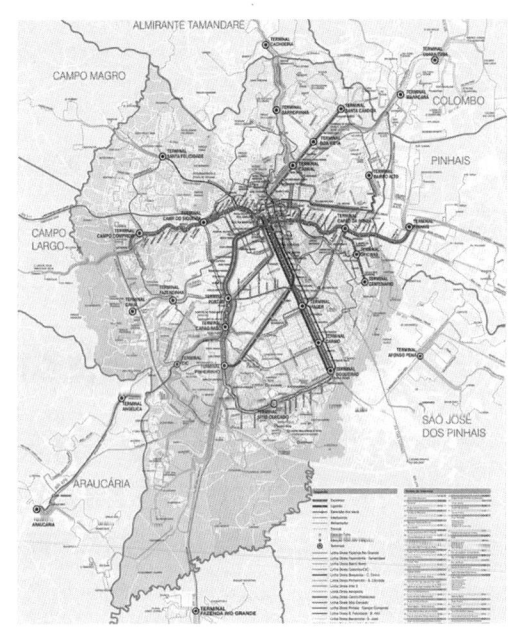

图 6-11　库里蒂巴公交线网模式
（图片来源：杨涛，过秀成，张鉴，等．库里蒂巴一体化公共交通系统 [J]．城市交通，2009，7（3）：35–42．）

应结合地形整体考虑，力求实现土地的高效使用与开发。[14]

（3）城市道路绿化配置和防污，改善街道空气质量

城市道路增强了城市的可达性和人与货物的流通，但其大面积的硬质铺装及汽车排放的尾气，会对城镇建筑环境产生显著影响。为此，必须注意以下几点：阻止或减少污染物的排放，转移摩托车、小汽车等机动车停放点的污染源；促进空气流通，防止局部逆向风的形成与发展；大量种植草坪和高大乔木，净化空气中的污染物；保护易受污染的使用场所，并使之远离污染源。

相比于传统交通规划方法，低碳生态城市交通规划方法在规划理念、目标规划体系、价值评判标准、规划的定位、生态环境承载力的约束等方面有许多不同之处，详见表 6-1。[15]

比较类别	传统交通规划方法	低碳生态城市交通规划方法
交通规划理念	被动适应交通需求，对城市交通问题采用"先出现后治理"方式	主动引导城市发展，实现交通与土地利用、生态环境、社会公平经济发展等多方面的协调
交通规划目标体系	满足交通需求	实现供需统筹，改善环境质量，资源优化利用
交通价值评判标准	以机动化服务水平来评判交通发展水平	以交通可达性、交通服务水平为标准
交通规划的定位	在城市规划指导下进行，利用城市规划的土地利用和人口数据作为交通模型输入参数	交通与土地利用两者互为反馈、互为因果地位对等关系
生态环境承载力的约束	很少考虑	将生态环境约束清晰地贯彻到交通规划的各个阶段
城市空间结构与交通关系	不重视	交通与土地利用一体化
交通设施设计以服务功能为导向	忽视非机动车出行者和行人利益	明确地在具体设施的规划设计中考虑社会公平、效率和安全问题
交通需求管理	仅仅在交通设施供应不足时才采取交通需求管理措施	规划开始阶段注意应用交通需求管理方法减少交通需求，贯穿交通规划各阶段

6.1.2　城市生态格局的实现途径

从源头看，与生态相关的城市问题产生原因主要有三个方面：一是资源开发利用不当造成的生态问题；二是城市结构与布局不合理造成的生态问题；三是城市功能不健全造成的生态问题。[16] 因此，前瞻性的城市总体结构形态的调适、生态基础设施的建设和生态服务功能的完善具有非常重要的战略意义。应遵循绿色城市设计的基本原理，建立大地绿脉及和谐的城乡一体化系统，使之成为城市及其居民持续获得自然生态服务和舒适环境的保障。

1. 优化城市空间结构形态

"城市形态与生态是密切联系、不可分割的，形态是建构城市生态和环境微气候过程中合乎自然法则的反映，是在适应地域气候与地理特征的营造中理性地、逻辑地表达，城市的地域性和风格特色也正产生于这样的表达中"。[17] 城市结构形态对环境产生很大影响，假如一个城市其形态结构本身不能保证人与自然平衡的话，则局部的改进措施是不能有效提高城市环境的。在中国目前大规模城市化背景、资源极度紧缺及能源结构、消费模式不很合理的情况下，基于城市聚集和扩散的内在规律及生物气候作用机理，区域—城市级的城市设计应与城市总体规划相结合，对城市形态演变及其发展模式进行分析与比较，并进行适当的调整和优化，这将是十分必要和有益的。[18]

（1）从集中发展走向有机分散

当前，许多城市都采用了单核心—圈层的集中发展模式。由于受到城市内部扩张的压力，城市一圈一圈不加限制地连片向外蔓延，形成摊大饼的形式，比较典型的如北京、成都等城市（图6-12a）。但是，这种模式容易造成大量的活动在核心区发生，如商业、居住、交通、服务等，往往导致城市用地紧张、交通拥挤和秩序混乱。随着人口的增长和城市规模的扩大，环境质量不断恶化，拥挤和污染问题日益严重。这种模式的城市绿地往往环绕城市外部的环形交通，与城市内部联系较少，生态效应差。再加上城区绿地零星散布于建筑群中，无法形成内部绿地系统，与郊野绿地也难以整合，这些都会导致在城市覆盖的大片区域内形成恶劣的、无益于健康的局地微气候环境。

为了避免城市不断地集中发展，需对城市内部结构做根本性的调整，这就要求城市选择某些方向呈"指状"向外密集发展，将大片绿楔引向密集的城市结构中心，增加绿化与城市的接触面，使农村与城市相互交融，使得城市由一系列建成区和绿地交替组合起来的体系形成，以利于城郊的新鲜空气和自然风渗入市区，改善城区微气候条件（图6-12b）。例如，在北京中心城区、沈阳中心城区等规划中，就是通过建设环状、带状、嵌入楔形绿地，以及打通绿廊等方式，缓解热岛效应，降低能源消耗，释氧固碳提升空气质量（图6-13、图6-14）。

（2）从中心城走向卫星城模式

随着区域性中心城市功能和规模的不断扩延，一些大城市逐渐会出现发展尺度瓶颈，过大或者过度拥挤的城市会导致城市物理环境的恶化，影响人们的生活生产和交通出行。这时就需要依靠主副城或者卫星城模式，将一部分功能在中心城市外发展次一级城市中心，从而有助于将主城或者中心城区的规模控制在一个合理范围，并可形成较小的、有良好设施的、周围由开

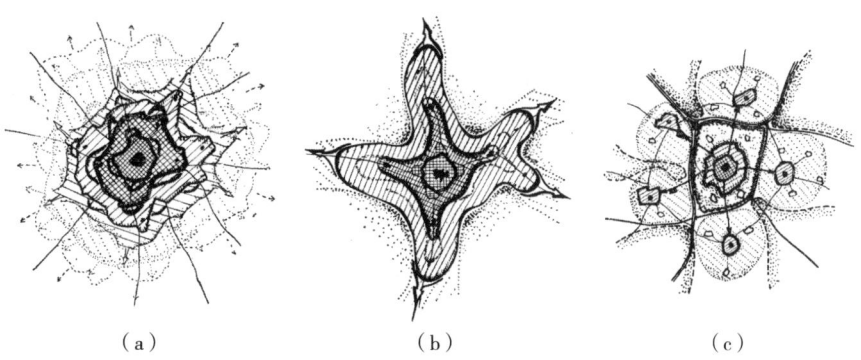

（a）　　　　　　　　（b）　　　　　　　　（c）

图6-12　城市三大发展模式
（a）城市集中发展模式；（b）城市轴向发展模式；（c）卫星城发展模式
（图片来源：萨伦巴，等.区域与城市规划[Z].北京：城乡建设环境部城市规划局内部资料，1986.）

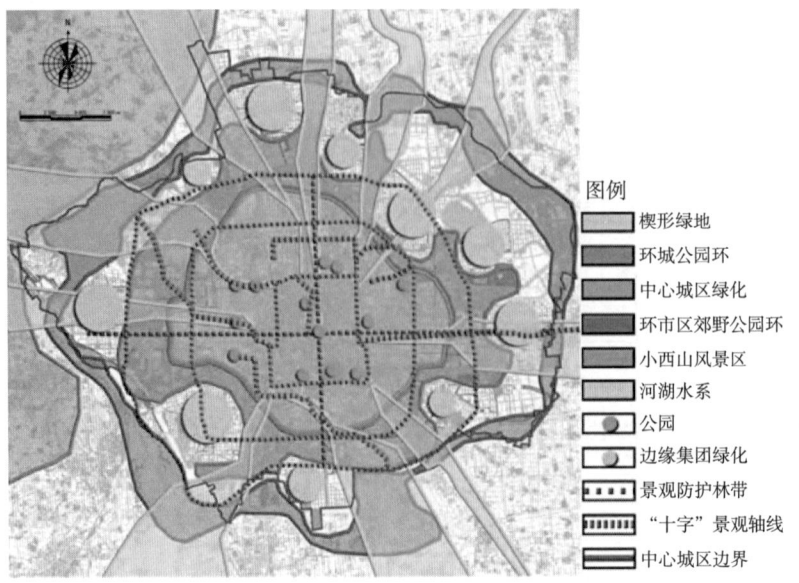

图 6-13 北京市中心城区"两轴、三环、十楔、多园"绿地系统结构
（图片来源：引自《北京市绿地系统规划（2007—2020年）》，由北京市城市规划设计研究院，绘制）

图 6-14 沈阳市"四带、三环、七楔、网络连接"绿地系统结构
（图片来源：周媛，石铁矛，胡远满，等. 基于城市气候环境特征的绿地景观格局优化研
究 [J]. 城市规划，2014，38（5）：83–89.）

阔绿地包围起来的城市单元，有利于减轻中心区的热岛效应和污染集中的
程度。

平均绿地的理论基础主要是缓减热岛效应，但对于在静风条件下城市污

染物的扩散、稀释却相对不利。这时应积极利用城区热岛和城市边缘区的绿地水体的协同作用，形成城市环流来稀释大气污染。规划设计时，可根据风向要求，将工业从主城迁到外围新建的卫星单元并采取相应的环保措施；同时将主城和卫星城之间的绿带作为城市永久性的具有生物气候调节功能的缓冲空间加以保留（图 6-12c），从而确保建成区和绿地之间有良好的组合关系。

卫星城的大小如何确定？从生物气候和环境宜居，以及经济效益和社会组织出发，一般认为 20 万 ~25 万左右的人口规模比较恰当。按 1 万人 /km² 推算，大约为一个边长约 5~7 km 的正方形地块或者为一个半径 3~4 km 的圆形地块。主城与卫星城之间开放空间宽度的确定则复杂得多。理论上讲，应使开放空间的面积与卫星城面积相当，以保持上升气流与下降气流横截面积相近，从而有利于城市环流的形成和流动。但考虑到绿地水体的过滤效能并不与其宽度成正比，因而宽度可适当减小。作为主城与卫星城之间的开放空间，宽 600~1000 m 效率较高，2000 m 以上则意义不大；一般情况下，开放空间至少需要 500 m，最好达到 1000~1500 m。

（3）从城市化走向城乡融合

21 世纪的城市设计应体现一种新型的、集中城市与乡村优点的设计思想。日本学者岸根卓郎于 1985 年提出了城乡融合设计论，这是自然系统、空间、人工系统综合组成的三维立体设计，其基本思想是创造自然与人类的信息交换场（图 6-15）。该设计论中城乡融合的具体实现方式是以农、林、水产业的自然系统为中心，在绿树成荫的田园上、川谷间和美丽的海滨井然有序地配置学校、文化设施、先进的产业、居住区等，使文化、生活与自然浑然一体，形成一个与自然完全融合的社会。其目的在于基于"自然—空间—人类系统"建立同自然交融的社会，也即城乡融合社会，确保城市结构本身能够达成人与自然之间的平衡对话，从而实现人类"回归自然"的夙愿。[19]

刘易斯·芒福德（Lewis Murnford）的区域整体理论所强调的重点也是城乡融合。他认为区域是一个整体，而城市是其中的一部分，城市及其所依赖的区域与城乡规划是密不可分的两部分。芒福德进一步主张大、中、小城市结合，城市与乡村结合，人工环境与自然环境结合，唯有如此，才能实现城乡和

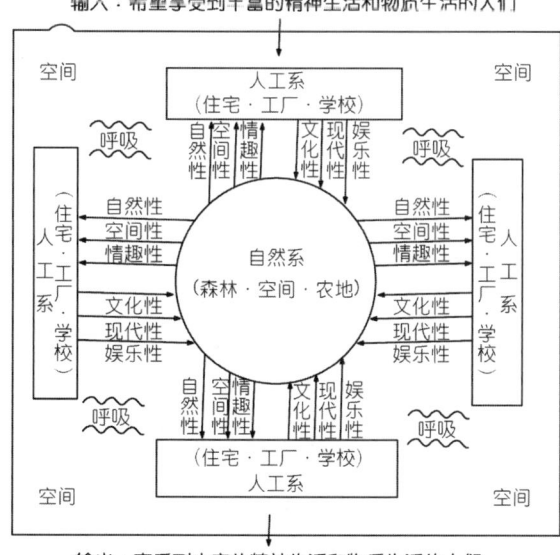

图 6-15　自然—空间—人类系统模型
（图片来源：岸根卓郎 . 环境论：人类最终的选择 [M]. 何鉴，译 . 南京：南京大学出版社，1999.）

谐发展。[20] 他所推荐的 C. 斯坦因（C. Stein）的区域城市理论（图6-16）与亨利·莱特（Henry Wright）的纽约州规划设想很好地反映了城乡融合的思想，体现了区域城市的特征，具有"分散—集中"融合的明显特质。各个主要节点高度集中，节点与节点之间依靠高密度、多方向的交通线连接成网络，而在高密集度的节点网络之外，是稀疏的田园空间、生态空间、开放的乡村和公园形成的低密度区所构成的一种基底。从视觉图底关系来解释，多核交通网络是图，乡村公园开放空间是底。城乡融合将能最大限度地为城市提供充足的生态源，有利于缓减城市热岛效应，减轻城市空气污染。

　　需要说明的是，上述论述并不提倡城市无限制地分散、蔓延，而是针对不同的生物气候条件，鼓励适度集中与分散相结合的模式，扬长避短，发挥各自的优势而尽量减少其弊端。针对中国人多地少、资源贫乏的具体条件，要关注城市功能布局与交通的关联性，采用集约紧凑的城市形态和混合高效的土地使用方式，这在许多方面均比外延式无序扩张要更为贴近可持续发展的原则。紧凑合理的中、高密度及适度的土地混合利用，再加上与此相匹配的城市生态基础设施和公共设施的规划建设，将大大降低城市运转的能源消耗。高密度可节省用地、防止城市蔓延、缩短交通距离、节约能源、保护自然环境等，而适度的分散布局则可缓减由高密度所引发的拥挤、社会病态等压力，两者的结合有利于维护良好的城乡生态环境。

2. 建设城市生态基础设施

　　传统基础设施主要指城市市政和服务设施系统，亦即：道路交通系统、能源供应系统、给水排水系统、邮电系统、防灾系统、环卫系统等。基础设施是城市生产和生活得以正常运转的保证，而生态基础设施，从本质上讲，

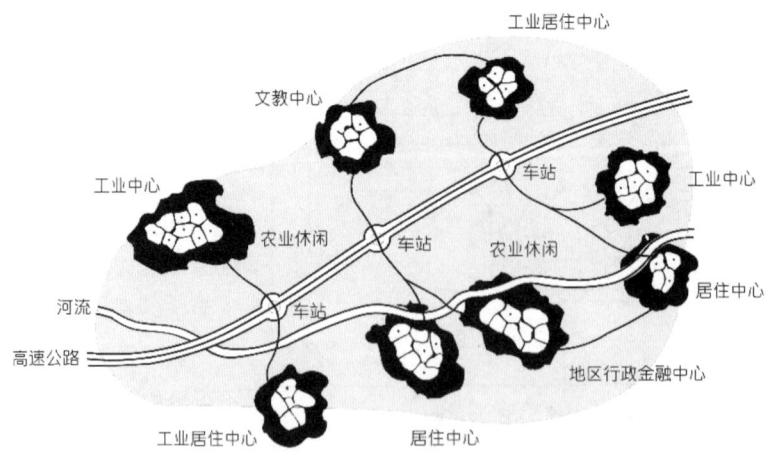

图6-16　C. 斯坦因的区域城市理论示意图
（图片来源：吴良镛. 人居环境科学导论 [M]. 北京：中国建筑工业出版社，2001.）

是城市所依赖的自然系统，是城市居民能持续地获得自然服务的基础。生态基础设施不仅包括狭义的城市绿地系统的概念，而且包含更广泛的、一切能提供上述自然服务的城市绿地系统、林业及农业系统、自然保护地等，这同样是一个城市得以保持健康发展的前提。

今天，城市生态基础设施的建设越来越被人们所重视。全球许多大城市都根据其自身特点，规划设计和建设了相应的生态基础设施，尤其是狭义上的城市绿地系统，其中著名的有：丹麦的大哥本哈根指状规划，形成大面积的楔形、带形绿地（图6-17）；巴黎地区在两条城市带之间建立和保留了大量绿地空间，有利于维护生态平衡，并为居民提供了良好的休憩场所；荷兰的兰斯塔德地区形成了城镇围绕大面积绿心发展的组团式模式，城镇之间采用绿色缓冲带加以间隔；伦敦的大绿带和农村绿环，界定了伦敦中心区与周边卫星城的关系，形成大伦敦格局（图6-18）。随着这些生态基础设施的建设和完成，将在建成区周边建立起完整的具有生物气候调节功能的缓冲空间，从而为城市提供良好的生态源地，缓减城市环境恶化。

国内学者针对目前中国传统城市扩张模式和规划编制方法显露出的诸多弊端，提出了城市生态基础设施建设的十一大策略，其中不乏生物气候设计的思想，其观点主要为：维护和强化整体山水格局的连续性；保护和建立多样化的乡土生境系统；维护和恢复河流和海岸的自然形态；保护和恢复湿地

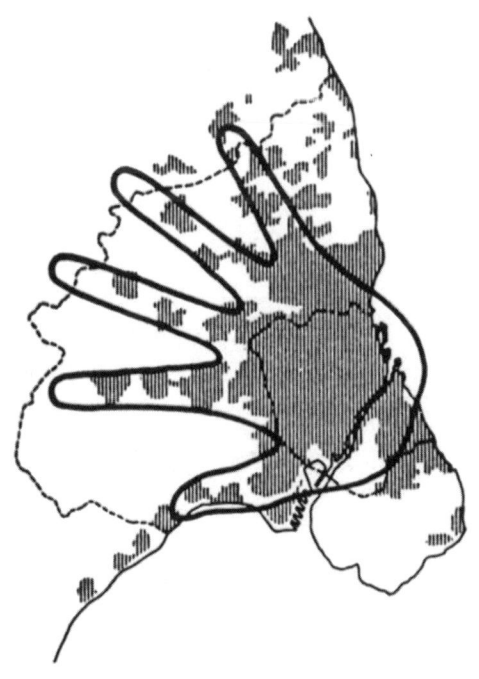

图 6-17　大哥本哈根的指状规划

（图片来源：BEATLEY T. Green Urbanism：Learning from European Cities[M]. Washington：Island Press，2000.）

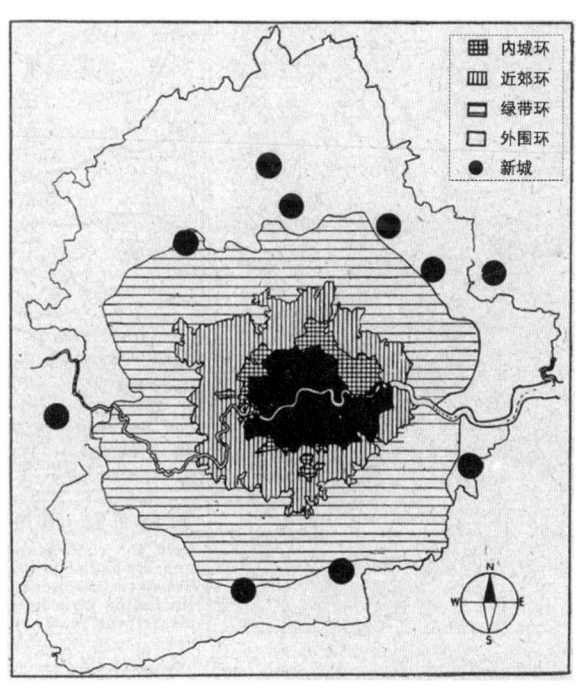

图 6-18　大伦敦规划的四个区域环

（图片来源：PATRICK A. Greater London Plan 1944[M]. London：His Majesty's Stationery Office，1944.）

系统；将城郊防护林体系与城市绿地系统相结合；建立非机动车绿色通道；建立绿色文化遗产廊道；开放专用绿地；溶解公园，使其成为城市的生命基质；溶解城市，保护和利用高产农田作为城市的有机组成部分；建立乡土植物苗圃基地。力求通过这些景观战略，建立大地绿脉，使之成为城市可持续发展的生态基础设施。[21]

　　实际上，上述策略与景观安全格局理论及具有生物气候调节功能的缓冲空间模型相一致，都是针对城市景观中某些关键性的元素、局部、空间位置及其关联，使它们形成某种战略性的格局。这些措施对维护生态过程、优化城市开放空间、建立城市生态源和城市风廊等具有重要意义，并为建立控制城市灾害的战略性空间格局、国土整治，以及城市具有生物气候调节功能的缓冲空间——开放空间系统的设计提供依据。中国成都针对生态基础设施现状，制定了国内第一部生态基础设施的建设和发展纲要，这将对成都的生态建设产生积极、深远的影响。编者在宜兴城东新区规划设计研究中提出了新城"生物气候中心骨架"的设想（图6-19），探讨了一种基于自然山水格局整体理解基础上的、适应地方生物气候条件的城市设计模式，经计算机模拟优化了城市设计的生态效果。

　　在关于基础设施的研究中，加里·斯特朗（Garry Strang）在1996年首次提出景观基础设施（Landscape Infrastructure，LI），探讨灰色基础设施和景观设施的内在关联性及一体化的可能性。其核心观点是，把景观作为人文与自然系统共同创造的地表整体空间形态介入生态设计，基础设施系统从传统的灰色集成服务模式向分散化、多功能、可持续方向发展，主张将道路、桥梁、雨水管网及其他专项工程、单一功能的市政"灰色基础设施"与生态廊道、河道网络及公园绿地等"绿色基础设施"进行协同整合和统筹建设，形

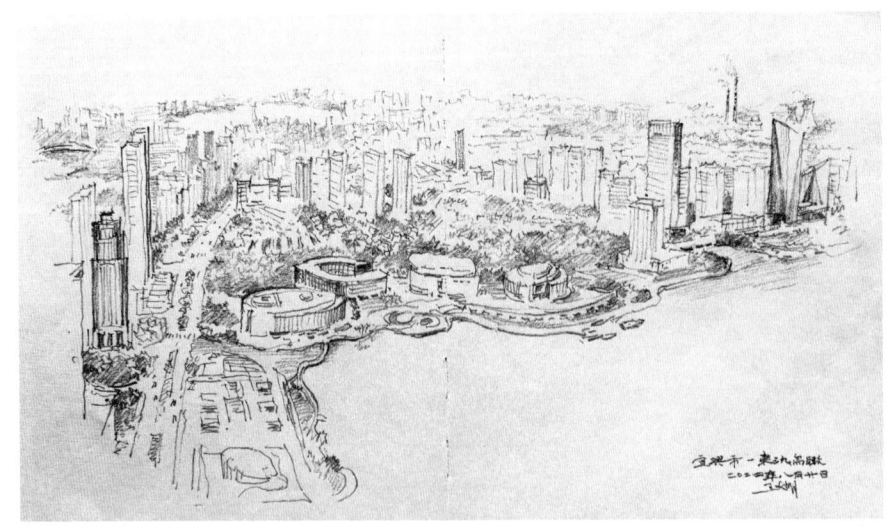

图6-19　宜兴城东新区建成鸟瞰手绘稿

成高效经济、可持续的一体化基础设施模式（图6-20）。[22] 在世界范围内，在将景观与城市公共空间、交通设施、水环境管理等结合，以优化城市生态格局、展开棕地改造、进行生态修复、应对景观格局破碎、提升生物多样性、保护当地文化特性等方面今天已有许多实践。

3. 完善城市生态服务功能

生态服务功能是指生态系统与生态过程所形成及所维持的人类赖以生存的自然环境条件与效用。它是维持城市环境和创造良好人居环境的基础，在城市气候调节、废弃物的处理与降解、大气与水环境的净化、水文循环、减轻与预防城市灾害等方面起着重要作用。

一个良好的城市生态系统应是"结构合理、功能高效、绿地充足、环境洁净、生态关系和谐"的系统。从生态调控机制来看，一个系统功能正常与否的关键在于自我调节能力的强弱，在自然状态下主要靠竞争、共生和自然选择来调控。对于高度人工化的社会—经济—自然复合系统的城市而言，由于其不稳定性且要素之间多呈线性非环状模型而缺乏自控机制和能力，故应运用生态学原理和最优化的方法调控城市内部各组分之间的关系，提高生态服务功能的效率，促进人与自然的和谐。通过对城市生态服务功能和城市生态环境生存机制的分析和研究，在区域—城市级总体城市设计中，通过保护和增强自然生态过程，培育城市生态服务功能，促进城市的减污、治污和可持续发展，推动我们的城市迈向理想的境界——社会文明、经济高效、环境洁净、人与自然关系和谐的绿色城市。

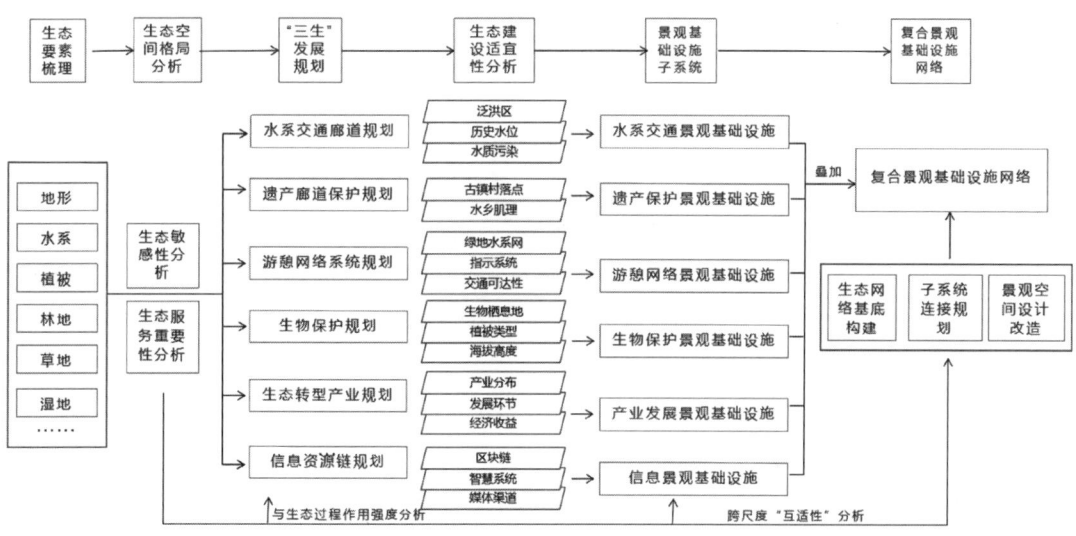

图6-20 "新江南水乡"研究路线
（图片来源：章敏霞，翟俊.基于景观基础设施的"新江南水乡"发展模式：以长三角生态绿色一体化示范区为例[J].中国园林，2021，37（8）：115-120.）

区域—城市级城市设计对城市环境质量具有实质性的影响，需要综合考虑城市用地规模、地形地貌、水体、绿化和气候等因素对城市总体布局的影响和制约，进行合理的碳通量规模统筹。重视城市土地的适宜度评价和生态敏感性分析工作，协调好系统的各种生态关系，将系统调控到最优运行状态，通过梳理适应气候地形与自然做功的形态格局，锚固优化通勤模式的土地交通耦合开发格局，塑造在地分散、梯级多元的输配利用网络格局，以生态脉络夯实屏障式本底格局，以蓝绿框架修复结构型地理格局，保护地质与生物多样性等方式优化碳源汇格局，[23]从而实现资源消耗的最小化、污染灾害的最轻化及建筑环境的舒适化（图6-21）。

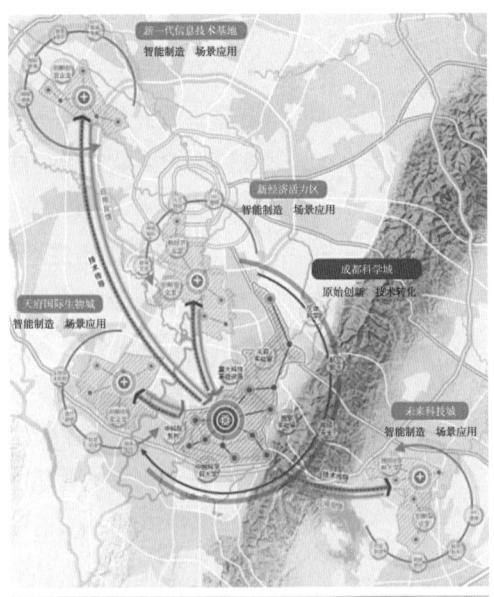

图 6-21　成都科学城综合性科学中心城市设计
（图片来源：引自《公园城市生态价值转化路径探索——
成都科学城城园耦合城市设计实践》，由匡晓明，编写）

6.1.3　案例研究

作为广义的绿色城市设计实践，可以追溯到中国古代城市设计利用的山川河流、运河体系和郊邑园林建设等。英国早年的花园郊区、工人模范村、田园城市，美国的"公园运动"，以及新加坡"花园城市"和"亲生物城市"等也包含了这方面的实践探索。在2000年前后的几十年，这方面的实践探索不断涌现，越来越多的、依托科技进步的绿色城镇、绿色社区和绿色功能园区设计和建造探索出现在世界各地。比较著名的有瑞典哈默比新城。该项目规模约为 2 km^2，在多专业和多学科的专家群体支撑下，综合使用了土地利用、交通、建筑材料、能源消耗、给水排水、垃圾回收等多方面的低碳技术，建立起一个独立的可持续发展能源供应系统，对全世界绿色社区发展发挥了重要引领作用。

1. 中新天津生态城项目

中国与新加坡合作，在天津滨海新区实施了中新天津生态城项目。该项目基于资源环境约束的前提，贯彻了循环经济理念，综合采用了可再生能源利用、水资源高效利用、垃圾回收、低碳出行和绿色建筑等技术（图6-22）。但该项目规模偏大（规划人口35万人，用地31 km²），且实施周期和效果受经济波动影响较大。如果考虑新近的"双碳"目标，或许可以调整一些内容和目标，并部分重启绿色城市设计正向干预的工作。

（a）

（b）

（c）

图6-22　中新天津生态城项目
（a）生态城选址原貌；（b）生态城建设现状；（c）蓟运河口风电场项目
（图片来源：引自《中新天津生态城生态城市白皮书》（2021年））

2. 法国瓦勒德瓦兹省某新开发的社区规划方案

法国瓦勒德瓦兹（Val D'Oise）省某新开发的社区规划方案，由理查德·罗杰斯事务所设计，计划容纳4万居民（图6-23）。该方案综合运用生态学原理和生物气候设计方法，与常规设计相比，在节能、减碳、降噪、减污等方面取得了显著效果。其主要构思如下。[24]

总体布局：总体构思采用组团式发展模式，并以一绿色走廊将各个组团连成整体。该绿色干线既是社区清新空气的来源，也能为两侧线性排布的小进深、庭院式布局的建筑提供良好的自然通风条件。

交通模式：强调围绕公共交通节点的高密度城市发展模式，并将这些公共交通节点通过轻轨或者隧道直线形连接起来。设计时尽量限制小汽车的使用，并将它们排除在绿色干线之外，减轻由此引发的空气污染和噪声污染。

能源策略：综合考虑建筑物的能源使用、交通能源消耗和废气排放、开放空间规划及其采光和自然通风的要求，合理确定建筑物的密度，以保证它们在一年中的任何一天都能接收到良好日照，尽可能减少人工照明。

通过合理的规划设计和生物气候策略应用，该社区方案能使能源消耗减少到常规设计的12%，而剩余的能源需求则可通过可再生能源（风能、生物能、太阳能）来获得。该方案又通过引进植被尤其是对二氧化碳吸收有特别效用的物种来减少空气中的二氧化碳含量（汇碳），并利用植物来降温、减噪，从而创造了良好的栖息环境。

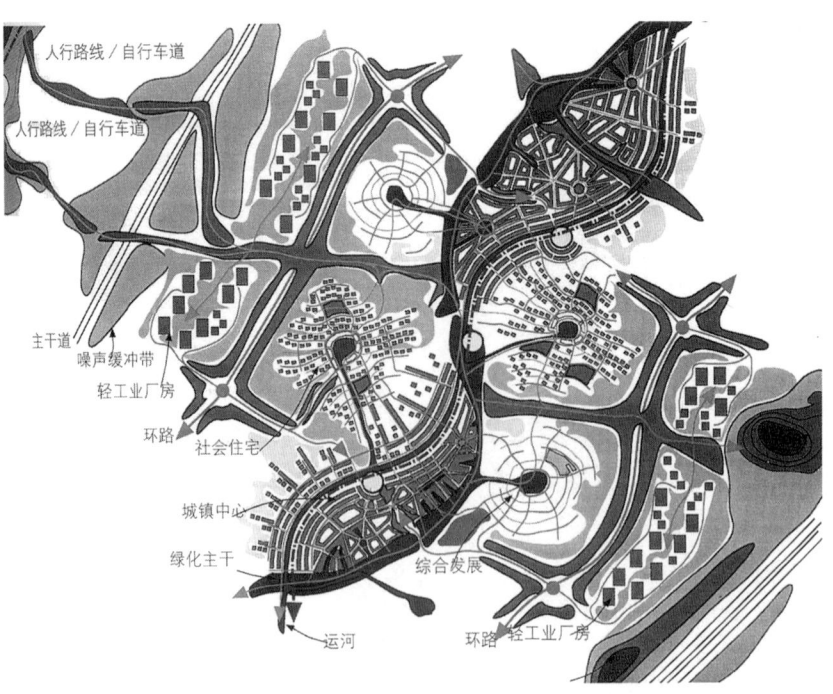

图6-23 法国瓦勒德瓦兹省某社区总体构思图
（图片来源：昆·斯蒂摩.可持续城市设计：议题、研究和项目[J].世界建筑，2004（8）：34-39.）

3. 新加坡总体规划 [25]

新加坡是一个城市国家，其在生态环保与可持续发展上取得了举世瞩目的成绩。然而在英国住房委员会 1948 年的一份报告中，新加坡曾被称为"全球最恶劣的贫民窟之一"和"文明社会的耻辱"。从贫民窟变成如今的花园城市，这得益于起始于 20 世纪 60 年代由新加坡时任总理李光耀提出的"花园城市"的倡议。该倡议旨在创建一个以公园、花园和开放空间为基础，由林荫路和公园连接网络串联的花园城市。

《1971 年概念规划》奠定了新加坡"环与线"的城市发展格局。"环"部分环绕中央集水区，沿线开发由公共住屋构成的高密度新市镇。每个新市镇的核心为一个"市镇中心"，为居民提供日常便利设施，并有工业园和工业区配套，通过绿地廊道相互分隔。绿地走廊连接中央和西部集水区，由此形成公园和开放空间网络。《1971 年概念规划》中的"环状概念"（Ring Plan）（图 6-24）在《1991 年概念规划》中进一步发展为"星群概念"（Constellation Plan）（图 6-25），该规划倾向于提升交通运输效率，以环状和辐射状的地铁路线覆盖全岛，并以高速公路网络给予补充。该战略定向着眼于在区域中心为商业和休闲创造发展机会，令生活在区域性中心的居民和生活在中央区域周边的居民一样，可以享受附近的就业机会及休闲和服务设施等。

"花园城市"的绿化行动在 20 世纪 90 年代进一步升级成"花园中的城市"，将"花园城市"阶段建设的公园系统、森林系统、水域空间相互连接形成网络化、一体化的自然空间，形成无处不在的城市自然景观。从区域和市镇公园到邻里和市区小型公园，不同种类和规模的公园层出不穷，双溪布洛湿地保护区、南部山脊、滨海湾花园等展示了公园设计的多样性。由公园连接网络、环岛绿道、铁路廊道等编织而成的绿色网格不仅为居民提供了充足的休闲娱乐与绿地空间，而且有效缓解了城市热岛效应，降低了能源消

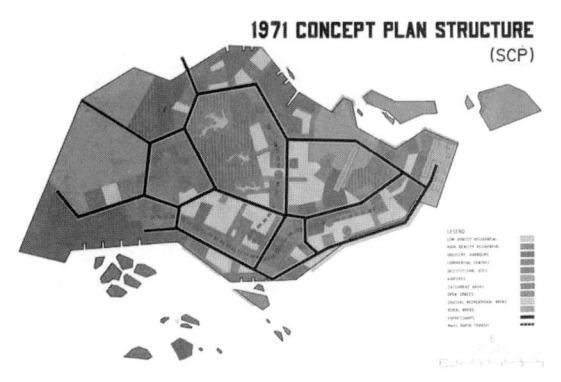

图 6-24　1971 年"环状概念"规划
（图片来源：引自新加坡市区重建局）

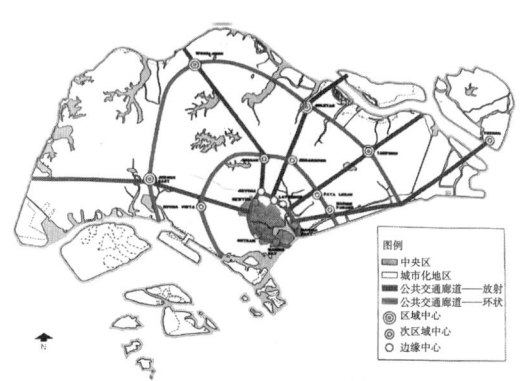

图 6-25　1991 年"星群概念"规划
（图片来源：引自新加坡市区重建局）

耗，并可固碳释氧，清洁城区空气。在"花园中的城市"目标逐渐实现的基础上，《新加坡绿色规划2030》进一步提出了"自然中的城市"这一理念，旨在将城市融于自然，减轻城市化和气候变化的负面影响，提升城市的宜居性，促使新加坡成为兼具花园环境和亲生物特性的城市。

在蓝绿基础设施的升级和开发上，"打造翠绿都市和空中绿意计划"鼓励开发商以空中平台和屋顶花园的形式实施绿化，"活力、美丽、净水——全民共享水源计划"（Active，Beautiful，Clean Waters，ABC）旨在使排水沟、渠道和蓄水池等"灰色"基础设施转化为可在现有环境内进行无缝串联的"蓝色"水道网络。例如碧山宏茂桥公园的河流利用混凝土渠道改造而成，在满足水资源独立供给与洪水治理的同时，还在高密度的城市中心创造了生态、社会和经济价值（图6-26）。这些蓝绿基础设施减缓了雨水排放，有利于减少土壤流失，提升生物多样性，形成良性与可持续的绿色发展。

图6-26　碧山宏茂桥公园与河流
（图片来源：迪特尔·格劳，吕焕来.加冷河：碧山宏茂桥公园 [J].
中国园林，2012，28（10）：88-92.）

6.2

片区级的绿色城市设计策略

片区级城市设计主要涉及城市中功能相对独立的和具有相对环境整体性的片区。这一层次实施绿色城市设计的关键在于在总体设计确定的基础和框架下，分析该地区对于城市整体的价值，保护或强化该地区已有的自然环境和人工环境的特点和开发潜能，提供并建立适宜的操作技术和设计程序；通过片区级的设计研究，为下一阶段优先考虑和实施的地段和具体项目提供明确的规定。在具体操作时，可与分区规划和控制性详细规划相结合。

在片区这一中观层次规模上，绿色城市设计重点关注的内容主要集中在以下两方面。

一是妥善处理好新老城区生态系统的衔接关系，通过新城环境的塑造优化及现有城市肌理的修复织补，建立良性循环的、符合整体优先、生态优先准则的新区生态关系，创造高品质的公共空间（适当的数量）和建筑（合理的密度），为人们工作、学习、生活的场地增添活力，并引导居民选择低碳的生活方式。

二是关注旧城改造和更新中的复合生态问题，如自然、社会、文化、历史等，合理解决城市产业结构的调整、开放空间的建设，以及棕地治理和再开发等诸多问题，进一步理解广义的城市生态保护的概念必须与整个城市乃至更大范围的城镇建筑环境建设框架和指导原则协调一致。

6.2.1　新区规划中的绿色城市设计策略

在城市化进程中，各类新区建设任务层出不穷。对于这类项目，应着眼于在区域系统内重组城市建设、农业与自然的关系；根据对各种内、外条件的综合考察，在科学论证的基础上确定其合理位置；根据新区的规模、功能等来界定新区与老城区的连接模式；利用革新技术的组织重建能量的循环流，选择合理的交通模式和政策，以创造新的城市模式；合理安排建筑空间布局，避免出现人为的非生态现象。[26]

1. 基地选址

在新区选址和城市布局的总体构思阶段，区域性生物气候因子分析的重要性不言而喻。一定区域内的地理位置和生物气候条件对城市居住环境的舒适性有着长期影响，这是因为，土地的使用性质可以随着时间的改变而变化，建筑物甚至整个街区都可以毁掉重建，但是城市的地理位置和生物气候条件却是相对稳定的，几百年甚至几千年都不变。城市的初始选址和结构布局决定了其今后的形态演变和发展趋向，在此阶段，一个不理想的地理位置和城市结构，即使是对最初规模很小的城镇而言，也可以影响它未来大部分居民的生活环境质量。

审慎考虑新城的地理位置、妥善安排城市布局和发展模式是明智而前瞻的举措。某一地区的生态环境是该地区地理环境和自然生物气候条件共同作用的结果，而当前被城市发展所忽视的正是局地微气候环境与生态环境的相互关系。在城市空间布局时，应根据区域的地理环境及日照、通风、温湿度等局地微气候条件作出相应调整。例如在一些地区必须考虑免受寒风或沙漠风的侵袭，而在其他地区则需利用地形变化引导山上的冷气流或水域的清新空气进入城区，有利于城市"热岛效应"的减缓和大气污染的控制，提高环境舒适性。

2. 合理确定新、老城区的承接关系

新、老城区的形态承接关系主要表现为外延型扩展、隔离型扩展和飞地型扩展等几种类型（图 6-27）。具体设计时，应充分考虑它们自身的特点，并根据实际的自然环境和生物气候条件采取相应措施。

（1）外延型扩展

传统的城市空间形态其建成区空间大多是连绵成片的，世界上相当部分的城市空间都呈现为团块状粘连、蔓延。这种模式又称为"同心圆式"，其有助于城市运转效率的提高，但所引发的问题也如出一辙，例如拥挤堵塞、空气污染、城市热岛效应等。

在城市化的过程中，外延型扩展模式能够满足城市规模扩大的需要，但也带来扩张无序、占用大量耕地的问题。

（2）隔离型扩展

隔离型扩展模式在新区和旧城之间利用一定的绿带、蓝带加以空间分隔，其难度在于确定多大的空间间隔才能产生足够的生态效应。这就要根据城市生态补偿及绿量的概念，从城市绿地吸热降温、滞尘减噪、净化空气等方面予以综合考虑，合理组织城市风道，以有效解决包括城市热岛在内的各种城市问题。

以南京为例，其有着自身的有利条件，紫金山、幕府山及雨花台等大面积的绿色植被所提供的生态补偿能力及绿量已相当可观，但如果在老城区与新城的连接处及主城区的空间连绵区适当予以人工绿地的空间间隔，则其生态效果会更加显著。

（3）飞地型扩展

飞地型扩展模式突破主城区范围向外扩张，呈现卫星城的分散形态，能大大改善原来摊大饼模式下的城镇建筑环境。该模式要求在城市扩展轴之间、中心城和新城之间、新城和集镇之间留出足够的农田、森林等形成绿楔，以利于生态平衡，并可将农村湿冷空气通过楔形绿地和绿色开放空间输入市区。

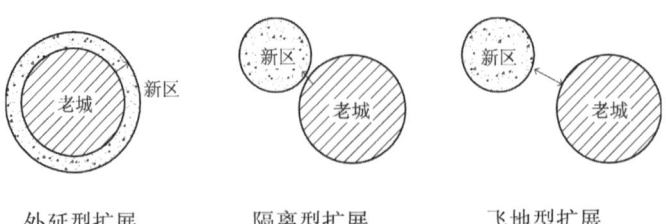

外延型扩展　　隔离型扩展　　飞地型扩展

图 6-27　城市新、老城区的承接关系

从南京周边的城镇如江宁、栖霞、龙潭等来看，飞地型发展的关键在于完善和优化卫星城的功能配套，使之成为主城人口扩散自然而然的集中地。同时，还必须严格控制住老城区与周边卫星城之间的生态隔离绿带，以确保老城区和新区之间通畅的通风廊道和充足的天然氧源，减轻老城区的空气污染和热岛效应。又如，江苏宜兴市区由宜城和丁蜀两片区构成，在 2020 年进行陶都路沿线城市设计时，编写组就充分利用其间的龙背山森林公园作为它们的天然隔离带和生态源，避免丁蜀片区向主城区蔓延，保持两者之间的合理间隔，以维持现在的"双城"模式（图 6-28）。

3. 建立具有生物气候调节功能的缓冲空间

具有生物气候调节功能的缓冲空间主要是指在生态系统结构框架的制约下，通过城市形态与建筑群体布局及其他一些细节设计，在建筑物及其周围环境之间建立一个缓冲区域。该区域既可以在一定程度上防止各种极端气候

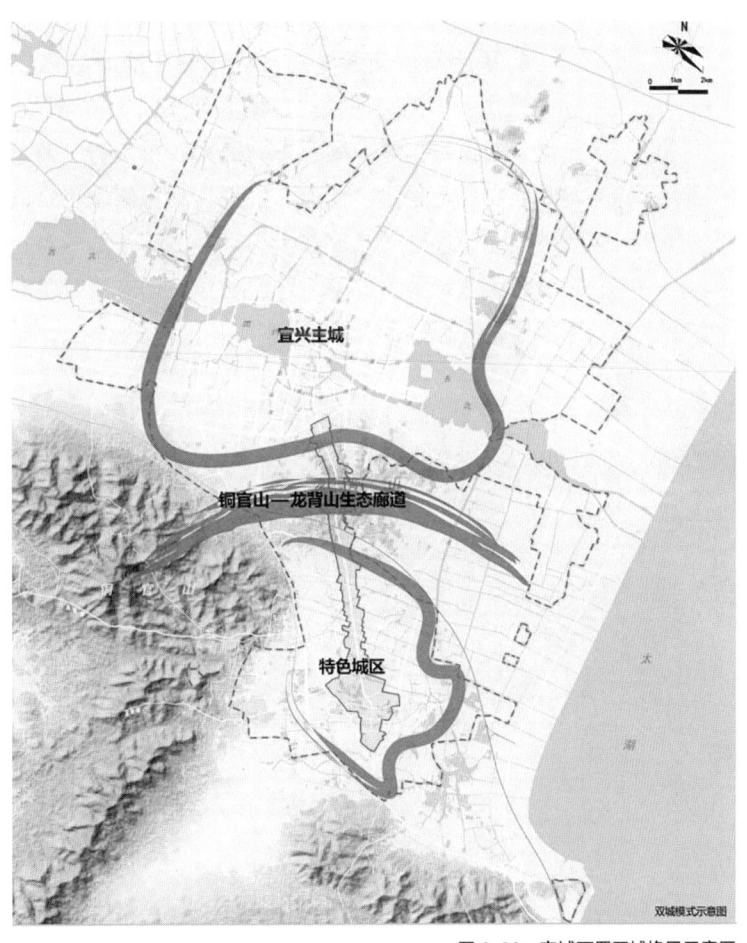

图 6-28 宜城丁蜀双城格局示意图
（图片来源：由南京东南大学城市规划设计研究院有限公司，绘制）

条件变化的影响，又可以增强使用者所需的各种微气候调节手段的效果，提供良好的局地微气候环境。在新区规划建设中，应积极发挥一切从零开始的优势，结合生物气候设计的基本原理，留出空间，组织空间，创造空间。[27]

在中观尺度上建立绿地、水体开放空间与城市之间的自然梯度，合理安排好不同层次的具有生物气候调节功能的缓冲空间，形成点、线、面合理分布的整体网络，并使之与动植物群体、景观连续性、城市风道、城市生态源和城市局地微气候等诸多因素相吻合，从而具有真正的绿色设计意义。例如在沿河、滨水或其他开放空间地段预留相当尺度的非建设用地，辟为公园，大力植树和绿化，尽量保护好城市的蓝道和绿道系统。这些具有生物气候调节功能的缓冲空间的建设对于增强局地大气环流、增氧泄洪具有重要作用。以徐州大郭庄地区城市转型建设为例，结合场地蓝绿基底，构建"一心、一轴、多廊、多点"的绿色空间骨架，形成多等级、均衡布局、便捷到达的绿化系统；在此基础上顺应城市主导风向，结合片区路网水系与绿带布局，建立东西向为主的通风廊道系统（图6-29）。

4. 采用新型交通模式，优化城市能源结构

采用新型的交通模式，提倡公交优先和环保出行。例如，在旧金山、弗赖堡、斯德哥尔摩、墨西哥城等大都市实行了清洁能源汽车推广计划。在土地功能布局上采用"接近"规划，尽可能地将目的地集中设置，将行人放在首位。同时，进一步改善步行环境，积极倡导自行车和电力助动车交通，减轻城市大气污染。此外，还应积极完善交通政策和一体化的交通格局，大力发展轻轨、地铁等有轨交通。

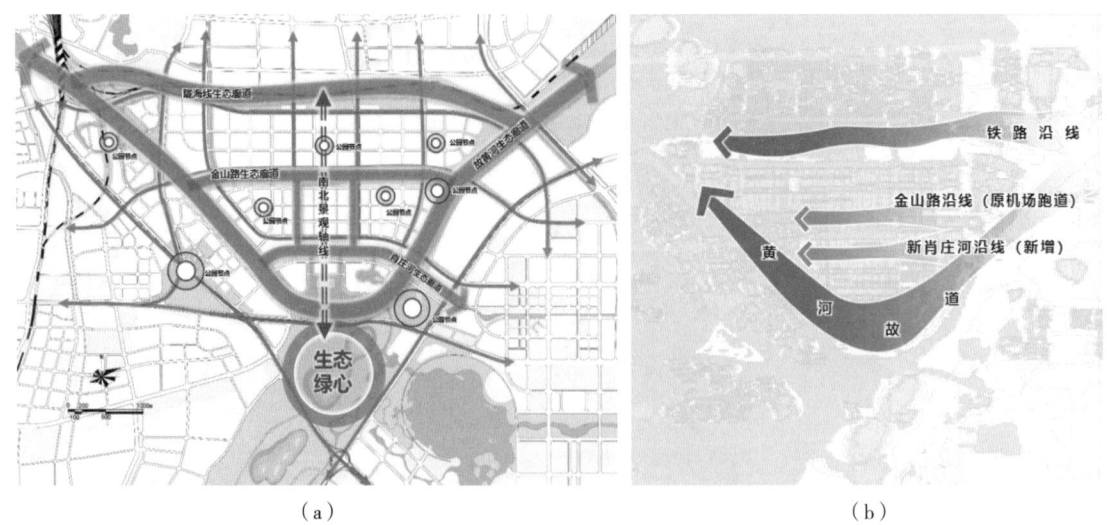

（a）　　　　　　　　　　　　　　　（b）

图6-29　徐州大郭庄地区城市设计
（a）徐州大郭庄地区绿色空间骨架；（b）徐州大郭庄地区风廊布局
（图片来源：由南京东南大学城市规划设计研究院有限公司，绘制）

目前，国外一些城市通过设置公共汽车专用车道、采用低能耗少污染的公共交通工具（如环保型电动汽车）等措施，已取得了初步成效。我国深圳市于 2017 年成为世界上第一个实现公交车完全电气化的城市，全市 16 000 辆电动公交车总计减少了约 48% 的二氧化碳和污染物排放，噪声污染显著降低，运营成本也更低。

合理制定城市新区的能源规划及相应的能源政策，优化新区能源结构。目前许多国家都已对此展开积极的探索和实践。中国部分城市也已开展了以零碳为目标的综合能源规划，例如宁波梅山近零碳排放区将零碳目标与综合能源规划紧密结合并予以落地实施，北京未来科学城将综合能源规划正式纳入规划统筹，并用以指导后续规划。

5. 选择适宜的开发建设模式，合理调整城市建筑空间

不同的气候类型有着各自不同的地域特征和地表环境，因而对于不同的地域气候，其适宜的城市形态也是不同的，例如紧凑式、分散式、混合式或簇群式等。这是城市适应自然的结果，因为适宜的城市形态有利于缓减特定气候条件的不适，并可利用气候因素化害为利。[1] 中国前一段城市化高速发展阶段中，许多新区的开发建设呈现外延式遍地开花的现象，一些城市建成区范围无序扩张，规划失控。这种发展模式除了导致土地资源的极大浪费之外，也给城市的整体环境带来严重影响，加大了基础设施的投资及其使用后的运营费用。[28] 为此，必须适度提高开发密度，优化城市空间结构，防止城市无序蔓延。

除了上述城市密度、形态等问题之外，在城市设计时，为了防止出现逆温层等不良环境效应，比较理想的城市空间布局模式还应将一些高大的摩天楼布置在城市中心附近，而在靠近城市边缘区域布置低矮的建筑。应尽力避免造成城市周边一圈高楼林立而中心区全为低矮房屋，形成城市的"人工盆地"，从而导致生态环境恶化（图 6-30）。以北京为例，为保护古都风貌，对旧城范围内的新建项目的高度进行了限制，高层建筑只能在二环以外建设，但如此也形成了一处被高层建筑环绕包围的低洼盆地，从而导致老城区通风能力降低，并造成一定的热岛效应和空气污染。

此外，也应避免将大量高层建筑布置在城市上风向或城市水域边缘区域，以免形成"风墙""风屏障"，从而影响市区的空气交换频率。近年来，香港规划建设的将军澳新市镇或西九龙新填海区的高密度建筑导致屏风建筑林立，有些地段甚至建起了近 200 m 高、500 m 长的连绵"城墙"，从而影响了周边环境的微气候条件，使自然通风采光不足，闷热少风，空气质量每况

---

① 格兰尼（G.S.Golany）在《伦理学与城市设计》一书中，通过对不同地理气候带的城市特征的大量分析，在气候与城市形态的关联性方面形成独特见解。

生态效果良好的城市建筑空间布局

生态效果较差的城市建筑空间布局

图 6-30　生态效果不同的城市建筑空间布局

愈下，严重制约了居住环境水平的提高，引发极大的社会争议。

　　针对城市碳达峰规划，土地利用、产业、能源、交通及物流、街区与建筑、给水排水、废弃物处置、生态环境、智慧信息、历史人文等领域均需予以重视。有学者就区域、城市、社区三个不同的空间尺度，针对上述的十个领域，提出了相应的控制指标和技术策略。[29] 同时，不同的城市可根据自身资源禀赋、人口规模、性质与定位、发展阶段、产业结构、用能等特点，选取适合该城市的控制指标与技术策略来形成规划方案。

6.2.2　城市更新中的绿色城市设计策略

　　城市形体环境中的时空梯度是永恒存在的。在如今城市更新背景下，城市设计在大多数情况下都与存量优化和改造有关，尤其是在片区（分区）层级上，亟待展开针对性研究与实践，以实现绿色高质量发展。在城市更新改造中实施绿色城市设计的关键在于妥善处理好新、老城市生态系统的衔接，建立一种良性循环的、符合整体优先和生态优先准则的新型城市生态关系，探寻城市更新的绿色可持续方法与路径。

1. 旧城产业结构的调整

　　旧城更新的生态策略与新区建设明显不同，应以"疏导、调整、优化、提高"为主，注意保护旧城历史上形成的社区结构，从而确保城市历史文化的延续及自然生态环境的改善。与此同时，还应积极回应国家双循环战略，在城市更新过程中融入绿色产业链，实现产业结构的优化提升。

　　首先，应严格控制城市规模。对老城区一些污染严重的项目要关、转、停、移，将那些严重影响市区环境质量的工业项目（如化工、电力、造纸、冶金等）转产或迁移，尤其是能源领域的转型发展，要大力推广洁净生产，积极发展第三产业。

其次，应积极创造条件，有计划地疏散中心区人口，重点解决基础设施短缺、住房拥挤、交通紧张、环境恶化等问题。应尽量避免人口密度与建筑密度较高的功能区域连片布置，严格控制新上项目，逐步降低城市中心区建筑密度，搞好城市更新工作。

最后，在中国快速城市化初期，由于地少人多和经济至上的发展原则，对开放空间普遍认识不足，致使城市绿色斑块破碎度严重，不利于组织系统性的城市绿肺、风廊等具有生物气候调节功能的缓冲空间。因此，在老城区改建范围内应严格控制建筑密度，增补一定面积的绿地、水体开放空间。

2. 旧城具有气候调节功能的缓冲空间的建设

目前，我国老城区夏日普遍存在严重的热岛现象。究其原因，不外乎建成区内开放空间严重不足、高楼林立、风道堵塞、污染严重及环境的持续恶化等。为此，必须要在整个城市乃至更大范围的城市环境建设框架和指导原则下制定环境改善策略，处理好城市与环境关系的源与本、点与面、上与下、前与后的关系。随着对城市热岛效应的成因、生物气候作用方式的深入认识和把握，专家针对城市更新中具有生物气候调节功能的缓冲空间的优化提出了以下策略和方法。

（1）老城区"绿心化"

推广城市立体绿化、增加水体面积、促进城市通风等都是减轻热岛效应的有效手段，其中绿化最为重要，可有效降低夏季空调制冷所需的能耗。以北京为例，其建成区 6.1 万 hm² 绿地夏季可蒸腾吸热 4.61×10^{15} J，平均每公顷绿地每天吸热 8.4 亿 J，相当于 10 台 1000 W 空调的降温作用。以居民用电价格为参考，建成区绿地夏季降温价值为 6.4 亿元，单位绿地降温价值约合 1.05 元 /m²。但是，不同类别和区县绿地的降温功能差异较大，这主要与绿地面积和组成结构有关。[30]2008 年，美国纽约市的非营利组织（NYRP）发起了"纽约百万树"倡议，8 年内在纽约市 5 个区种植了一百万棵新树，使城市森林面积增加了约 20%。

城市总在不断演变和发展之中，一个好的城市形态如果不注意维护，则将带来灾难性的后果。在 20 世纪 70—80 年代，南京的城市规模、结构尚属合理，到了 20 世纪 90 年代以后，随着房地产业的快速发展，城市开放空间逐渐被蚕食侵吞，紫金山—九华山—北极阁—鼓楼—五台山—清凉山绿脉遭到切割，这种"见绿插建"的短视行为无疑让后人付出了高昂的社会、经济和环境代价。近年来，南京市政府为了增加老城区的绿量，开始对老城中心区进行改造，目前已经完成的山西路、北极阁地段，大多是在拆除大量建筑后建成的集中开放空间（图 6-31）。在城市设计时，需要对城市发展有着准确预判。例如纽约中央公园最初并非位于城市中心地带，但随着城市的发展

图 6-31　修复后的南京九华山—北极阁一带的山水关系
（图片来源：由刘雅旭，拍摄）

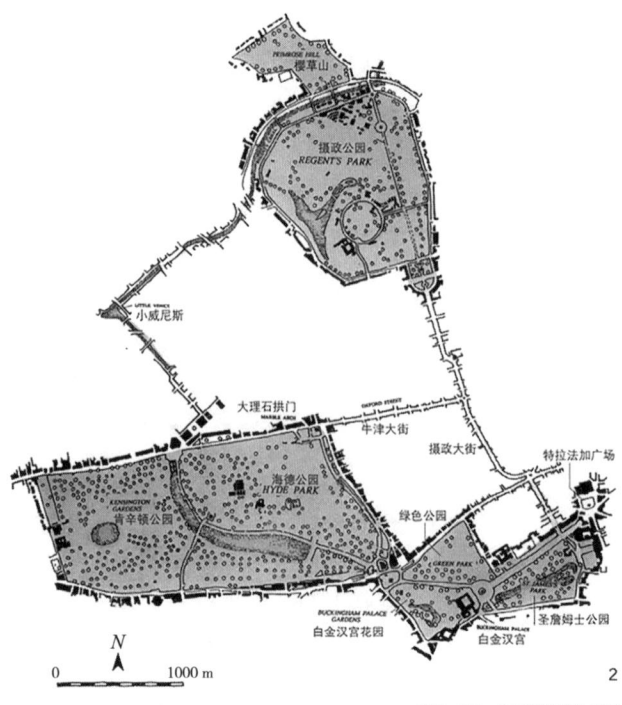

图 6-32　伦敦摄政公园群
（图片来源：特里·法雷尔.伦敦城市构型、形成与发展[M].杨至德，杨军，魏彤春，译.武汉：华中科技大学出版社，2010.）

扩张和自身的良好维护，其逐渐成为标志性的城市绿心。[31]

老城区具有生物气候调节功能的缓冲空间的建设宜以块状绿地、线形绿地的方式渐进渗入，以与日常生活相关的小尺度绿色空间引发"链式反应"，逐步完成图与底的空间演替。在伦敦摄政公园群的规划中，摄政街连接了原有的北部摄政公园及南部的圣詹姆士公园与绿园，该格局不断生长和完善，目前已与肯辛顿公园、海德公园等逐渐连接为一个整体，进而成为伦敦城市发展的重要结构（图 6-32）。波士顿公园系统亦是将大量公园和绿地有序连接，形成"翡翠项链"，引导城市格局优化与发展。

中国湖南常德是一座因水而兴的城市，其中心城区城东片区更新围绕碳汇端修复、供给端耦合、需求端引导三个方面，以蓝绿碳汇空间修复为核心，优化供给侧的空间资源组合，引导需求侧的生活方式低碳转型，实现片区的绿色更新与品质提升。在碳汇端修复方面，通过识别、梳理并修复生态廊道，重现片区蓝绿交织、清新明亮的水城格局与肌理，提升碳汇水平。此外，更新设计中还创新性提出了"水胶囊技术"，以修复海绵城市。第一，是以水胶囊为载体渐进修复水脉络、优化水环境。通过生态敏感性分析、低影响开发、生物风廊道分析，构建水胶囊模型，建立"雨水花园—生态公园—净水坑"三级水胶囊系统，发挥雨水滞留、过滤、吸纳与蓝绿互换功能，并以自然的方式实现雨水净化、水资源再利用，减少外部能源消耗。第二，是以水胶囊为线索组织蓝绿网络，增加碳汇、缓解热岛效应。对外联接蓝绿廊道，打通多条连接周边湿地的生态廊道，将外围的山水田园引入城区；对内通过构建城市、社区、坊间三级绿道系统，串联公园、游园、街旁绿地三类公园绿地，实现"300米见绿、500米见园"（图6-33）。第三，是以水胶囊落实海绵城市建设，集成多项低影响海绵城市技术，例如下沉式绿地、浅草沟、生态调蓄塘、透水铺装等，打造海绵城示范区。[32]

（2）重建绿色"风道"

整合城市绿地资源，营造城市绿色通风走廊，为空气从低密度地区流向高密度地区提供通道。我国东部地区夏季以东南风为主，这就要求在城市总体规划和开放空间设计时，在城乡接合部保留和建设大型绿地，并结合城市道路、水系，设置一定数量的东南或西北向的与主导风向平行的绿色风道，将郊区清新的空气和冷风引入密集的建成区，以利于降低热岛效应和缓减市区空气污染。其具体措施为：尽量利用现有的河流、道路等作为绿色廊道，将周边绿带和城市高密度中心区联系起来，促使绿带的面积达到城市需降温地区面积的40%~60%。一般认为，当林荫大道或者呈线性的开放空间的宽度达到100 m或更宽时，可以在无风的夜晚对城市起降温作用。高效的廊道系统连接建成区和作为生产或资源基地的大型斑块，将给城市乃至区域带来良好的生态效益。

编者在义乌旧城改造暨市民广场城市设计中，为改善现有城市外部环境的生态品质，减少夏季热负荷，在广场东南方向专门布置了一条30 m宽的可供夏季通风使用的生态廊道；同时建议，该廊道经过中心区向东南方向继续延伸，并与用地南侧日后的开发建设相结合（图6-34）。

21世纪前后，日本政府开始开展城市气候环境与规划应用研究，侧重于对城市热环境进行评估，以及通过"风、绿、水"的概念改善城市热环境（图6-35）。学者们在汇总东京都首

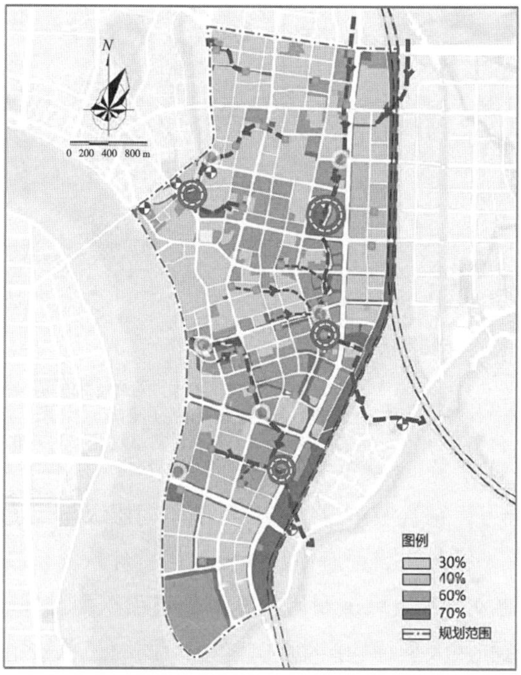

图6-33 湖南常德城东片区水胶囊与海绵设施规划图
（图片来源：周剑峰，占叶恒，肖时禹．"双碳"目标下的高质量城市更新框架构建：基于湖南常德的城市更新实践 [J]. 规划师，2022，38（9）：96–101.）

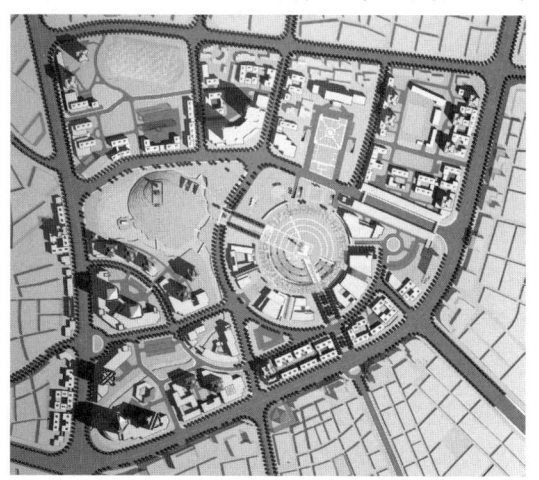

图6-34 义乌旧城改造绿地系统分析
（图片来源：由南京东南大学城市规划设计研究院有限公司，绘制）

图 6-35　东京城市气候环境与规划

（a）东京都市环境气候图中的风道示意图；（b）依据风道分析的规划控制建议

（图片来源：引自东京都都市发展局，2020）

都圈的可利用风系统信息的基础上，结合城市规划与实施的不同层级与尺度的需要，评定出五级风道系统：一级风道为都府市镇级海陆风循环状况，二级风道为海旁连续通廊引入海陆风，三级风道利用较宽的街道引入海陆风，四级风道引入山谷风，五级风道利用大型绿地产生的冷空气。同时还总结了在滨海地区城市规划与设计应用中的三种风道形式：利用现有街道和河川等渠道引入海风，利用建筑高低错落的布置引入海风，利用由高层建筑引起建筑背风面的下沉风。[33] 这一成果也应用于东京中心区所在区域的城市更新项目中，名为"东京风之路"的风道规划，旨在利用或拓宽现有河川和街道，引导河风和夏季盛行风流入，以降低夏季东京都的城市热岛。

（3）提高城市"绿量"

利用植物的光合作用、蓄水特性和滤水性能及其降温、增湿、吸尘能力，尽量增加城市的软地面和植被覆盖率，减少热辐射。在城市街头多植树种草，在停车场和某些广场采用中间镂空长草的植草砖，增加绿地覆盖率。其他一些措施，例如屋顶绿化、垂直绿化也是解决老城区热岛效应的有效手段。这是因为，在目前新建的城市建筑中，平屋顶通常占比 90% 以上，这些水泥屋面热容量大，导热率高，因而能贮存较多的热量，从而导致市区温度升高。如果将这些平屋顶绿化或用做雨水收集池，建成屋顶花园，用湿润凉爽的绿地代替干燥炎热的平顶水泥屋面，则可有效减弱由于城市板结现象所带来的热岛强度，既增加了有效碳汇面积，也美化了城市环境。

我国广州、深圳十分重视屋顶绿化。深圳的空中花园吸引了众多游人；广州在 2000 年年底开始实施绿化覆盖工程，将该市 1000 万 m² 的屋顶建成绿地，据专家估计此举可降低城市温度 2~3℃。美国的高线公园（High Line Park）是一个独具特色的空中花园走廊，其采用犁田式景观模式，将行人自然融入其中，呈现出野性的魅力，营造出独特的城市肌理。该公园两次获得 ASLA 大奖，成为国际设计和环境改造的典范，为纽约赢得了巨大的社会、经济和生态效益（图 6-36a）。早在 1999 年，日本东京就对素有城市第五立面之称的屋顶进行绿化，并将其作为减轻热岛现象的有效对策之一（图 6-36b）。

（4）利用地形风

地形变化会形成局地风。与水相似，温度越低、密度越大的空气会向下运动，这种由重力作用引发的空气流动常常在静风的夜晚起主导作用。利用这一原理，将未来可以建设的绿化用地布置在较高的坡地上，用它们提供的冷空气取代那些在低水平面城市建成区上空的气体，并用无阻碍的倾斜绿化走廊连接绿色的冷空气源和高密度的建成区。

（a）

（b）

图 6-36 提高城市"绿量"
（a）美国高线公园；（b）日本东京涩谷区宫下公园
（图片来源：引自谷德设计网）

德国斯图加特是一个经常处于静风和逆温状态下的内陆谷地城市，其由于城市发展，正承受着空气污染和气温升高的变化。为此，当地城市管理部门专门制定了一个基于风和地形的市区气候规划（Citywide Climate Plan）。一方面，制定新的城市管理导则来阻止城市建设进一步侵占山地，保护当地植被。另一方面，在市区气候规划指导下，于市区中规划了一系列开放空间，包括绿色走廊和山坡地在内的土地利用受到严格限制，建议保留的绿带宽度不小于 100 m，并尽可能与公园绿地形成网络。这些空气流通廊道将山地的清新空气源源不断地传输到市区，可以有效缓减市区热岛效应。最后，在市区大量种植绿色植物，例如屋顶绿化，或建造屋顶水池，减少硬质铺装（图 6-37）。[34] 通过上述综合措施，斯图加特将城市、景观与自然、气候连接起来。目前该市空气质量已经明显改善。这一案例又推动了俄亥俄州的绿色戴顿（Greening of Dayton）计划的开展与实施。

广州地处亚热带季风气候区，在湿热条件下营造舒适健康的人居环境是现阶段广州建设健康、宜居、韧性城市所面临的关键挑战。在广州城市总体规划编制工作中，通过综合应用气象研究与天气预报系统建模（WRF）研究、计算机流体力学（CFD）等技术，结合城市坐北面南、背山向海、山海

▨ 高密度聚居区	▤ 公园/树林/墓地	→ 次要晚间气流	— 河流
▦ 低密度聚居区	☐ 农业/未开发区	⇨ 主要晚间气流	

图 6-37　斯图加特基于风和地形的市区气候规划
（图片来源：BROWN G Z，DEKAY M. Sun, Wind & Light: Architectural Design Strategies[M]. 2nd ed. New York: John Wiley & Sons Inc.，2001.）

城交融的地理结构，以及城市河流、绿地等开敞空间布局，在宏观层面深入挖掘风环境特征与通风问题，在中观层面识别并优化构建市域与中部地区主次通风廊道系统与风环境控制区。此外，基于多尺度的风环境调控研究，构建面向市域—中部地区—重点地区—场地的通风环境优化策略与指引，优化城市空间形态、建筑布局、开敞空间、街道等布局与设计，最终达到指引各层次规划逐级传递落实城市风环境优化策略的管理目标（图6-38）。[35]

　　再以南京紫东地区城市设计为例。该设计针对南京地形特征（盆地型）和全年季风特点（夏日以东南风为主，冬天以西北风为主），可通过东西向的廊道将主城区东部紫金山生态宝库中的氧气源源不断地输入市区，缓减城市污染，并通过南北向的交通廊道引进长江上空的清新空气。在进一步的优化整合中，形成南北纵横的廊道网络系统，再结合旧城结构调整过程中形成的绿色开放空间，达到提升其通风输氧、净气排污、缓减热岛效应、节能减排的效果（图6-39）。

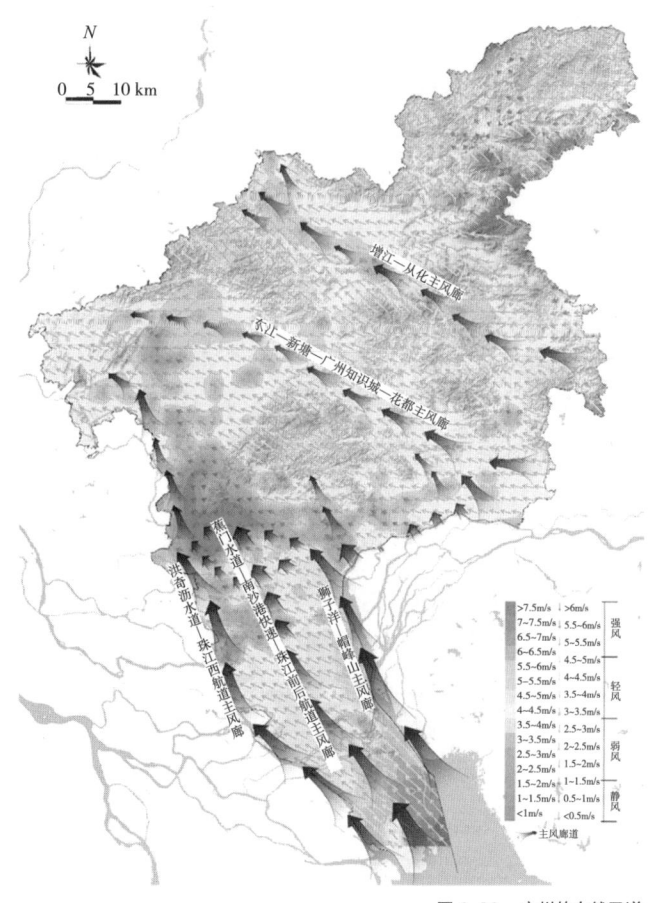

图6-38　广州的自然风道
（图片来源：引自《广州总体城市设计》，由广州市城市规划勘测设计研究院、南京东南大学城市规划设计研究院有限公司，绘制）

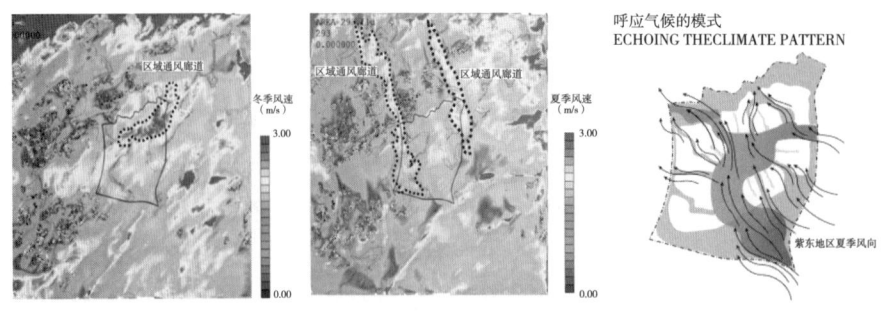

图 6-39　紫东地区冬季、夏季风环境与风道规划
（图片来源：由东南大学建筑设计研究院有限公司，绘制）

3. 城市棕地治理和再开发

近几十年来，城市更新改造中那种大规模推倒重建的做法已经逐渐消退。在欧美国家，人们重新评价旧建筑和砖瓦泥浆在城市更新改造中的积极意义，并认为，应从建筑的全生命周期来考虑节能减排。这是因为旧建筑是一种存储着的、现成可用的资源，而建造新的高楼大厦将需要耗费大量的能源去完成。

从一定意义上讲，每一轮城市更新都代表着一次增绿减排的机会。目前老城区仍然存在着大量的棕地，主要是一些"被废弃的、闲置的或未得到充分利用的工业或商业设施，由于这些设施已存在严重的或潜在的环境污染，因而难以利用和开发"。[36] 棕地治理和再开发具有重大的经济价值、社会价值和生态价值，西方工业化国家很早就开始了该领域的研究。从 1995 年起，美国掀起了全国性的更新改造工程，旨在帮助城市社区从经济上和环境上复兴这些棕地上的房地产业，缓减其潜在的对居民健康的威胁，恢复城市活力。

棕地治理和再开发的难点在于该地区需拆迁的房屋和需补偿的设施较多，对发展商而言，这就不如选择位于城市边缘或郊区未开发的土地。但这样将导致城市中心区大量的土地闲置，无人问津；同时不少投资转向城市边缘地带，造成大量耕地被占用。美国市长会议曾经把棕地视为全国头号环境问题。然而，令人感到鼓舞的是"每改造 1 英亩（约为 4 046.856 m^2）棕地，就连带产生 4.5 英亩绿色空间"，[37] 这对改善当地的生物气候环境大有裨益。棕地再开发，除了把原有受污染的、拥挤的、破旧不堪的地区修复为有生产能力的地区、有利于人类健康的环境外，还必须将之纳入可持续发展的范畴，在昨天的棕地上，建造起明天的绿色产业。[38]

匹兹堡是一个成功的棕地治理案例，其长期以来一直作为工业用地，污染严重。在棕地再开发政策的吸引下，匹兹堡整改了一批污染企业和项目，在该地区建成中、高档的住宅区，并进一步开发了沿河优美的风景区，使之成为城市不可多得的具有生物气候调节功能的缓冲空间。这不但改善了当地的生态环境，而且极大提升了该地段的社会、经济价值。

鲁尔工业区的改造举世闻名。1999 年举办的 IBA（1989—1999 年）埃姆舍尔公园设计正是棕地治理思想的体现。过去的工厂、矿山、废矿场、大型工业设施以崭新的面貌成为新的公用设施使用，避免了新建项目的大量碳排放；更重要的是，通过埃姆舍尔河的整体环境治理、河流生态修复及绿地整合，使之成为区域中景观生态功能的中心元素及联系整个鲁尔工业区 17 座城市的公共绿地走廊。埃姆舍尔公园通过 7 条绿化带实现景观的插入（图 6-40），并逐渐进行面积的拓展，形成新的、整体性的绿环与连接，成为城市的绿肺，增加碳汇。通过埃姆舍尔公园案例，人们认识到从生态的角度对城市棕地进行改造，这将是未来城市设计的重要内容。

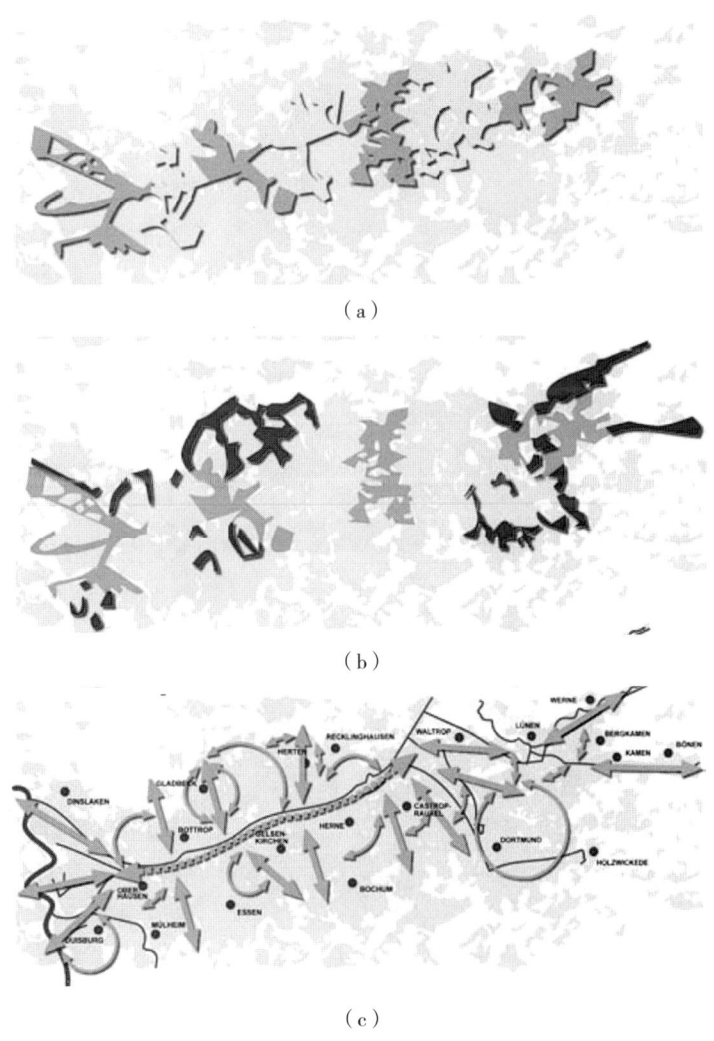

（a）

（b）

（c）

图 6-40　埃姆舍尔公园改造
（a）埃姆舍尔公园设计；（b）七条绿化带；（c）面积扩展、绿环与新连接
（图片来源：RUTHR P，GMB H. Masterplan Emscher Landschaftspark2010[R]. Essen: Klartext，2005.）

中国邯郸是一座因钢而兴起的城市，具有"工业为主、一钢独大"的产业现状，其"单一产业"的资源消耗型的发展路径亟需转型。编者团队针对邯钢片区产业单一、环境污染、外联不足、景观破碎、建筑质量破旧、社区环境割裂等问题，以"转型、记忆、新生"三部曲确定了城市设计技术策略，以期使其成为国内外城市工业区功能、产业、环境升级转型、产城融合的新范本（图6-41）。该城市设计方案在交通网络组织上以快疏慢游为策略，规划了对外快速联系交通，供需平衡的路网，以及营造了以慢行优先和健康为理念的绿色活力街区，并由观光高线火车、轨道交通、旅游公交组成多模式交通体系。在蓝绿系统优化上，通过干道路网的防护绿地、水系两侧生态绿地及南部田园等多种绿地形式，共同塑造多层次的绿地景观环境。同时通过设计多样的水岸类型，打造滨河休闲旅游湿地公园。规划布局中将公共空间、生态空间及工业遗址紧密联系，相互渗透。

棕地通常具有较好的生态恢复能力。例如，在朝鲜谈判的非武装地带的一条宽5 km、长250 km的中间缓冲地带，如今已不可思议地变成了森林，许多本以为灭绝了的动物、植物、昆虫等现在不仅在那儿生活，并且数量很大。又如南京，2005年左右的幕府山地区曾作为城北的工业区、采矿区，长期以来尘土飞扬，污染严重，山体植被破坏裸露，成为城市环境的重灾区。近年来，南京市政府加大了对该地区的治理力度，通过公开招标、投标，寻求环境恢复的良策，已取得初步成果（图6-42）。该地区今后的重点是引入生态恢复概念，通过生态补偿机制，在治理裸露的山岩、卫生填埋等过程中同时进行土地平整、水质控制和遮蔽种植等措施，将之改造成由山、水、林、绿构成的独特自然和人文景观，使之从城市的污染源变成城市的生态源。2018年左右，人们再去幕府山时，可以发现昔日的荒山裸岩早已覆盖上良好的植被绿化，满目葱茏，不由让人惊叹大自然的自我修复能力。

（a）

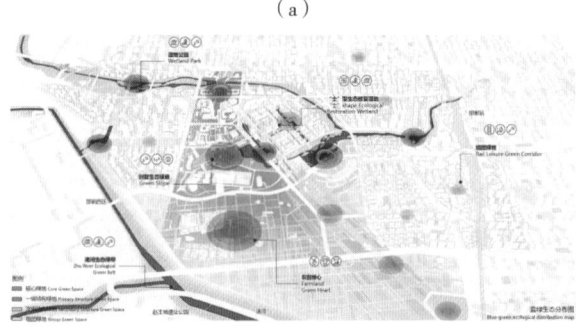

（b）

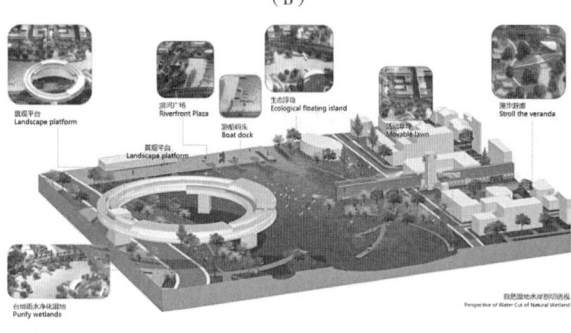

（c）

图6-41　邯郸城市设计方案
（a）邯钢片区城市设计方案效果图；（b）蓝绿系统；（c）多样水岸
（图片来源：由南京东南大学城市规划设计研究院有限公司，绘制）

（a）　　　　　　　　　　　　　（b）　　　　　　　　　　　　　（c）

图6-42　幕府山环境整治
（a）幕府山环境整治前原样；（b）幕府山植被被恢复；（c）幕府山生态修复
（图片来源：由南京市规划和自然资源局，拍摄）

6.2.3　案例研究

1. 宜兴团氿滨水区城市设计

宜兴是一座历史悠久、风景秀丽的江南水城。近年来，随着城市规模不断扩大，城市形态和结构逐渐演变，原来滨水区和车站地段逐步发展成为城市新的中心地区，拥挤的交通状况和陈旧的住区环境已不能适应城市发展和市民生活之需，滨水区的开发改造势在必行。受宜兴市建设局委托，编者团队对该地区开展了城市设计，在规划设计中，综合考虑了以下的绿色低碳设计策略。

从全局观念出发，整体把握宜兴城"一山枕二城，五河系两氿"的独特形态格局，以团氿大型水面作为该地区的生态源，组织好团氿与内河相互间的生态渗透，确保水陆风能通过河流通畅地到达城市内部区域，增强市区通风效果，缓减热岛效应，减轻大气污染（图6-43）。

通过对滨水区建筑的拆迁及沿河街道的拓宽、改造，留出生态空间，并运用适当的城市设计手段以保持该地区良好的通风能力；通过城市开放空间和带有大量绿地、水域的小面积私有空间的统一互补产生微风，从而提高该地区的微气候质量。

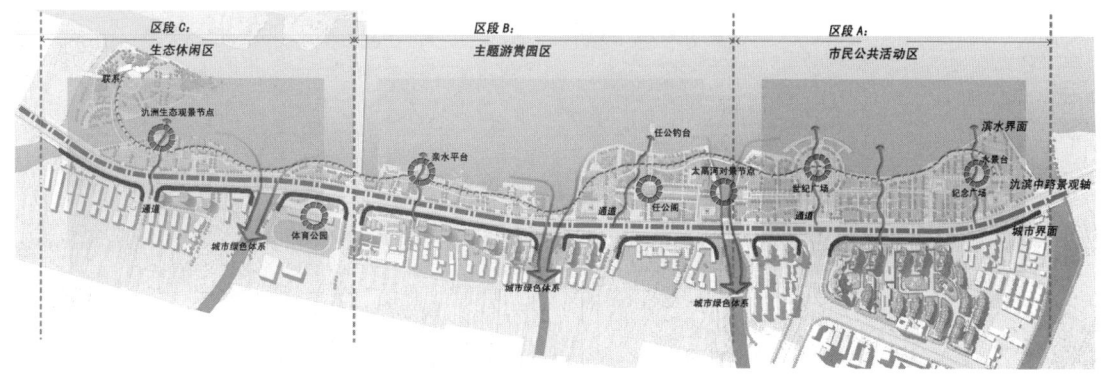

图6-43　宜兴团氿滨水区城市设计结构分析图
（图片来源：由东南大学建筑设计研究院有限公司，绘制）

227

从该地区迁走造成交通拥挤的市际和市内两个汽车站，并移走污染较重的工厂及凌乱的餐饮建筑等污染源；将过境交通干道外迁，减少交通废气的排放。

通过对自然光的充分利用，创造"阳光街道—阳光汉滨广场—阳光滨水开放空间"的空间序列，提供良好的外部活动空间，让全社会成员都能够共享滨水的乐趣和魅力（图6-44）。

图6-44　宜兴团汉滨水区鸟瞰

2. 宜兴培源科学城滨水区城市设计

培源科学城位于宜兴中心城区东北部，规划范围 50.8 km²，其中核心区7.8 km²。项目以打造先端科技探索与人文底蕴传承的新一代科学城为目标，以生态优先为格局，以描绘多维交织的湖畔涟荡未来创新场景为要素，推动培源科学城"向湖而生，城野相融"，推动宜兴城市发展格局跃迁。

规划从全局的空间结构出发，遵循"向湖而生"的空间格局，形成了一条缤纷湖荡链、两条城市功能轴与多元的产城活力片；延续水文脉络，构建"π"形绿廊，串联湖畔涟荡；基于"三线"与生态敏感性评价，在科学评价的基础上进行多尺度组团布局，以实现"城融于野"（图6-45）。

（a）　　　　　　　　　　　　　（b）

图6-45　宜兴培源科学城滨水区城市设计
（a）宜兴培源科学城生态敏感性评价；（b）宜兴培源科学城蓝绿空间分析
（图片来源：由南京东南大学城市规划设计研究院有限公司，绘制）

228

其中，作为设计的核心区钱墅荡，外围已建大量住宅缺乏公共空间；城市建成后，环境、防洪压力变大；规划路网对湖岸周围空间割裂较严重。因此，为了重构钱墅荡，对环钱墅荡空间结构进行优化。一方面，钱墅荡路局部下穿，实现南侧生态空间的渗透；另一方面，在交通策略上以慢行为优先，培源之路绕湖而过，对原有路网体系进行优化，在不影响交通效率的同时，释放更多滨水空间。通过对路网的梳理释放生态空间，塑造丰富的滨水空间（图6-46）。

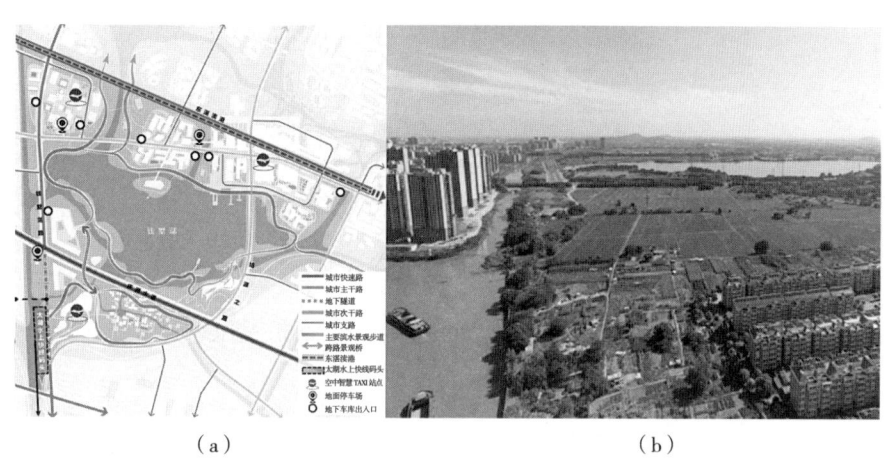

（a）　　　　　　　　（b）

图6-46　钱墅荡重构
（a）钱墅荡交通规划图；（b）钱墅荡现状图
（图片来源：由南京东南大学城市规划设计研究院有限公司，绘制）

3. 重庆大学城国际城市设计竞赛

生态优先是绿色城市设计实施的核心理念，尤其是有自然要素系统参与的大尺度空间形态和敏感环境设计对象。只有生态优先在认识上统一了，自然山水格局研判、生态环境敏感性和生态足迹的容量分析、以地定城、以地定人、以水定城等策略才会成为设计的前置条件和基础。

在重庆大学城国际城市设计竞赛中（2005年），编者团队对位于缙云山、中梁山、虎溪河、梁滩河之间的片区尺度自然生态条件及其特色的保护完善、河网水体、农田、开放绿地空间体系、重大项目建设可行性进行了环境容量研究，并特别加强了能够在生态上相互作用的整体绿地系统的建立。设计通过GIS技术分析完成了生态基盘和场地适建性分析，建构了一个山屏水脉，组团布局；提出纵带横轴、九宫格局的空间结构和开放强度的建议分区，由此产生了一个基于生态优先的大学城建设的最小干预方案。在相应的环境容量和山形地貌分析基础上，设计继续完成大学城两个核心区的功能分区和建筑空间组织。

值得一提的是，设计在西永组团的北端规划了一个作为生态廊道和栖

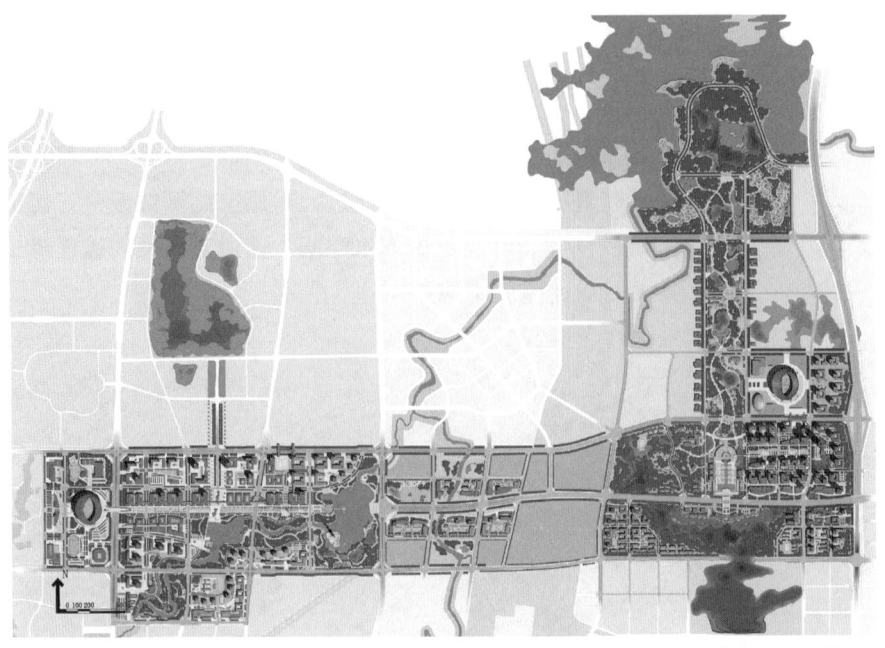

图 6-47　重庆大学城城市设计总平面
（图片来源：引自《重庆大学城总体城市设计（2005 年）》，由南京东南大学城市规划设计研究院有限
公司，绘制）

息地功能定位的生态湖和生态公园，并与开放空间、公园路及其相关的"绿道"和"蓝道"网络互相渗透，形成良好的景观连接度，从而发挥出生态斑块的积极作用，真正实现了方案层面的生态优先（图 6-47）。

4. 德国汉堡港口新城改造项目

德国北部的汉堡是世界上为数不多的港口与市中心紧密联系的城市之一，其老港口地区既是城市的发源地，又是城市发展航运、贸易和工业的基础。然而，随着新的集装箱码头的建设，以及中心城产业的转型和城市结构的优化，老港口地区日渐衰落。汉堡城市政府采取城市复兴策略来逆转这种郊区化趋势，而汉堡老港口就位于该策略的重要战略位置。

德国汉堡港口新城规划总体占地约 155 hm²，场地位于汉堡市中心城区东南侧，整个港口新城位于易北河（Elbe River）的北岸（图 6-48）。该项目基地原本是废弃的港口、码头、仓储及天然气厂，生态环境恶劣，是典型的城市棕地。城市设计采用最新的生态规划理念和最高的设计标准，涉及从城市到建筑的不同维度，采取对污染土壤进行整治、高效利用土地、推行公共交通和非机动车交通出行、采取低碳供热及构建环保建筑认证体系等生态规划策略，将生态规划、建设、运营及宣传有机结合，以取得棕地改造项目的成功。

改造前，港口新城内存在部分被污染的土地，因此开发前的第一步就是对这些地段进行全面评估，例如对原天然气厂的泥土进行置换等。根据规

图 6-48　德国汉堡港口新城规划鸟瞰
（图片来源：引自《德国汉堡港口新城规划（1999 年）》，由 KCAP 规划与建筑事务所，绘制）

划，港口新城将有约 24 hm² 的土地被改建成广场、滨水步道和公园绿地，使区域内的生态环境得到明显改善。

此外，规划在土地利用上高度重视土地的高效及可持续利用。港口新城具有城市多元化特质，其建筑密度约为 30%，集居住、文化、旅游、休闲和商务于一体，致力发展成为一个生机勃勃的城市滨水区。在为期 25 年的空间远景规划里，8 个分支功能区自西向东依次实施开发，并通过对于建筑密度与地面停车的控制保障了公共空间（包括广场、滨水步道、公园、游憩场所等）达到总陆地面积的 24%。

可持续发展的交通理念是港口新城生态规划的核心内容之一，旨在发展"公共交通 + 非机动车 / 步行"的出行方式（图 6-49）。其具体举措包括优先发展轨道交通，推行新能源公交车系统，以及完善步行及非机动车系统。目前完善的轨道交通网络将港口新城与整个汉堡市高效地联系起来，汉堡也已拥有世界上最高效的无污染公共交通系统。在步行及自行车道系统的建设上，其 70% 的人行道和自行车道设置于广场、水边和绿地中，并与机动车道分离。在港口新城中，不存在封闭的小区，即使是一些私人地皮，公众也享有通行的权利。

除了规划层面的策略外，该规划亦包含了环保建筑认证及低碳供热系统的市场导向型策略，通过竞标及进行环保建筑认证的方式促进环保、低碳建设。这些生态策略有效地改善了区域生态环境，降低了项目运营能耗，并引导市民和企业参与到可持续发展的城市建设和生活中。[39]

5. 悉尼"绿色广场"更新设计项目

悉尼绿色广场重建区位于悉尼市中心和京斯福特·史密斯国际机场之间，是澳大利亚最古老的工业区，长期以来一直被认为是澳大利亚最大的，也许是最重要的重建项目。该项目旨在通过对住房、公共空间、商务楼宇、商场与基础设施的混合布局，将悉尼市南部中心区的 14 hm² 区域转变为具有吸引

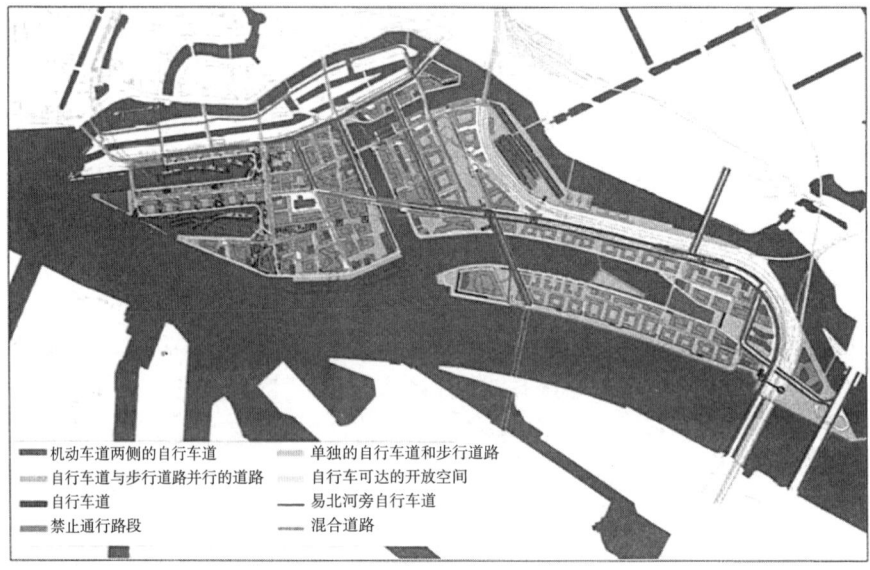

图 6-49　德国汉堡港口新城公共交通 + 非机动车 / 步行规划

（图片来源：陈挚.城市更新中的生态策略：以汉堡港口新城为例 [J]. 规划师，2013，29（S1）：62–65+72.）

力、活力及生态可持续性的社区（图 6-50）。

　　该项目设计中，交通体系的规划是其重要组成部分。通过将社区中心规划为区域交通网络的中心，以政策确保其公共交通走廊属性，建立"地上 + 地下 + 地面"的综合停车保障，以及设定"自行车战略"等措施，实现区域一体化交通体系，以及土地利用和交通规划的综合谋划。

　　为了打造多层次、有活力及生态可持续的公共场所，该项目不仅通过精细的街道网络和底层街道设计、贯穿绿地广场的水道和多样化的公共空间等

（a）　　　　　　　　　　　　　　（b）

图 6-50　悉尼绿色广场更新计划
（a）"Big Move"交通规划；（b）核心空间设计
（图片来源：City of Sydney. Green Square Town Centre Public Domain Strategy[R]. Sydney. 2013.）

对行人行为进行引导，还通过对零售业聚集区进行等级划分来塑造社区中心的"活力中心"地位，通过将历史性建筑改建为社区大厅、艺术作坊、展览排演空间等来营建社区创造力枢纽，并在公共场所的设计中传达和回应区域的生态、遗产、社会和文化原则。

该项目从规划阶段就将可持续发展作为核心理念，并在社区中心、交通、基础设施、公共空间等的建设中均体现低碳生态的理念，建设了包括再生光电能源、LED 街灯、雨水处理、废弃物处理等项目在内的绿色基础设施体系。

6.3

地段级的绿色城市设计策略

地段级的城市设计主要落实到具体建筑物设计及一些较小范围的形体环境建设项目上，例如街道、广场、大型建筑物及其周边外部环境的设计。这一层次的设计最容易被建筑师和城市设计者所忽略，因为通常人们更关注一些大范围的东西。在这一层次，主要依靠广大建筑师自身对生态设计观念的理解和自觉。

6.3.1　局部地段的绿色城市设计策略

对于地段级的城市设计，应处理好局部与整体的关系，协调好具体开发建设中的各方利益，而不能仅以业主意志和单纯的经济盈利原则所左右。为此，建筑设计师既要关注建筑群体的基本组成部分，如街道、建筑和小型开放空间，又应照应相邻地段的规划和设计，特别是这些组成部分之间的关系，包括建筑和建筑之间、建筑与周边开放空间之间、建筑与所在街道之间的关系。这是因为，即使是单体范围内的工程项目，建筑物及其基地也会相互影响而形成一个相互关联的较大范围的城市环境；同样，即使一位建筑师在基地上仅设计一栋建筑，其方位、形式及其与街道和相邻建筑之间所生成的特定关系，都会在建筑物外部空间之间形成特殊的微气候环境。

针对这一层次的城市设计，应采取以下一些积极的措施加以改进。

（1）利用生态设计中的环境增强原则，强化局部的自然生态要素并改善其结构，增加地段的碳汇总量。

例如可以根据气候和地形特点，利用建筑周边环境及自身的设计来改善通风和热环境特性，组织立体绿化和水面，以达到有效补益人工环境中生态条件的目的。相关案例在国内外已不鲜见，实践中十分重视在建筑物一切可能的地方种植绿色植物的投入，由此可有效弥补人工建成环境中的生态改变。例如新加坡的立体绿化建设至今已经过多轮探索，从1990年以前的"用绿色装点花园城市"，对人行天桥等交通基础设施进行绿化，到2000年"绿化与建筑结合"，将平台花园、景观平台、绿色屋顶等形式与建筑结合，实现立体绿化的美学特征，再到21世纪将空中绿化作为一种可持续性的绿色低碳建设手段，从"美学"向"人性化设计"转变

（2）城市和建筑设计应关注特定生物气候条件和地理环境相关的生态问题，生物气候的多样性决定了建筑形式的多样性。

通常最普遍、最具实用意义的就是被动式设计。建筑的被动式技术主要依赖合理的平面布局和经济的体形设计（图6-51），其包含两方面的内容：①在炎热地区尽可能地采取自然通风、遮阳和降温措施；②在寒冷地区则需最大限度地考虑太阳能的利用和保温问题。这种运用生物气候设计原理建造出来的环境能够比纯粹基于美学和功能的城市更加舒适、节能，同时减少建筑碳排放的产生，也更富有地方性和多样性特征。

（3）根据热量传递的梯度变化特征，在人与周边环境之间建立若干层过渡空间或缓冲空间。

好比寒冷时人们多穿几层衣服御寒，炎热时穿件宽大的衣衫遮阳，或借助扇子散热，这些衣服和扇子就形成人与环境之间的一种梯度关系。城市或建筑可以象征人体扩展的机体功能，在人类面对恶劣气候而隔绝能力有限的情况下，增加空间梯度可有效缓减外界温度变化对人体的影响。例如广东潮汕地区，不仅注意单体的处理，而且还在住宅间留有冷巷，通过天井巷道形成完善的通风系统，解决散热和防潮问题。

鲍家声教授在无锡惠峰新村支撑体住宅试点工程中创造性地发展了传统四合院形式，构成由低层和多层相结合的模式——大天井式的台阶型住宅，提出了"街—场—巷—院—家"的新空间梯度关系，为室内外环境提供了良

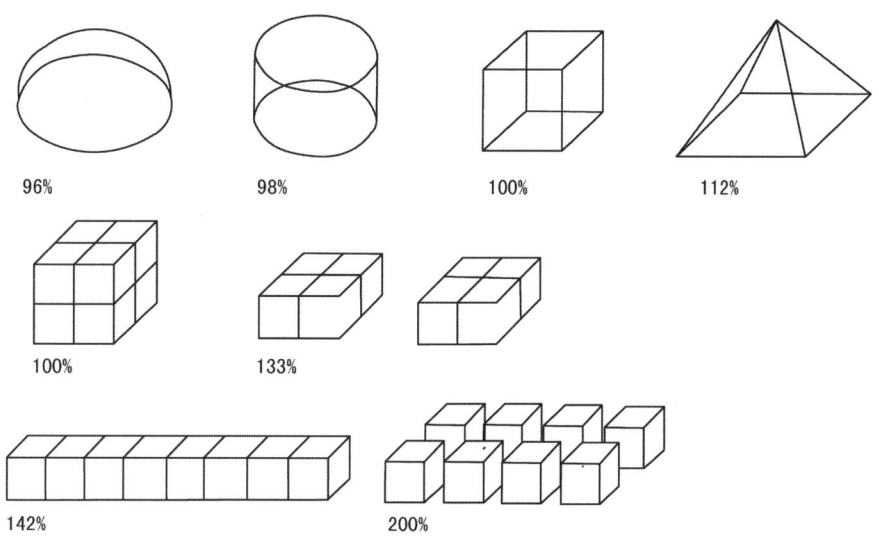

图 6-51 以立方体为基，空间总量相同时不同体形的外表面的差异
（图片来源：DANIELS K. The Technology of Ecological Building[M]. Basle，Switzerland Birkhäuser，1997.）

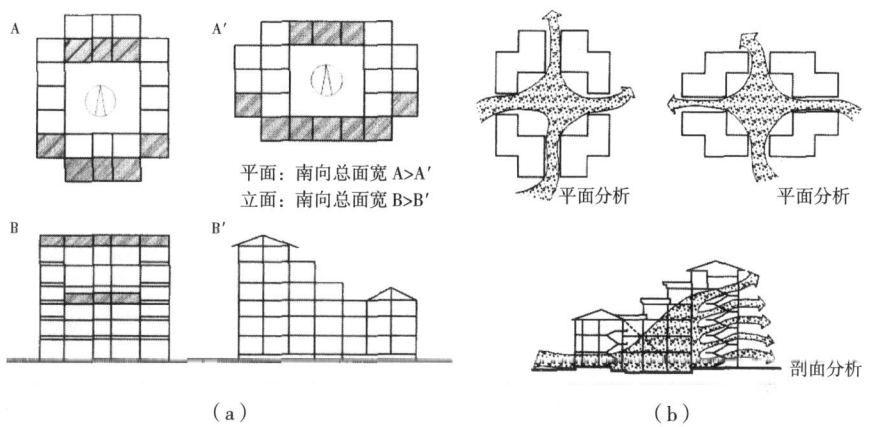

（a）

（b）

图 6-52 无锡惠峰新村试点工程和支撑体住宅分析图
（a）组合支撑体及其朝向分析；（b）自然通风与日照分析
（图片来源：徐小东. 我国旧城住区更新的新视野：支撑体住宅与菊儿胡同新四合院之解析 [J]. 新建筑，
2002（2）：7-9.）

好的日照、通风条件，较好地适应了江南地区的气候条件（图 6-52）。[40]

地段级的城市设计对象可进一步划分为如下三个不同的层次。

①城市组成：包括建筑群体、街道、广场、公共空间等；

②建筑层次：包括排屋、多层建筑、合院建筑等；

③建筑构成：包括屋顶、窗户、墙体、地面、日光室等。

在地段级城市设计尺度上建立起外部公共空间、过渡空间、庭院空间和各种建筑物及建筑细部之间的梯度关系，能在一定范围内达到综合改善建筑物内外生物气候条件的效果。例如表 6-2 所示的矩阵以简略的形式反映了地段级绿色城市设计的基本组成要素和设计原理，并揭示了这些要素之间的内

表 6-2

地段级的绿色城市设计策略

组成		形状	遮阳	日照	防风	通风	蓄热量	隔热	色彩	质地	备注
城市组成要素	建筑群		为露天空间提供可动的遮蔽	保证建筑物/开放空间得到日照	减少冷风影响	增强降温效果			基于下列考虑，选择最佳饰面材料		
	街道		利用建筑物边缘与植物	冬天暴露的步行区	自防风：避免街道与风向平行	对热舒适性和减污很重要			反射率与热吸收	眩光与尘土聚积	
	广场	优化比例，调整方位，合理利用阳光以取得理想效果	独立式建筑物及其边缘植物	尤其是在人坐的区域和活动场所	建筑物边缘/开放空间的比例尺度	夏季在大体量边缘提供开口					
	柱廊/骑楼		结合街道与开放空间的开放设计	朝向让冬季阳光进入的方向	迂回：避免风向一致						
	停车场		必要的	避免	理想的	防止废气聚集					
	开放空间		建筑群得到日照，恰当布置阴影较长的高树的隔离带		用作挡风物	易满足			较低的反射率；单一色彩的环境		
	植被		落叶与常绿植被		用作挡风物						
建筑层次	独立式	紧凑式，减少热损失		易满足	有问题	易满足		取决于外围护结构面积			场地选择：应选择冬季日照，夏天通风良好的场地，避免夏季太阳辐射及令人不舒适的风，并要求排水和通风良好
	半独立式	较大的外表面									
	联排住宅	日照和通风良好			用作风屏障						
	多层建筑		投下较长的阴影	影响邻近的开放空间	上部较雄，底层是关键	风速过大，可能不舒适					
	合院建筑	体形系数大，需考虑	天井是关键：动态性	所有空间都可满足		设计合理可提高通风效果					

组成		形状	遮阳	日照	防风	通风	蓄热量	隔热	色彩	质地	备注
建筑构成要素	屋顶	平屋顶	防止过热：双层屋顶		防止热损失	防止过热：双层屋顶	热惰性	关键的	倾向高反射材料	改善排水，减少积灰	可能是不透明围护结构中最薄弱的部分；设计得好可以作为太阳能集器或辐射冷却器，如果太阳屋顶较厚，它的热惰性较大，在夏季尤为突出
		坡屋顶	可看作同样的平屋顶来考虑	结合天窗与太阳能设施	可得到最大日照，减少热损失			减少热交换	低吸热率；最好是浅色	有良好的排水系统	
		穹顶	不是隔热所必需的			促使上部热空气排放					
	墙体	优化比例、朝向			防止降温		提高热惰性/用于蓄热	减少热交换	防止眩光	防止灰尘聚积	
	地面			用作蓄热	减少下面空间气体的热交换		对蓄热是必要的	防止热桥现象	有直射光的地方用深色	防止眩光	
	窗户		通过可调节的固定遮阳防止过热	用于被动式供暖和自然采光	减少冷风渗透和传热	根据风向确定窗户开启位置		使用隔热百叶/反射，双层玻璃	避免深色吸收热量		
	日光间/阳台	优化比例、朝向	水平面，竖向的东/西面向阳			利用温差	优化一体式/独立式	夏日白天和冬夜关闭			
	太阳能风塔			提高通风性能		加强被动式冷却降温			利用深色加强拔风效果		
	捕风器			提高通风性能		对流蒸发冷却					
	天井/庭院		防止夏日遮阳	改善冬日使用状况，改善室内微气候	防止降温	改善冷却效果，调节室内微气候	根据使用模式和时间进一步优化	天井用作阳光同可提供动态保温	防止眩光，减少反射	防止眩光和灰尘积聚	
	植被		选择夏日遮阳用的常绿植被	高树与落叶树相配合以保证日照	选用枝叶茂密的树木	增强蒸发冷却和灰尘过滤			低反射率；丰富环境色彩		

在关联。该矩阵简要列举了城市组成要素、建筑层次和建筑构成要素及相应的生物气候设计策略，但这仅仅是其一部分策略，人们无法也没有必要加以穷尽。任何设计策略的建立都应基于特定的自然、气候和场地等环境因素，都应紧密围绕在绿色城市设计这一开放、包容的概念，并随着时间、空间变化而不断进行新的补充。

6.3.2　城市公共空间设计的绿色途径

城市公共空间与人们日常生活密切相关，应予以特别关注。在具体设计时，应针对地方自然特征和生物气候条件，通过自然要素和人工要素的合理组织，对环境中的声、光、热等物理刺激进行有效控制与优化，使之处于合理范围之内，以创造舒适健康的公共空间，使居民获得更多的人性关怀。

1. 充分利用自然光和控制光污染，进一步优化光环境

威廉·怀特（W.White）的研究表明，居民对城市公共空间的选择最关心的是阳光和活力，其次才是可达性、美学、舒适性和社会影响度。在条件允许的情况下，城市公共空间的选址应尽可能多地接受阳光，太阳的季节性变动和现状及拟建建筑物都必须纳入考虑范围内，这样才能接收最多的日照。对于那些夏季炎热的地区，应综合绿化种植和周边建筑物的遮蔽以实现局部遮阳和防晒。

在现有环境的制约下创造积极的公共空间，设计师应事先对场地进行日照分析，以决定哪个区域有阳光，以及什么时候有阳光，并将这一信息反馈到设计中来，以提高可接收的日照量并减少其不利效应。美国旧金山广场城市设计导则就很好地考虑到午间阳光的可及性，并鼓励设计师通过邻近钢、玻璃或花岗石建筑的反射"借用"阳光。与此同时，也要对白天和夜间的光污染现象进行适度控制，以利于人们的正常生活。

2. 积极引导和利用自然要素和人工设施，改善局地风环境

在炎热地区，应注意主导风向和绿化布置，加强通风效果，增加遮阴面积，例如采用骑楼、连廊等；设计雨水可渗透地面，保护景观水面以蒸发降温。而在寒冷地区，应安排好高大建筑物和街道布局，以避免不利风道的形成，特别是街角旋流、下沉气流和尾流是最成问题的风力效应，会影响到近地人群活动的舒适性。

例如，在雄安市民服务中心企业临时办公区的设计中，设计师基于箱式模块化的核心理念，采取了十字平面，并通过小进深底层架空等方式实现最大化的自然采光通风（图6-53）。

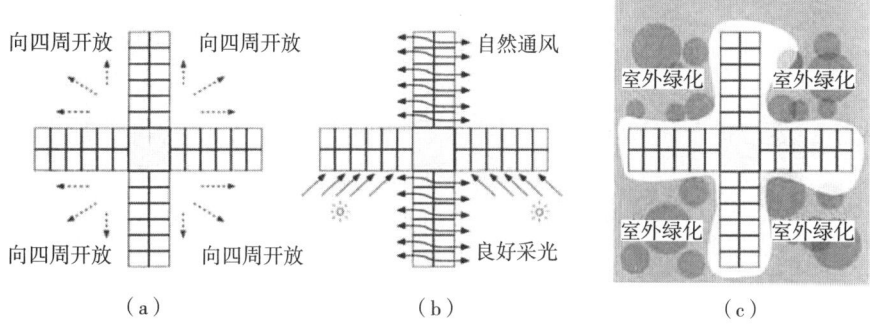

|向四周开放|自然通风|室外绿化 室外绿化|
|向四周开放|良好采光|室外绿化 室外绿化|

（a）　　　　　　　　　　　（b）　　　　　　　　　　　（c）

图 6-53　雄安市民服务中心企业临时办公区
（a）向四周开放的视野；（b）良好的采光与自然通风；（c）建筑与环境共融
（图片来源：任祖华，陈谋朦．一种新的建筑模式的探索：雄安市民服务中心企业临时办公区设计 [J].
建筑学报，2018（8）：10-13.）

　　人工设施的分布也会对其周边环境的气流产生一定的影响，可能导致局部公共空间风速过大或局部产生涡流、绕流等，给市民活动造成不便，相应针对性缓减措施包括重新设计建筑外形、调整受影响区域建筑尺度和形体之间的关系等。例如，旧金山城市分区规划就明确要求新建筑和既有建筑的扩建部分应有形体上的衔接和过渡，或采取其他挡风措施，确保不会造成地表气流超过当时风速的 10%；同时，也要求一年之中从上午 7：00到下午 6：00 之间，步行区域内的风速不超过 17.70 km/h，公共休息区域不超过 11.26 km/h。[41]

3. 综合自然和人工手法调整局部气温，优化热环境

　　在极端气候地区，当气温明显低于 12.7℃或高于 24℃时，大多数居民的户外活动时间将明显减少。这时应充分关注步行者的需求，建设一些有遮蔽的人行天桥或地下通道。除了通过室内公共空间为人们提供常年的气候庇护

外，还应注重通过城市设计手法创造半室内、半室外化的过渡空间，这样既能"有效地实现气候防护，增加环境的舒适度，又通过自然要素的引入满足人与自然接近的心理和生理需求"。[42]

例如，在一些欧美国家，常采用温室技术以使商店拥有优越的购物环境，引导消费者延长购物时间。从那不勒斯到莫斯科，购物玻璃拱廊被用于不同气候条件的城市，曾一时风靡全球。较为典型的例子有米兰伊曼纽尔拱廊商业街和莫斯科古姆拱廊百货店。在一些干热地区，常利用植被、喷泉和其他一些地方元素来实现对阳光、灰土和沙尘的控制，从而改善购物环境。例如，叙利亚大马士革有一条贯穿整个街区的连续拱廊，可在炎热的季节为购物者提供阴凉。又如，在用茅草覆盖的敞篷下，摩洛哥城镇的购物者穿越迂回于凉爽的狭窄集市，在这儿敞篷起着气候庇护者的作用，可以抵御炎热、灰尘和风沙。

4. 采取多种措施，提高公共空间空气质量

空气质量对城市空间环境的使用和城市生活的影响至关重要。街道、广场等公共空间是城市中最为繁忙的户外开放空间之一，为居民提供驾乘、步行、休闲等场所，但它同时也是城市空气污染源之一。规划设计时，可根据城市日照、风、气温等气候条件合理组织建筑群体、街道、广场、绿地等，以改善城市空气质量。针对此类场所，安妮·惠斯顿·斯珀恩初步归纳了以下措施，效果显著：

（1）防止和减少尾气排放，合理安置高污染源、兴建步行网络以减少机动车数量及降低高峰排放量等；

（2）加强气流循环，促进风的渗透，防止局部逆温的形成和长时间存在，以及避免空间封闭等；

（3）减少或去除空气中的污染物，鼓励多种植绿化隔离带；

（4）保护对污染敏感的区域，合理安排高污染区，在污染敏感者和高污染排放区之间建立保护隔离带，或将对污染敏感的功能区远离高污染区布置。

良好的城市公共空间环境效果离不开全方位的精心安排（图6-54、图6-55）。规划设计中，除了考虑上述阳光、风、气温和空气质量等因素外，还应注意以下各方面的协调：

（1）在城市公共空间活动支持方面，不同的季节应安排不同的内容，以求四季兼顾；

（2）充分考虑城市特定地域的地理环境和气候特点，选择适合地区生长的植物类型，在规划设计和环境塑造上符合季节变化；

（3）调整街道、建筑和环境设施的色彩、质感和亮度等，有助于城市公共空间环境品质的提高；

图 6-54　南京紫东地区核心区城市设计科创产业混合开放式街区
（图片来源：由东南大学建筑设计研究院有限公司，绘制）

图 6-55　南京紫东地区核心区城市设计中央商务片区及公共空间
（图片来源：由东南大学建筑设计研究院有限公司，绘制）

（4）针对不同气候条件设计和选择相应的建筑小品及街道家具，能够满足人们一年内较长的时间段中的使用需求；

（5）通过隔离噪声或消除噪声源的不同思路，合理布置建筑物，设置隔声墙或植物配置，改善城市公共空间的声环境；

（6）眩光在城市设计时也必须认真加以关注，大面积硬质广场在炎热的晴天会造成严重的问题；与之相反，在太平洋西北岸一些阴雨、多湿地区，外表过暗会显得压抑。

6.3.3 案例研究

1. 香港西九文化区规划设计项目

香港西九文化区的建设项目位于西九龙最南端，是由人工填海所形成的 40 hm² 填海区土地，面向维多利亚港，由广东道延伸至西区海底隧道入口一带，北至柯士甸道。该区域面临较差的公共交通通达性，以及较为恶劣的步行环境问题，同时西九海底隧道口、圆方综合体和九龙高铁站并排联在一起，形成超大街区划分、巨型建筑、令人望而却步的步行环境特征等，一度使得该片区成为城市生活的死角和荒漠。

西九文化区的发展愿景是"成为具备世界级文化艺术设施、卓越人才、地标式建筑及优质节目的综合文化艺术区，具有不容错过的吸引力，亦有潜力令香港成为国际文化都会"。诺曼·福斯特团队以"城市中的公园"为概念，围绕城市中的"零碳排放"文化绿地展开设计（图 6-56）。

整个概念的显著特征是将大部分建筑都紧凑地规划到一个带状城区内，从而腾出一大半的滨海基地，并将之打造为一个面积达 19 hm²、内有 5000棵树的海滨公园。主要人行道都有绿树遮阴，并设有 2.2 km 的海滨长廊；同

图 6-56　香港西九文化区规划
（图片来源：立法会 CB（2）452/11–12（02）号文件）

时经初步评估，即使气温高达 32℃，在林荫下温度可降至 24℃，从而增加了行人的舒适度。除引入大规模绿化空间外，所有车行道及停车场均置于地下，将地面留给行人。城市公园旨在利用高效、低消耗基础设施的协同系统实现碳中和评级。低能耗设计包括区域供冷和供暖、灰水回收、污水能源回收系统、废物回收、废物能源计划及本地的低碳电力生产，此外还提供太阳能和风能发电。

除连接高铁的站前广场和城市干道外，福斯特团队还进一步细化街区，在楼与楼之间留出很多空隙，让海风和海景渗透过去。整个西九文化区布局以梯级式建筑展开，北面楼宇较高、南面较矮，以减少遮挡景色。沿东西向，福斯特设有三条平行街道：北边利用现有的柯士甸道；南边是海滨长廊，向东与九龙公园相连，向西引向一个巨型海滨公园；在这两条道路中间，是一条步行的"中央大街"，也是整个带状街区的"脊柱"。

福斯特这样描绘他心中的理想城市："城市，是由小巷、街道、公共空间、公园，还有平凡的建筑群和好几颗公众的文化宝物所交织而成。"西九龙熟悉的街道格局体现在柱廊、小巷和绿树成荫的长廊的丰富组合上，这些街景让人想起兰桂坊和上海街的喧嚣，捕捉和再现香港的活力和独特的城市特色，将文化场所、日常生活和生态举措融为一体。

2. 荷兰 PARK20/20 生态办公园区设计 [43]

"从摇篮到摇篮"（Cradle to Cradle）的可持续理念，与原本工业生产中"从摇篮到坟墓"（Cradle to Grave）即"资源开采—加工制造—产品消费—废旧产品抛弃"的全生命周期模式不同，提倡向大自然学习，将所有材料视为"养分"，从"养分管理"的观念，在产品设计阶段便仔细构想产品结局，以实现物质的循环利用。

PARK 20/20 办公园区基地位于阿姆斯特丹（Amsterdam）西南的霍夫多普（Hoofddorp）的循环经济产业园区内，被认为是荷兰第一个实施"从摇篮到摇篮"的城市开发项目。其规划理念关注区域生态的连通性，增强景观生物多样性，以及工作场所的健康和福祉到邻里之间的连通性。同时，设计中高效整合了区域废弃物、能源和供水系统，以减少浪费。

在生态适应方面，威廉·麦克唐纳与合伙人事务所（William McDonough＋Partners）通过引入水系、农作物、植物和湿地等生态要素，在建筑内外、屋顶、街道和停车场等空间创造了多样的景观花园，并将其与外部生态网络相联系，从而形成了多样性和连通性兼具的景观系统。通过绘制太阳路径图和风玫瑰图，以确定被动式能源战略的最佳太阳方位与建筑朝向，并塑造舒适的微气候环境。

在水、能源、养分和材料等关键资源及其废弃物的循环利用方面，设计

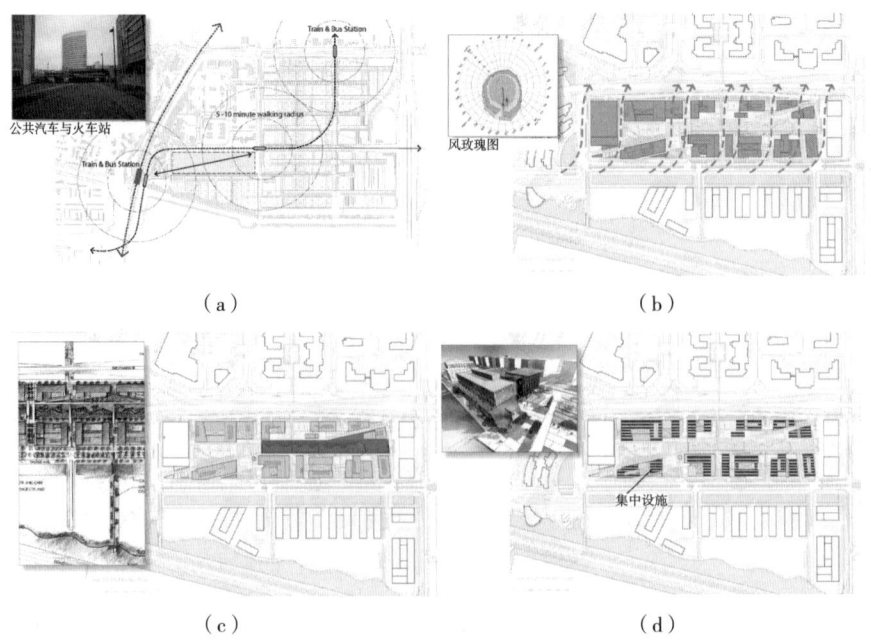

公共汽车与火车站

（a）

风玫瑰图

（b）

（c）

（d）

集中设施

图6-57　荷兰PARK20/20生态办公园区设计
（a）整体布局促进公共交通使用；（b）建筑朝向有助于捕捉现场和建筑通风的盛行微风；
（c）生物功能强大的内部花园，走廊连接场地与区域生态；（d）光伏屋顶与绿色屋顶
（图片来源：根据 PARK 20 /20：A Cradle to Cradle Inspired Master Plan，编译绘制）

基于荷兰独特的运河系统、洪水、水位稳定等条件建立废水、能源和雨水集中处理设施，并将太阳能和沼气能等清洁能源技术纳入中央设施系统之中。此外，还通过中央水生净化系统和沼气发酵系统将有机废弃物转化为有机肥料以实现养分循环，通过"建材银行"计划实现建材的循环利用模式（图6-57）。

3. 深圳湾超级总部基地中央绿轴与片区景观系统设计

深圳湾超级总部基地位于深圳市华侨城南部滨海地区，是塘朗山—华侨城—深圳湾城市功能轴的核心区之一。该片区南接深圳湾，与香港隔海相望，北倚华侨城内湖湿地，西临沙河高尔夫球场，东至华侨城欢乐海岸；南侧为东西向重要快速干道滨海大道（规划在深超总段部分下沉）及未来的广深沿江高速地下通道，同时与深圳湾口岸（深港陆路口岸）及深圳湾公路大桥相邻；城市轨道2号线、9号线、11号线（机场快线）等在该片区交会，规划穗莞深、深莞城际线和轨道29号线在该片区设站，使该片区成为粤港澳大湾区自然景观条件得天独厚、城市门户形象突出、未来城市综合开发价值极高的区域。

基地内部人群高度流动，面临极大的人群活动需求，交通流线复杂，故如何处理好人群潮汐往来、各类人群流线的疏解，化劣势为机遇也是需要思考的问题。地下几乎全部开挖，导致基地内大面积绿化用地为覆土型，植物

244

配置受到很大限制。基地较为特殊的气候状况与人群高要求之间形成错位也带来挑战，高气候需求会引导设计做出更具特色的丰富空间，在限制极大的情况下，见缝插针，打通视觉通廊；并且在组织好各类交通流线的乘车人流顺畅通行的同时，创造舒适、自然的步行公共空间（图6-58）。

设计从5个系统维度进行研究：在人群活动方面，未来人群多元密集，带来不同需求，因而对功能、流线、空间灵活性和舒适性均提出高要求；在交通系统方面，核心商务区和综合性交通枢纽未来需组织好到发流线与换乘流线，并创造良好的步行空间环境；在微气候方面，深圳的湿热气候提出了体感舒适度及城市气候优化等方面需求，风、光、热环境均需科学引导；在视觉环境方面，未来需利用周边景观的同时创造好的内部景观，提升近距离的视觉品质；在生态系统方面，周边自然资源极为丰富，整合并高效利用基地周边的生态资源，发挥本地中央公园的生态纽带作用。

深圳湾超级总部基地中央绿轴与片区景观系统以塘朗山—华侨城·深圳湾城市功能轴为绿色生态基础，以自然、科技、艺术和人性化技术力量展现新时代的生态文明为特色，集高密度建筑环境中的山海基底、城市环境与生态环境的和谐共生、顺畅连接城市公共空间和行人动线、人性化的特色功能空间和展现场地特性等功能于一体，建设具有生态性、科技性和展现生态文明的中央绿轴，成为加速超级总部基地发展的"催化剂"（图6-59）。

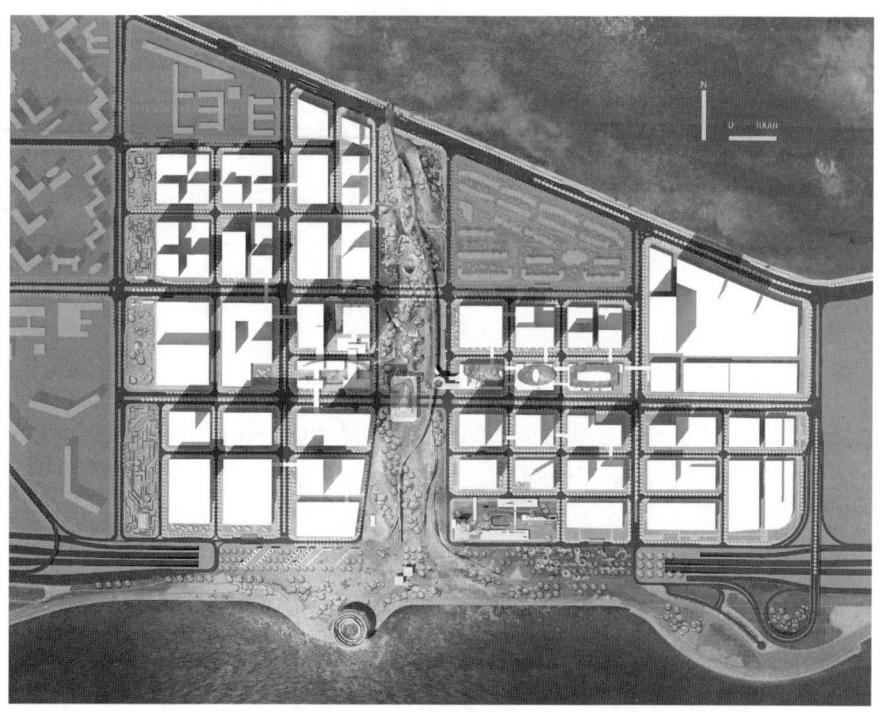

图6-58 深圳湾超级总部基地中央绿轴与片区景观系统设计总平面图
（图片来源：由东南大学及深圳大地创想景观公司，绘制）

（a）

（b）

（c）

图6-59　深圳湾超级总部基地中央绿轴与片区景观系统设计
（a）星云环廊及光纤森林鸟瞰图；（b）生态据点效果图及剖面图；（c）五百年塔效果图及剖面图
（图片来源：由东南大学及深圳大地创想景观公司，绘制）

6.4

本章小结

通过以上不同层级的绿色城市设计策略研究，可以认为城市是由各种相互联系、相互制约的因素构成的复杂巨系统。未来的城市设计应着眼于地球的多因素系统，将城市作为一个相互关联的整体来考虑和设计，强调从横向的系统联系（系统与要素）和纵向的层级联系（系统与层级）出发，把握事物运动变化的规律，尊重自然，强调整体而不是部分，最大限度地发挥其整体功能。正如波兰萨伦巴教授在《城市结构分类和环境》一文中所指出的那样：人与自然之间的空间关系会影响局地微气候，并对社会生活条件起着决定性作用。一个过度拥挤的城市，在连绵不断的建成区内部搞些小规模的绿化，对整体环境的改善作用甚微。局部的环境改善措施，不能从整体上创造一个令人愉悦的环境；整体环境效果，大多数情况下，不是依靠局部的改善措施获得的，而是在综合的整体构思基础上产生的。分散的措施会使局部地区得到一些改善，但是不能改变一个不合理的城市结构。[44]

在现实中，宏观的生态策略和规划设计理念常常在微观的开发建设中被肢解，而一些局部地段或单体建筑对生物气候设计的关注却常不能与更高层级城市空间产生良好的契合，甚至被周边恶劣的环境所抵消。因此，基于低碳可持续发展理念的绿色城市设计应从"整体思考，局部入手"，建立起从宏观到中观、再到微观的完整空间层级关系和全面、整体的生物气候适应体系，只有这样，才能实现城市环境的真正改善。本教材虽然将绿色城市设计策略的研究分为区域—城市级、片区级和地段级三个层次，但这种层级规模划分是相对的，实际上三者之间彼此相关，难以绝对区分和界定。本教材通过对各种生物气候要素、自然要素和城市人工系统组成部分的有机整合与应用，遵循生态学原理，妥善处理从微观到中观、再到宏观的不同层级之间的复杂关系，实现城镇建筑环境各系统、各层级之间合作效应的实质性优化。

思考题与练习题

1. 绿色城市设计可以从哪几个层级进行思考，其各自的关注点分别是什么？

2. 请列举两个熟悉的棕地改造利用案例，并简要分析其设计特点。

3. 在"双碳"目标背景下，区域—城市级、片区级及地段级的绿色城市设计策略有何不同，请简要分析。

参考文献

［1］ 王建国. 现代城市设计理论和方法 [M]. 南京：东南大学出版社，1991.

［2］ 王建国. 城市设计 [M]. 2 版. 南京：东南大学出版社，2004：52.

［3］ 陈天，王高远，谢冬晴. 碳友好型绿色城市设计刍议 [J]. 城市发展研究，2022，29（10）：50-60.

［4］ 傅礼铭. 山水城市研究 [M]. 武汉：湖北科学技术出版社，2004：114.

［5］ 汶武娟，林源. 从城市公园系统的初兴与发展看 20 世纪 20—30 年代中国城市绿地系统的建设 [J]. 中国园林，2023，39（8）：133-138.

［6］ HOUGH M. 都市和自然作用 [M]. 洪得娟，颜家芝，李丽雪，译. 台北：田园城市文化事业有限公司，1998：278.

［7］ 陶康华，陈云浩，周巧兰，等. 热力景观在城市生态规划中的应用 [J]. 城市研究，1999（1）：20-22+63.

［8］ 张浪 . 城市绿地系统布局结构模式的对比研究 [J]. 中国园林，2015，31（4）：50-54.

［9］ 陈国雄，史霞，尹晓波 . 保护国家珍稀动物，宁淮高速为蝴蝶让路 [N]. 金陵晚报，2004-02-17（A2）.

［10］ 张泉，黄富民，王树盛，等 . 低碳生态的城市交通规划应用方法与技术 [M]. 北京：中国建筑工业出版社，2016.

［11］ 孙娟 . 城市街区减碳规划方法集成体系 [J]. 城市规划学刊，2022（6）：102-109.

［12］ LU H. Eco-Cities and Green Transport[M]. Amsterdam：Elsevier，2020：7-12.

［13］ 王骏阳 . 库里蒂巴与可持续发展规划 [J]. 国外城市规划，2000（4）：9-12.

［14］ 顾朝林 . 气候变化与低碳城市规划 [M]. 南京：东南大学出版社，2009.

［15］ 张泉，黄富民，王树盛，等 . 低碳生态的城市交通规划应用方法与技术 [M]. 北京：中国建筑工业出版社，2016.

［16］ 董宪军 . 生态城市论 [M]. 北京：中国社会科学出版社，2002：58-61.

［17］ 毛刚 . 生态视野·西南高海拔山区聚落与建筑 [M]. 南京：东南大学出版社，2003：191.

［18］ 张浪 . 城市绿地系统布局结构模式的对比研究 [J]. 中国园林，2015，31（4）：50-54.

［19］ 岸根卓郎 . 环境论：人类最终的选择 [M]. 何鉴，译 . 南京：南京大学出版社，1999.

［20］ 刘易斯·芒福德 . 城市发展史：起源、演变与前景 [M]. 宋俊岭，倪文彦，译 . 北京：中国建筑工业出版社，1989.

［21］ 俞孔坚，李迪华 . 城市景观之路：与市长们交流 [M]. 北京：中国建筑工业出版社，2003：6-7.

［22］ 章敏霞，翟俊 . 基于景观基础设施的"新江南水乡"发展模式：以长三角生态绿色一体化示范区为例 [J]. 中国园林，2021，37（8）：115-120.

［23］ 陈天，王高远，谢冬晴 . 碳友好型绿色城市设计刍议 [J]. 城市发展研究，2022，29（10）：50-60.

［24］ 昆·斯蒂摩 . 可持续城市设计：议题、研究和项目 [J]. 世界建筑，2004（8）：34-39.

［25］ 王才强，杨淑娟 . 新加坡城市规划 [M]. 北京：中国建筑工业出版社，2022.

［26］ 徐小东 . 中观尺度的城市设计生态策略研究 [J]. 新建筑，2007（2）：11-15.

［27］ 毛刚 . 生态视野·西南高海拔山区聚落与建筑 [M]. 南京：东南大学出版社，2003：文前Ⅱ.

［28］ STONE B J，RODGERS M D. Urban Form and Thermal Efficiency[J]. Journal of American Planning Association，2001，67（2）：186-198.

［29］ 魏保军，李迅，张中秀 . 城市碳达峰规划技术策略体系研究 [J]. 城市发展研究，2021，28（10）：1-9.

［30］ 张彪，高吉喜，谢高地，等 . 北京城市绿地的蒸腾降温功能及其经济价值评估 [J]. 生态学报，2012，32（24）：7698-7705.

［31］ 郭巍，侯晓蕾 . 城市绿心若干特性探讨 [J]. 中国园林，2010，26（10）：1-5.

［32］ 周剑峰，古叶恒，肖时禹 . "双碳"目标下的高质量城市更新框架构建：基于湖南常德的城市更新实践 [J]. 规划师，2022，38（9）：96-101.

［33］ 任超，袁超，何正军，等 . 城市通风廊道研究及其规划应用 [J]. 城市规划学刊，2014（3）：52-60.

［34］ BROWN G Z，DEKAY M. Sun，Wind & Light：Architectural Design Strategies[M]. 2nd ed. New York：John Wiley & Sons Inc.，2001：82.

［35］ 王建国 . 中国绿色城市设计的概念缘起、策略建构和实践探索 [J]. 城市规划学刊，2023（1）：11-19.

［36］ 王旭 . 美国城市化的历史解读 [M]. 长沙：岳麓书社，2003：364.

［37］［38］ BROWN G Z，DEKAY M. Sun，Wind & Light：Architectural Design Strategies[M]. 2nd ed. New York：John Wiley & Sons Inc.，2001：370；376.

[39] 陈挈.城市更新中的生态策略:以汉堡港口新城为例[J].规划师,2013,29(S1):62-65+72.

[40] 徐小东.我国旧城住区更新的新视野:支撑体住宅与菊儿胡同新四合院之解析[J].新建筑,2002(2):7-9.

[41] 克莱尔·库珀·马库斯,卡罗琳·弗朗西斯.人性场所:城市开放空间设计导则[M].2版.俞孔坚,孙鹏,王志芳,等,译.北京:中国建筑工业出版社,2001:364-365.

[42] 冷红,郭恩章,袁青.气候城市设计对策研究[J].城市规划,2003(9):49-54.

[43] 高晓明,许欣悦,刘长安,等."从摇篮到摇篮"理念下的生态社区规划与设计策略:以荷兰PARK20/20生态办公园区为例[J].城市发展研究,2019,26(3):85-91+107.

[44] 萨伦巴,等.区域与城市规划[Z].北京:城乡建设环境部城市规划局内部资料,1986:114.

第 7 章

绿色城市设计数字化工具与方法

本章要点

· 本章为绿色城市设计数字化工具与方法，主要从工具、方法、趋势三个方面进行梳理、分析与总结。

· 在绿色城市设计数字化工具部分，重点介绍了 3S、BIM、CIM 等新技术，为绿色城市设计提供全面、动态的信息基础。

· 在绿色城市设计数字化方法部分，介绍如何利用数据挖掘、机器学习算法、统计分析、模型建立和仿真模拟等方法对城市环境进行全面评估和预测，进而指导城市设计方案的生成与优化。

· 在趋势展望部分，从人工智能和公众运维方面探讨了绿色城市设计的发展趋势，为未来城市发展提供更加可持续的解决方案。

近年来，随着数字地球、智慧城市、移动互联网及人工智能技术的进步，绿色城市设计的理念、方法和技术也在持续发展与演变。绿色城市设计与城市设计数字化转型密切相关，绿色城市设计中的生态维度分析和生态优先理念离不开数字化技术的支撑。与数字平台关联的绿色低碳建筑和绿色城市设计的持续科技进步与"双碳"目标达成密切相关。[1] 以人工智能和大数据为引领的新技术已越来越深地介入城市设计过程之中，绿色城市设计在保持传统设计手法的同时，呈现出全链条、数字化技术转型的新趋势（图 7 1）。

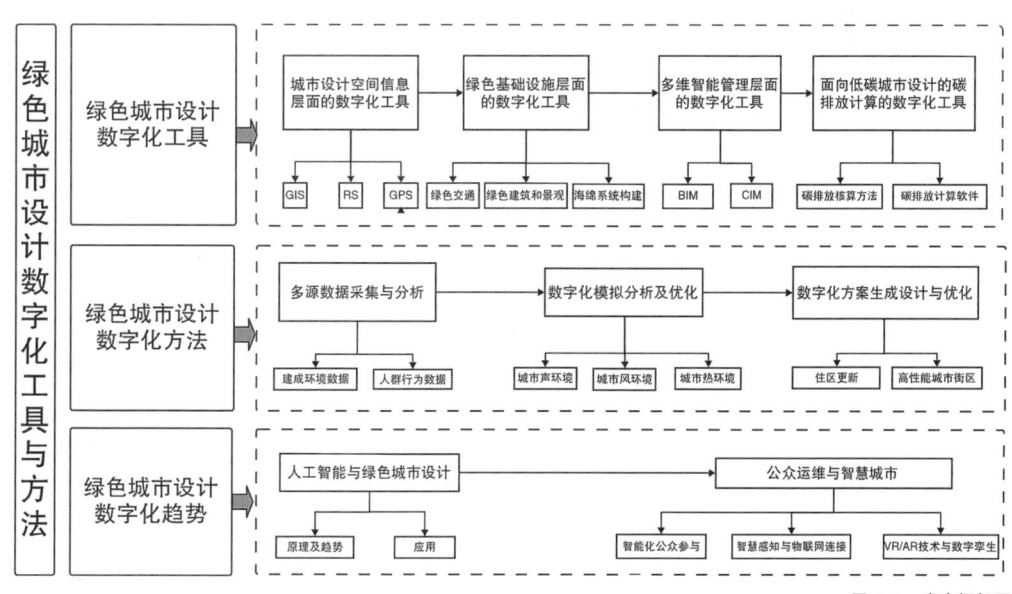

图 7-1 本章框架图

数字化工具为设计者和决策者提供了强大的工具和资源，使他们能够更准确、更科学地评估、规划、挖掘和管理城市的生态潜能。绿色城市设计数字化工具涵盖了多个领域，包括 3S 技术（GIS、RS、GPS）、建筑信息模型（BIM）、城市信息模型（CIM）、数据分析和大数据平台等。

7.1.1　城市设计空间信息层面的数字化工具

为了应对日益增长的城市挑战和需求，数字化工具帮助规划师和设计师更好地理解、分析和规划城市空间。例如 3S 技术，即地理信息系统（GIS）、遥感（RS）和全球定位系统（GPS），是一系列空间信息技术，它们在绿色城市设计中发挥着重要的基础性作用。

1. 地理信息系统

地理信息系统（以下简称 GIS）是"反映人们赖以生存的现实世界（资源与环境）的现势和变迁的各类空间数据及描述这些空间数据特征的属性在计算机软件和硬件支持下以一定的格式输入、存贮、检索、显示和综合分析应用的技术系统"。[2] GIS 具有强大的空间数据管理和分析功能，以及建立应用模型的功能，可以应用于城市设计的全过程。

GIS 在绿色城市设计中的应用主要体现在城市设计的以下阶段。[3]

在前期调研和可行性研究阶段，GIS 可以检索与地理位置相关的生态信息，进行地理空间数据查询，这些数据可以包括卫星影像、数字地图、地形地貌数据、社会经济数据等，并将数据采集和设计调查所获取的信息进行转换和输入，详细存储城市设计所需的空间信息。在得到所需的地理数据后，还需要将其导入 GIS 软件，以便进行后续的分析工作。通常，GIS 软件支持导入常见的地理数据格式文件，例如 Shapefile、GeoTIFF、KML 等（图 7-2）。

在空间数据分析之前，有时需要对数据进行预处理。例如，可以在进行空间插值之前，对高程数据进行填充空值或者降噪处理，以减少不确定性对分析结果的影响。如果需要将不同数据进行比较和分析，还可以进行坐标系的转换，以确保数据的一致性和可比性。

在设计初期阶段，运用 GIS 的空间分析功能可以进行生态因子分析综合和各项专题分析，做出城市可持续发展水平的评价；进行城市土地适宜性分区，例如保存区、保护区和开发区；归纳城市生态系统的变化规律并指出城市生态保护的方向。常用的空间分析方法包括空间插值、缓冲区分析、栅格分析、网络分析等。

在深化设计阶段，可以借助 GIS 建立空间应用模型，建立"绿色城市设计"专家系统，指导城市自然系统设计；在土地利用规划方面，GIS 技术

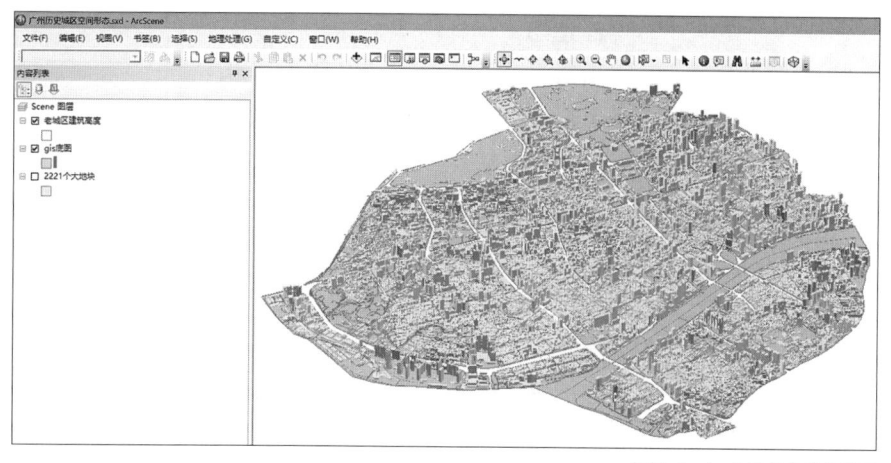

图 7-2　ArcGIS 平台操作界面
（图片来源：截图自 ArcGIS 平台界面）

可将土地利用现状和城市总体规划等数据进行叠置分析，采用数据分层的方法来编制土地利用规划图，分成点线面地物层，确定未来土地利用结构和规模，输出土地利用规划图库；在城市环境方面，GIS 技术可以帮助城市管理者实时监测和分析能源消耗和排放情况。例如，通过 GIS 技术可以监测建筑物的能源消耗情况，为城市提供更准确的能源管理建议，降低能源消耗和碳排放；通过 GIS 技术可以进行城市绿地空间布局、景观格局分析和优化、绿地生态系统服务功能评估等工作。

例如，在南京钟山风景区博爱园和天地科学园的规划设计中，设计师通过 ArcGIS 平台对场地自然地貌的坡向、坡度、水系、植被等层面进行定量分析计算（图 7-3），对场地景观特征有了较为全面整体的把握，在获取系统的元素信息的基础上，运用地理信息系统技术进行分项适宜性分析，最终提出建设干预的"适建性"概念，有力地支持了设计研究的整体性、科学性及其必要的技术深度。

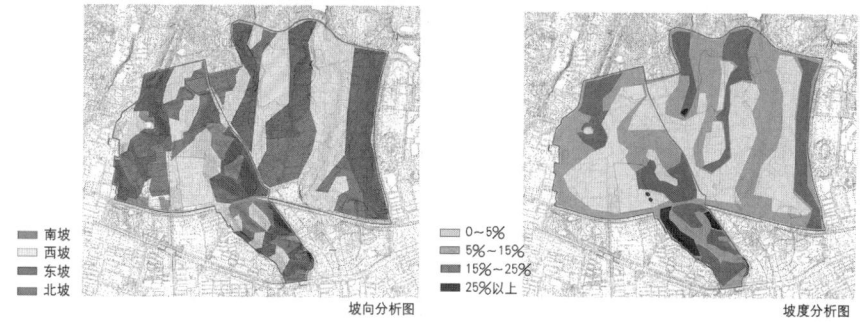

图 7-3　ArcGIS 平台坡度坡向分析
（图片来源：王建国 . "从自然中的城市"到"城市中的自然"：因地制宜、顺势而为的城市设计 [J]. 城市规划，2021，45（2）：36–43.）

2. 遥感

遥感（以下简称 RS）技术利用传感器记录和测量地球表面的电磁辐射，提供大范围、实时、非接触的地表观测数据，用于监测和分析地球表面的动态变化、自然资源的利用与管理、环境保护等领域。遥感技术具有探测范围大、资料新颖、成图速度快、收集资料方便等特点，遥感图像则具有真实、直观、实时等优点。[4]

RS 获取的大量空间数据可用于土地利用、植被覆盖、水资源分析等方面。例如，利用遥感技术可以快速获得城市植被分布情况，分析城市绿地覆盖率，指导城市的植绿、造园等绿化行为，从而增加城市的碳吸收能力。又如，利用遥感技术可以获取城市建筑高度、形状、朝向等信息，进而推算建筑能耗，指导城市能源管理，从而减少城市能源消耗和碳排放。[5]GIS 可利用遥感数据作为研究城市环境及其动态状况的有力工具。

例如，在用地环境分析阶段，设计师以宜兴市 2001 年的 ETM 影像数据进行计算机分类和人工目视解译的结果作为基本资料，在 ArcGIS 平台的空间分析（Spatial Analysis）模块支持下，得到了该地块的环境景观分类栅格图（图 7-4），[5] 并从土地利用和生态角度出发，用水域、植被、农田和建设用地四大类加以标示，从而对用地范围内生态条件和建设现状有了一个直观的了解，为下一步的深入分析和设计作好铺垫。

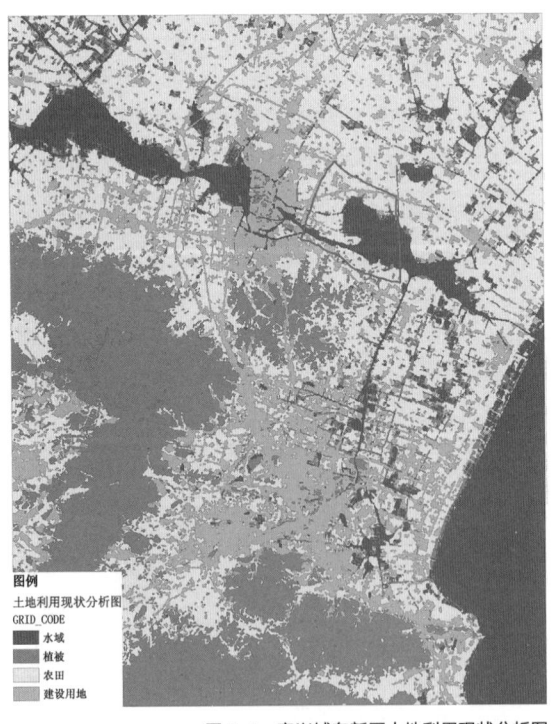

图 7-4　宜兴城东新区土地利用现状分析图
（图片来源：徐小东，王建国 . 绿色城市设计：基于生物气候条件的生态策略 [M]. 南京：东南大学出版社，2018.）

3. 全球定位系统

全球定位系统（以下简称 GPS）可用于确定地球上的位置和时间，其由一组位于太空中的卫星、地面控制站和接收设备组成。目前国内常用的 GPS 为中国自主开发的北斗卫星导航系统。GPS 技术可以帮助我们收集城市中人、车等流动物体的活动信息。在绿色城市设计中，GPS 可用于城市交通管理、空气污染监测、城市噪声污染监测等方面。

GPS 定位技术可以调研坐标的精确定位。尤其是在大型河湖水面、旷野郊外、丘陵山区等不易以标志物定位的地区，通过 GPS 定位技术可以精确确定观测点位置，并对整个空旷地段进行网格化图像获取，最后将各点图像及各点坐标输入计算机进行链接，从而获得精确而完整的场地内各点的空间信息。

通过 GPS 技术可以实现城市交通拥堵情况的监测和路线优化，从而减少汽车的二氧化碳排放和能源消耗。设计师托马斯提出了一种基于 GPS 技术的垃圾收集项目"智慧垃圾管理（Smart Trash）"（图 7-5）。该项目建立一个浏览器和移动应用程序，可以让市民通过提交垃圾标记，帮助城市规划者更好地了解和管理城市垃圾处理系统的整体需求，从而促进城市环境清洁和垃圾分类工作的推进。

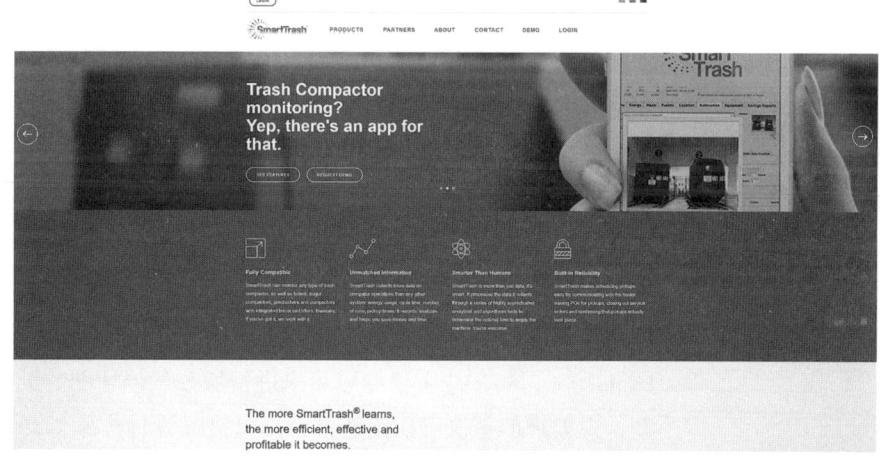

图 7-5 Smart Trash 界面
（图片来源：截图自 Smart Trash 官方网站）

7.1.2 绿色基础设施层面的数字化工具

绿色基础设施是构建可持续城市的重要组成部分，它涵盖了城市的交通、供水、能源、排水和通信等基础设施系统。在绿色基础设施的规划、设计和管理领域，数字化工具发挥着重要作用。

1. 绿色交通

城市交通系统构成了城市空间结构的基本骨架，城市交通方式在很大程度上决定了城市空间结构的物质形态特征。[6] 在城市之中，人流、物资流、信息流组成的庞大的机动性系统已经成为主导今天城市发展的重要因素。

一些绿色交通的数字化工具可以利用信息技术和数据分析来促进可持续交通和减少交通对环境的影响。出行规划应用程序通过整合实时交通数据、公共交通时刻表和路径规划算法，帮助用户选择最佳的出行方式和路线。共享出行平台通过在线平台或手机应用程序，提供共享汽车、自行车、滴滴打车等出行服务。这些平台的目标是优化车辆利用率，减少私人车辆的数量，降低交通拥堵和碳排放。智能交通管理系统（Intelligent Transportation System，ITS）利用传感器、通信和信息技术，实时监测和管理交通流量。它可以提供交通信号优化、拥堵监测和管理、停车管理等功能，以提高交通系统的效率和减少环境影响。

2. 绿色建筑和景观

绿色建筑和景观设计采用一系列节能、环保和可持续设计原则，旨在创建更健康、更环保、可持续的建筑和景观空间。这些设计原则不仅考虑建筑和景观的外观和功能，还注重其对环境、社会和人类健康的影响。

新加坡多种类型的建筑中，应用立体绿化技术与建筑空间的有机结合，在高密度人工环境中增加了自然的氛围，在美化建筑环境的同时也提升了建筑热舒适度，减少建筑能耗。例如天际线（Skyline）组屋中，在不同高度的空中连廊结合屋顶花园展开；绿洲酒店结合建筑立面和退台空间，设置多层次立体绿化；滨海湾花园、星耀樟宜则在室内塑造出大尺度模仿自然山体甚至瀑布的立体绿化。

新加坡注重城市绿化对室内外微气候的作用。新加坡国立大学黄玉贤教授团队开发的地产环境评估筛选工具（Screening Tool for Estate Environment Evaluation，STEVE）模型可用来进行城市气候地图的制作。利用 STEVE 模型，规划师们不仅可以迅速模拟出其规划设计方案对环境温度带来的影响，还可以找出区域中气温较高的"热点"地区进行重新设计，例如通过增加绿化面积、减少环境中的天空开阔度（Sky View Factor，SVF）等，以达到整体更好的热舒适性（图 7-6）。STEVE 模型计算简洁，并且具有一定的准确性，有利于营造出良好的室外热环境，降低城市热岛强度。

3. 海绵系统构建

城市海绵系统以模拟自然海绵的功能为基础，通过建立一系列绿色基础设施来管理城市的雨水、洪水和污水，从而实现可持续发展的城市设计理

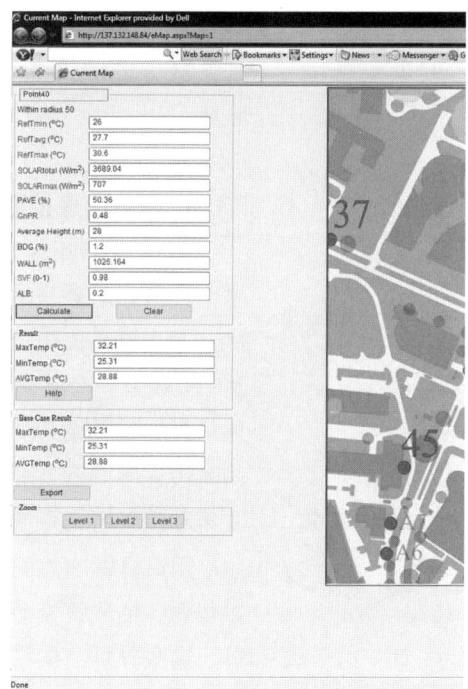

图 7-6　城市微气候预测 STEVE 模型
（图片来源：JUSUF S K，WONG N H.
Development of Empirical Models for an
Estate Level Air Temperature Prediction
in Singapore[C]//Proceedings of the Second
International Conference on Countermeasures to
Urban Heat Islands，2009：21-23.）

念。例如，在烟台芝罘湾绿色城市设计中，在整体上从近海水域到陆地，通
过"离岸藻礁—生态海堤—植被防护带—海绵城市"四个层次构建生态空间
修复体系。同时，通过设置中央储水池，结合向外延伸的城市绿化带及公园
绿地，构建全局性的生态海绵框架；雨水花园和生态过滤槽的建造，要充
分强调自然渗透和雨水的灌溉利用，创建可自然吸水、智能管理的海绵生态
城市。

7.1.3　多维智能管理层面的数字化工具

多维智能管理层面的数字化工具涉及各种技术和系统，例如人工智能、
大数据分析、云计算、物联网等。这些工具能够收集和处理大量的数据，从
而提供全面的城市信息和洞察力。通过数据分析和模拟，城市管理者可以了
解城市的各个方面，从而制定更科学、有效的管理策略。物联网（IoT）技
术通过在城市中部署传感器网络，可以实时监测城市的各种环境参数，如空
气质量、噪声水平、气温等。这些传感器数据可以被集中收集、分析和利
用，以提供有关城市绿色性能的信息，从而实现城市能源、水资源、垃圾处
理等方面的实时监测和管理。

利用大数据技术和分析工具，可以处理和分析海量的城市数据，揭示
城市的绿色性能和趋势，识别城市的绿色优势和潜在问题，并为决策者提

供指导和建议。通过智能手机、移动应用、移动支付等技术，提供城市公共服务的便捷性和普惠性，例如在公共交通、环境保护、社会治理等领域。

1. 建筑信息模型（BIM）

BIM（Building Information Modeling）是一种数字化的建筑信息模型技术，目前相对较完整的是美国国家 BIM 标准（National Building Information Modeling Standard，NBIMS）的定义："BIM 是设施物理和功能特性的数字表达；BIM 是一个共享的知识资源，是一个分享有关这个设施的信息，为该设施从概念到拆除的全生命周期中的所有决策提供可靠依据的过程；在项目不同阶段，不同利益相关方通过在 BIM 中插入、提取、更新和修改信息，以支持和反映各自职责的协同工作。"[7] 目前，在建筑设计阶段与设施运营阶段应用最具影响力的软件有 Revit（图 7-7）。Revit 具有强大的分析功能，可以帮助评估建筑模型的性能，例如可以进行能耗分析、光照分析、结构分析等。这些分析结果将有助于设计师做出更准确的设计决策，并提高建筑的效能。通过 Revit 软件，设计师可以实现与团队成员进行协作和共享设计数据。Revit 提供了强大的版本控制和冲突检测功能，可以帮助团队成员更好地协作。此外，设计师还可以使用 Revit Server 或 BIM360 等平台进行远程团队协作。

可持续或者绿色分析软件可以使用 BIM 模型的信息对项目进行日照、风环境、热工、景观可视度、噪声等方面的分析，主要软件有国外的 Echotect、IES、Green Building Studio，以及国内的 PKPM 等。

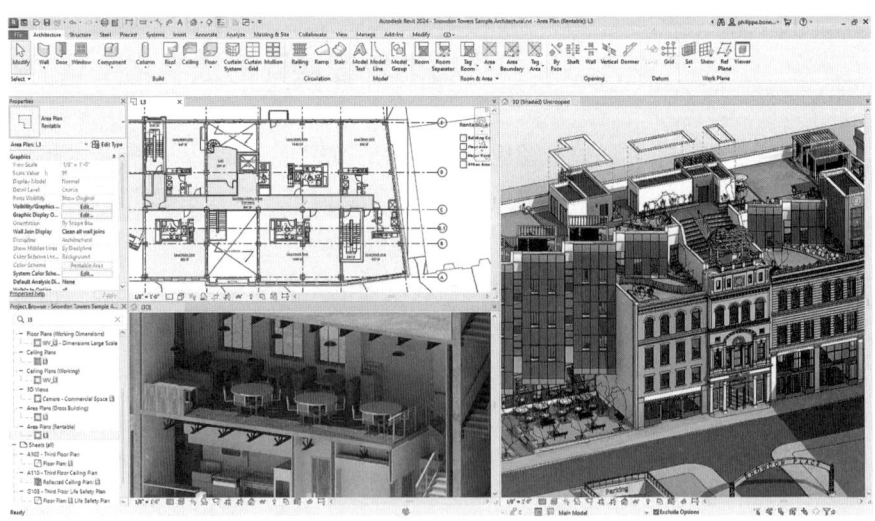

图 7-7　Revit 操作界面
（图片来源：截图自 Autodesk 官方网站）

2. 城市信息模型（CIM）

城市维度的信息化模型是 CIM（City Information Modeling），其不仅包括建筑物和基础设施的信息，还包括城市的整体规划和管理。CIM 以建筑信息模型、地理信息系统、物联网等技术为基础，整合城市模型数据及城市感知数据，构建三维数字空间城市信息有机综合体，并以此规划建造管理城市。在规划设计阶段，CIM 可提供三维化的信息环境，为规划设计方案提供分析、评估、模拟、推演的工具。在建设施工阶段，CIM 可提供更为整体性的综合解决方案，从而协同不同的建设单位和相关机构，做出更为合理的施工组织。在管理运营阶段，CIM 可提供涉及时空关系的各类要素和信息，辅助各方评估、监测、预警、决策城市中各个方面的需求，并作为基础性的系统去支持更多城市社会、经济、环境、人文等开放性的创新应用。基于 CIM 这个空间操作系统，数字城市可更为精准、更为系统、更为动态地应对城市病，如交通拥堵、环境污染等。[8]

埃斯里城市引擎（Esri CityEngine）是一个三维城市设计软件，可以用于创建大规模城市环境的模型（图 7-8）。其使用规则语法来生成城市模型，用户可以定义各种规则和约束条件，从而自动生成具有真实感的城市环境。埃斯里城市引擎可以与地理信息系统 ArcGIS 平台无缝集成，可以与 ArcGIS 平台中的地理数据进行交互，实现从城市规划到空间分析的全流程工作。在城市引擎中，使用程序建模语言 CGA，通过可视化交互工具和 CGA 脚本方式的创建、修改规则，将 CGA 规则文件直接拖放到需要建模的地块，软件将根据规则将所有的建筑物模型批量建好。

2005 年在上海世博会园区的规划设计过程中，曾研制并应用了上海世博园区智能模型（Campus Intelligent Model）（图 7-9）。这一模型后被扩展应用到城市与城区范围，与城市的规划、建设、管理相结合，衍生出城市智能模

图 7-8 Esri CityEngine 生成建筑物
（图片来源：引自 ArcGIS CityEngine 官方网站）

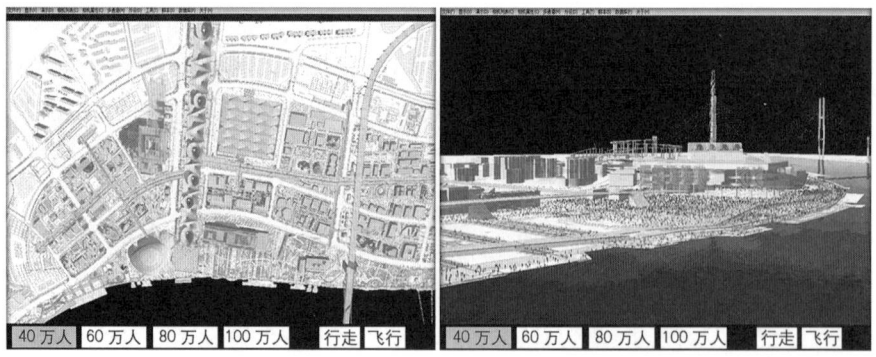

图 7-9　上海世博会园区智能模型
（图片来源：吴志强，甘惟，臧伟，等．城市智能模型（CIM）的概念及发展 [J]. 城市规划, 2021, 45（4）：106–113+118.）

型（City Intelligent Model，CIM）的概念。[9]

　　由麻省理工学院可感知城市实验室（Senseable City Lab）开发的"实时新加坡"（Live Singapore）计划（图 7-10），建构了一个包含移动通信、交通系统、天气信息于一体的数字化城市监测平台。这是一个允许收集、处理和分发来自城市的实时数据的平台，通过橙色和蓝色色带的宽度表达新加坡的港口、机场与全球各大口岸的联系情况。在这个平台上，开发人员可以共同开发并搭建多个应用程序，利用公民的创造性潜力从实时数据中提取新的价值。

　　"实时新加坡"平台可以提供有关能源利用、交通状况和气候变化等方面的数据，从而帮助城市规划师和设计者进行绿色基础设施的规划和优化。通过平台收集的数据，可以了解城市中不同区域的能源消耗情况、交通拥堵程度和空气质量等信息，以便针对性地制定节能减排和交通优化策略。

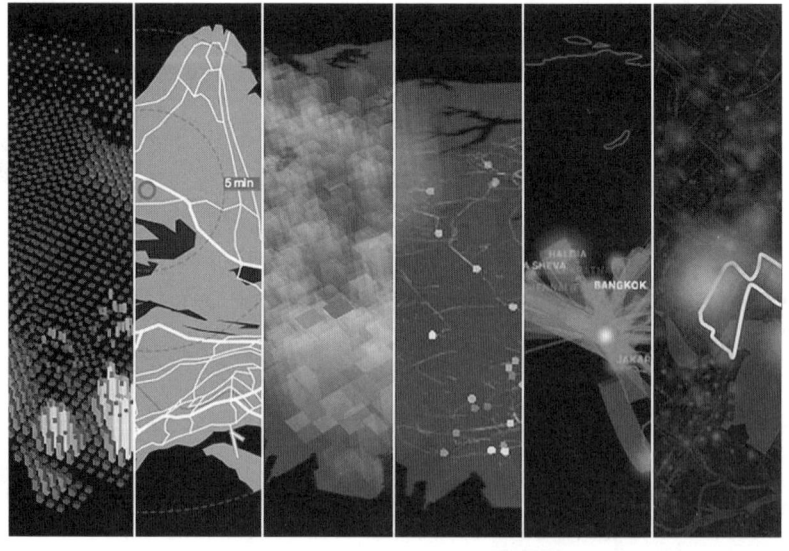

图 7-10　实时新加坡（Live Singapore）计划
（图片来源：引自麻省理工学院官方网站）

7.1.4　面向低碳城市设计的碳排放计算的数字化工具

1. 碳排放核算方法

通过软件、平台等数字化工具对绿色城市设计方案评估，是绿色城市设计前策划和后评估的关键。从 20 世纪 90 年代起，国际上许多国家都相继推出了适合本国国情发展的绿色评价体系，包括新加坡的 Green Mark、加拿大的 LEED Canada、日本的 CASBEE、澳大利亚的 Green Star、新西兰的 NZGBC 及中国香港的 BEAM Plus 等。以美国的 LEED 为例，它主要为建筑及社区提供第三方的认证。如果建筑或社区在节能、节水、减少二氧化碳排放、提高室内生活品质等方面符合建筑的评价指标体系，并在材质及节能方面有突出的性能，则有机会获得 LEED 认证。LEED 认证几乎适用于所有的建筑类型，共有 6 个认证体系，包括面向新建筑的评估体系（LEED for New Construction，LEED-NC）和社区规划与发展评估（LEED for Neighborhood Development，LEED-ND）。在评价的基础上，若需要进一步对"绿色""低碳"进行量化评估，则需要开展定量化计算。碳排放计算是定量化表达建筑碳排放趋势、研究碳排放影响因素、进行零碳适宜路线研究的基础。对于碳排放核算方法，主要有 5 种，如表 7-1 所示。

碳排放核算方法　　　　　　　　　　　　　表 7-1

类别	优点	缺点	适用对象
碳排放因子法	便于计算，有大量实例可参考	各个碳排放因子库差异较大，对地域性和时效性要求较高	自然排放源较简单的情况
质量平衡法	节省人力、物力，费用较少	数据获取困难，中间过程多	自然排放源较复杂的情况
实测法	测算精度高	数据获取困难，可操作性低	小区域内，便于获取一手监测数据的自然排放源
模型分析法	数据直接，结果准确	局限性大，模型参数的时间、空间代表性不明确	森林或土壤的排放量
投入产出法	便于分析各部门、各行业相关领域与碳排放量的关系	估算性数据，精确性低	宏观经济、行业的测算

其中，碳排放因子法是目前应用范围最为广泛、最为普遍的方法。目前，建筑领域碳排放核算采用的方法是基于《2006 年 IPCC 国家温室气体清单指南》的排放因子法，其基本思路是根据指南给出的温室气体排放清单列表，针对每种排放源调研其活动水平数据与碳排放因子，两者的乘积即为碳排放估算值。

城区作为介于城市与街区之间的尺度，同时具有两者的碳排放与能源消耗特点。IPCC 评估框架将主要的碳排放来源划分为 8 个板块，分别是城镇建筑、工业、交通、水资源、废弃物、生态空间、可再生能源、道路设施（图 7-11）。这 8 个碳排放评估分类和一般地方政府城市规划建设管理职能分类直接匹配，其排放／清除／替代功能和主要城市规划建设减排节能政策手段可以对接，能明确了解不同政策手段（和相关负责的政策实施职能部门）在城市整体减低温室气体排放中的角色与责任。同时，该碳排放评估方法会直接提供明确的减排指标分解，成为政策手段的具体操作指导标杆和监控减排进度的定量依据。设计人员可从设计文件及信息库中获得相应的规划数据，并提取活动量水平，从而评估整个城区的碳排放。

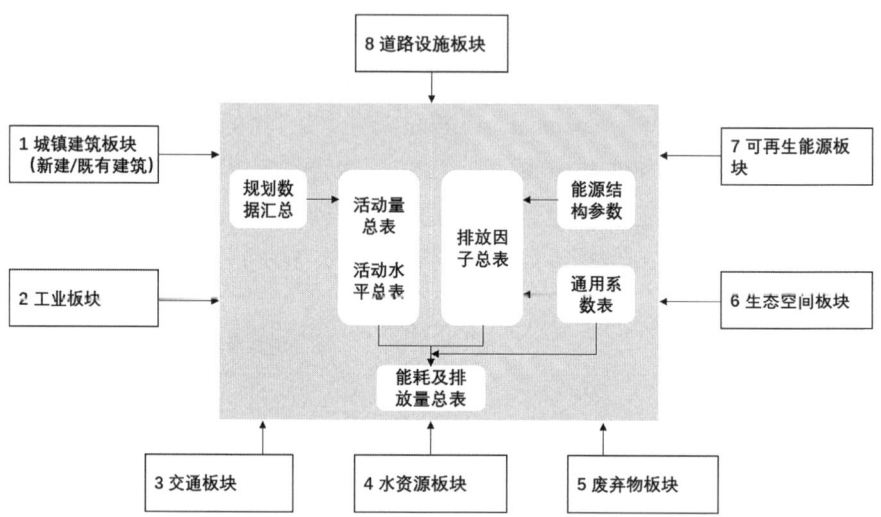

图 7-11　基于 IPCC 指南的城市碳排放评估模型
（图片来源：叶祖达，王静懿 . 中国绿色生态城区规划建设：碳排放评估方法、数据、评价指南 [M]. 北京：中国建筑工业出版社，2015.）

2. 碳排放计算分析软件

目前，碳排放计算方面已有相关标准政策、文献研究和软件。各个国家的研究机构也开发了建筑全生命周期的评价工具，例如加拿大的雅典娜建筑物影响评估器（Athena Impact Estimator for Buildings，AEB），旨在根据国际公认的生命周期评估（LCA）方法来评估，以及英国的简化建筑能耗模型 SBEM 等。2019 年 4 月 9 日，中国发布了《建筑碳排放计算标准》GB/T 51366—2019，并于 2022 年 4 月 1 日实施了《建筑节能与可再生能源利用通用规范》GB 55015—2021，规定"新建的居住和公共建筑碳排放强度应分别在 2016 年执行的节能设计标准的基础上平均降低 40%，碳排放强度平均降低 7 kgCO$_2$/（m^2·a）以上"，并规定"建设项目可行性研究报告、建设方案和初步设计文件应包含建筑能耗、可再生能源利用及建筑碳排放分析报告"等。目前，中国应用最广、发展最快的建筑碳排放计算软件有东南大学开发的东禾碳排放计算分析软件、绿建斯维尔碳排放计算软件CEEB、PKPM碳排放计算软件CES等，这些均是现在比较流行的碳排放定量计算的工具（表7-2）。

国内碳排放计算分析软件 表7-2

软件	东禾碳排放计算分析软件	绿建斯维尔碳排放计算软件CEEB	PKPM碳排放计算软件CES
建材生产 建材运输	①导入东禾格式和广联达格式建材信息； ②同步上传的BIM模型数据； ③按照建材生产阶段的比例估算	①导入建材量清单；根据建筑模型自动计算建材量； ②选取工程指标参考，快速获取建材种类和用量	①导入建材量清单； ②根据建筑模型自动计算建材量； ③按面积估算主要建材量（仅限钢筋、混凝土）
建筑运行	输入建筑基本信息、热水、照明、电梯、暖通、天然气、光伏系统、太阳能热水系统的详细数据后计算	设定空调系统、冷热源、电梯、生活热水等相关参数后逐时动态模拟运行能耗	
建造拆除	①输入机械台班数和规格型号进行计算； ②自定义该阶段占建材生产阶段的比例进行估算		①输入机械台班数和规格型号进行计算； ②经验系数法：按建筑体量估算； ③自定义该阶段占全生命周期总碳排放的比例进行估算
绿化碳汇	输入不同种类绿化的面积后计算		

建筑碳排放的计算需要较为完整的建筑信息，同样的，城市尺度的碳排放计算也需要大量的城市用能数据支撑。2019年10月，谷歌发布城市碳排放分析工具EIE（Environmental Insights Explorer）。EIE对谷歌地图提供的交通和建筑数据及开源的碳排放数据进行了整合，提供了建筑碳排放、交通碳排放、总体碳排放、潜在绿色能源四类数据，旨在帮助人们了解可以通过哪些措施降低碳排放，例如通过建设更多的自行车道或者在房屋屋顶安装太阳能板，但每个地区的数据都受到该地区数据开放程度限制。

3. 碳排放计算与城市设计

除了地图商之外，城市设计人员也在面向低碳城市设计的数字化工具开发方面做了大量的工作，并更加注重解决碳排放计算与城市设计之间的关系。佐佐木（Sasaki）在2023年8月发布了"碳良知"APP（图7-12），将不同的景观、建筑和生态系统元素整合到数据库中，创建了一个方便设计组合与迭代的用地类型场景合集数据库。"碳良知"APP包含148个常用景观场

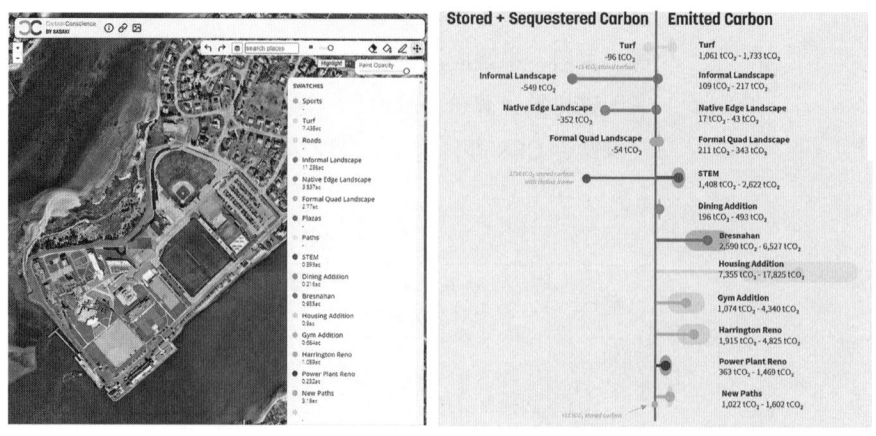

图 7-12 "碳良知" APP 界面
（图片来源：截图自"碳良知"APP）

景的材料和产品类别的景观基准材料数据库，以及基于大量引用文献的、对生态系统及植物固碳的新模型，该模型包括了对生物量、土壤有机碳和同生碳等内容的碳测算，使对不同应用场景下的隐含碳排放及碳汇评估更为全面准确。

世界资源研究所等机构于 2013 年 9 月 12 日发布了"城市温室气体核算工具（测试版 1.0）"，2015 年 4 月 2 日发布了"城市温室气体核算工具 2.0"。此工具的开发主要依据 IPCC 国家温室气体清单指南。核算工具以 Excel 为平台搭建，由 57 个 Excel 工作表和相关公式、程序组成。其中，工作表包括 1 个主菜单工作表、1 个工具使用说明工作表、33 个活动水平数据录入相关工作表、9 个排放因子数据录入相关工作表，以及 10 个计算结果相关工作表，此外还包括 3 个隐藏的数据汇总和中间运算过程工作表。从功能上看，工具分为数据输入和数据输出两大模块。数据输入模块包括城市基本情况录入、"全球增温潜势"值录入、活动水平录入和排放因子录入四部分，数据输出模块包括计算温室气体排放和查看核算结果两部分（图 7-13）。

加拿大多伦多市与 C40 计划合作开发了一款城区碳排放评估工具，并应用在多伦多市唐河口项目内的一个次城区西唐河口区，用来衡量不同情景下的碳排放水平，公开给予公众使用参考。该工具由 Excel 编制而成，左侧为建筑控制模块，包括每栋建筑的地块所在、功能类型（图 7-14）；中间是不同减排策略的实施程度，该部分可由用户自行控制；最右侧则实时更新碳排放的评估结果。

当前，面向低碳城市设计的数字化工具的开发面临着几个重要挑战。首先是绿色低碳评价指标的量化问题，即如何明确定义和量化评价城市设计中的绿色低碳要素。其次是在城市数据和低碳路径优化方面的挑战，需要充分利用城市数据来优化低碳城市设计的路径和方案。最后，如何在城市设计的

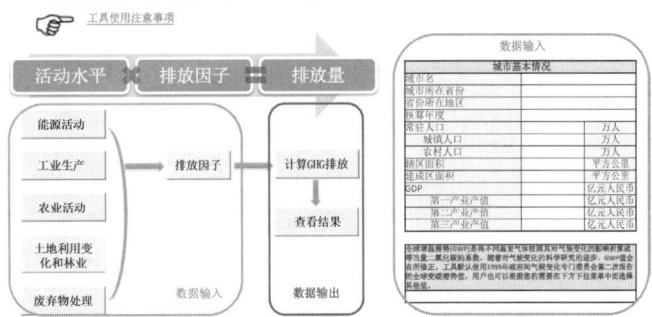

图 7-13 城市温室气体核算工具主菜单界面
（图片来源：截图自城市温室气体核算工具（测试版 1.0））

图 7-14 多伦多市碳排放评估工具
（图片来源：引自 WATERFRONToronto 官方网站）

各个阶段有效地应用低碳计算也是一个关键问题。未来，低碳城市设计数字
化工具的发展方向将着重于解决这些挑战，努力实现评价指标的明晰化与量
化，充分利用城市数据优化低碳设计路径，并将低碳计算渗透到城市设计的
各个阶段。

7.2 数字化方法绿色城市设计

数字化方法为绿色城市设计带来了许多优势。通过运用统计分析、模型
建立和仿真模拟等技术，能够对城市环境进行全面的评估和预测。例如，通
过数据挖掘和机器学习算法，可以发现城市能源消耗的潜在模式，预测未来
发展趋势。同时，基于仿真模拟，可以模拟城市交通流、能源利用、空气质
量等情况，评估不同设计方案的效果和影响。在方案生成和优化方面，结合
优化算法和决策支持系统，能够对不同方案进行比较和评估，找到最佳的绿
色城市设计策略。此外，通过建立数字化城市监测平台和智能交通管理系
统，可以实时监测城市的能源消耗、交通流量、环境质量等指标。这些数据

反馈能够帮助城市管理者做出及时决策，优化城市运行，实现城市的可持续发展。

7.2.1 多源数据采集与分析

在城市设计的数据采集阶段，可以通过数字化技术对城市空间的数据（如建筑、道路、山体、水系等）进行计算机全自动或半自动抓取。[10] 常见的此类采集技术包括建筑空间抓取技术、高清遥感影像技术、高程等高线抓取技术及物理环境数据抓取技术等。基于数字化的城市基础数据采集技术，不仅可以在较短时间内获取城市基础空间数据和相关数据的一手资料，还可以保证数据的时效性。

城市大数据与绿色城市设计的结合是当今城市规划设计领域的重要趋势。通过分析和挖掘大数据，可以了解城市居民的出行模式、能源消耗情况、环境质量等方面的数据。这些数据能够揭示城市的现状和趋势，帮助规划者更准确地评估城市的环境影响，制定相应的绿色策略和措施。

1. 建成环境数据

建成环境数据就是对城市和建筑物已建成部分的环境参数和特征进行测量和记录所得到的数据。它涵盖了城市形体空间方面的形态数据，土地利用及业态方面的功能数据，以及物理环境品质方面的性能数据，反映了建成环境的相关属性。生态要素数据通常包括城市建筑、道路、山体、水系等类型，例如通过高程抓取技术获取山体的三维模型数据形成数字高程模型（Digital Elevation Model，DEM）。城市空间环境数据通常包括风、声、热等物理环境，主要以现场实测数据和物理环境模拟相结合的方式获取城市的物理环境资料。

地方政府和城市规划部门是城市数据的一大重要来源。地方政府和规划部门会收集和维护城市的基础设施信息，包括道路、桥梁、排水系统、供水系统、电力网络等。许多地方政府和城市规划部门会在其官网上提供数据下载页面，这些页面通常列出了可供公众下载和使用的城市建设相关数据集。

OpenStreetMap（OSM）开源地图可以获取路网数据。OSM 提供的数据包括道路、街道、高速公路、铁路、公交线路等交通信息，城市和乡村地区的建筑物轮廓、类型等建筑信息，海拔高度、山脉等地形数据，以及国家、州、省、城市等行政区划边界。

2. 人群行为数据

现在有许多网络数据采集的工具可以使用。例如八爪鱼等大数据采集软件（图 7-15），用户可以输入或粘贴目标网站的 URL，使用八爪鱼的图形化界面，通过拖拽和配置，自动抓取和提取目标网站上的数据。Python 是一种强大的编程语言，其中包含许多用于网络数据采集的库和框架，用户可以选取适合的 Python 库进行网络数据采集，再对提取的数据进行必要的处理，如清洗、格式化等。

又如 Google Earth 中的 Panoramio 图层。用户可以将他们在地球上任何一个地方拍的照片上传到 Panoramio。谷歌将审核这些照片的真实性和清晰度，确认后这些照片将被发布，并且在照片拍摄地作出标记。一个地方作出的照片标记越多，也就意味着这个地方的受关注程度越高。通过对其中的数据采集，汇总形成基于 POI（兴趣点或地图注点，Point of Interest）的人群分布和城市意象数字地图。

编者团队在芜湖总体城市设计中基于手机信令数据的人群活动地图及基于 POI 大数据进行产业业态分析（图 7-16），在海量信息整体采集和实地调研之间做到有机结合，为后续城市设计工作奠定了坚实基础。

7.2.2　数字化模拟分析及优化

当前城市设计已能够通过数字化技术模拟光、热、风、声等环境要素的动态和分布，继而分析这些要素与城市建筑物理环境的关系。城市物理环境包括城市建设过程中城市空间所产生的热环境、风环境和声环境等要素。[10]

图 7-15　"八爪鱼"操作界面
（图片来源：截图自软件界面）

267

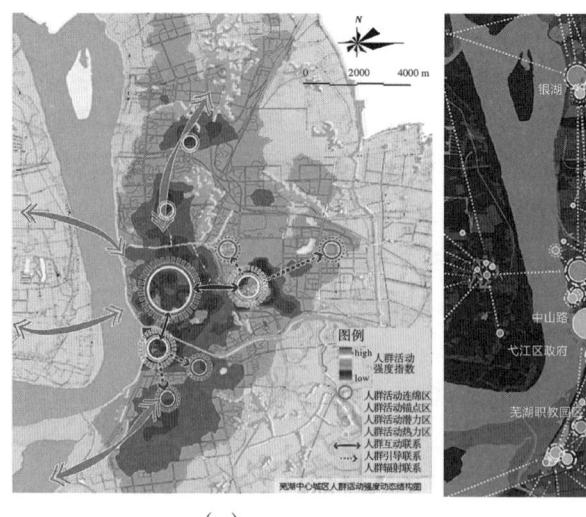
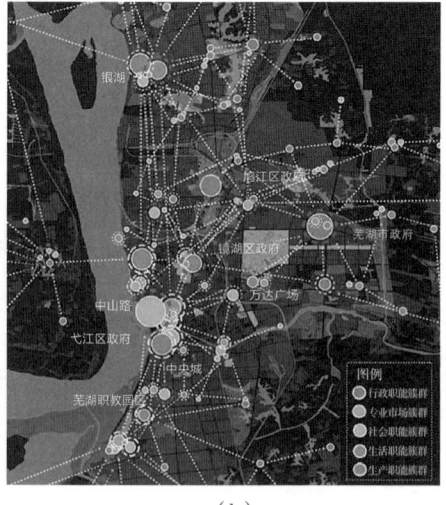

（a）　　　　　　　　　　　　　　　　　　（b）

图 7-16　基于大数据的城市规划分析
（a）基于手机信令数据的人群活动分析；（b）基于 POI 数据的产业业态分析
（图片来源：王建国 . 基于人机互动的数字化城市设计：城市设计第四代范型刍议 [J]. 国际城市规划，
2018, 33（1）: 1-6.）

在城市设计迈向生态化、数字化的背景下，城市物理环境和微气候等研究方向逐渐成为研究热点。国际上对城市物理环境与城市空间关系的耦合研究可以追溯到 19 世纪初卢克·霍华德（Luke Howard）的《伦敦气候》，[11] 其通过对伦敦 10 年（1807—1816 年）的气温整理，观测到热岛现象等城市所特有的物理环境问题，从此开始了系统化的城市物理环境研究。

1. 城市声环境

对城市声环境影响最大的是交通噪声。城市声环境模拟分析技术就是通过对城市噪声进行实测和模拟，从而对城市中噪声敏感区进行声学仿真。[10]

首先，声环境分析的工作流程以空间格栅样本点的现状实测为起点，收集真实的噪声数据，并进行实测数据与模拟数据的校核，以确保模拟结果的准确性。其次，整理并将实测数据录入声环境模拟软件（如 Cadna/A、SoundPlan）中，[12] 在输入建筑、道路、轨道和三维视角等一系列参数后，进行全面的噪声环境模拟计算。最后，依据国家和各城市的噪声控制标准，对设计地块进行噪声分区划分。通过对设计方案进行声环境模拟评估，能够客观评判方案的效果，并进行相应的优化调整。

例如，郑州市的主要噪声源于交通干道及交通枢纽等。通过 SoundPlan 软件对古荥大运河内的声环境进行模拟，生成该范围内整体的噪声分布情况。古荥两岸按照主要桥梁划分，存在 4 段噪声重度污染区、3 段噪声中度污染区和 5 段宁静区。遴选出运河两侧的声景观类型，具体包括水体声景观、

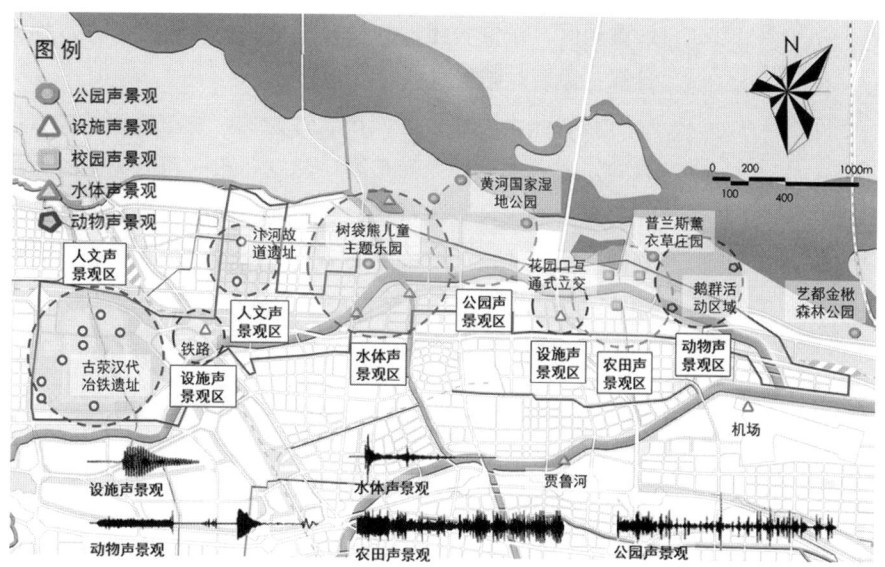

图7-17 古荥大运河基地声环境数字化综合分析

（图片来源：朱骁，章飙.基于多源物理环境数据分析的生态城市设计探索 [J]. 中国园林，2020, 36（4）: 88-93.）

动物声景观、公园声景观、设施声景观、农田声景观与人文声景观六大声景观类型（图 7-17）。

2. 城市风环境

风是重要的城市气候要素之一。通过改善城市风环境，可以有效缓解城市生态环境恶化问题。scSTREAM 是一款通用结构化网格的流体分析软件（图 7-18），可用于多种流体（如气体、液体）分析，支持 CAD、Revit、Rhino 等软件输出模型格式，在建筑和城市设计领域主要用于针对空气流体的风环境模拟。首先可以在软件中创建分析模型，然后导入 CAD 等数据，

图7-18 风环境模拟
（图片来源：截图自软件操作界面）

设置地区，设置各组件的材料属性，设置边界条件，划分和生成网格并进行计算，最后对结果进行可视化。

以徐州大郭庄片区城市设计为例，通过城市风模拟优化，顺应城市主导风向，结合水系和绿带布局，建立"东—西"为主的通风廊道系统和"南—北"为主的防风廊道系统。南北向道路相对于东西向道路采用"窄断面—密路网"的模式，通过窄断面与行道树的错位布置相结合可以有效降低冬季风速（图7-19）。最后，结合城市风廊进行城市建设控制，改善城市微风循环，引导城市绿色发展。

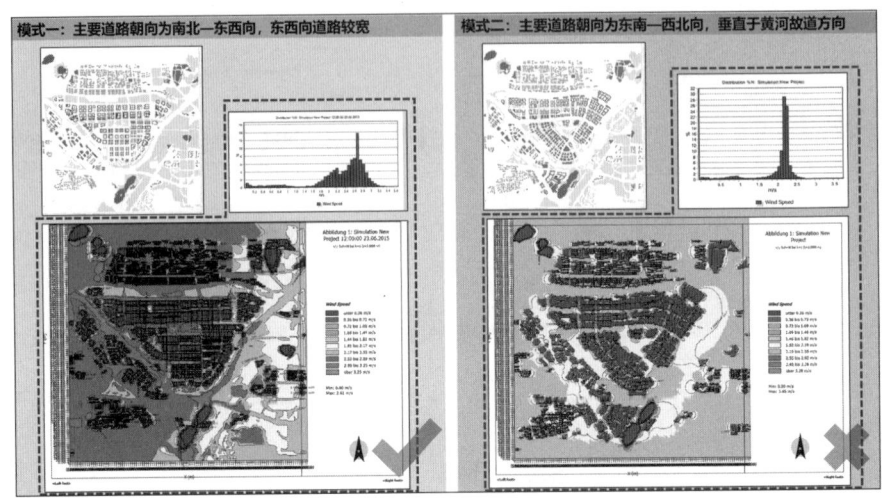

图 7-19　基于通风环境优化的场地路网结构对比
（图片来源：由东南大学城市设计研究中心，提供）

3. 城市热环境

随着城市人口的增长和气候变化的影响，城市面临着日益严重的热岛效应、空气污染和不适宜的热环境现象。屋顶绿化、垂直绿化和城市森林等被动技术通过植被的引入，调节城市微气候，减少能量吸收；同时，先进的气象数据分析和模拟软件则能够预测和评估城市热环境情况，为规划者和设计师提供科学依据。

Envi-met 是由德国 Michael Bruse（University of Mainz）开发的一种三维动态微气候模型（图7-20）。该模型可以模拟城市环境中实体表面、植被和空气之间的相互作用，并构建具有 0.5~10 m 空间精度和 10 s 时间精度的典型城市栅格模型。基于流体动力学的基本定律，Envi-met 可以计算 24~48 h 的动态微气候周期。模型中涉及的主要预设变量包括风速、风向、气温、湿度、湍流、辐射量、生物气候及气体和颗粒扩散等。

利用 Envi-met 软件进行热环境模拟时，城市建筑建模可对建筑进行少量简化，但应尽量保证整体中心区格局与形态指标的真实一致。Envi-met 模拟中并不考虑人为热等因素对热环境的影响，选用该软件的主要目的是探究城市

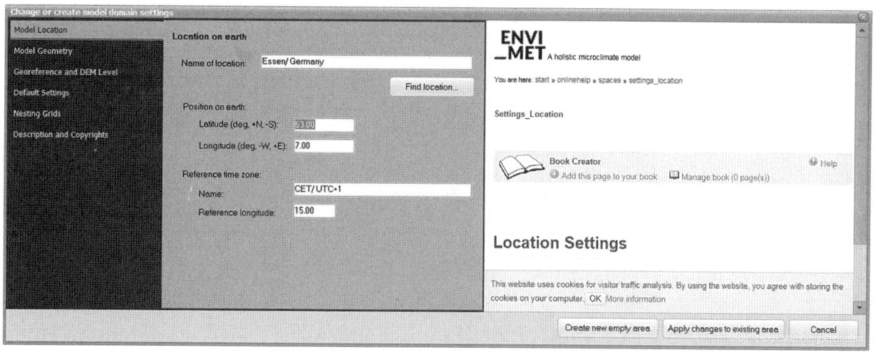

图 7-20　Envi-met 操作界面
（图片来源：软件截图）

空间形态及下垫面变化所形成的建筑与建筑间热环境波动规律。在城市气候学领域运用 Envi-met 软件模拟城市室外环境研究已经得到了广泛应用。

在宁德市主城区总体城市设计中，编者团队基于 Landsat 遥感数据对地表温度进行提取，使用 2022 年的高热地区分布图提取宁德市热岛效应最严重的热岛区（作用空间）和冷岛（补偿空间），利用 ArcGIS 平台工具分析最近数年宁德市热岛效应的变化情况，并结合相关形态参数进行综合分析，明晰城市热环境的现状（图 7-21），从而为后续风道设计奠定基础。

此外，Ecotect 软件擅长进行日照分析、太阳辐射强度计算，并且能够方便直观地以三维形态展示。同时，Ecotect Weather Tool 可以获取城市基本气象信息。运用 Ecotect 强大的日照分析模拟太阳轨迹、观察阴影范围、探讨建筑间遮挡，而后根据太阳辐射分析功能，在空间范围内可以进行一些定量辐射分析。

图 7-21　宁德市热岛效应全息图
（图片来源：由东南大学城市设计研究中心，提供）

7.2.3　数字化方案生成设计与优化

在绿色城市设计中，设计者可借助计算机模拟、数据分析及智能算法，输入一些基本参数和目标，例如用地规模、环境要求、人口密度等；然后，计算机程序会根据这些输入信息运用各种算法和模型来生成多个可能的设计方案。这些方案可能涵盖不同的空间布局、建筑形态、交通网络等方面的变化。

目前，利用 Grasshopper 平台中的 Ladybug 和 Honeybee 插件，[13] 可以便捷地展开多时段日照时间和太阳辐射模拟分析。基于罩面技术建构对建筑群日照分布规律进行综合判断，可以从整体日照环境改善的角度拓展建筑群空间组织的可能，减少既有的日照标准中由局部刚性控制导致的形态单一化影响。最终，对比各研究样本对应的"罩面"形态指标与太阳辐射的关联性，遴选出街区层面基于日照环境品质改善的关键形态指标（图 7-22）。

基于 Grasshopper 参数化平台，结合日照、微气候与能耗模拟插件 Ladybug Tools，运用单目标遗传算法运算器 Galapagos，可以进行以节能为导向的住区形态布局自动寻优。[14]Ladybug Tools 是一个参数化环境性能分析

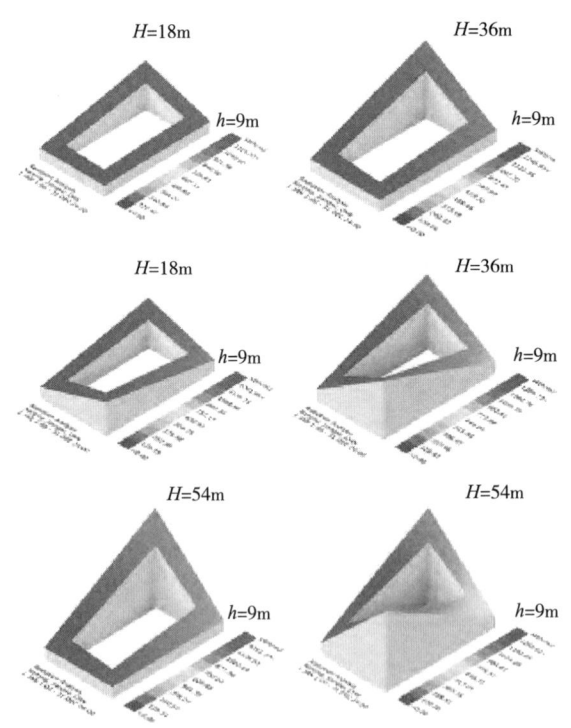

图 7-22　日照罩面整体优化示意
（图片来源：李京津，王雨潇，夏杨 . 基于罩面技术的建筑空间组合中日照要素探讨：以四组街区尺度建筑群组为研究对象 [J]. 建筑学报，2022（2）：9–15.）

插件包，共包含 Ladybug、Honeybee、Butterfly 和 Dragonfly 四个插件。其中，Ladybug 插件可对建筑日照时数进行分析，判断建筑排布是否满足日照相关规范要求。Dragonfly 插件现已整合城市微气候模拟器 UWG（Urban Weather Generator），该工具由美国麻省理工学院开发，目前已经在多个城市和气候区进行了测试。将该工具生成的气象数据导入 Honeybee 插件中，调用已被广泛使用的能耗模拟工具 EnergyPlus 引擎进行建筑能耗模拟，可获得耦合城市微气候的建筑能耗数据。

自动寻优的实现主要基于遗传算法（Genetic Algorithm，GA）。遗传算法又称进化算法，其以达尔文生物进化理论为指导对变量进行选择、控制、改进，逐步淘汰劣质结果，保留优质结果。在对南京市建邺区试验场地进行设计时的遗传算法源于 Grasshopper 平台下的 Galapagos 工具（图 7-23、图 7-24）。

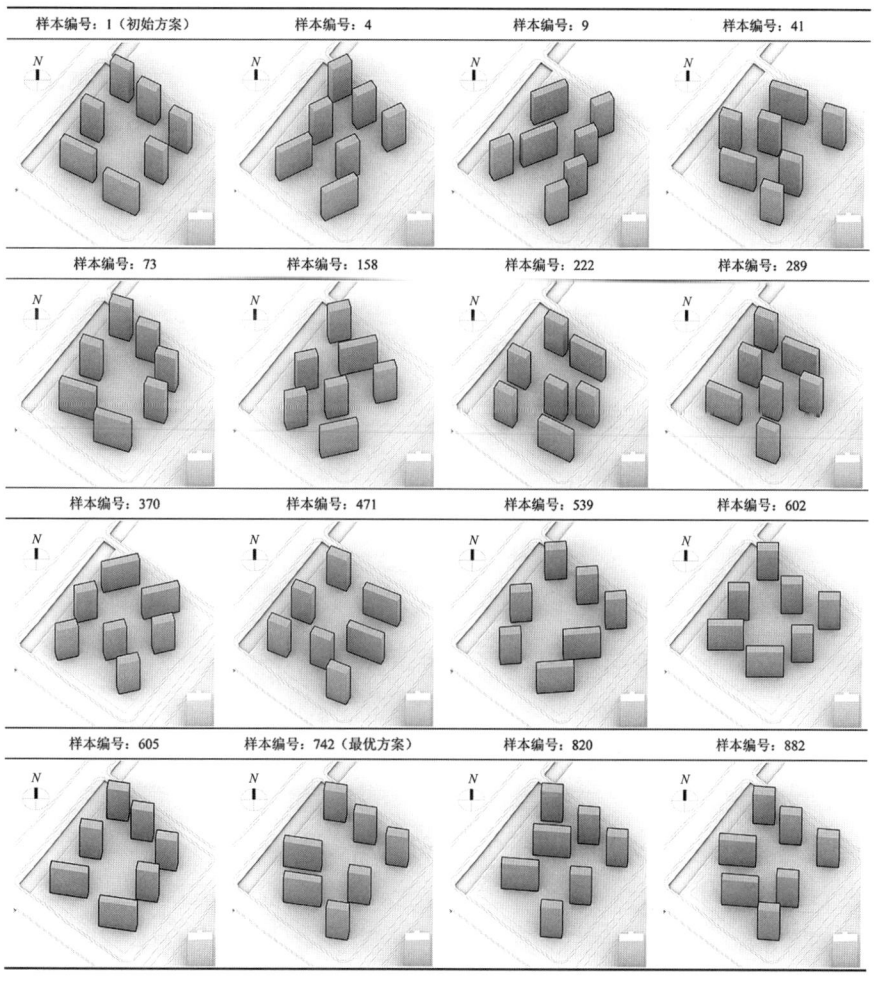

图 7-23 典型优化布局方案样本模型

（图片来源：刘可，徐小东，王伟 . 以节能为导向的住区形态布局及自动寻优方法研究 [J]. 工业建筑，2021，51（8）：1–10+27.）

基于 Grasshopper 中的多目标优化算法工具（如 Wallacei）可以根据复杂的多目标要求形成相关的方案群，可用于在方案群中快速筛选所需的方案。多目标算法的结果是形成一组帕累托最优解（图 7-25）。

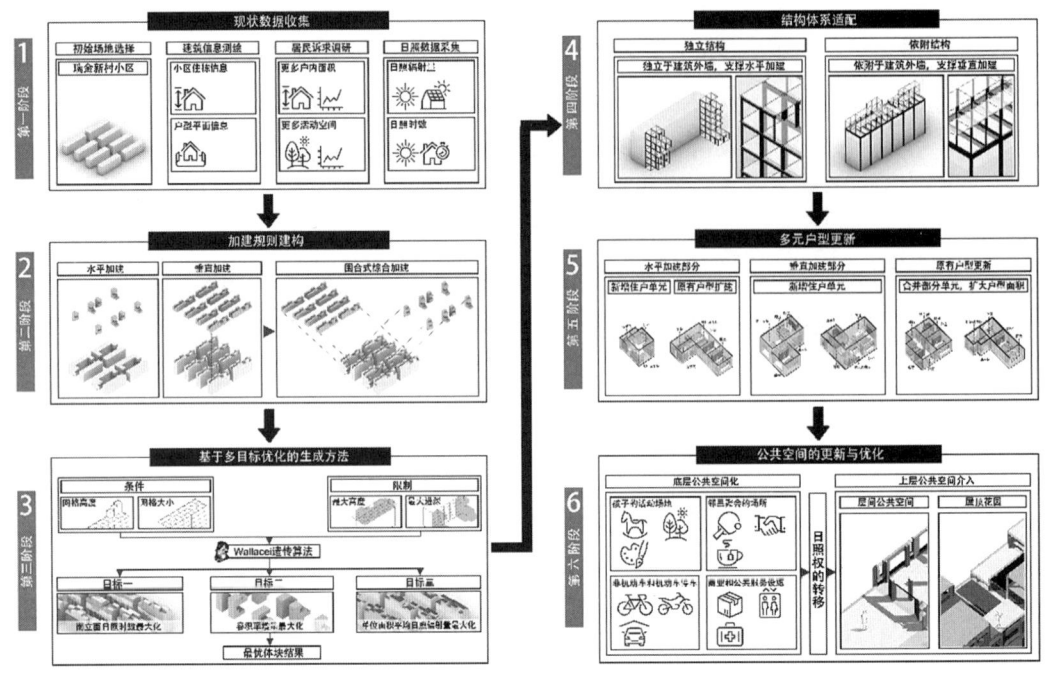

图 7-24　基于多目标优化的多层住宅更新操作流程
（图片来源：李京津，王雨潇，夏杨.第三条路：基于"日照权转移"的老旧多层住区更新实验 [J]. 建筑师，2023（1）：59–66.）

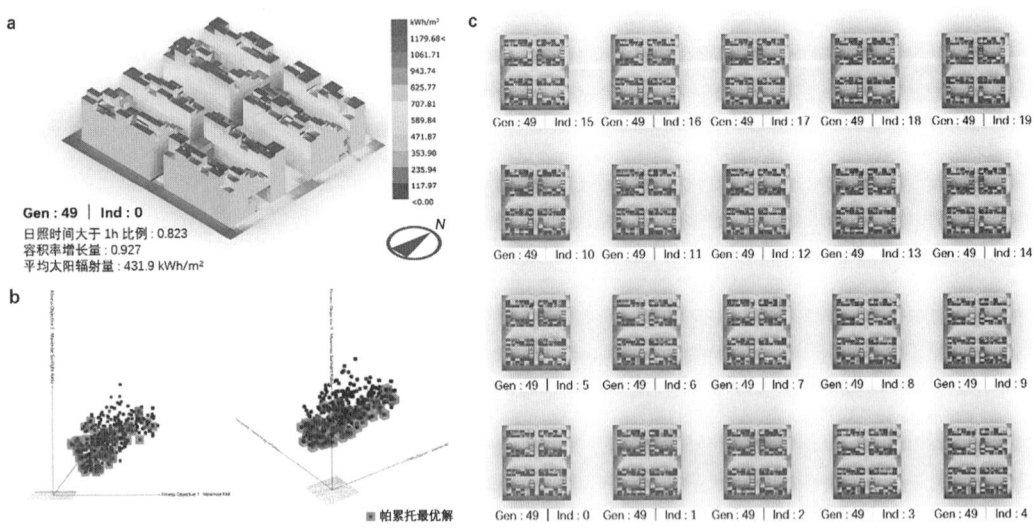

图 7-25　基于多目标优化的多层住宅帕累托最优解集
（图片来源：李京津，王雨潇，夏杨.第三条路：基于"日照权转移"的老旧多层住区更新实验 [J]. 建筑师，2023（1）：59–66.）

国内外不少建筑设计案例中都通过巧妙的形体组织合理利用日照。例如，OMA 事务所在新加坡"Inter-lance 住宅区"设计中将高层塔楼横置，以六边形错位搭接以适应湿热的赤道地区遮阳和通风的需求，并建构出立体的联系网络和空中花园体系，以增加邻里交流的机会。BIG 事务所在纽约的"57west 街区"中融合了塔楼模式与庭院模式，形成了特殊的单角渐高庭院，兼顾了紧凑场地条件下的日照、景观、容积率等多种诉求。

1. 住区更新中的数字化方案生成设计

以住区更新设计为例，基于 Grasshopper 平台编制的多层住宅区更新多目标优化工作流，主要包括了几何模型建构、经济技术指标统计、日照时间分析、太阳辐射分析和多目标优化五个部分。

（1）几何模型建构包含了现状模型建构和加建体量生成。加建体量的基本单元顺应原有住宅的尺寸，采用 3 m×3 m 的模数。垂直向的增加高度范围为 3~9 m，整体高度控制在 24 m 以下；水平向的增加范围为 3~15 m，保证新加建体量与后排体量不重叠。

（2）经济技术指标统计包括了容积率、总建筑面积、容积率净增长量。其中，容积率净增长量是基于"阳光权转移"形成的新指标，指新增加的建筑面积减去日照受影响区域面积后的所剩面积对应的容积率增量。该值越大，意味着小区更新后产生的有效住宅面积越大。

（3）日照时间分析主要用于判断加建后冬至日日照时间小于 1 h 的住户单元数和范围，便于进一步展开针对性的更新改造设计。

（4）太阳辐射分析主要用于分析更新后建筑表面平均太阳辐射强度，估算光伏建筑一体化技术应用的潜力，以响应国家低碳发展的趋势。

（5）多目标优化依据净容积率最大、日照受影响率最低、平均太阳辐射强度最大三个目标，经过 50 代的迭代计算后生成了 20 个帕累托最优解。在此基础上，可以根据设计师的倾向需求或居民的需求在最优方案解集中选择最终方案，其中的任一解均能保障相对较好的性能目标。

此外，基于 Grasshopper 中的 Ladybug 气候分析工具，编制日照通道工作流（图 7-26），可在保障特定日照需求下，对高密度建成环境中街区形态建设的极限范围进行预测。工作流主要包括气候分析模块、周边城市建成环境模块、日照通道模块、实体布尔运算模块及数据统计模块五个部分。

具体操作中，通过场地环境建模、日照要求设定、基于地块内部日照需求的最低建设高度评估和基于地块周边日照要求的日照通道生成，运用布尔运算可形成最终的街区内部可建设范围。最终形成的地块可建设体量呈现出下部整体、上部细碎的"孔洞"特征，是一个由太阳运行轨迹与既有建筑共同作用产生的"光的立方体"（图 7-27）。

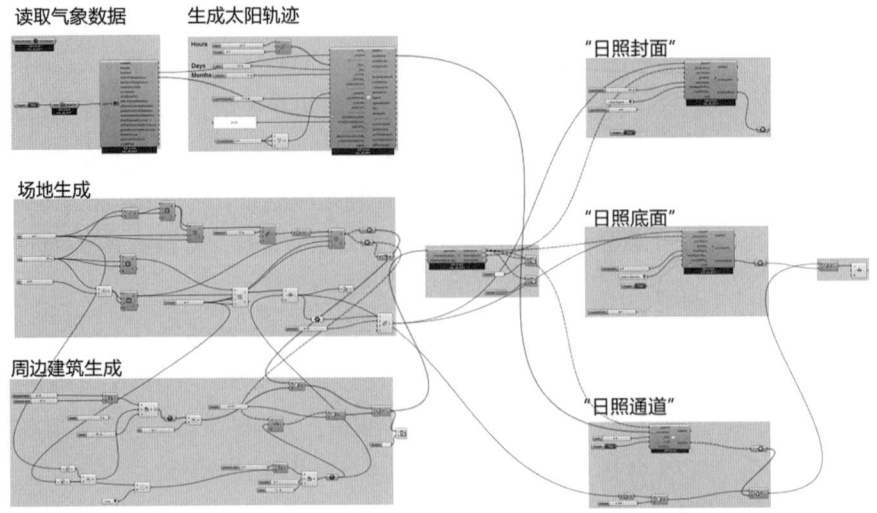

读取气象数据　生成太阳轨迹　"日照封面"

场地生成

周边建筑生成　"日照底面"

"日照通道"

图 7-26　基于日照通道的高密度街区形态生成工作流
（图片来源：李京津.基于"日照通道"的高密度城市中心区建筑体量研究 [J].室内设计与装修，2020
（12）：16–17.）

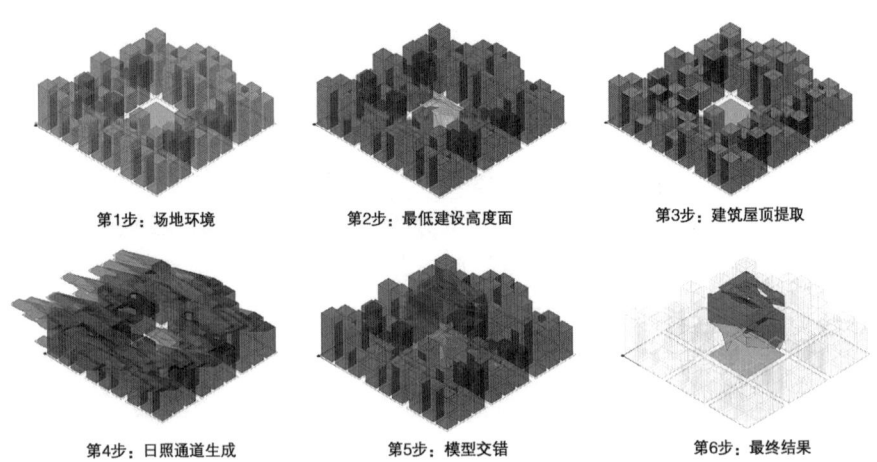

第1步：场地环境　　　　第2步：最低建设高度面　　　　第3步：建筑屋顶提取

第4步：日照通道生成　　　第5步：模型交错　　　　第6步：最终结果

图 7-27　基于日照通道的高密度街区形态生成分步图
（图片来源：李京津.基于"日照通道"的高密度城市中心区建筑体量研究 [J].室内设计与装修，2020
（12）：16–17.）

2.高性能城市街区的数字化方案生成设计与优化

在城市街区形态设计中，以综合统筹能源消耗、能源生产与环境性能等为目标，基于 Grasshopper 平台开发了高性能城市街区形态多目标优化设计工作流。该工作流主要分为四个步骤（图 7-28），分别是参数预设与形态生成、性能模拟、多目标优化与数据记录。

（1）在对研究区域进行调研的基础上，提取案例城市常见的建筑原型。同时，确定目标街区的形态生成逻辑与设计变量，构建可控的参数化城市街区模型，并选取需要记录的城市形态因子。

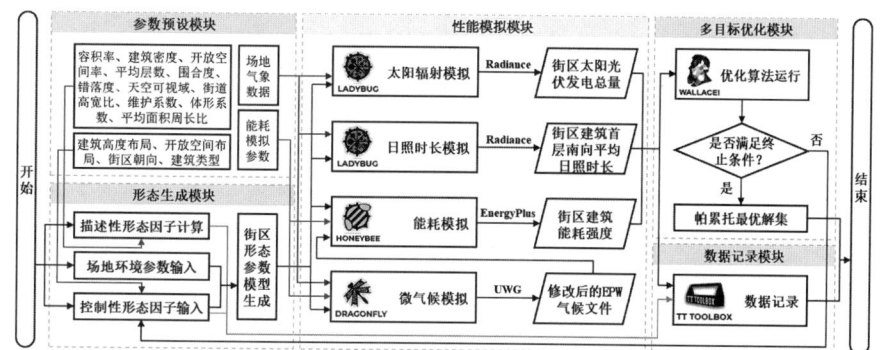

图 7-28　高性能城市街区形态多目标优化设计工作流

（图片来源：徐小东，刘可，王伟.能源绩效驱动的城市形态生成与优化[M].南京：东南大学出版社，2024.）

（2）对设置好的街区形态模型进行性能模拟。对每个生成的街区形态进行微气候、建筑总能耗、屋顶光伏发电量及首层南向日照时长模拟。其中，以街区微气候模拟结果作为能耗模拟的气象边界条件。

（3）将获得的街区建筑能耗、光伏发电量和日照时长值传递给多目标优化引擎。以建筑能耗最小化、光伏发电量及日照时长最大化为优化目标，优化算法会根据输入的目标函数值判断是否是帕累托最优解。如果不满足条件，那么优化算法将改变设计变量，重新生成街区模型并重复上述流程；满足条件则说明对应的街区性能值为帕累托最优解。通过上述街区形态优化工作流，可以有效降低能源消耗，增加可再生能源利用，改善日照条件和微气候，从而促进城市低碳和可持续发展。

（4）数据记录可使设计流程和工具更好地辅助设计师和城市规划者做出更科学、高效的决策。

图 7-29 展示了经过 100 轮迭代，共计运算 3300 次获得的 136 个帕累托最优解。相较于其他可行解，帕累托最优解在各项性能上均有明显提升。通过对帕累托最优解进行聚类分析及平行坐标图绘制，能够充分揭示不同街区形态设计方案性能的共性与差异性，有助于设计师根据项目和其他需求对方案进行针对性的选择与应用。

7.3 数字化趋势 绿色城市设计

7.3.1　人工智能与绿色城市设计

人工智能技术在城市设计中的应用已经涉及空间、生态、交通、公共管理等多个方面，而在绿色城市设计方面的应用也正在逐步深入。如今大数据、智能化、移动互联网、云计算等各种技术的紧密结合正在改变城市生活

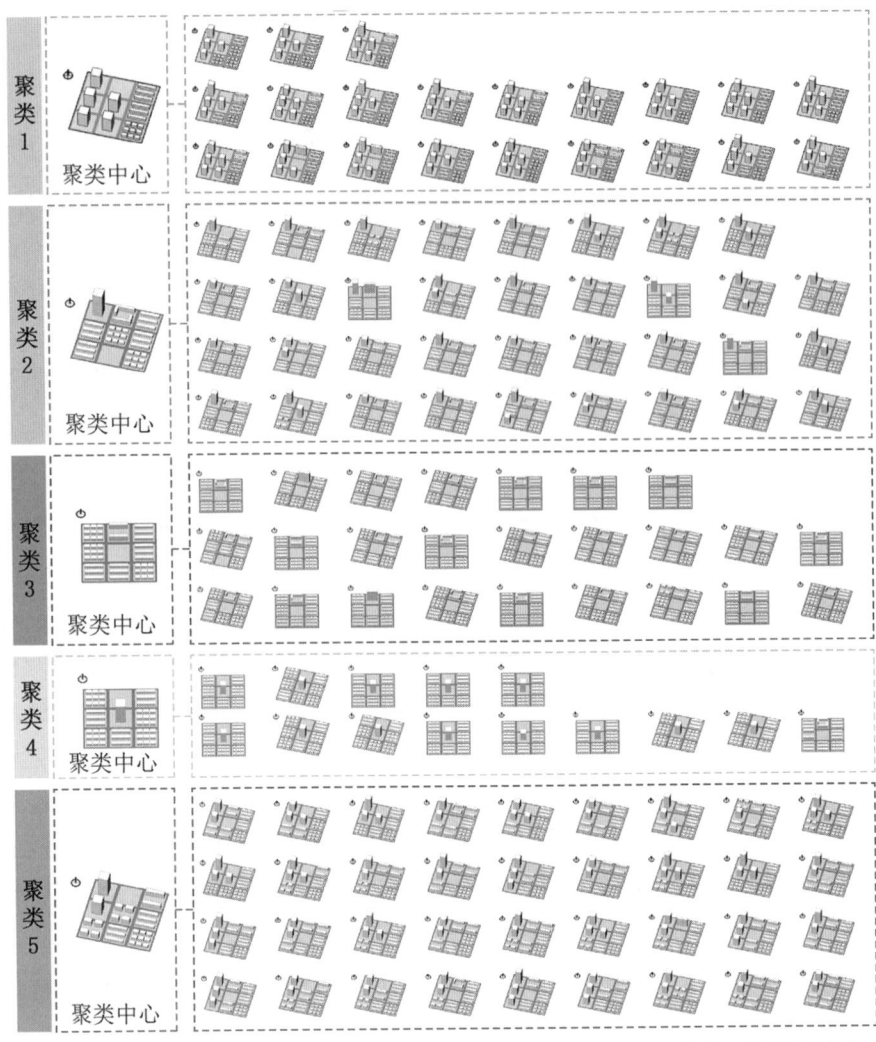

图 7-29　帕累托最优解的平行坐标图及多目标优化生成的帕累托最优街区形态聚类分析结果
（图片来源：徐小东，刘可，王伟. 能源绩效驱动的城市形态生成与优化 [M]. 南京：东南大学出版社，2024.）

和城市设计的作业方法，尤其是人工智能，通过与多源大数据结合，成为绿色城市设计的高效工具。

1. 人工智能的原理及趋势

人工智能（Artificial Intelligence，AI）是指通过计算机系统模拟、延伸和扩展人类智能的一种技术。它的原理是基于机器学习和深度学习等算法，利用大量数据进行模型训练，使计算机能够从数据中学习和自主改进，从而实现自主决策和解决问题的能力。

机器学习和深度学习是人工智能的核心原理。机器学习涉及构建和训练模型，让计算机根据数据来发现模式和洞察规律，并根据新数据做出预测或决策。深度学习是机器学习的一种特殊类型，它使用神经网络模拟人脑的神经元结构，通过多个层次的非线性数据处理来提取高级抽象特征。

2023 年世界人工智能大会发布的《人机共生——大模型时代的 AI 十大趋势观察》报告提出了十大人工智能发展趋势，这些趋势涵盖了人工智能发展的各个方面，涉及技术突破、应用场景、人机交互、生态系统建设和伦理安全等关键领域，意味着未来人工智能的发展即将进入关键阶段。[15]

2023 年以来，许多最新的人工智能产品正在创造和改变我们的生活和工作方式。其中，ChatGPT 是 OpenAI 开发的自然语言处理模型（NLP），它可以实现以对话形式与用户交流；Stable Diffusion 是一种用于生成高质量图像和视频的深度学习技术，可以稳定地生成逼真、高分辨率的图像和视频（图 7-30）；Midjourney 是一个人工智能程序，可根据文本生成图像，使用者可通过 Discord 的机器人指令进行操作，创作出不同的图像作品；此外还有刚刚兴起的文生视频大模型工具 Sora 等。这些工具已经在城市设计中得到初步应用，相关探索必将逐步走向深入。

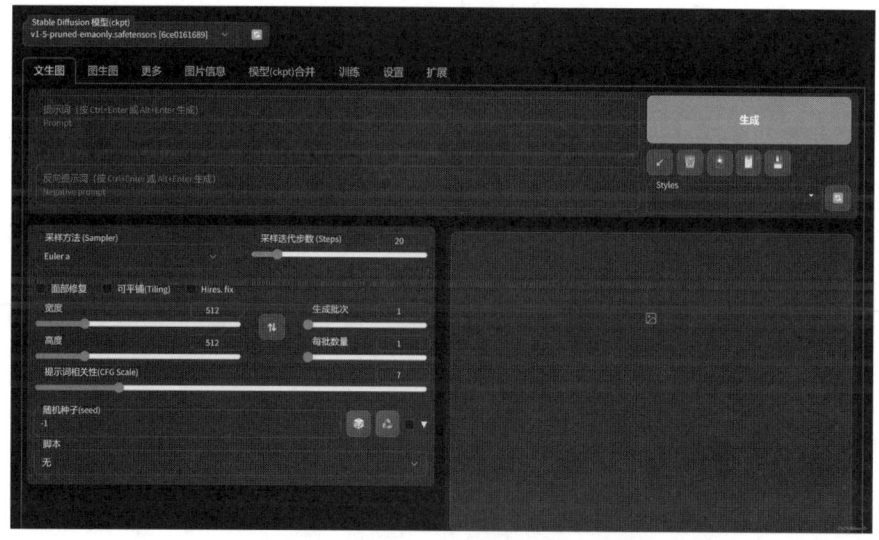

图 7-30　Stable Diffusion 操作界面
（图片来源：截图自 Stable Diffusion 软件）

2. 人工智能在绿色城市设计中的应用

人工智能正在融入绿色城市设计的不同环节。在调研分析阶段，人工智能可以帮助城市规划者、设计师和决策者更有效地关注可持续发展目标；在设计实施阶段，人工智能可以基于需求进行图片、模型方案的生成；在后期运营阶段，人工智能可以收集和分析公众的数据，从而更好地满足公众需求和公众利益。

（1）人工智能推动绿色城市智能规划与决策

人工智能在推动绿色城市智能规划与决策方面发挥着重要的作用。它可以结合大数据分析、机器学习和智能算法等技术，为城市规划和决策提供有效的支持，从而使城市更加环保、可持续和智能化。

通过对数据的挖掘和预测，城市规划者可以更准确地了解城市的资源利用情况和环境状况，从而为绿色城市的发展提供科学依据。常见的数据源有人口数据、城市基础设施数据、交通数据、自然环境数据、经济数据、社交媒体数据、移动设备数据、气象数据、公共服务数据等。

人工智能对城市形态数据的分析和预测可以优化城市形态，减少能源的消耗。例如，其对于城市规划中的密度、用地混合、交通规划等方面的考虑可以减少交通拥堵、节约能源等。

以纽约市的"Green Light for Midtown"计划为例（图7-31）。该计划通过收集城市交通运输的大量数据，来提高纽约市中城区的交通效率和改善空气质量。其中使用的数据包括实时交通数据、空气污染浓度数据等，通过大数据分析和可视化展示，帮助决策者制定更有效的绿色交通政策。[16]

（2）人工智能参与绿色城市设计方案生成与优化

借助人工智能的模拟和优化算法，城市规划者可以模拟不同的城市设计方案，并对其进行评估，从而找到最佳的绿色解决方案。例如，人工智能可以帮助优化建筑布局，提高能源效率，减少污染排放，并优化交通系统以减少拥堵和碳排放。

人工智能可以对不同尺度的城市区域进行方案模拟与设计生成。在街区

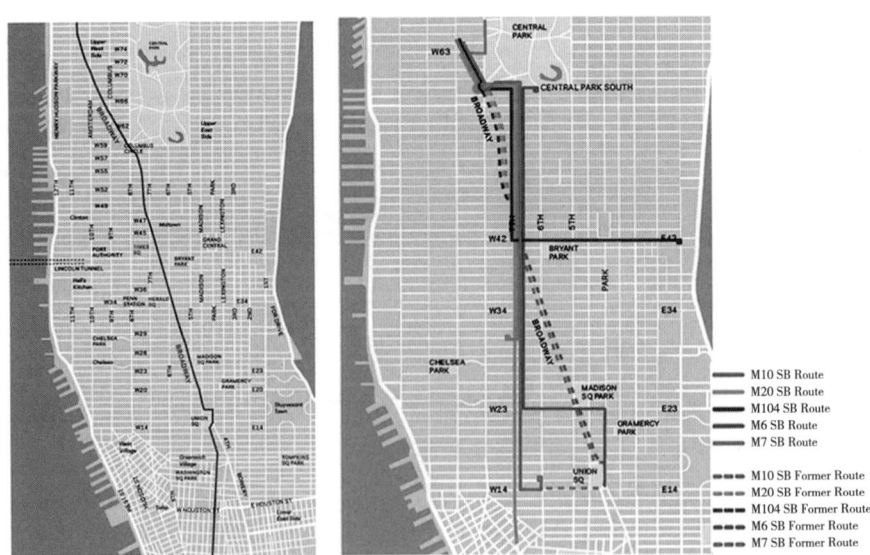

图 7-31　纽约市的"Green Light for Midtown"计划

（图片来源：杨赵哲，李昕悦. Street Fight 运动下的城市街道改造：以麦迪逊广场为例 [EB]. 微计策微信公众号，2021-01-13[2023-11-24].）

尺度，有学者解析了三维形态智能化设计流程中的各个模块：街区三维空间一基底计算模块、方案规范转译一智能控制模块、整体智能设计一逐级生成模块、人机协调设计一逐级优化模块（图7-32）。在街区三维形态智能化设计总体架构的基础上，通过进化算法、适应性算法和有监督深度学习、逐级交互设计等人工智能方法，构建街区三维形态的智能化设计模块。[17]

人工智能也用于推动设计方案的优化。在温州市中央绿轴景观设计案例中，通过建立城市空间案例数据库，利用机器学习生成路网，利用深度学习生成街区空间形态及建筑功能布局，最终利用Processing算法生成三维空间模型（图7-33）。在设计师的监控与选择下，主要利用人工智能进行初步的方案设定，并进行不断优化改进，促进设计师进行选优决策，充分体现了人机互动。[18]

（3）人工智能促进公众参与绿色城市设计

借助人工智能技术，城市规划可以变得更加透明。人工智能技术为绿色城市设计提供了更多的机会来让公众参与其中，从而增强公众对城市规划和环境保护的关注。通过公众的参与，绿色城市的设计和建设将更加符合人们的需求和期望，从而推动可持续发展和环保事业的发展。

数字孪生平台模拟与预测是借助人工智能驱动城市设计公众化的实践场景之一。通过传感器、物联网等方式实时采集数据，并将其反馈至数字模型中，以实现对物理系统的可视化、仿真分析和优化控制。在绿色城市设计中，数字孪生平台可以帮助设计师和城市规划者更好地理解城市的运行机制、识别问题和解决方案。

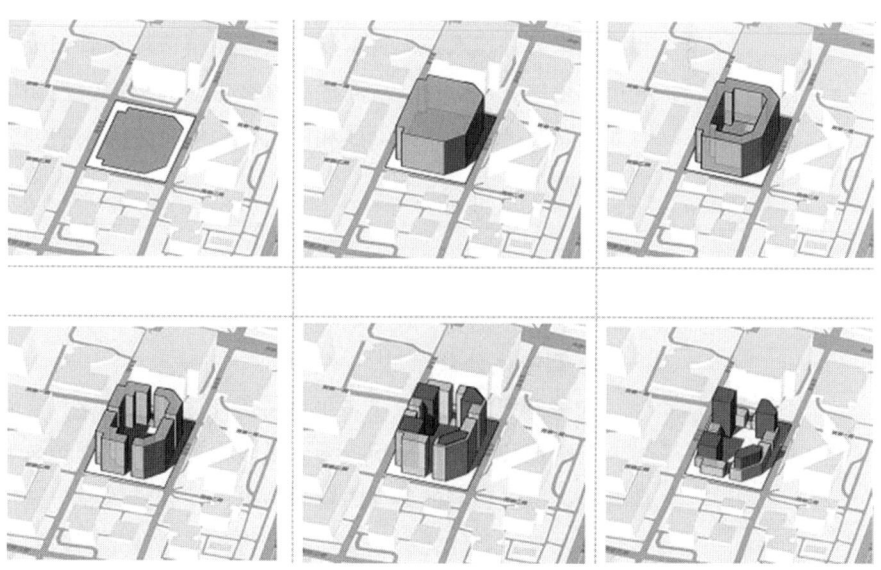

图7-32 "道路—步行—建筑" 逐级生成图

（图片来源：杨俊宴，朱骁.人工智能城市设计在街区尺度的逐级交互式设计模式探索[J].国际城市规划，2021，36（2）：7–15.）

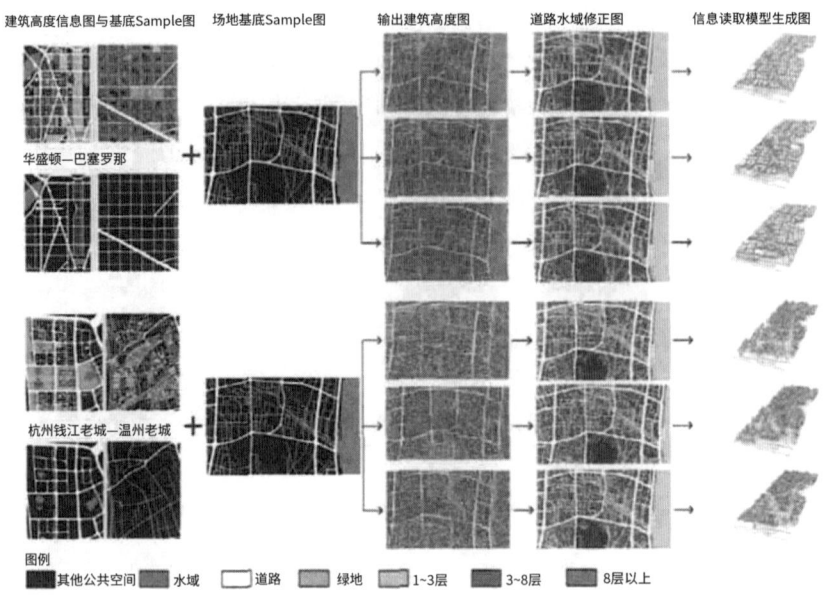

建筑高度信息图与基底Sample图　场地基底Sample图　　输出建筑高度图　　道路水域修正图　　信息读取模型生成图

华盛顿—巴塞罗那

杭州钱江老城—温州老城

图例
■其他公共空间　■水域　□道路　▨绿地　▨1~3层　▨3~8层　▨8层以上

图 7-33　温州市中央绿轴空间形态模拟生成
（图片来源：林博，刁荣丹，吴依婉. 基于人工智能的城市空间生成设计框架：以温州市中央绿轴北延段为例 [J]. 规划师，2019，35（17）：45-50.）

此外，新兴的区块链技术是从各个独立的用户出发，建立去中心化的网络关系。区块链技术可以用于建立分布式的碳排放管理系统，实现碳排放数据的透明化和实时监控。区块链技术在交通方面可以用于建立分布式的智能交通系统，实现交通数据的实时共享和管理。

总之，人工智能在绿色城市设计中有着广阔的应用前景。通过机器学习和深度学习等技术，人工智能可以帮助城市规划者和设计师更有效地分析和利用大量的城市数据，从而提高城市设计的可持续性和环保性。在未来，随着人工智能技术的不断发展和应用，相信将会为人们创造更加宜居、可持续的绿色城市环境。

7.3.2　公众运维与智慧城市

1. 智能化公众参与

未来的智能化公众参与平台将更加注重个性化和定制化的参与体验。通过人工智能和大数据分析，平台可以根据每个公众参与者的兴趣、需求和专业背景，提供相应的参与内容和信息，使公众的参与过程更加个性化和有针对性。未来的智能化公众参与平台将实现全球范围内的参与，吸引来自不同地区和文化背景的公众意见和建议，为全球绿色城市设计提供更多元化和包容性的视角。

2. 智慧感知与物联网连接

未来物联网技术将不断发展和创新，各类传感器将变得更加多样化和智能化。未来智慧感知与物联网连接将逐渐形成一个完整的智慧城市管理平台。该平台将整合各类传感器和物联网设备的数据，实现对城市各方面的实时监测和管理，包括交通流量调度、环境监测、能源消耗控制等。物联网技术的发展将实现城市各类设施和设备的智慧感知和互联。

3. VR/AR 技术与数字孪生

在人与环境和谐共生的愿景下，虚拟现实（Virtual Reality，VR）和增强现实（Augmented Reality，AR）技术为绿色城市设计带来了全新的可能性和创新性，并且正在广泛应用于绿色城市设计领域。同时，数字孪生城市的理念和信息技术也为城市治理带来了新的发展机遇。

城市 VR 仿真系统是运用虚拟现实、仿真、3S 技术等多种技术并对城市进行多分辨率、多尺度、多时空和多种类型的三维描述，其用于模拟和表达城市地形地貌、城市道路、建筑、交通、水域等城市环境中的现象和过程，同时也是对真实城市和相关现象的统一的数字化重现与认识。[19] 目前，国内外能够用来构建城市 VR 仿真系统的软件平台和方法很多，例如 MultiGen Creator、Equipe、ArcGIS、VRML、WTK、OpenGL 等。

VR 技术可以为规划师和设计师提供虚拟的城市环境，让他们身临其境地探索和感知设计方案。通过穿戴式设备，用户可以在虚拟环境中观察建筑物、公园、街道和其他绿色基础设施的布局和设计。这种互动性和沉浸感使得规划师能够更好地评估设计方案的可行性、可视化绿色特征，并进行必要的调整和优化。AR 技术则可以将虚拟信息与现实场景相结合，实现对城市设计方案的决策支持。AR 技术可以提供更多的数据集和散点数据，评估城市环境和城市建筑物的性能，指导绿色城市设计和规划。

数字孪生城市除了对实体城市空间进行复制和映射外，还需要基于数字空间加入城市运行信息，基于真实运行数据并不断演变出智能应用，进而来承载现实物理世界。[20]《河北雄安新区规划纲要》在国内较早提出，将数字孪生城市概念用于智慧城市建设领域。"坚持数字城市与现实城市同步规划、同步建设"，雄安新区规划建设 CIM 管理平台则是对这一要求的具体落实（图 7-34）。

VR、AR 和数字孪生技术为绿色城市设计提供了更高效、全面和精确的数据获取、模拟和评估手段。这些数字化工具能够提升城市设计的科学性和精细度，促进城市规划和设计朝着可持续、更宜居和智慧的方向发展。

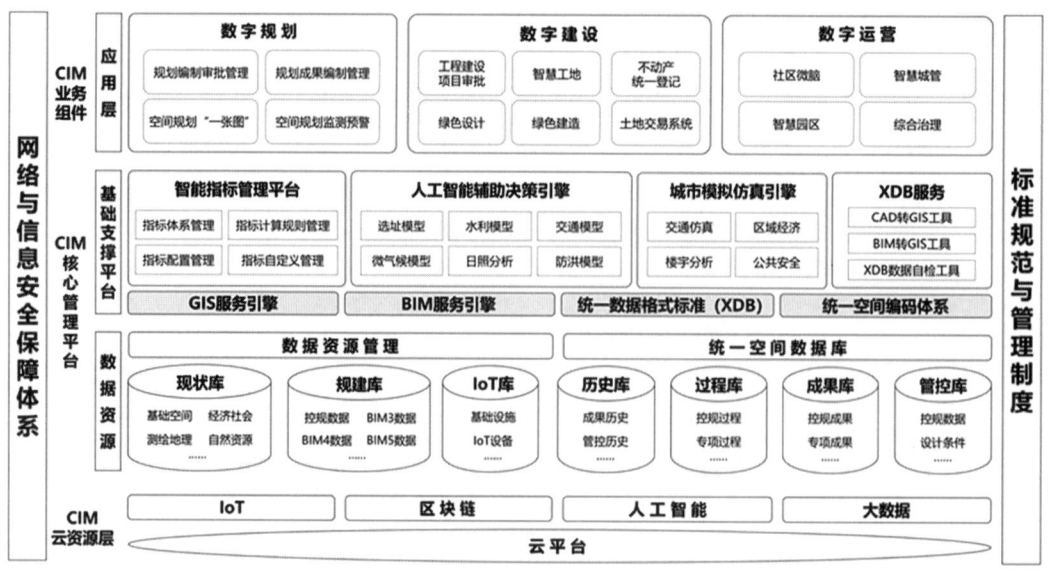

图 7-34　基于 CIM 平台的数字孪生城市——雄安新区
（图片来源：杨滔，杨保军，鲍巧玲，等 . 数字孪生城市与城市信息模型（CIM）思辨：以雄安新区规划建设 BIM 管理平台项目为例 [J]. 城乡建设，2021（2）：34–37.）

7.4 本章小结

　　数字化方法与工具为绿色城市设计带来了前所未有的便利和效率。通过数据采集与分析，城市设计者可以获得更全面、准确的基础信息，为绿色城市设计提供可靠的数据支持。三维建模与可视化技术使城市设计者能够直观地评估设计方案的效果。智慧感知和物联网连接为城市提供智能化的监测和管理手段。同时，智能化公众参与平台提高了居民对城市设计决策的参与度。综合利用这些数字化方法与工具，城市可以更高效地规划、建设和管理绿色基础设施，并且在提升环境品质的同时，实现城市的可持续发展。

　　未来，随着人工智能、物联网等技术的发展，绿色城市设计数字化方法与工具将更加智能化和系统化。数字化模拟与优化技术的不断进步，将使城市设计更具前瞻性和可持续性，以适应城市发展的不断变化和挑战。综合来看，数字化方法与工具将在绿色城市设计中发挥越来越重要的作用，为城市建立更宜居、智慧、可持续的未来提供坚实的基础。

思考题与练习题

　　1. 如何利用数字化工具中的数据分析和模拟功能，快速响应城市发展的变化和挑战，提出适宜的城市设计策略和方案？
　　2. 绿色城市设计的数字化方法有哪些新的发展趋势？

参考文献

[1] 王建国 . 中国建筑"双碳"路径的科学问题与研究建议 [J]. 中国科学基金，2023，37
（ 3 ）：353–359.

[2] 边馥苓 . GIS 地理信息系统原理和方法 [M]. 北京：测绘出版社，1996.

[3] 杨丽，庞弘，周艳芳 . GIS 在"绿色城市设计"应用中的探索 [J]. 武汉大学学报（工学
版），2001（ 6 ）：100–103.

[4] 徐振华，李挺 .3S 技术在城市规划中的最新应用前景 [J]. 信息技术，2005（ 9 ）：64–67.

[5] 徐小东 . 基于生物气候条件的绿色城市设计生态策略研究 [D]. 南京：东南大学，2005.

[6] 王建国，徐小东 . 基于可持续发展准则的绿色城市设计交通策略：来自《绿色城市主义》
的启示 [J]. 城市发展研究，2008（ S1 ）：8–13.

[7] National Institute of Building Sciences United States. National Building Information
Modeling Standard，Version1-Part 1 [Z]. VSA：NIBS.

[8] 杨滔，张晔珵，秦潇雨 . 城市信息模型（CIM）作为"城市数字领土"[J]. 北京规划建设，
2020，195（ 6 ）：75–78.

[9] 吴志强，甘惟，臧伟，等 . 城市智能模型（CIM）的概念及发展 [J]. 城市规划，2021，
45（ 4 ）：106–113+118.

[10] 杨俊宴 . 全数字化城市设计的理论范式探索 [J]. 国际城市规划，2018，33（ 1 ）：7–21.

[11] MILLS G.Luke Howard and The Climate of London[J].Weather，2008，63（ 6 ）：153–
157.

[12] 朱骁，章飙 . 基于多源物理环境数据分析的生态城市设计探索 [J]. 中国园林，2020，36
（ 4 ）：88–93.

[13] 李京津，王雨潇，夏杨 . 基于罩面技术的建筑空间组合中日照要素探讨：以四组街区尺
度建筑群组为研究对象 [J]. 建筑学报，2022，639（ 2 ）：9–15.

[14] 刘可，徐小东，王伟 . 以节能为导向的住区形态布局及自动寻优方法研究 [J]. 工业建筑，
2021，51（ 8 ）：1–10+27.

[15] 腾讯研究院，同济大学，腾讯云，腾讯新闻 . 人机共生：大模型时代的 AI 十大趋势观察
[R]. 上海：世界人工智能大会，2023–07–07.

[16] BHIMARAZU S. Streets as Social Spaces：Evaluation of the Green Light Midtown
Project[R]. New York：Kansas State University，2023–07–20.

[17] 杨俊宴，朱骁 . 人工智能城市设计在街区尺度的逐级交互式设计模式探索 [J]. 国际城市
规划，2021，36（ 2 ）：7–15.

[18] 林博，刀荣丹，吴依婉 . 基于人工智能的城市空间生成设计框架：以温州市中央绿轴北
延段为例 [J]. 规划师，2019（ 17 ）：44–50.

[19] 刘晓艳，林珲，张宏 . 虚拟城市建设原理与方法 [M]. 北京：科学出版社，2003.

[20] 杨滔，杨保军，鲍巧玲，等 . 数字孪生城市与城市信息模型（CIM）思辨：以雄安新区
规划建设 BIM 管理平台项目为例 [J]. 城乡建设，2021（ 2 ）：34–37.

第 8 章

绿色城市设计实践与教学

· 本章为绿色城市设计的实践与教学部分，主要结合实践和教学案例，展示如何针对不同气候条件、不同尺度类型，通过水绿空间和街区形态的优化来实现人工环境与自然环境的和谐共生。

· 在城市设计实践部分，选取了沈阳总体城市设计、哈默比新城城市设计、中新天津生态城城市设计、新加坡花园城市建设、宁德时代小镇片区城市设计、烟台芝罘湾片区城市设计及徐州大郭庄机场片区城市设计共 7 个案例，针对性展开绿色城市设计的实践策略与方法构建。

· 在城市设计教学部分，结合地段级城市设计教学案例进行，包括绿色城市设计的基本方法和技能、绿色城市设计教学涉及的主要维度、课程组织模式及学生作业成果展示等内容。

人类社会正步入一个以绿色低碳为标志的"可持续发展"的新纪元。近年来，城乡规划和城市设计领域对"可持续发展"的研究已获得一定的实质性进展，尤其是在环境数字模拟和分析优化技术等方面取得了长足的进步。专业人员和同学"完全可以将这一思想和价值观念转化为自己的专业技术语言和实际行动；在思想上追求'绿色'道德基础和最高境界的同时，在行动上脚踏实地，一步步推进中国城镇跨世纪可持续发展的进程"；进而与其他相关专业、技术领域相结合，通过各个学科、专业的交叉整合，最终实现"造健康之所，育健康之人"的有限理性和目标。[1]

本章以沈阳总体城市设计、哈默比新城城市设计、新加坡花园城市建设等国内外优秀城市设计实践案例，以及相关绿色城市设计课程教学为例，以期通过对不同规模、性质和不同地理环境与气候特征的城市设计案例的分析、比较和研究，在实践中探索和检验与中国现阶段绿色城市设计相适配的技术途径和方法（图 8-1）。

8.1 沈阳总体城市设计

8.1.1　总体概况

沈阳是一座多元文化融合的千年古都，是新兴活力旺盛的工业基地，也是山水资源优越的北国城市。作为国务院批准的北方中心城市，进一步推进其国家中心城市建设是时代发展的必然要求。为了支撑沈阳实现城市战略发

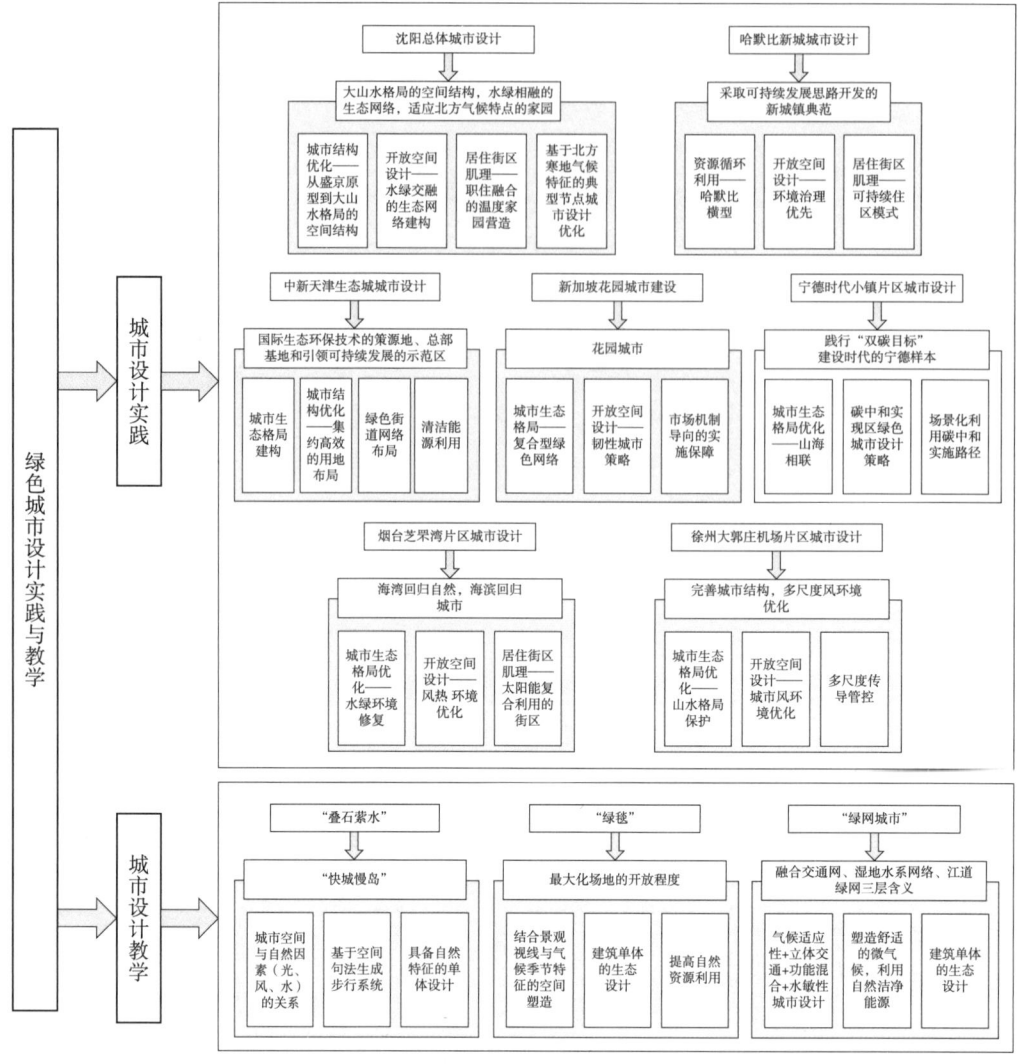

图 8-1　绿色城市设计实践与教学框架图①

展目标，提升城市环境品质，完善城市设计编制和管理体系，亟待开展中心城区总面积约为 1358 km²《沈阳总体城市设计》的编制工作。基于绿色城市设计维度，该总体城市设计主要从彰显大山水格局的都市空间结构塑造、水绿相融的生态网络建构及应对北方气候特点的家园营造三个方面展开。

8.1.2　城市结构优化

沈阳总体城市设计方案提出以"万象荟萃"的北国中枢作为总体愿景，以山水形胜为基底、盛京风韵为基因、工业长子为基点，打造具有人文浸润、体现山水栖居、城河交织互融、多民族温馨共居的北方平原型活力宜居

---

① "绿脉根生"详见后文。

大都会。整体空间结构围绕文、绿、城、活四个方面展开，突出文化传承和生态优先两个底线思维，以期构建出沈阳未来"规天矩地核方圆，屏山带水楔绿蓝，八门八关脉舒展，沃野淳物乐家园"的诗意场景（图8-2）。

文韵盛京，一核两轴：以中心庙为原点、方圆城为核心，南北向历史承载轴串接古今未来，旧城道路骨架以文化彰显轴为中心向外生发，突出盛京城丰厚的历史文化底蕴与包容万象的城市精神。

绿水屏山，三环四楔：主城四角的四条绿脉楔入城中，并通过浑河及南北运河水系、环城生态绿带紧密联通，构成沈阳主城区绿水环楔的自然山水本底。

城塔形胜，四心八脉：沈阳站、五里河奥体、东塔王家湾、沈阳站四大中心拱卫方圆城核心，向外生发八条发展廊道，并结合都市生活环形成五大公共服务中心和若干区级服务中心，打造城塔形胜的城市中心体系。

活力家园，五类多片：构建历史社区、宜居生活、产城融合、科教社区和郊野新镇五类多片社区组团，并设置城市级—区级—社区级公共中心体系，打造北国活力家园（图8-3）。

8.1.3 开放空间设计

北部和东部山群将沈阳主城环抱其间，主要河流形成四横四纵的水系结构，中心城区与浑河、蒲河交织，具有城水相抱之态。沈阳城市建设经历了

图8-2 沈阳总体城市设计鸟瞰
（图片来源：由南京东南大学城市规划设计研究院有限公司、沈阳市规划设计研究院有限公司，绘制）

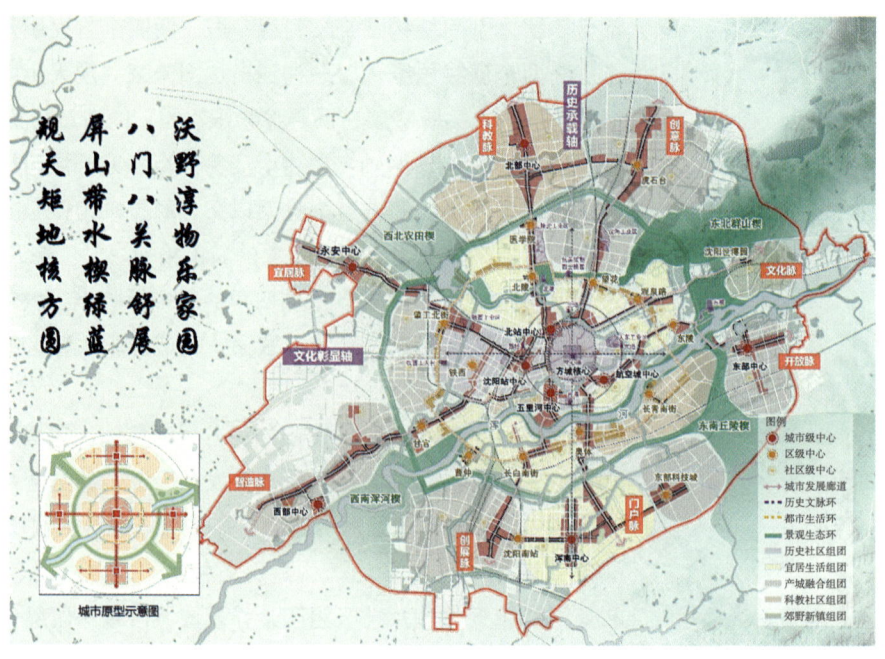

沃野淳物乐家园
八门八关脉舒展
屏山带水楔绿蓝
规天矩地核方圆

城市原型示意图

图 8-3　沈阳总体城市设计总平面图
（图片来源：由南京东南大学城市规划设计研究院有限公司、沈阳市规划设计研究院有限公司，绘制）

"城水相依—水抱城—城抱水"的不同阶段，从依河而居到跨河发展，未来城市建设的城水关系应一脉相承，以"生态优先"为理念，塑造蓝绿交织、山水相望的生态网络。

沈阳周边主要有4大核心生态保护区。沈阳生境廊道呈现出"圈带骨架、同心发散"的特征，以河流和防护绿地为依托。沈阳生境斑块表现出"星罗棋布、簇群生长"的特征，共计87个生态斑块。沈阳生境跳板体现为"散点分布、内密外疏"的特征，单元破碎化情况严重，生境连接性不足，目前共计154个水绿生态跳板，但关键性生态跳板仍然有所缺失。为了完善上述生态网络，塑造出具有特色的生态网络：首先，四楔入城，提升核心生态保护区，优化水绿田格局；其次，圈带成廊，延续生境廊道，增强物种流通性；再次，斑块散布，打通生境斑块，提高景观异质性；最后，跳板成簇，增添跳板结构，形成全覆盖网络。

整体上形成"两带三环"的水绿空间结构，主要策略包括延山、通水两种。一方面，延续山体形成山脉绿带，以东北楔作为源头，引山脉绿地入城，与西北楔连通，形成北部山脉绿带。同时结合现状资源对城山进行保留、优化、增补，使其城山交融。另一方面，在"延山"的基础上疏通水系，营造水脉绿带，依托浑河多样水形打造观水游憩景观，优化现状水体并完善河湖水网，维护浑河两侧的滨水绿带，在浑河两侧以道路绿化、带状绿地等方式形成垂河廊道（图8-4）。

图 8-4 水绿交融的生态网络建构
（图片来源：由南京东南大学城市规划设计研究院有限公司、沈阳市规划设计研究院有限公司，绘制）

8.1.4 居住街区肌理优化

沈阳属于北温带受季风影响的半湿润大陆性气候，年平均气温 8.3℃，全年气温变化幅度大，为 -35~36℃，受季风影响故降水集中，年降水量 500 mm。冬季市民的活动受气候约束较大。城市主要通勤集聚在铁西、老城等传统沈北主城区域内部，城市中心区域与新区间的通勤高度依赖于黄河南/北大街、青年大街、沈辽中路、北一路等单一交通廊道，通勤结构呈现"单心集聚、孤轴外联"的特征。城市以浑河为界，整体呈现北强南弱，浑北主城强核聚集、浑南主城有待发展的局面。现有城市中心体系内卷，城市职能过度集聚，中心城区外围功能衰落现象明显，没有形成功能集聚核心（图 8-5）。

1. 多层级的职住融合单元塑造

为了促进职住混合，方案构建了板块、组团和邻里三级特色街区系统。首先是 16 个单车 30 min 为半径的生活板块。生活板块类型依据职能不同又分为宜居生活板块、产城融合板块、科教社区板块、郊野新镇板块。其次是 80 个单车 10 min 为半径的组团单元，其由若干邻里单元组成组团，单元边长一般为 3240 m×3240 m，半径 2400 m 左右，步行时间 30 min，骑行时间 10 min。组团依据形态肌理类型分为传统温情组团和现代都市组团。最后是 240 个步行 10 min 半径的邻里单元。邻里单元由若干基层社区组成，单元边长一般为 1080 m×1080 m，半径 800 m 左右，步行时间 10 min（图 8-6）。

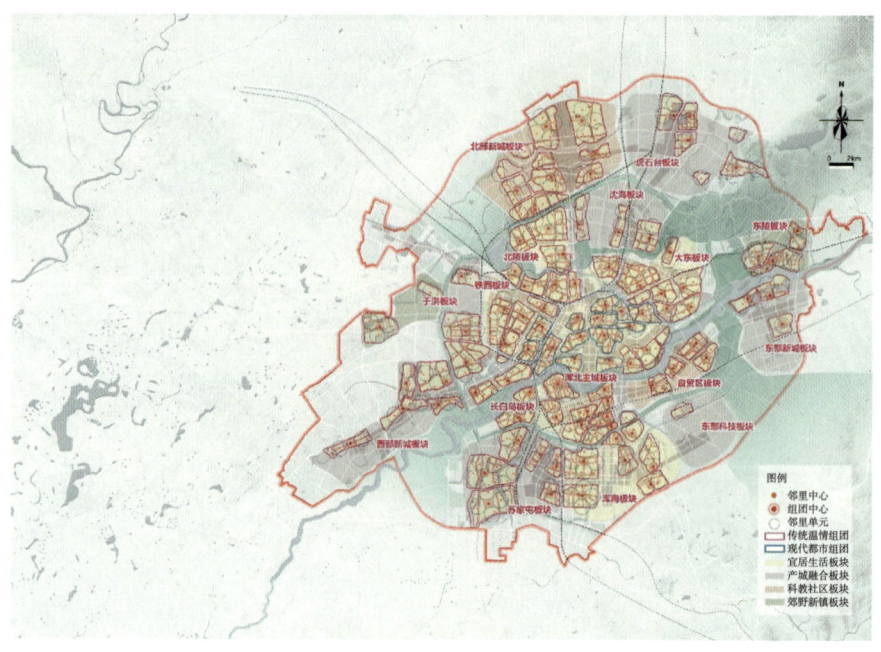

图 8-5　沈阳职住融合单元
（图片来源：由南京东南大学城市规划设计研究院有限公司、沈阳市规划设计研究院有限公司，提供）

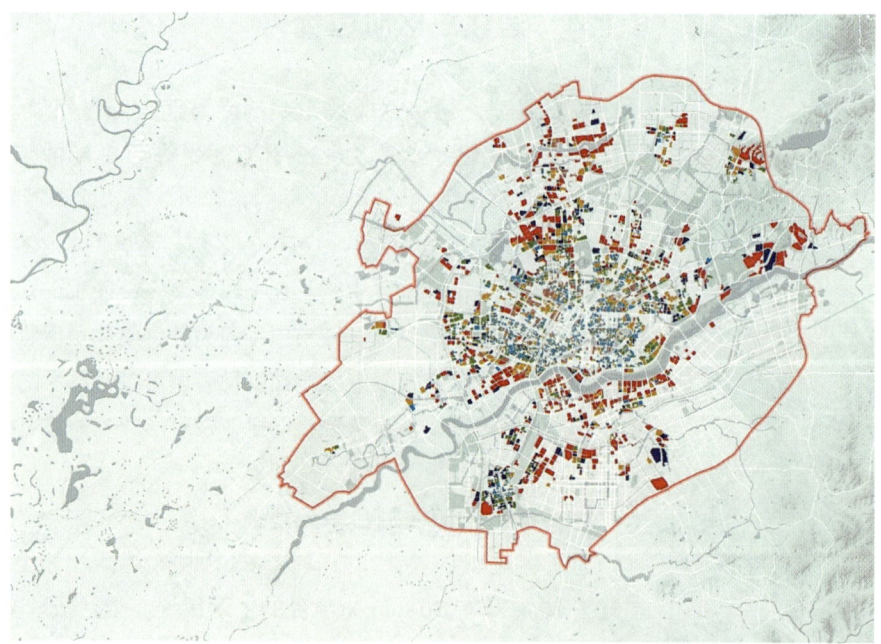

图 8-6　沈阳居住街区形态聚类分析
（图片来源：由南京东南大学城市规划设计研究院有限公司、沈阳市规划设计研究院有限公司，提供）

2. 基于日照综合利用的街区形态引导

　　根据形态指标的聚类计算，以建筑密度与平均住宅高度两大特征指标展开 K-means 聚类分析，将沈阳住区分为七大类，即将沈阳现有所有住区划分为围合式低层住区（小组团）、围合式低层住区（大组团）、围合式＋行列式混合住区、行列式低层住区、行列式为主小高层住区、塔楼高层与行列式混合住区、塔楼或板楼高层为主住区七大类型。沈阳各类住区具有较为明显的组团集聚性，浑北老城及铁西以围合式住区为主，外围的浑南及北部新城等以塔楼与板楼高层为主（图8-7）。

为了提升太阳能资源利用的潜力，促进主城区能源结构优化，本轮总体城市设计对街区形态提出了三点优化建议。

（1）建议严格规范塔楼和板式高层住宅的审批。以塔楼或板楼高层为主是沈阳住区的主要形态特征，但平均日照辐射量较低。《沈阳市居住建筑间距和住宅日照管理规定》（沈阳市人民政府第64号令）对居住形态的严格限制，导致百米左右的塔楼高层大量建设，这是沈阳新城天际线"平头切"的最主要原因。

（2）倡导围合式和小高层住区模式。行列式低层住区平均日照辐射量最高，但建筑密度与容积率不高，经济效益偏低，而围合式低层和小高层住区

类型	围合式低层住区（小组团）	
名称	永顺社区	宜馨小区
年辐射量	15 340 350	7 043 158
罩面面积	114 424	59 107
平均辐射量	134.07	119.16

类型	围合式低层住区（大组团）	
名称	凌空二小区	新铁住宅小区
年辐射量	13 833 940	21 287 279
罩面面积	74 241	125 537
平均辐射量	186.34（最推荐）	169.57（最推荐）

类型	围合式+行列式混合住区	
名称	小北街社区	沈铁誉光里小区
年辐射量	16 683 686	14 266 997
罩面面积	94 866	91 652
平均辐射量	175.86	155.66

类型	行列式低层住区	
名称	六零六所社区	阳光尚城·三期
年辐射量	22 843 560	38 604 254
罩面面积	121 890	187 905
平均辐射量	187.41（最高）	205.45（最高）

类型	行列式为主小高层住区	
名称	城建草仓公寓	锦绣江南
年辐射量	30 099 619	17 545 452
罩面面积	186 966	117 006
平均辐射量	160.99	149.95

类型	塔楼高层与行列式混合住区	
名称	纳帕阳光	伊丽雅特湾一南区
年辐射量	22 576 582	38 315 799
罩面面积	169 403	269 639
平均辐射量	133.27	142.10

类型	塔楼或板楼高层为主住区	
名称	外滩叁号	万科城一西区
年辐射量	19 449 451	37 482 081
罩面面积	201 641	324 467
平均辐射量	96.46（最低）	115.52（最低）

图8-7 沈阳主要街区类别太阳辐射分析

（图片来源：由南京东南大学城市规划设计研究院有限公司、沈阳市规划设计研究院有限公司，提供）

是平衡经济效益与日照效率的最优选择。

（3）鼓励多种住宅类型复合建设。混合式住区往往兼有高密度、高容积率及较高的日照辐射量，建议增加混合住宅类型的住区建设审批，并明确规定商品房、廉租房等不同类型住房的配置比例。

8.1.5　典型节点城市设计优化

以小南门邻里为代表的围合式住宅小区为例，其住宅平均高度7层，建筑密度和容积率较低。针对该片区的更新改造提出了四项策略。首先，适应北方寒地城市的商业拱廊街，连接外部街道并提升街区内部连通性。其次，社区供暖烟囱等工业遗存再利用，将供暖烟囱作为激活点，采用城市针灸的方式，以点带面对邻里空间进行改造，同时保留了沈阳独特的文化记忆。再次，沿街商业界面局部增设连廊，增强步行的连续性，减弱寒冷天气对城市活力的影响。最后，利用宅间空地、停车场、街角广场等"零碎空间"，增设口袋公园。

8.2 哈默比新城城市设计

8.2.1　总体概况

哈默比新城（Hammarby Sjöstad）是斯德哥尔摩市以申办2004年奥运会为契机，在其城市东南部采取可持续发展思路开发的新城镇典范。整个项目占地145 hm²，以"哈默比湖"为核心建成住宅1万套，并吸引了3万人在此生活和工作。作为17世纪以来无序扩张、污染严重的工业区和码头区，该片区内部遗留了不少产业遗存与设施，外部山环水绕的自然资源则为其基础设施、城镇规划和建筑形态的塑造提供了良好的生态本底（图8-8）。[2]

8.2.2　资源循环利用

哈默比新城的主要设计理念是在本地建立循环经济，将对地区以外的环境影响最小化。哈默比新城在规划和实施阶段针对环境问题都有一整套的生态循环处理系统来整体处理物质和能量流，称为"哈默比模型"。该模型主要包括以下内容。

（1）土地利用：清理污染土壤，将工业污染地重新开发为美丽宜人的居住区，建设风景优美的公园和绿色开敞空间。

（2）能源循环利用：采用可再生燃料、沼气和余热回收，提高建筑

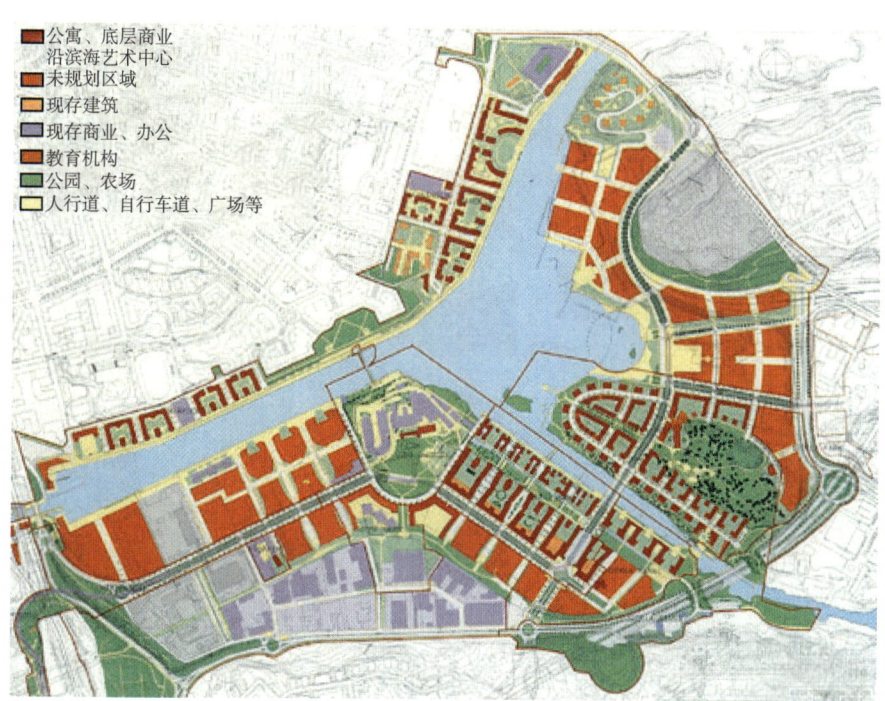

图例：
■ 公寓、底层商业
沿滨海艺术中心
■ 未规划区域
■ 现存建筑
■ 现存商业、办公
■ 教育机构
■ 公园、农场
■ 人行道、自行车道、广场等

图 8-8　哈默比新城总图

（图片来源：吴晓，吉倩妘，周晓穗，等．从旧工业区到生态型城镇：瑞典城市更新的绿色路径初探：
以 Bo01 欧洲住宅展览会、哈默比湖城和皇家海港为例 [J]. 世界建筑，2021（3）：101–107+126.）

能源循环使用效率。整个居住区由一座区域供热厂提供热水和供暖，其燃料是生物燃料和家庭垃圾的混合物。每个家庭产生的沼气足够用于家庭日常餐饮的能源需要。此外，大部分剩余的沼气被用作环保汽车和公交车的燃料。

（3）水循环：采用新技术用于节水和污水处理。在居住区内配套一个实验性的本地污水处理厂，于 2003 年正式启用，主要通过新技术从污水中提取营养素作为农田肥料进行循环利用。地表水先通过本地处理来减轻污水处理厂的负担。在处理家庭污水时，废水中的热量被回收继续用于供暖，残渣则用于生产沼气。

（4）垃圾处理：采用可行的垃圾分类系统，尽可能进行循环利用。为了方便家庭垃圾用于焚烧，居民必须对垃圾进行分类，有危险性的垃圾需被分离出来，本地的可燃垃圾用于燃烧产热，而食品垃圾则加工成有机肥料。

（5）交通运输：采用快速公共交通，实行小汽车合用，并建有自行车专用道，以减少私人小汽车的使用。

（6）建筑材料：使用绿色建材并尽量采用干作业，降低施工噪声及其对环境的影响。

这一整套管理能源、垃圾和水的系统就被称为"哈默比模型"，它由各责任相关方协调合作共同开发而成（图 8-9）。同时，哈默比新城注重可持续

295

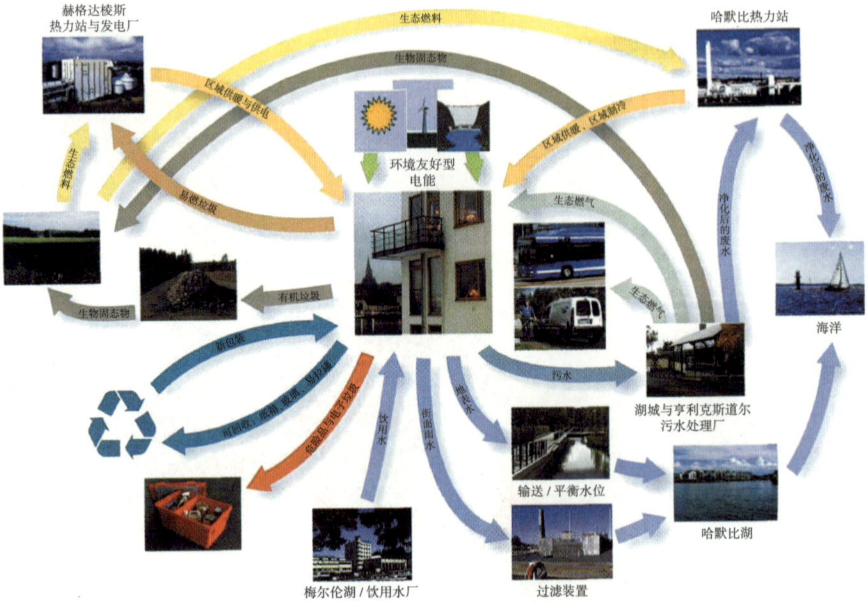

图 8-9 “哈默比模型”能量和物质循环示意图

（图片来源：吴晓，吉倩妘，周晓穗，等 . 从旧工业区到生态型城镇：瑞典城市更新的绿色路径初探：以 Bo01 欧洲住宅展览会、哈默比湖城和皇家海港为例 [J]. 世界建筑，2021（3）：101–107+126.）

发展理念的宣传和教育工作。该城自来水公司、垃圾管理局和能源公司通过联合举办展览，演示哈默比新城采用的新型环保技术，居民们也可以咨询各种环保事宜。[3]

8.2.3 开放空间设计

哈默比新城的开放空间由水体、山体、保留林地、滨水湿地、街区公园和散布的各类庭院绿地、街头绿地等要素构成，并围绕湖面总体上形成了“以滨水山体绿化为核心，以街区绿地为串联，以院落绿地为基底”的点、线、面相结合的多层级结构。其中，“街区绿地”作为整个开放空间系统的关键构成，多呈带状分布于主街区内部或沿街区滨湖界面展开。与一般的公园绿地相比，生态型城镇的开放空间除了空间塑造、审美体验和集聚活动等职能外，同时承担提升环境的生态功能，与自然要素和不同生态系统的协同，以及消减尾气、噪声、废弃物等对人和环境的危害等功能。具体的生态策略主要蕴涵于以下生态系统或环境要素处理上（图 8-10）。

（1）雨水处理：在哈默比新城的开放空间中，雨水尽量实现就地处理，主要通过地表而非地下排放，以减少污水处理厂和泵站负荷。针对花园绿地汇集而来的雨水，首先通过微型管沟汇入富有景观特色的明渠中，然后通过水渠附设的过滤和沉淀流程完成初步净化环节，最终经由艺术家别尔克兰

图 8-10　哈默比新城场地鸟瞰图
（图片来源：国供能源（福建）有限公司. 国供能源：全球能源大势分析与展望 [EB]. 国供能源百家号，2021–08–10.）

（Dag Birkeland）设计的水阶排入哈默比湖。

（2）土壤治理：哈默比新城作为曾经的手工艺作坊和小工业生产集聚地，沉积了包含 130 t 油脂和 180 t 重金属在内的大量污染物。因此，斯德哥尔摩环境与健康署预先通过换土、深翻、化学改良和生物改良等综合手段处理基地土壤，检测达标后才展开哈默比新城的建设。

8.2.4　居住街区肌理优化

"柯本"是哈默比新城中的一个滨水小街区，包括两栋 4~5 层的公寓楼和一栋两层小建筑。两层小楼原设计为两套艺术家工作室，现根据实际需要改为小区的健身房。"柯本"街区共有 91 套大小不等的公寓，最小的公寓建筑面积是 48 m^2，最大的则有 161 m^2。建筑平面布置采用创新设计，使建筑造价节约了 4%。[4] "柯本"街区总造价由于在建设中采用了环保节能措施而增加了 1.5%，但其实际运行维护费用大大降低。2005 年"柯本"街区实测能耗大约 117 kWh/m^2，是瑞典一般住宅建筑能耗的一半。在环保节能和创造社区感、安全感等方面的出色表现，使"柯本"街区获得了斯德哥尔摩"环境 2000"新建筑竞赛的银奖。

"柯本"街区建筑北朝哈默比湖，南面为社区公园。其总体布局兼顾了朝向和景观需求，所有的公寓都朝向东南或西南，可以看到公园、湖水和天空。设计结合街道和庭院的不同标高，在公寓楼的设备层和一层均设有外部

图 8-11　哈默比可持续街区轴测图
（图片来源：陈宇.哈默比城"柯本"街区，斯德哥尔摩，
瑞典[J].世界建筑，2007（7）：96-100.）

入口，居民可以从三个方向方便地进入。建筑设计的早期阶段充分贯彻生态技术优先准则，每栋公寓楼设有朝向公园和内部的两个庭院，为居民日常生活和聚会提供不同私密等级的场所。内部庭院在原方案中有玻璃顶，作为被动式太阳能集热器，但最终未实施。两栋公寓楼之间的下沉庭院处于下风向的负压区，居民可在沐浴温暖阳光的同时避免寒风的侵扰。每栋公寓楼的楼梯和电梯围绕公寓楼核心空间设置，增加了邻里之间相互交流和了解彼此的机会（图 8-11）。

建筑造型设计考虑了场所的历史特征，以船、仓库等意象为基础，在古典与现代之间建立平衡，以简洁的线条和下深上浅的色彩努力创造出轻巧的建筑形象。简洁的造型处理也反映了一种实用和节约资源的建筑学观念。整个"柯本"街区的设计、建设、使用、管理和维护工作都是在可持续发展原则的指导下，以系统理论和全寿命循环理论为基础，以降低对环境的冲击影响、提高能源使用效率和节约资源为目标而展开的。

8.3.1　总体概况

中新天津生态城是在强调生态文明建设的宏观背景下，由中新两国政府主导的起步较早、规模较大的中国生态新城之一。新城位于国家综合配套改革试验区天津滨海新区内，具有"先行先试"的意义。规划提出生态城的发展目标是"国际生态环保技术的策源地、总部基地和引领可持续发展的示范区"。规划最终确定生态城的合理人口规模为 35 万人左右，人均城市建设用地约 60 m^2，远低于一般城市的建设用地指标（图 8-12）。

8.3.2　城市生态格局建构

区域的整体生态格局与网络既是城市生态发展的基础和保障，也是建设稳定健康的城市生态系统的前提。设计强调了内部生态结构与区域生态格局网络的衔接，主要包括湿地空间与区域湿地空间的联通、水域特征的保存与

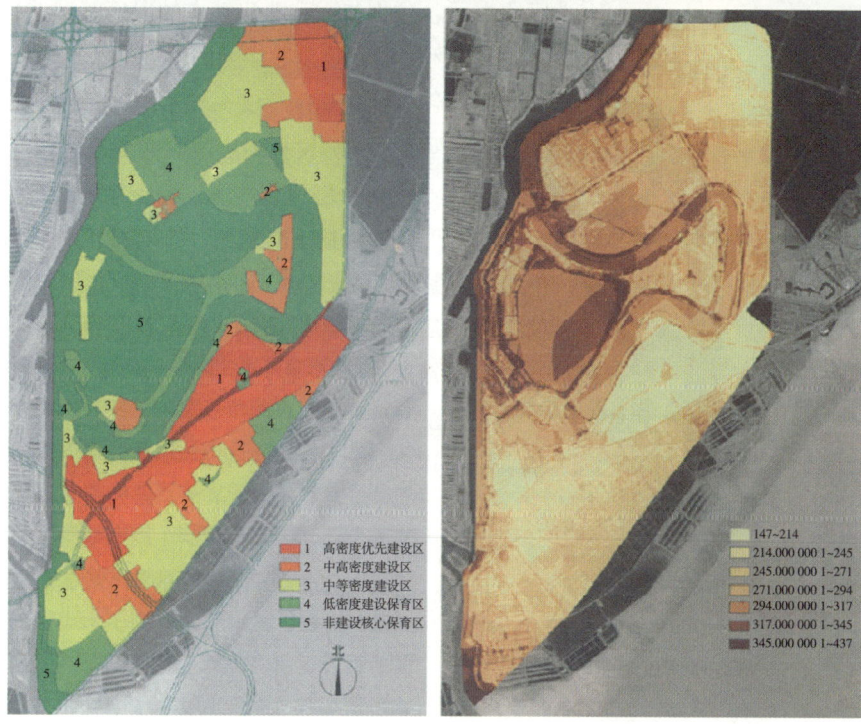

图 8-12　中新天津生态城场地分析

（图片来源：杨保军，董珂．生态城市规划的理念与实践：以中新天津生态城总体规划为例 [J]．城市规划，2008（8）：10-14+97．）

延续、生态廊道的构建，以及城市防洪和微气候调节等方面。中新天津生态城位于蓟运河和永定新河入海口，是七里海湿地连绵区向渤海湾的延续，也是天津北部蓟县自然保护区、中部湿地自然保护区通往渤海湾的唯一入口，其生态节点作用显著。规划范围西侧是北京、天津北部区域共同的泄洪通道，洪泛风险高，应主动预留或扩宽泄洪通道。

　　生态格局包含候鸟迁徙的通道建构，保证自然湿地零净损失；建设自然型河道，构建多级的河流廊道系统，保护生物栖息地。方案最终形成了以中心水域为核心的放射型、网络式生态格局。为了强化对自然生态的保护，规划还在指标体系中规定：到2020年新城绿地率达到40%，绿化覆盖率达到50%，人均公共绿地面积大于12 m²。其绿地率指标已大于国家生态园林城市标准。[5]

8.3.3　城市结构优化

集约、高效地使用土地资源，进行适度有序的高强度开发，有利于在兼顾现代城市复杂功能的同时维系片区生态格局，整体上形成紧凑的城市布局。中新天津生态城的城市结构优化主要包括以下三个原则。

（1）组团布局：依据步行和非机动车的出行距离，采用组团式布局，通过生态廊道界定组团边界，控制各组团的发展规模。

（2）公交引导：依托大运量公交系统引导和激活土地开发，沿交通站点周边适当提高开发强度，充分发挥相应地段的土地价值。

（3）复合利用：充分利用现有地形，综合考虑土地使用、交通组织，通过平面和竖向的合理设计降低土方挖填，在实现土地高效利用的同时创造丰富而有特色的城市景观。

结合组团式布局形成分级配置的生态社区，注重社区和服务设施的分级配置体系，建立"基层社区（细胞）—居住社区（邻里）—综合片区"3级居住社区体系（图8-13）。

（1）基层社区由约400 m×400 m的街区组成，基层社区中心服务半径200~300 m，服务人口约8000人，满足社区居民就近获得日常医疗卫生、商业服务的需求。

（2）居住社区由4个基层社区约800 m×800 m的街区组成，居住社区中心服务半径约500 m，服务人口约3万人，主要为居民提供日常医疗卫生、商业服务、文化体育、金融、邮电及公共管理等服务。

（3）综合片区由4~5个居住社区组成，结合地形及交通条件灵活布置。

8.3.4　绿色街道网络布局

绿色交通理念的核心是从"以车为本"到"以人为本"的转变，打造绿色交通系统。其主要通过以下三个方面展开。

（1）公交慢行优先：实现绿色交通系统与土地使用的紧密结合，提高公共交通和慢行交通的出行比例。

（2）职住平衡：设计中提出的"就业住房平衡指数 ≥ 50%"的标准有利于减少总体交通需求。

图 8-13 中新天津生态城用地模式
（图片来源：杨保军，董珂.生态城市规划的理念与实践：以中新天津生态城总体规划为例
[J].城市规划，2008（8）：10-14+97.）

（3）便捷的生活服务设施：规划要求步行 300 m 内可到达基层社区中心，步行 500 m 内可到达居住社区中心，80% 的各类出行可在 3 km 范围内完成。在职住平衡和生活服务便利的基础上，规划要求内部出行中非机动方式不低于 70%，公共交通方式不低于 25%，小汽车方式占总出行量 10% 以下（图 8-14）。

8.3.5 清洁能源利用

中新天津生态城能源利用的目标是降低能耗，提高能源利用效率，优化能源结构，构建安全、高效、可持续的能源供应系统。其主要策略包括：首

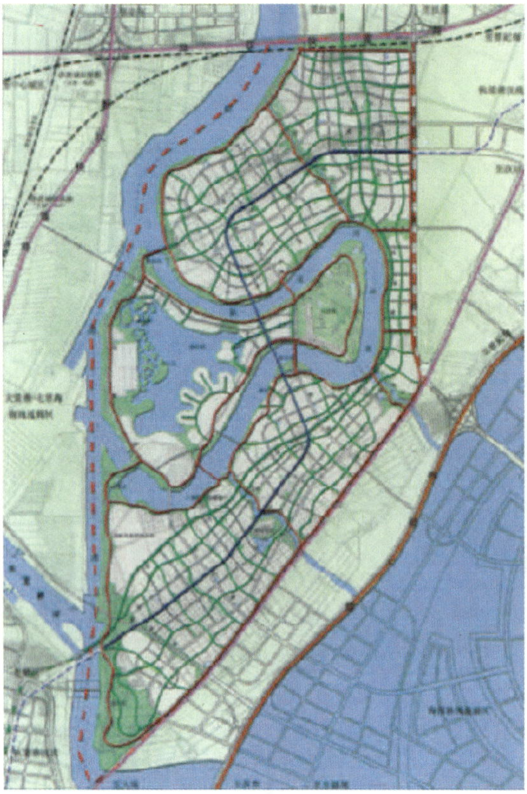

图 8-14 中新天津生态城绿色交通

（图片来源：杨保军，董珂.生态城市规划的理念与实践：以中新天津生态城总体规划为例 [J].城市规划，2008（8）：10-14+97.）

先，降低能源消耗，充分利用新能源技术、绿色建筑技术及绿色交通技术，加强能源梯级利用，增强居民节能意识，提高能源使用效率；其次，优先发展可再生能源，形成与常规能源相互衔接、相互补充的能源供给结构，其中可再生能源使用率不低于 15%；最后，促进高品质能源的使用，禁止使用非清洁煤、低质燃油等高污染燃料以减少对环境的影响。

中新天津生态城中清洁能源使用比例为 100%，其主要包括以下方面。

（1）太阳能：利用太阳能热水系统为居民提供生活热水，全年太阳能热水供应量占生活热水总供应量的比例不低于 60%；在技术经济条件许可的情况下，鼓励发展太阳能光伏发电；可在主要道路敷设路面太阳能收集系统，用于建筑供暖和制冷。

（2）风能：利用风电建筑一体化技术为建筑供电，远期可利用外围风力发电厂为生态城供电。

（3）地热能：分散供热区内优先利用地热为建筑供热，地热占全部供暖供热量的比例不小于 8%。在此基础上，鼓励能源综合利用，适度耦合热泵回收余热、热电冷三联供及路面太阳能等技术，实现对能源的综合利用。

中新天津生态城规划以广义的"生态"概念为基础，立足特有环境资源的约束条件，结合国际先进的生态城建设理念、方法和技术，形成了具有中国特色的早期生态主导型规划方案。中新天津生态城将成为向世界展示中国经济蓬勃、资源节约、环境友好、社会和谐的新型生态城市典范，也将为中国在城市建设与管理中实现"双碳"目标提供宝贵经验。[6]

8.4 新加坡花园城市建设

8.4.1 总体概况

新加坡作为城市国家面积仅 719 km^2，2016 年人口 561 万人，城市人口密度为 7800 人 /km^2，是世界上人口密度最高的城市之一。新加坡自然资源稀缺，人口众多，因此在高密度城市建设的同时保护生态环境是新加坡面临的重要挑战。李光耀曾将"花园城市"作为新加坡的基本国策，通过50年的持续努力，新加坡取得了举世瞩目的成就。本小节主要从城市生态绿地系统、立体绿化、韧性城市设计和保障机制四个层面介绍新加坡花园城市建设的经验。

8.4.2 复合型生态绿色网络

新加坡复合型生态绿色网络集生态保护、公园游憩、运动休闲和旅游观光功能于一体，包含了自然生态基底、公园连接廊道和市民花园社区三个部分内容。

自然生态基底主要由武吉知马、中央集水区、双溪布洛湿地和拉柏多四个自然保护区组成。其中，中央集水区自然保护区位于城市地理中心，是新加坡的绿肺。自然保护区是新加坡生态保护和繁育研究、自然教育和游憩休闲的主要平台，同时亦是新加坡生物多样性的热点区域和代表性的生态系统，对该类区域需要设置严格的保护控制要求。为了减少保护区周边开发的影响，围绕自然保护区建立了自然公园缓冲区，包括中央自然公园、双溪布洛自然公园和拉柏多自然公园等三部分。自然公园可以代替自然保护区作为公众与自然亲密接触的场所，实现生态保护与人类活动两者之间的平衡。同时，自然公园还为自然保护区的动植物提供生态上相互依存的栖息地。为全面保护本国物种，新加坡同样重视自然保护区和自然公园以外的其他绿色区域的保护利用。[7]

总体上，新加坡形成了一个以自然保护区、自然公园和其他绿色区域为主的多层级城市生态空间系统（图8-15）。该系统具有两个特点：其一，赋予不同层次的生态空间差异化的生态和使用功能，有助于维护人与自然的关系，保护城市生物多样性；其二，将城市的各生态区域进行分级，纳入城市的生态空间系统，可针对性地采用不同措施保护各类区域的生物多样性，对高密度城市的适应性强。

1. 公园连接廊道

新加坡绿道规划主要包括两个目标。其一，形成连接公园的网络，使公众能更便捷地到达公园。新加坡已建成337座区域、新镇和社区公园。大公园主要是利用了所在场地的自然要素，例如东海岸公园的天然海滩、花柏山公园的城市全景和现存树林、双溪布洛自然公园的红树林和湿地生境等，其往往远离居住区，可达性不足。新加坡的土地昂贵而稀缺，故难以获得大片土地用于公园建设。因此，公园连接廊道利用排水道缓冲区及其他类似的低效用地，在各个独立的公园，以及公园与住区之间建立便捷的绿色通道，高效地为居民提供休憩场所。其二，在建成区营造自然廊道，让鸟类能从一处

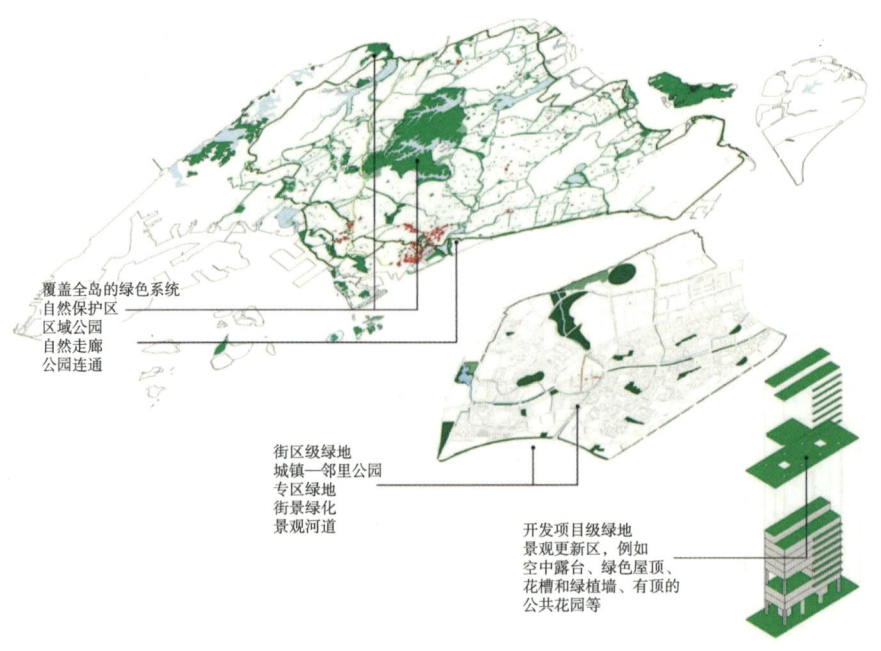

图 8-15 新加坡多层级绿化体系
（图片来源：引自《新加坡城市设计指南 2023》，由新加坡市区重建局，编制）

自然保护区迁移到另一处。通过设置绿道连接大公园和鸟类的自然栖息地，能够增加全岛鸟类的数量和种类（图 8-16）。

2. 市民花园社区

调动公众保护环境、参与绿色活动的积极性，加强居民的社区归属感和责任感，是新加坡培育亲生物社区的重要一环。NParks 于 2005 年启动的"锦簇社区"（Community In Bloom，CIB）项目旨在鼓励和帮助居民建设社区花

图 8-16 公园连接廊道
（图片来源：引自《新加坡城市设计指南 2023》，由新加坡市区重建局，编制）

园，将不同人群聚集在一起，创造、发展和维护当地的园艺公共空间。根据居民偏好设置主题多样的社区花园，包括蝴蝶、鸟类、香景、食用和观赏等主题，利用道路两旁的边角地块在城市中"见缝插绿"，选择能够吸引蝴蝶和鸟类的植物种类，尽可能为小动物提供栖息地和食物，有利于促进城市的生物多样性。

除了生态效益和城市美化作用外，社区花园还为社区交流联系提供机会，培养公众尊重生物多样性和注重生态的理念。根据使用对象划分，新加坡社区花园可分为公共住房人群、私人住房人群、教育机构人群、其他机构人群使用的花园，以满足不同人群差异化的亲近自然的需求。新加坡社区花园建设的最大特点是采用"政府—社区"协作式管理机制，多元主体各司其职，共同参与到社区花园的建设中，形成包容性社区，促进人与自然的和谐相处。此外，新加坡还打造"社区花园节"和"社区花园食品竞赛"等活动策划，以吸引更多居民参与到花园城市营建中（图8-17）。

3. 立体绿化

为了进一步提升城市整体的绿化量，新加坡大力推广立体绿化的建设，在政策、科研及项目实施中不断运用立体绿化技术。新加坡立体绿化的形式和内涵日益丰富，从最初的桥体绿化，到绿化与建筑结合设置，再到如今的关注生态效益和以人为本的多元立体绿化。1990年以前是新加坡实施空中绿化的探索期，主张"用绿色装点花园城市"，主要是对人行天桥、立交桥等交通基础设施的绿化建设。1990—2000年，新加坡侧重"绿化与建筑结合"，

图8-17 新加坡滨海湾花园

通过将花园平台、景观阳台和绿色屋顶等立体绿化形式与建筑相结合的设计，追求立体绿化的美学特征。步入 21 世纪后，随着公众生态意识的增强，空中绿化作为一种适应未来发展的可持续绿化建设手段，在改善人居环境、节约资源和丰富生物多样性中的作用和价值日益受到重视和认可，其关注的重点开始由"美学"向"亲近自然"和"人性化设计"转变（图 8-18）。

新加坡市区重建局（URA）于 2009 年 4 月推出的城市空间和高层建筑景观计划（Landscaping for Urban Spaces and High-Rises Programme，LUSH1.0）对建筑控制中的景观策略进行了绿化形式上的补充，并引入相关激励性措施。随后，新加坡于 2014 年和 2017 年颁布 LUSH2.0 和 LUSH3.0，对景观策略的对象、绿化类型、硬性要求及奖励规则作出进一步的优化调整，主要包括以下几方面内容。

（1）涵盖更多区域和开发类型，新增和更新项目应有不同的要求。

（2）新增 3 种景观置换类型（共 7 种），包括绿墙、粗放式屋顶绿化和城市屋顶农场。

（3）将绿墙垂直表面积计入景观总面积。

（4）引入绿色容积率（Green Plot Ratio，GPR），即每单位地块面积上的单面叶面积总和，确保私人开发项目的绿地率供给。政府大力鼓励在建筑立面和屋顶种植绿化，新加坡国家公园局对垂直和屋顶绿化的种植提供高达 50% 的费用补贴。

（5）总建筑面积奖励政策覆盖更多的开发类型。

热岛效应的现象在新加坡表现得尤为明显，热遥感影像显示，新加坡的

图 8-18　立体绿化

建成区和郊外地区的温差达4.0℃。新加坡注重城市绿化在改善室外微气候方面所起的重要作用。在建筑物密集区，乔木和灌木不仅可以遮阴、降低环境气温，还有助于减少建筑围护结构的太阳辐射吸收量，并通过蒸腾作用降低环境温度，增加空气中的湿度。此外，屋顶绿化对室内环境也有显著的积极影响。

通过测试绿化屋顶的传热实验可以发现，植物遮阴可以给混凝土屋顶表面带来至少3.0℃的降温效果。新加坡多种类型的建筑中均应用了立体绿化技术，包括了组屋、酒店、博物馆、机场等。通过立体绿化与建筑空间的有机结合，在高密度人工环境中增加了自然氛围，在美化建筑环境的同时也提升了建筑热舒适度，减少了建筑能耗。例如，天际线组屋在不同高度的空中连廊结合屋顶花园展开；圣淘沙酒店（Oasia）结合建筑立面和退台空间，设置多层次立体绿化（图8-19）；滨海湾花园、星耀樟宜则在室内塑造出大尺度模仿自然山体甚至瀑布的立体绿化。

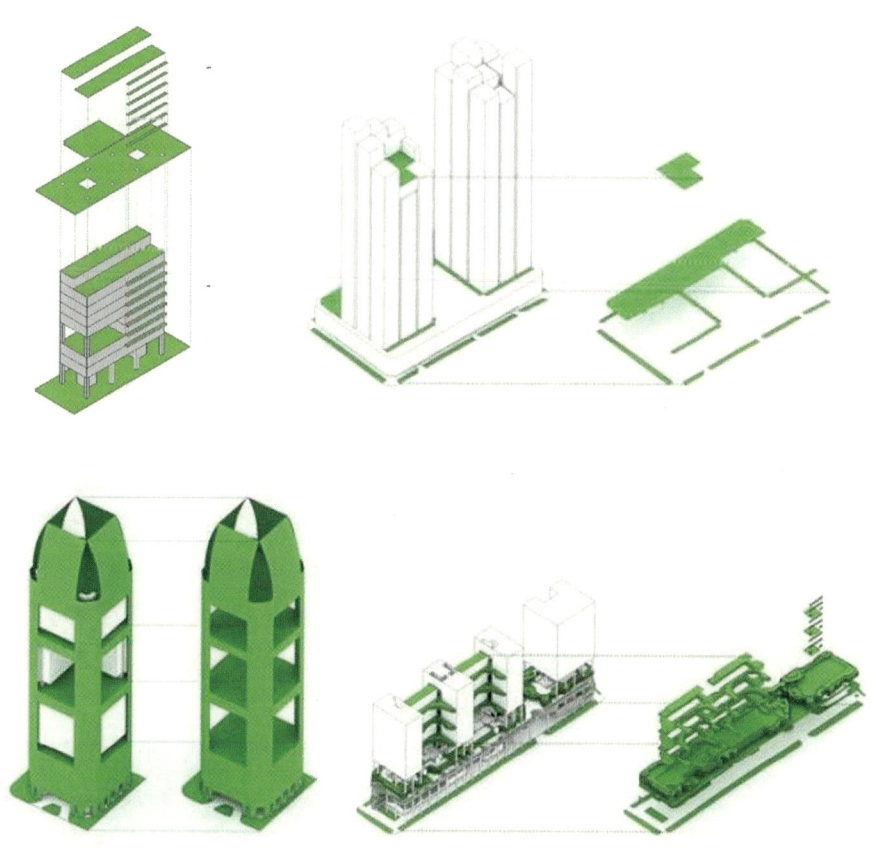

图 8-19　立体绿化示意图
（图片来源：引自《新加坡城市设计指南2023》，由新加坡市区重建局，编制）

8.4.3　韧性城市设计策略

新加坡长期面临着海平面上升、淡水资源紧缺、生物多样性降低等问题。近年来随着全球气候变化，年降水总量和平均降水强度持续增加，极端降水发生的频率和强度也显著提升。新加坡的城市韧性建设经历了纯工程措施阶段、工程和非工程措施结合阶段及多元综合全过程规划三个时期。

对于生活区，在源头阶段通常采用雨水花园、透水路面、绿色屋顶、植被浅沟、垂直绿化等方式储存降水并合理组织排水方向；在去向阶段则对新建建筑设置防洪屏障、对蓄水池进行扩容，并在建筑之间建立生态走廊，不仅作为疏散通道，同时增加雨水消纳和存储的空间。除抵御内涝的韧性城市基础设施外，在生活空间上，ABC水计划重视营造亲水环境，创造娱乐空间。相关设计包括在蓄水池中划定钓鱼点、皮划艇等水上运动区域，在滨水空间中建造亲水设施，从而吸引居民参与相关活动，提倡与水共生的生活体验，打造活力社区。此外，特殊生活空间的设计体现了平灾结合的思想，建筑屋顶绿化既可以缓解内涝，也能提供大面积草坪作为休闲空间，例如滨海堤坝已成为新加坡市中心放风筝的场所，建筑的空中绿色露台也是居民社交、锻炼的空间。

8.4.4　市场机制导向的绿色城市设计实施保障

新加坡经济角色经过了三次转型，首先是中转港口城市，接着为制造业和商贸结合体、东南亚中心城市，最后成长为世界级城市。新加坡的高密度城市建设是人口增长压力下花园城市目标实施的基础，通过市场引导的存量居住用地高密度更新，提高容积率的整体改造，保持绿地总量，以吸纳更多人口。[8]

为了弥补城市设计方案与实际建设之间的差异，可通过有效机制保障设计的实施重要性不断提升。一般而言，设计师设计城市，开发商建设城市。借用强大的市场力将设计理念与开发逻辑结合，有利于城市设计方案的实施。根据既有的城市建设经验，实施度高的方案呈现出设计与建设主体统一的特征，主要包括两种类型：其一，设计主导的同时又承担建设角色，如北京、巴西利亚、新加坡、华盛顿、堪培拉等；其二，建设主导的同时又承担规划设计，如上海新天地等。

城市更新主要面临三个利益相关方，即：住房业主、开发商及基础设施提供方。为了有效推进城市更新工作，新加坡提出"整体出售"的概念，80%住户同意即可整体出售，从而避免钉子户现象。"整体出售"价格高出市场二手房价50%。政府获得开发收费，由于需要提供额外的基础设施服务，收费标准根据增加的建筑面积确定。城市更新的难点是土地收购成本，新加坡以法制为准绳，但不强调100%的业主同意，可以打破业主垄断地位，遏制过分要价，防止少数挟持多数。规划是一种政治，设计师不参与政治博弈，但需要参与政治博弈中"游戏规则"的制定。规则实施具有刚性，灵活性则体现在制度性的定期修编。规划战略固然极为重要，但如果没有实施制度辅佐，其规划目标也无从实现。

8.5.1　总体概况

宁德时代小镇是福建省宁德市环三都澳协同发展区的重要节点，基地环山抱海，交通便利，北到衢宁铁路、西至甬莞高速、东南到沈海高速，设计范围约20.4 km²。宁德市属于亚热带海洋性季风气候，气候湿热，冬少寒而夏酷暑，日照充足，降水充沛，时有台风（图8-20）。

宁德时代小镇片区率先实现碳中和具有重要意义。作为前端科技先导的全球化新能源旗舰企业，"双碳"目标背景下在片区整体实现研发、生产、制造、应用、循环全链碳中和，能够在国际上展现宁德时代在应对全球气候变化方面的责任担当和实践探索。在中国，能够打造践行"双碳"目标、两山理论、生态文明建设时代的宁德样本，进而总结可推广的、依托中国一流产业园区的积极稳妥推进"双碳"目标实现的有效路径。为了有序推进片区碳中和目标，规划设计针对不同范围设定了三个时间梯度的碳中和目标：近期目标以宁德时代企业所辖范围内地段为主体，力争在2025年实现碳中和；中期目标结合棉桃山等片区，计划在2030年实现碳中和；远期目标为小镇片区2040年实现碳中和（图8-21）。

宁德时代小镇片区的绿色低碳发展面临生态、科技、生活三个方面的挑战。

（1）生态方面：应对咸淡交织和潮洪交汇的水环境特征，如何扩大淡水存续量，防御海潮、疏解内涝并提升水体质量？应对土地资源高度稀缺的现

图8-20　宁德时代小镇片区航拍图

图 8-21　小镇片区多梯度碳中和推进分区图
（图片来源：由南京东南大学城市规划设计研究院有限公司，绘制）

状，如何平衡开发利用和自然山体保护，建构完善的生态绿地系统，维持好本底山海形胜的格局？

（2）科技方面：如何将新能源科技产品融入日常生活场景中，全面彰显科技进步对城市人居环境的改变？

（3）生活方面：如何在有限用地情况下建构完善的公共服务配套（图 8-22），提升居民的归属感和幸福感？

8.5.2　城市生态格局优化

宁德时代小镇片区城市设计方案提出"理水拥山"的生态优先策略，通过溪水连通山海，优化生态本底，同时采用有机组团布局以提高整体韧性（图 8-23）。

一方面，建设山海相通的生态本底。通过分层级水系统梳理，提升片区

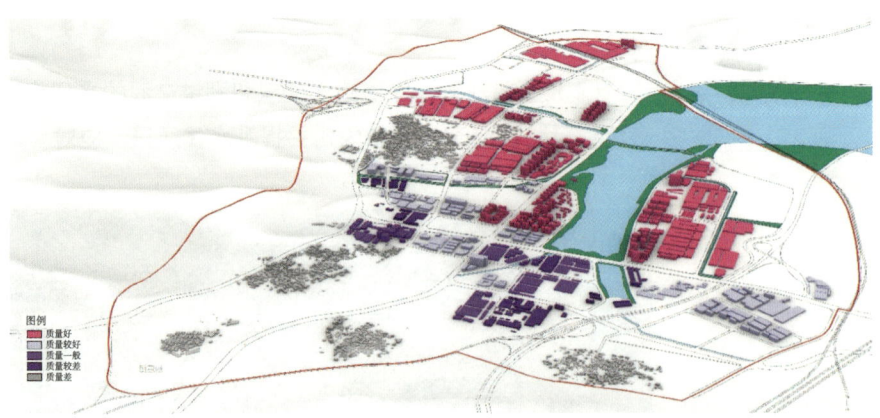

图 8-22　宁德时代小镇片区既有建筑评估
（图片来源：由南京东南大学城市规划设计研究院有限公司，绘制）

图 8-23　宁德时代小镇片区鸟瞰图
（图片来源：由南京东南大学城市规划设计研究院有限公司，绘制）

的防洪和水净化能力。上游结合山体地形设置水胶囊，存蓄淡水。中游通过人工水渠引七都溪水体入赤鉴湖，起到净化水体的作用。同时加强生态廊道湿地的雨水调蓄功能，以郑岐溪为例，枯水期水位下降，可结合栈道和湿地进行亲水和临水体验；丰水期水面上升，部分栈道可淹没，强化湿地的涵养和自然保护功能。下游营造可调控的水面，建立以湖为核心、环湖建城的基本格局。通过水闸调控外赤鉴湖水位，湖周边地区可以抵御极端暴雨并保持外湖景观水面、满足游船航行需求。水利工程做法借鉴了威尼斯泻湖水闸的调控技术，特殊的三都澳地形使小镇部分的工程量不到威尼斯工程量的1/10。该水闸通过调节模块内水和空气的比例，可以满足不同的开闭程度，进而可以便捷地实现水位高低的调控。此外，结合现状及规划水系，塑造形式多样的滨水断面，创造多样化的滨水休闲活动。针对山体的保护和开发利用，在保护的前提下，对外围山体山麓组团进行适度开发，内部山体进行市政化和景观化处理，在对山体进行生态修复的同时打造滨海休闲运动场所，供小镇居民亲近自然，放松身心（图 8-24）。

　　另一方面，构建通风廊道和遮阳路径。基于气候模拟分析，设置四条通风廊道引风入城，减缓城市热岛，净化片区空气质量。对主要通风廊道及两侧用地建设进行控制引导，以保障廊道的通风效率。以疏港路为例，控制其两侧高层建筑间距约为 110 m，两侧裙房建筑间距约 90~100 m，保障廊道净宽要求；风廊两侧高层建筑高度控制为 60~100 m，裙房贴线率为 70%~80%，裙房建筑高度不小于 12 m，当界面过长时宜采用架空或连廊等形式增强风在地块内的渗透，以便于优化通风效益的同时将城市风道气流渗透入两侧街区内部；对廊道两侧的建筑单体，尽量保持风廊两侧高层建筑的统一退让，避免疏港路两侧设置外伸式构筑物，以减少风的流通阻碍（图 8-25）。

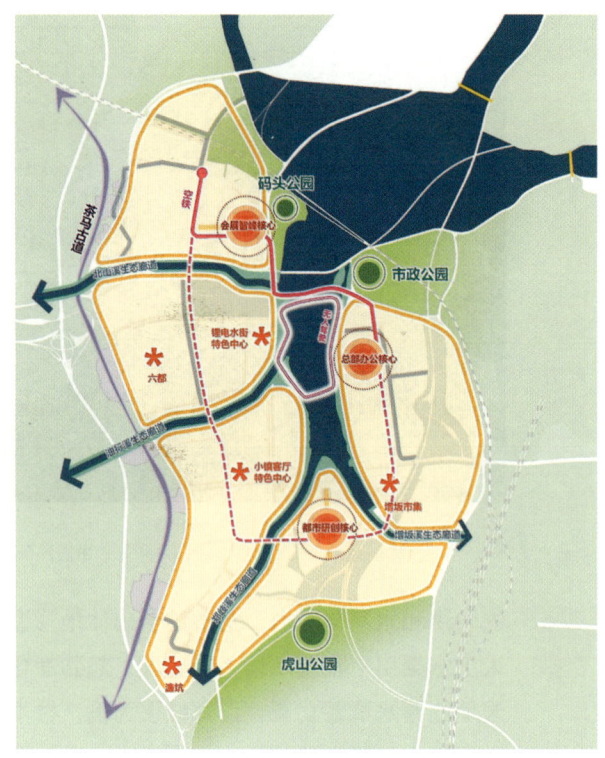

图 8-24　宁德时代小镇片区生态优先的组团式布局
（图片来源：由南京东南大学城市规划设计研究院有限公司，绘制）

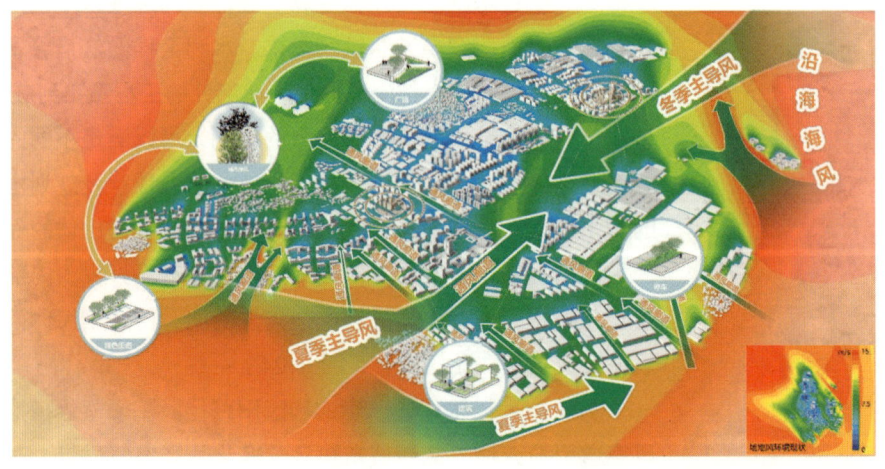

图 8-25　主要通风廊道
（图片来源：由南京东南大学城市规划设计研究院有限公司，绘制）

8.5.3　碳中和实现区绿色城市设计策略

要实现碳中和，需要从消费端、能源端和固碳端三端发力。为了实现上述愿景，团队构建了碳中和技术路径，即：基于科学计算明确具体的减排任务，加强适用性减碳技术和宁德时代新能源产品的集成运用，进而实现绿色低碳产品的多场景应用。团队采用国际碳排放测算标准 IPCC，从多源视角量化宁德时代小镇碳中和发展实现区"减碳—近零碳—碳中和"需要解决的具体任务。根据分板块的碳排放算法，对场地现状各系统的碳排放方案进行估算，以明确碳中和实现区需要解决的碳排放总量。团队从三端出发凝练减碳技术共 20 项，总结为 6 个策略群，形成减碳技术库，为实现碳中和提供技术支撑（图 8-26）。

（1）生态固碳策略：结合蓝绿空间的生态固碳，优先选用固碳值高的本地植物，通过立体的"乔木—灌木—草坪"组合栽植实现碳汇最大化，基地绿化植被每年能直接固碳约 0.3 万 t。通过绿植划分城市组团，优化了城市热环境。通过风热环境模拟对比，发现绿植可以显著降低场地的温度分布，从而降低 12% 的建筑用能，间接减少碳排放量约 4.5 万 t/ 年。

（2）可再生能源利用策略：可再生能源的利用是减少碳排放量的重点，主要从能源供需两方面展开。首先根据建筑功能和面积，对碳中和实现区内建筑的全年能耗需求进行仿真，从而为能源系统优化提供测算依据。然后利用场地既有资源开发太阳能光伏光热、水源热泵及潮汐能等，加大可再生能源利用并优化能源结构。最后充分利用宁德时代储能产品，搭建分布式能源网络，基于可再生能源的利用每年可减碳 30.06 万 t。

（3）交通碳减排策略：交通碳减排突出公共交通和绿色交通优先的导向，通过引入单轨系统和自行车道提高公交与慢行系统使用率，增加新能源汽车使用量，从而降低汽车碳排放；同时，配置相应规模的充电设备，推进汽车和游艇的电动化转型，并采用低碳路灯，设定燃油车禁行区。建设自行车专用道，推广新能源汽车使用降低碳排放，绿色交通策略减碳量预测显示全电动化的场景可减碳 6.72 万 t/ 年。

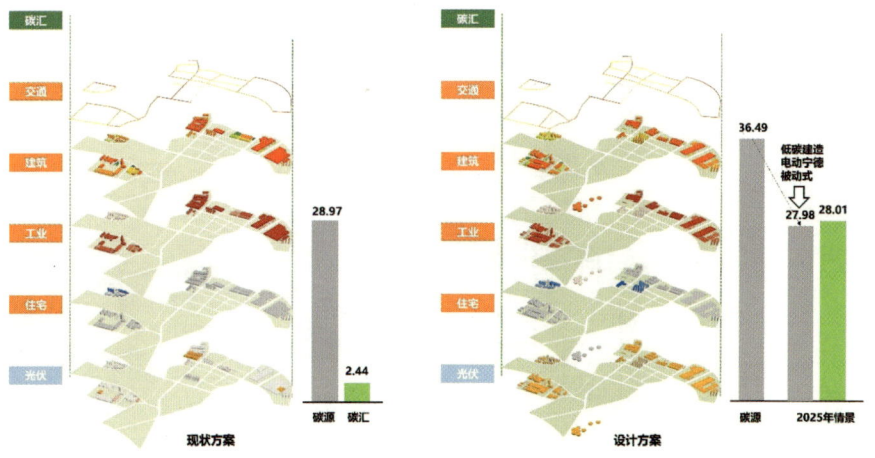

图 8-26 碳中和排放量估算
（图片来源：由南京东南大学城市规划设计研究院有限公司，绘制）

（4）绿色建筑及建造策略：集成运用多维度、立体化的绿色建筑技术，包括水源热泵、光伏技术与中水利用等，提升运维阶段建筑节能效率。此外，通过合理安排建造时序，引导绿色建造体系应用，鼓励低碳材料运用，预计降低建筑碳排放约 2 万 t/ 年。

（5）绿色市政设施策略：整合既有市政设施，在棉桃山、环赤鉴湖等重点片区，建设面向未来的智慧综合管廊及废弃物回收再利用系统，整体提升片区市政设施绿色性能。

（6）绿色生活引导策略：通过低碳生活节、宣传日等活动，鼓励、引导和教育市民生活模式的绿色低碳转型。

8.5.4 场景化利用碳中和实施路径

1. 场景化利用形式

（1）针对生活场景，复合利用棉桃山滨海空铁线，下部为公共空铁，上部为电动自行车出行高架通道（图 8-27）。滨海湾体育公园增加了宁德时代室外产品发布会场，并配套集装箱供电站。棉桃山国际峰会港区设置展销中心和碳中和监控中心，实现日常生活场景中的减碳目标。

（2）针对建造场景，大量运用宁德时代商业用车中的塔吊、工程车等进行建筑施工和材料运输，以清洁能源为主要建造动力，实现建造过程中的减碳。

（3）针对能源场景，通过海上正能建筑、分布式储能中心并结合宁德时代储能系列产品和汽车旧电池回收再利用，充分发挥宁德时代产品在清洁能源利用中的关键作用，实现能源端的减碳（图 8-28）。

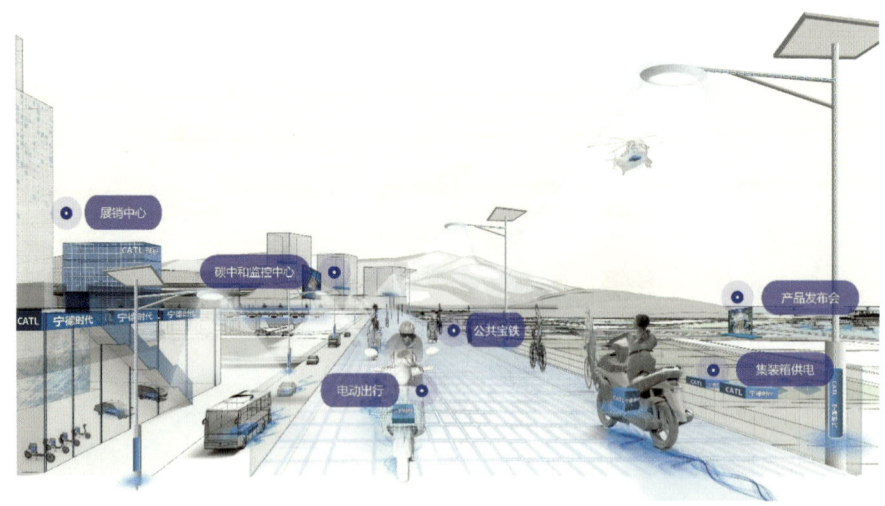

图 8-27 碳中和生活场景示意
（图片来源：由南京东南大学城市规划设计研究院有限公司，绘制）

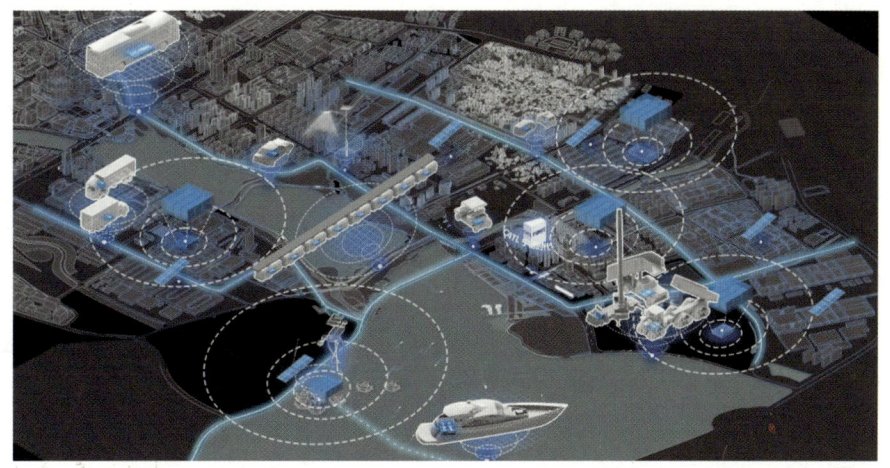

图 8-28　新能源产品多场景利用
（图片来源：由南京东南大学城市规划设计研究院有限公司，绘制）

2. 碳中和实施路径

（1）低碳监测平台

基于物联网大数据技术探索宁德时代碳中和动态监测和综合管理平台，对场地人员流量、植被、交通、能耗、可再生能源和碳排放等重要信息进行管理和监测，并及时运用相适配的减碳措施。

（2）减碳技术路径图

最终形成小镇分梯度的碳排放发展曲线图，模拟预测不同场景条件下不同范围的场地实现碳中和的时间轴，2.5 km² 的碳中和优先实现区从 2025 年开始正式进入碳中和时代，6.18 km² 的示范区和 20 km² 的推广区预计分别在 2030 年和 2040 年左右实现碳中和（图 8-29）。

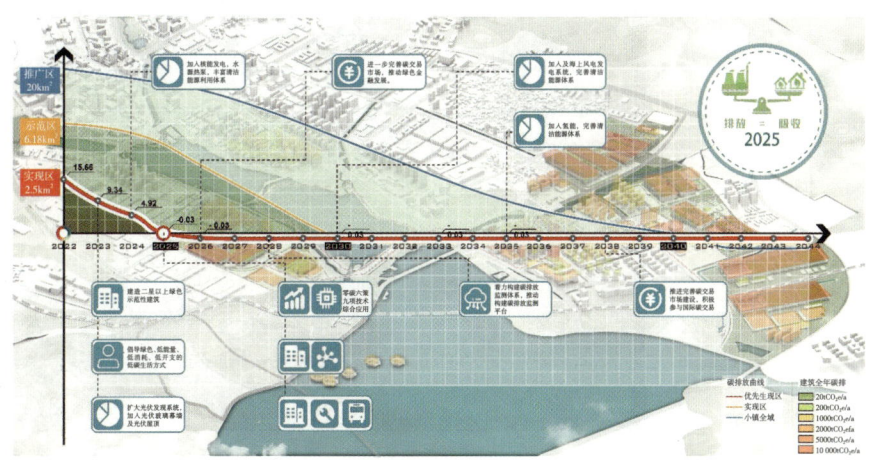

图 8-29　碳中和路径图
（图片来源：由南京东南大学城市规划设计研究院有限公司，绘制）

8.6.1　总体概况

烟台芝罘湾片区的研究范围约为 50 km²，设计范围约为 10 km²（陆域），东至芝罘湾海域，西至环海路，南至北马路，北至芝罘岛东路。从千年前的天然渔村、奇山所城，到 20 世纪的开埠港口、烟台商会，芝罘湾始终是港城联动的支点与引擎。大规模人工填海建设的工业码头，在烟台作为港口城市发展的历史上起到了重要作用，但也对周边生态环境造成了压力。为了应对生态文明时代海陆两方面的挑战，相关部门在芝罘湾片区开展了控制性详细规划深度的城市设计。

芝罘湾港区易受台风、大风和寒潮影响，全年盛行南风、西南风，冬季多北风、西北风，风力可达 7~8 级。台风主要出现在夏季和初秋，对本港可形成 8~12 级大风，危害较大。烟台冬季受西伯利亚强冷空气和对马暖流交汇的影响，造成长时间的大量降雪，素有"雪窝"之称。潮间带的破坏及污染导致近岸海域生物多样性受损，危及经济动植物资源。水环境质量呈现近岸低、远岸高的态势，港口海湾和入海河口水环境质量堪忧，部分年月出现阶段性恶化问题。此外，礁石基岩岸线和砂质海岸遭到圈占，割裂了城市与海洋的关联，沿岸黑松海防林、沙坝等滨海景观资源遭到破坏。随着未来码头功能的外迁，芝罘湾片区的绿色城市设计主要围绕"海湾回归自然，海滨回归城市"展开（图 8-30）。

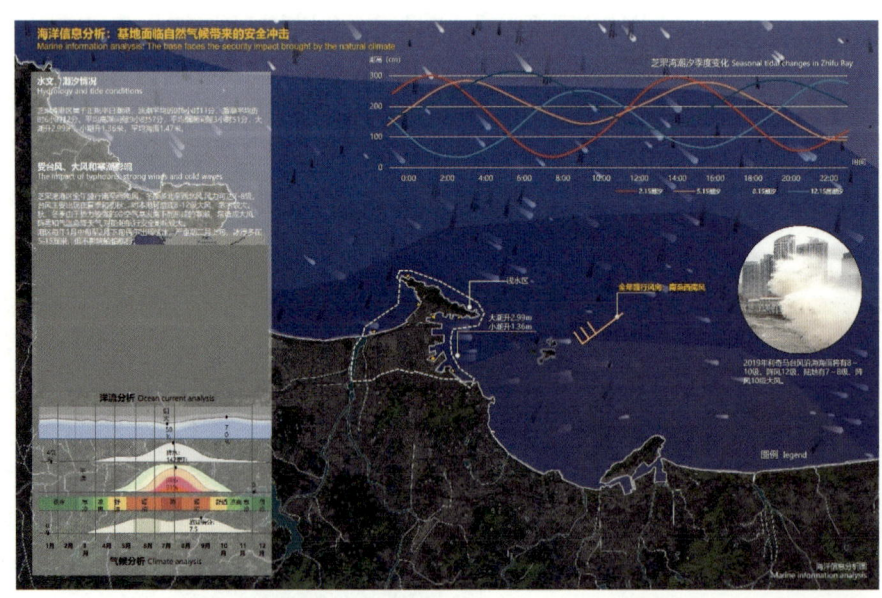

图 8-30　芝罘湾片区气候分析图
（图片来源：由南京东南大学城市规划设计研究院有限公司、上海合乐工程咨询有限公司、南京市市政设计研究院有限责任公司，绘制）

8.6.2　城市生态格局优化

芝罘湾港区总体结构呈现为海陆共生，通山达海，故应构建蓝绿互联、山海岛城共融的生态网络。规划以套子湾滨海景观带、幸福河绿廊、芝罘湾滨海景观带为主要生态廊道，同时以水网、路网为廊道将绿色引入城市，串联起森林、湿地及各个社区公园群落，构建起一套网络化的城市生态网络结构（图 8-31）。

从近海水域到陆地，芝罘湾港区通过"离岸藻礁—生态海堤—植被防护带—海绵城市"四个层次构建生态空间修复体系，具体内容如下。

（1）有生命的离岸藻礁：采用绿色环保、适宜当地海岸带生态系统的无害化材料，以利于恢复生境、创造微生境，改善和打造多样化的生物栖息空间，促进原有海岸带生态系统的自我修复。具体的生态化材料包括本土耐盐碱植物，天然块石，藻礁、产卵礁、鱼礁等生物礁石，具有高空隙率的生态混凝土制件等及其组合（图 8-32）。

（2）多层级混合型岸堤：通过人工水渠设置将三突堤改为离岛，促进近海尽端式港湾的水循环，提升水体综合质量。台阶式地形不仅能够消减日益增大的风暴影响，能为生物提供栖息地，同时还为景观提供了不会受未来海水上升影响的必要发展空间。三突堤通过人工水系挖掘，将原有人工码头改为生态离岛中央公园。

（3）植被防护带：打造三类防护基干林带，创建沿海绿色安全屏障。通过设置四类主题植物廊道，打造多样化的景观体验。沿海、中部和道路防风带采用不同的树种配置，以满足不同防风、防侵蚀、经济和景观要求。

（4）海绵系统构建：通过设置中央储水池，结合向外延伸的城市绿化带及公园绿地，构建全局性的生态海绵框架、雨水花园和生态过滤槽，充分强调自然渗透和雨水灌溉利用，建设可自然吸水、智能管理的海绵生态城市（图 8-33）。

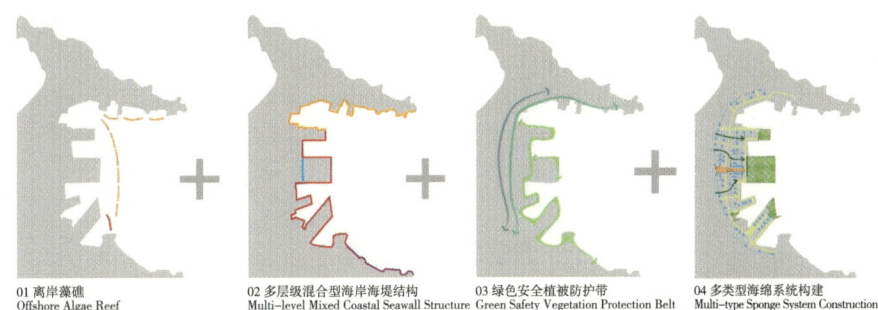

01 离岸藻礁
Offshore Algae Reef

02 多层级混合型海岸海堤结构
Multi-level Mixed Coastal Seawall Structure

03 绿色安全植被防护带
Green Safety Vegetation Protection Belt

04 多类型海绵系统构建
Multi-type Sponge System Construction

图 8-31　海陆共生境优化措施
（图片来源：由南京东南大学城市规划设计研究院有限公司、上海合乐工程咨询有限公司、南京市市政设计研究院有限责任公司，绘制）

图 8-32　离岸藻礁示意图

（图片来源：由南京东南大学城市规划设计研究院有限公司、上海合乐工程咨询有限公司、南京市市政
设计研究院有限责任公司，绘制）

图 8-33　片区整体水绿结构图

（图片来源：由南京东南大学城市规划设计研究院有限公司、上海合乐工程咨询有限公司、南京市市政
设计研究院有限责任公司，绘制）

8.6.3　开放空间设计

基于风热环境优化，设计方案中冬季整个场地的温度有明显的提升，尤其是与无绿廊方案相比，绿廊可以提升城市温度2℃以上。在夏季，由于风

图 8-34 王建国院士草图

速有所下降，绿廊虽然会间接造成建筑地块的温度轻微增加约 0.5℃，但仍然在可以接受的范围；差距主要体现在公园地块，其对周边建筑地块的影响很小，主要集中在东南风的背风向建筑群，导致的温差也在 0.5℃ 以内（图 8-34）。

冬季防风、防雪是烟台芝罘湾片区城市设计的重要目标。通过围合式街区布局及在突堤端部设置大型公共建筑的方式建构冬季防风屏障，可以有效改善突堤冬季的风环境。此外，在近期开发建设的一、二突堤地段，借用公共交通枢纽地下空间和公共建筑室内首层空间，建设具有烟台特色的暖廊系统，串联各生活单元，从而便于冬季市民的出行活动（图 8-35）。

特色暖廊串联的多重活力节点

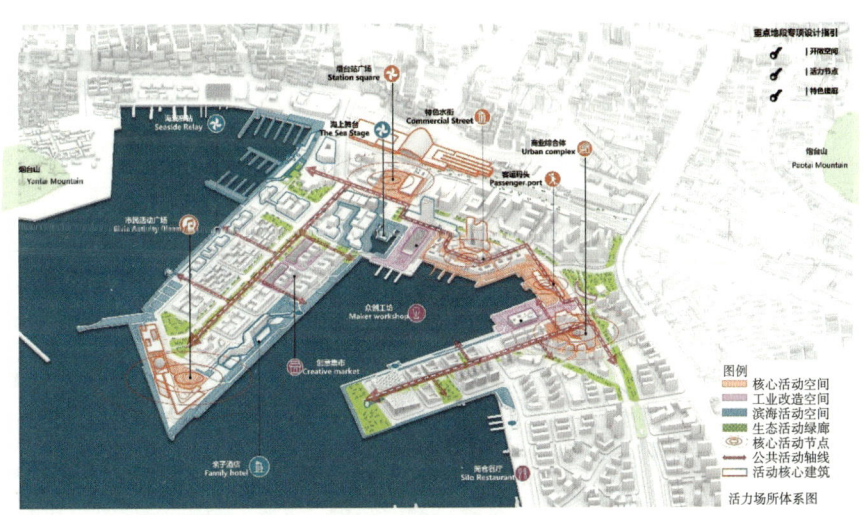

图 8-35 一、二突堤特色暖廊系统

（图片来源：由南京东南大学城市规划设计研究院有限公司、上海合乐工程咨询有限公司、南京市市政设计研究院有限责任公司，绘制）

8.6.4 居住街区肌理优化

本次城市设计以二突堤约 1.1 km² 地块作为未来居住模式的实验区。该地块规模适度，交通便捷，但位于烟台山高度控制敏感区，需要在严格限高条件下获得一定的开发量，因此鼓励太阳能的复合利用，探索未来型居住空间形态。

城市设计方案基于 Grasshopper 参数化设计平台，运用 Octopus 多目标搜索工具，兼顾容积率、日照条件和建筑高度等不同目标诉求，生成了 10 个未来居住社区的街区类型库。对 10 种地块不同高度场景下的太阳能利用效率进行模拟分析，通过矩阵对比，可以发现山形退台、对角退台及板式高层街区具有较高的平均太阳辐射强度，兼顾一、二突堤建筑高度控制的要求，选择山形和对角退台式街区及山形退台街区为未来太阳能实验住区的主要形态（图 8-36、图 8-37）。

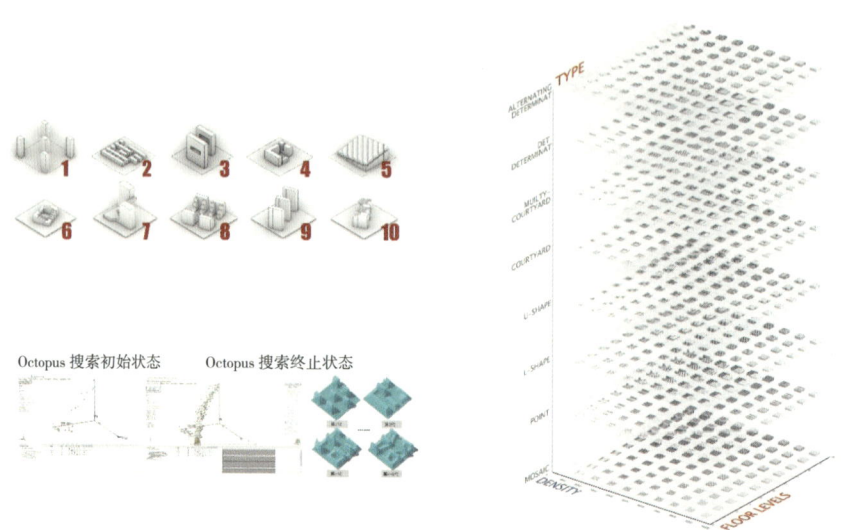

图 8-36 基于太阳能复合利用的街区形态搜索矩阵
（图片来源：由南京东南大学城市规划设计研究院有限公司、上海合乐工程咨询有限公司、南京市市政设计研究院有限责任公司，绘制）

图 8-37 重点片区绿色城市设计效果图
（图片来源：由南京东南大学城市规划设计研究院有限公司、上海合乐工程咨询有限公司、南京市市政设计研究院有限责任公司，绘制）

8.7.1　总体概况

大郭庄片区位于徐州新城与老城的连接部位，总面积约 15 km²，属于片区级城市设计。大郭庄机场居于徐州市区中部，地处徐州新老城区中间地带，三面为故黄河环绕。由于机场及周边限高的原因，大郭庄片区长期以来成为城市建设的真空地带，这虽然对徐州新老中心的空间联系产生了影响，但也为徐州未来的城市发展预留了空间（图 8-38）。徐州整体空气质量在江苏省排名相对靠后（图 8-39）。大郭庄片区城市设计在完善城市结构的过程中，注重绿色城市设计的展开，主要包括生态优先的大山水格局彰显、城市风环境优化及绿色城市设计导则三个部分。

8.7.2　城市生态格局优化

大郭庄机场片区注重山水格局的保护、修复和优化，在生态文明时代探索建构一个山水融城的绿色发展新中心。由于大郭庄机场片区位于故黄河两岸堤防带之内，整体地势较高，高程为 38~40 m，而该段故黄河常水位 35~36 m，防洪水位不超过 37 m，故引水入城不存在安全隐患。为此可增加东西向连接河道，引水入城，在营造开放可达的亲水空间的同时，提升片区防内涝的能力。大郭庄片区城市设计在现状水系的基础上引水入城，新增东西向两条 40 m 宽河道连通故黄河，北侧为金山河，南侧为肖庄河（大郭庄段）；打通肖庄

图 8-38　大郭庄影像图
（图片来源：由南京东南大学城市规划设计研究院有限公司，绘制）

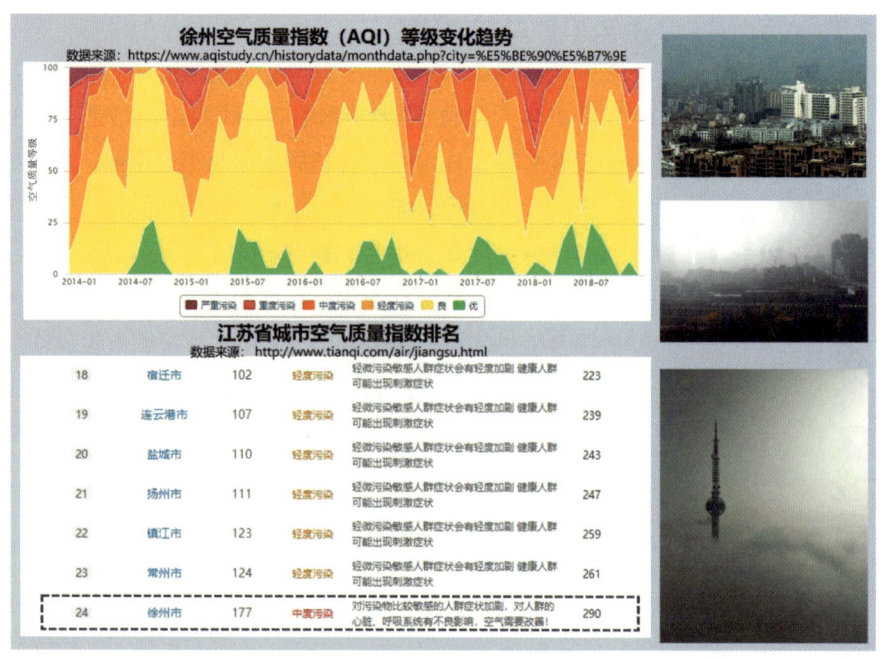

图 8-39　徐州空气质量排名
（图片来源：截图自天气网）

河新城段、大韩大沟、三八河、张屯河与故黄河的联系，使片区水系连成网；扩大故黄河湾区处水面，营造核心区丰富的水景效果；围绕拖龙山设置一圈截洪沟，截留山体汇水用以补充北侧公园处景观用水。同时结合闸口的设定，保障规划水体的动态循环和水位调节。

　　规划应严格控制故黄河沿线的城市建设，保留足够的开敞空间，并通过生物多样性的水岸生境营造，提升生态效益。大郭庄片区内公共蓝绿空间占比约35%，加上开发建设地块内部蓝绿空间后，总的蓝绿空间占比约为50%，能够体现生态文明时代城市建设与生态环境的和谐，同时也为未来构建一条蓝绿交织的生态文明带奠定良好的基础。方案在故黄河沿线规划的绿带宽度为50~100 m，还在沿陇海铁路设置东西向生态走廊，其宽度约为250~550 m，并重新建立了狮子山与翠屏山的联系。生态廊道内除允许少量布置设施用地外，严格控制廊道各类开发建设，设施建设用地占比最高不超过 15%。采用道路下穿的方式对拖龙山北侧的昆仑大道和东侧的彭祖大道进行改造，形成"山山相通，水水相连"的大山水格局。

8.7.3　开放空间设计

1. 建筑高度梯度分布
方案整体上采用"M 型阶梯式"高度分布符合城市冠层风场的分布规

律。场地内部有两个高层建筑集聚区：其一位于基地南侧，有利于与拖龙山形成"峡口效应"，促进东向风风速增加；其二将高度控制大于80 m的大部分地块沿肖庄河或机场跑道以线性方式东西向布局，从而在顺应夏季主导风向的同时对于冬季北向主导风具有一定程度的屏障作用。两条高层带之间地块以80 m控高的未来居住组团为制高点，向东西两侧故黄河风廊按60 m、24 m、12 m逐级递减（图8-40）。

图8-40 基于通风环境优化的场地高层建筑群选址对比
（图片来源：由南京东南大学城市规划设计研究院有限公司，绘制）

2.风廊道规划

顺应城市主导风向，结合水系和绿带布局，建立"东—西"为主的通风廊道系统，"南—北"为主的防风廊道，同时结合城市风廊进行城市建设控制，有助于改善城市微风循环，作为引导城市绿色发展的重要措施。规划设置陇海线、故黄河两条主要通风廊道，金山东路、肖庄河两条次要通风廊道，以及民祥园路、庆丰路两条防风廊道。方案要求主要通风廊道宽度不小于300 m，风廊内在严格控制建筑高度的情况下，允许少量地开发建设；次要通风廊道宽度不小于150 m，风廊内除跑道、公园外原则上不允许开发建设；防风廊道原则上两侧建筑山墙净距离小于80 m。

8.7.4 多尺度传导管控

为了落实山水格局彰显和风环境优化等绿色城市设计要点，大郭庄机场片区城市设计导则在片区和地块这两个尺度上对不同的城市设计要素进行引导和管控。

1. 片区尺度

片区尺度对通风廊道和防风廊道分别展开管控引导。通风廊道建设控制引导以金山东路为例，控制金山东路两侧高层建筑间距约 160 m，裙房建筑间距约 150 m，以形成片区内部风廊；风廊两侧高层建筑间开口率不大于 50%，建筑高度控制 60~100 m，裙房贴线率为 70%~80%，裙房建筑高度不小于 12 m，其界面过长时宜采用架空或连廊等形式增强风在地块内的渗透，以便于在优化通风效益的同时将城市风道气流渗透入两侧街区内部；尽量保持风廊两侧高层建筑的统一退让，避免金山东路两侧设置外伸式构筑物，以减少风的流通阻碍。在风廊入口与故黄河交汇处的北侧形成平滑且呈"八"字形开敞的建筑界面，以保持风廊入口节点处的空间开敞（图 8-41）。

防风廊道建设控制引导以庆丰路、民祥园路为例，控制民祥园路北段、庆丰路北段（北至郭庄路、南至金山东路）两侧高层建筑间距不超过 80 m，作为片区防风廊道；控制道路两侧建筑裙房高度不超过 9 m，并避免高贴线率，高层间口率大于 70%，以便于在将城市风道气流渗透入两侧街区内部的同时降低主风道风速；道路尽端设置大型公共建筑对景或成片密林乔木，增强走廊防风效应。以尽量降低冬季风速为目标，建议在民祥园路、庆丰路北段增加以高大乔木为主道路中分带，从而增加风阻以提升防风性能（图 8-42）。

2. 地块尺度

对于地块尺度，综合其在片区的位置可分为节点型街区和界面型街区两类，展开针对性管控引导。节点型街区选择了核心超高层建筑群及肖庄河口高

图 8-41　通风廊道两侧控制示意
（图片来源：由南京东南大学城市规划设计研究院有限公司，绘制）

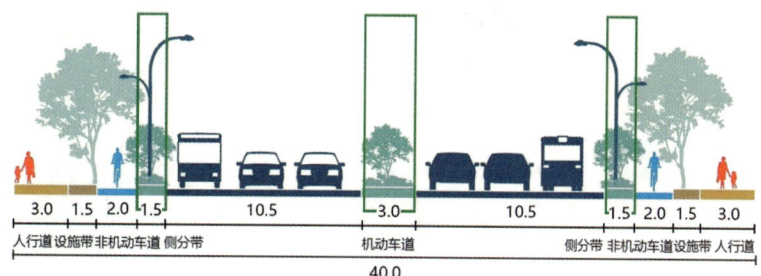

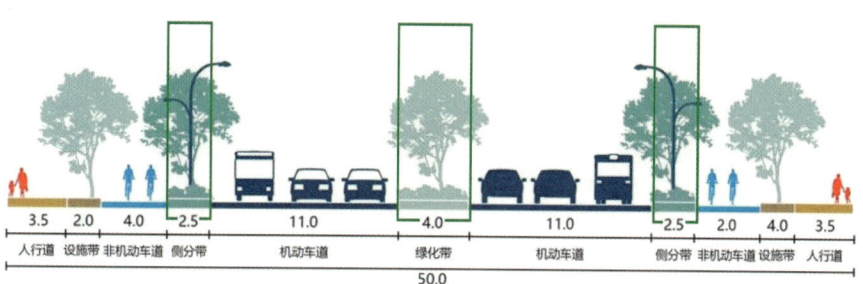

图 8-42 防风廊道断面示意
（图片来源：由南京东南大学城市规划设计研究院有限公司，绘制）

层建筑群两组街区。其中，核心高层建筑群位于场地南侧，紧邻故黄河主通风廊道的拐点。从风环境优化视角而言，其设计要点是在避免形成"屏障效应"的同时，减少高层建筑底层角部"湍流效应"，以保障城市下风向的风环境和近地层人行活动的舒适。退台式裙房处理与阶梯式超高层塔楼分布相结合，满足故黄河通风廊道的净宽与界面完整性需要。采用底层架空及塔楼与裙房交接层架空方式，避免塔楼迎风向底层角部出现静风区。此外，超高层建筑体量宜采用流体造型，以避免由于尖锐墙角而产生的背风涡旋循环，影响局地风环境的舒适度（图 8-43）。

对于界面型街区，选择未来生活型建筑街区和金山路沿线组团两个办公住宅混合型街区。未来生活组团西侧为南北向防风走廊，北侧为东西向通风走廊，街区建筑组织需兼顾两者的差异性需求。街区西侧设置南北走向公共绿化带，种植高大乔木，兼顾冬季防风作用；同时通过骑楼、建筑的体量错动增加西侧界面的复杂度。内部采用围合式裙房与风车式塔楼布局相结合的模式，高层塔楼在西侧和北侧分别控制贴线率在 30% 以下和60% 以上。金山路沿线组团位于机场跑道通风廊道南侧，裙房采用临河退台模式，以尽可能增加通风廊道宽度；街区北侧临河塔楼控制贴线率大于80%，以保证通风廊道界面的完整性。通过南北向步行街将街区分为两个组团，并限定步行街两侧塔楼的最大贴线率，以便于将风廊道内的峡谷风引入城市组团内部（图 8-44）。

• 综合形态控制导则

地块编号	E05-04, E06-01
用地性质	Bb商办混合
用地面积	5.78hm²
容积率	6.0
最大建筑高度	250m
建筑退线	道路红线20～30m，河岸绿线20m
街墙高度	12～30m

—— 道路红线
--- 河岸绿线
—— 建筑退线

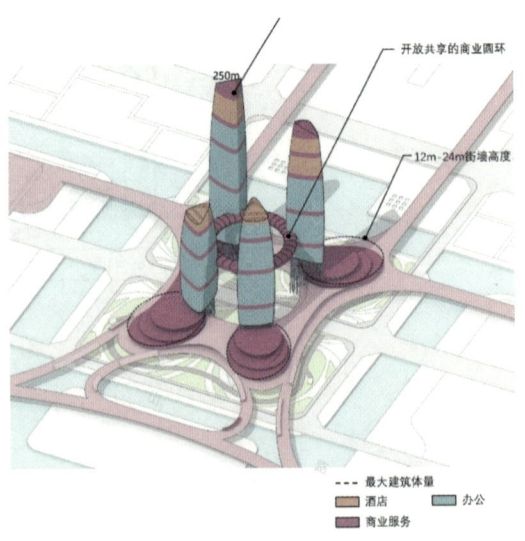

开放共享的商业圆环

12m-24m街墙高度

最大建筑体量
酒店　办公
商业服务

图 8-43　节点型街区控制
（图片来源：由南京东南大学城市规划设计研究院有限公司，提供）

• 建筑主体 分要素导则

建筑尺寸	提供三种类型的标准层尺寸36mx36m；36mx54m；36mx63m
建筑高度	主体建筑控制在60～80m
建筑位置	高层塔楼布局在**主干路一侧**，建筑主体错落布置，避免对日照和景观的影响
塔楼界面	控制高层建筑间口率30%～50%
建筑立面	鼓励垂直绿化，中庭尺寸以3mx3m为模度，高度可跨越二至三层，鼓励设置架空层，架空高度5～8m
建筑屋顶	建筑屋顶建议用于光伏发电，雨水回收，绿化种植等

公共活动空间设置

城市共享层

推荐示意　　不推荐示意

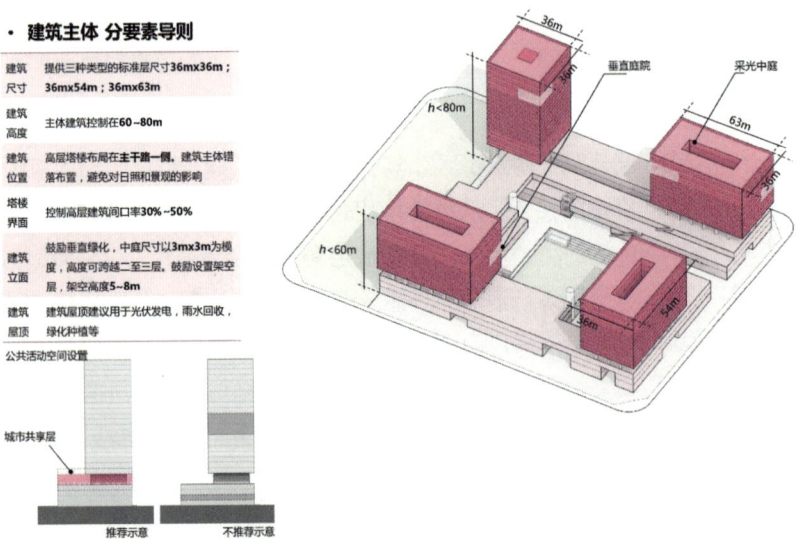

垂直庭院　　采光中庭

图 8-44　界面型街区控制
（图片来源：由南京东南大学城市规划设计研究院有限公司，绘制）

8.8 绿色城市设计教学

　　城市设计主要研究城市空间形态的建构机理和场所营造，是对包括人、自然、社会、文化、空间形态等因素在内的城市人居环境所进行的设计研究和工程实践活动。[9] 编者团队除了在研究生中开设"现代城市设计方法"专业核心课程、在本科生中开设"城市设计导论"等基础理论课之外，还重点在四年级建筑设计课程中展开城市设计专题教学活动。区别于建筑学本科教学前三年的建筑设计基础，城市设计隶属于建筑学下的二级学科，是以一定规模的城市地段作为研究对象，在设计过程中也注意与城市规划、景观设计的交叉融合，故在设计对象的尺度范围和学科的广度上对学生来说有一定的挑战性。以休闲商务区（Recreational Business District，RBD）绿色城市设计课程为例，教学主要培养学生综合分析与解决城市问题的能力。课题设置考虑场地规模大小要适中，应具有一定的功能与环境复杂性，同时设计问题要有典型的研究潜力。具体教学要点如下。[10]

（1）通过设计实践领会并初步掌握城市设计的基本策略与方法，形成并运用城市设计的多维思考方法，能够处理一般地段的城市形体环境和建筑群空间组织的设计问题；能在土地高效集约利用、能流系统的优化、交通体系的构建、绿色社区、混合街区、气候适应性等1~2个方向取得进展。

（2）课题突出强调城市休闲商务区（RBD）环境塑造与城市空间组织的互动关系。研究如何从绿色设计理念出发，在限定的地域语境下将城市设计模式研究与环境软件仿真模拟相结合，并基于特定的目标导向对城市设计的对象、空间进行适度、有效的设计界定和策略引导。

（3）学习并掌握绿色城市设计方案表达的基本方法和技能，初步了解中国城市设计成果编制的一般要求和格式标准，通过设计训练初步具备独立从事城市设计工作的能力。

8.8.1　教学要求

城市设计是对自然环境和人工环境的综合考量，其涉及可观、可触、可感等诸多的物理因素。纵观城市发展历程，此前自然环境往往是城市建设中最容易被忽略的部分。因此，正确认识城市建成环境的自然要素（包括环境要素和气候要素）和人工要素的时空分布规律及其相互作用机制，对于合理进行城市规划设计和建设、改善城市生态环境、走可持续发展道路具有十分重要的意义。为此，编者团队在本科四年级城市设计课题中设置了绿色城市设计的专题研究，针对关键问题，提出相应教学要求，主要体现在以下四个方面。

1. 气候适应性设计

特定地域的生物气候条件在很大程度上决定了一个城市的结构形态、开放空间设计、街道与建筑群体布局等。从城市设计的角度看，设计师需关注城市建设中影响微气候的可控因素，例如城市空间结构、下垫面设计、人为排放热等，"形式追随气候"应成为绿色城市设计的重要准则。[11]在四年级城市设计课题中，首要的教学要求是学习和认知自然要素和人工要素的相互制约与适应关系，通过案例分析及相关气候模拟软件的学习，熟悉与了解城市设计中以气候为出发点的一般方法与策略。

2. 绿色交通设计

绿色交通系指采用低污染乃至零排放、适合城市环境的运输方式（工具），来完成给定的社会经济活动。这一概念旨在通过促进环境友好的交通方式来展开，建立维系城市可持续发展的交通体系，以最小的社会成本满足人们的交通需求，实现交通效率最大化，从而减轻交通拥挤和环境污染，节约能源利用，促使城市变得更加宜居。

针对绿色城市设计交通结构层面，要求学生了解并总体遵循以下设计原则。首先，对于片区或总体层面的城市设计，应强调公共交通优先，建立和保持一种相对快捷、舒适和可靠的公共交通系统，并赋予它们优先权。其次，限制小汽车数量，为市民增加宽敞舒适的步行环境。最后，加强低碳环保型自行车交通在绿色交通体系中的应用，鼓励学生在设计过程中关注城市设计方案中交通结构的组织，重点解决场地内外车行系统、动态交通与静态交通等问题，并将以上三大策略落实到具体可行的物质空间层面，打造便捷、低能耗、可持续的交通系统。[12]

3. 开放空间优先原则

开放空间是指城市外部空间，也是城市设计主要的研究对象之一。作为城市绿色基础设施的开放空间在城市中发挥着生态、游憩和审美功能。积极探索开放空间与城市生物气候设计的综合作用机理，最大限度地发挥其生态功能尤为关键。

在四年级的城市设计教学过程中，课题对城市空间组织的要求进一步提高。在本科前三年的教学中，学生主要关注建筑内部的空间设计，而本次设计侧重于城市外部空间的塑造，要求设计形成的空间能够产生积极的环境效益，可以提升城市公共空间品质。学生需认知不同种类的开放空间对城市环境的影响，系统考虑以下影响因素，例如城市外在条件、景观破碎度和连接度、开放空间布局和形态等。同时，通过案例学习初步了解城市开放空间的布局原则，并将之运用于方案构思中。

4. "低能耗"城市设计

中国城镇化前半场快速发展阶段的城市，其能源使用结构相对传统，主要表现在三个方面：第一是人口高密度，快速城市化导致人口进一步集聚；第二是经济增长模式不可持续，例如对不可再生资源的过度依赖；第三是中小城市无序扩张，其人口规模聚集效应滞后于城市的蔓延速度，能源使用结构也未合理优化。[13]

在四年级绿色城市设计课题中，需着重挖掘"超越传统能源城市"的相关理念，自觉运用降低能耗的策略。学生需要去关注城市中个人生活方式的改变，例如步行优先、骑行交通及绿色邻里营造，以降低个人的碳排放量。应加强利用导则设计引导共享形式的消费习惯与半自足的城市运行模式，从而在宏观及微观层面协同降低对生态环境的压力。

8.8.2 典型教案与教学记录

1. 教学主题
（1）RBD 中心区

休闲商务区（Recreational Business District，RBD），一般是指城市中以游憩与商业服务为主的各种设施（如购物、饮食、娱乐、文化、交往、健身等）集聚的特定区域，是城市游憩系统的重要组成部分。课题突出强调城市RBD 中心区环境塑造与城市空间组织的互动关系，如何建设功能定位合理、特色鲜明、充满活力的高品质 RBD，是课题需要重点研究的内容。

（2）绿色城市设计策略

绿色城市设计是在理论与方法上贯彻低碳节能和环境友好的思想，在操作层面上，其向上与同一层次的城市规划中的专项规划协调，向下则为绿色建筑规划设计提供了城市尺度的依托平台。在该设计课题中，绿色城市设计策略主要关注以下几方面内容：土地的高效集约利用、能流系统的优化、绿色交通体系的构建、多元复合的功能分区、气候适应性城市设计，以及绿色城市设计评价体系的构建等。

（3）技术手段与工具

研究如何从绿色城市设计的观念出发，展开特定地域语境下的绿色城市设计模式研究；同时与环境软件仿真模拟相结合，突出 CFD、Ecotect 等软件教学与应用。

（4）能源综合策略

研究如何从绿色设计观念出发，基于特定的目标导向对城市设计的对象、空间进行适度、有效的设计界定和实施引导。鼓励学生利用以被动式技术（空间调节）为主、主动式技术为辅的生态策略与方法。鼓励学生积极利用可再生能源，初步领会能源中心与能源系统建设的概念。

2. 项目场地

基地一：位于宜兴氿滨大道以东，解放东路的东端地段，南北长约 1.2 km，东西宽约 0.6~0.9 km，城市设计协调区约为 1 km²，核心区约为 0.36 km²。整个基地呈半岛型突入水面，环境优美。

基地二：位于南京江心洲中新生态科技城核心区，用地约为 20 hm²，协调区约为 26 hm²。基地现状四面环水，环境优美，地块内部地势较为平坦。

目前，岛上市政道路局部地段已修建完成，交通相对便利。

3. 任务要求

（1）调查研究

在区位分析、上位规划解读的基础上，展开地块及其周边自然条件、道路交通、功能业态、绿地系统、土地利用、城市肌理、建筑形态与特征的调查研究。

（2）现状分析

重点调查分析基地现状及其所面临的发展问题，初步掌握大数据调研分析的一般技巧，学会利用 SPSS 等对基地优缺点进行分析与比对。

（3）策略选择

建立适应基地特征和绿色城市设计要求的交通组织、绿地系统建构、功能复合、城市空间布局及绿色建筑设计与构思。在现有技术和环境条件下，选择适宜的技术手段和生态策略，例如气候适应、复合功能、低碳交通、高效能源系统等若干方向加以突破。

4. 城市设计理论与实践

在梳理城市设计发展历程的基础上，结合当下绿色城市设计研究的主流方向与领域，对初次接触城市设计的四年级学生进行系统性的城市设计教学训练。该课程的目的并非介绍所有的城市设计方法，而是着重将"绿色"设计的理念贯穿于城市设计教学之中。

（1）以"理论讲座 + 互动研讨 + 自主设计"实现"理论 + 理解 + 实践"

课题教学主要包括以下三个环节：首先，主讲老师以讲座形式介绍与绿色城市设计相关的理论知识；其次，结合学生的课外阅读，深入研讨绿色城市设计的原则与方法；最后，每位学生借助该方法展开概念性方案设计，并进行深化与分阶段演示汇报。

讲座环节先对绿色城市设计进行专题讲解，随后几周分章节介绍"基于生物气候条件的绿色城市设计""超越石油的城市""森林城市""绿色交通"等内容，让学生掌握基本原理与方法，并结合课后阅读深入理解。在设计环节遵循"理论指导实践"，各阶段紧紧相扣，在较短的时间内引导学生有效掌握城市设计的一般原理、原则和方法。

（2）通过同一基地多方案比对推进绿色城市设计方案的构思与发展

针对不同的设计方法与策略，主讲老师讲授基本的设计原则，指导学生进行绿色城市概念方案的构思，关注自然要素与人工要素的关系、城市地段的形态组织、公共空间的营造、气候条件的影响等结构性问题。

针对同一基地，在概念方案空间结构大体可行的基础之上，要求学生基于绿色交通、绿色建筑、公共空间优先、综合管廊和海绵城市等不同专题进行选择并深入发展。

5. 课程结构与教学组织

该教案设计任务包括如下内容：在地段级绿色城市设计的基础上向单体绿色建筑设计层级适度延伸。作为绿色城市设计的教学实践，教学结构包含了3条教学线索，教学时间共8周，其间各线索平行推进，相互交织（图8-45）。

线索一：课程组织、授课与评图。主讲教师根据教学内容和进度，在为期8周、每周2次的设计课中集中授课6次。第四周和第八周为单位统一组织的公开评图周，其中第四周为由本校老师参与交叉评图的中期答辩，第八周为由校外专家、本系其他年级教师和本年级相关方向其他课题教师参与的终期评图与答辩。

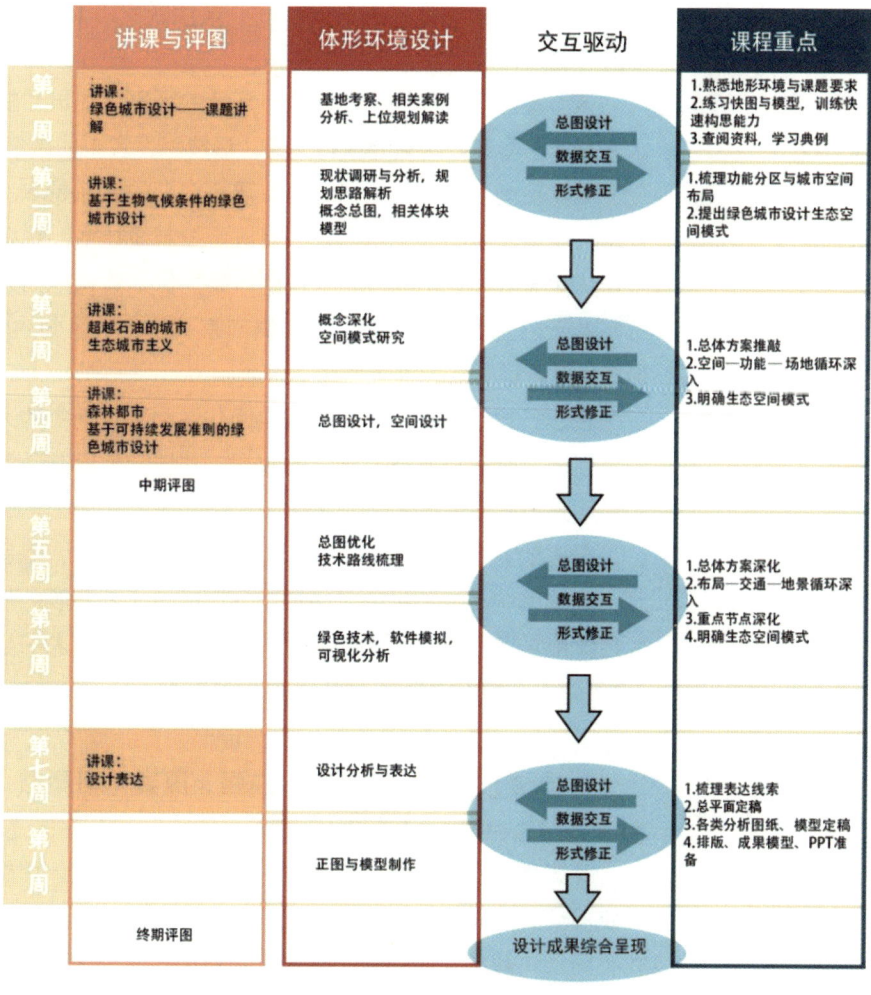

图 8-45 课程教学框架

线索二：城市设计课程规定了周密翔实的空间塑造和环境设计教学内容与进程，包括总图、重要节点设计、建筑形体设计等不同尺度由大及小、内容逐级深入的进阶模块，成果包括相应比例的模型和图纸。

线索三：引入绿色城市设计策略构建与应用环节。学生需要学习如何运用必要的模拟分析软件，例如天正、Ecotect等来推敲形体和深化设计。这一过程会反复多次，在体形环境与软件模拟分析之间进行多次交互，模拟与方案设计之间相互调整、适应与迭代，直至最终获取令人满意的方案。

8.8.3 优秀作业

1. 叠石萦水（学生：陈轶男、林凯逸）

设计基地位于南京市建邺区江心洲上，是连接江南主城与江北新城之间的重要枢纽。本次城市设计基地东起环岛东路，西至江堤路，北起纬七路，南至志坚街，基地面积约为 20 hm²。设计区域内有地铁 10 号线出口，基地范围内地势较为平坦，水网丰富。

该方案基于江心洲与一般城市环境的区别，提出"快城慢岛"的核心理念，力求打造良好的室外慢行交通，形成舒适宜人的微气候环境。

城市空间与自然因素（如光、风、水）的关系是本次设计构思的主要出发点。在室外空间采光方面，利用日照控制面技术，确定建筑的基本体量并根据功能需求掏挖出内院，获得的体量能保证建筑范围外的主要公共空间能常年处于阳光之中。此后，再根据南京夏季主导风向对体量进行细化处理，形成风廊，优化场地通风条件。

在步行系统的生成上，利用空间句法判断场地中的人群集散趋势，以此作为划分地面道路及空中步道的依据，并结合地段交通条件、与建筑的衔接关系等因素人为进行优化。

最终的设计方案体现了技术与理性判断的结合，也呈现出自然雕琢的特征：建筑体块在光和风的"侵蚀"下形成如太湖石般的形态，地面在人的行为趋势引导下形成流水般的韵律，原有水系的引入进一步活化了场地，形成"叠石萦水"的人文景观（图 8-46、图 8-47）。

2. 绿毯 [学生：王倩妮、钟强、奥赛·阿桑蒂·埃比尼泽（Osei Asante Ebenezer）]

该方案的应对策略是将场地的开放程度最大化，以得到高品质的城市公共空间。其先将场地划分为商业、酒店、办公、企业总部 4 个功能地块，利用不同地块解决不同问题。然后应对场地功能分区，调整公共空间形式，以激发不同形式的公共活动并创造良好的景观视线。

A. 基于日照适应性的建筑体量生成

建设范围

退让广场

掏挖中庭

划分楼层

优化体量

B. 基于空间句法的步行路径生成

地面划分

优化交通

生成步道

优化步道

种植绿化

图 8-46 "叠石潆水"城市设计方案（一）
（图片来源：学生自绘）

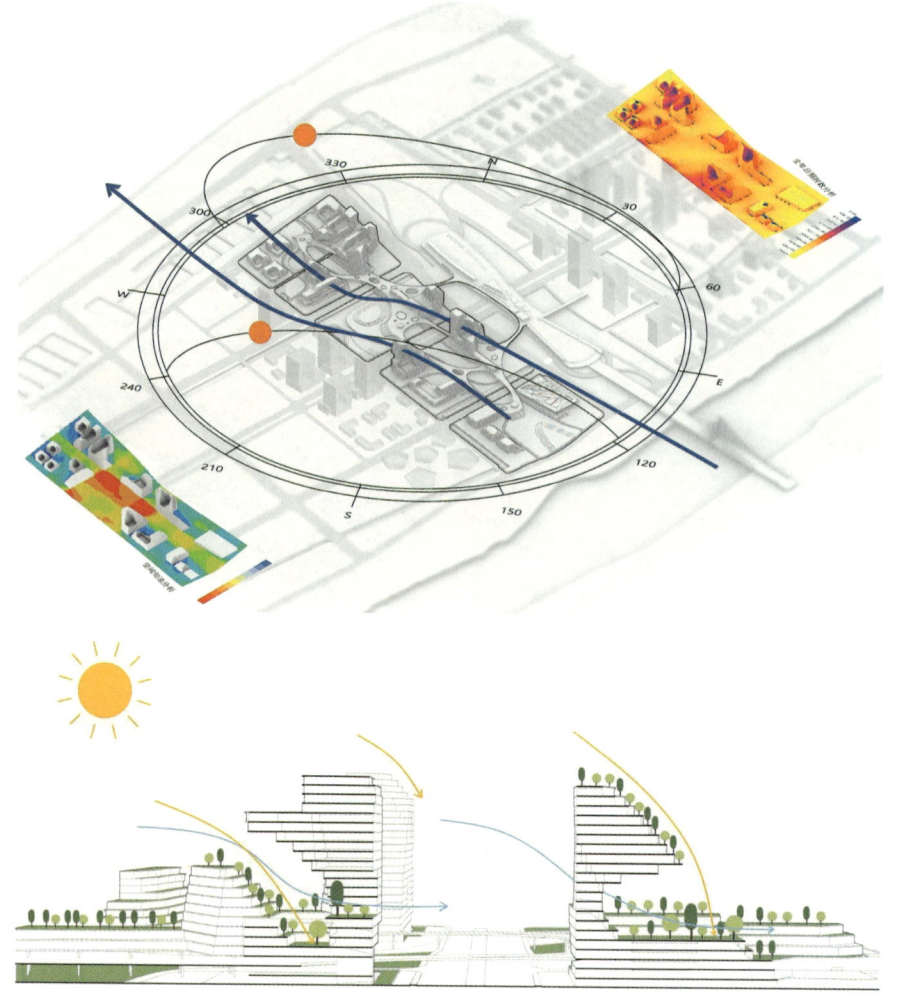

图 8-47 "叠石萦水" 城市设计方案（二）
（图片来源：学生自绘）

经过精心组织，方案将滨水区商业街打造成为商业与休闲一体化的公共区域；中央办公区公共空间视野开阔，层高较高，可远眺城市山水，其中二层架空设计，遍布绿植，使得一、二层屋面成为城市的"绿毯"；酒店区公共空间三面环水，视野开阔，用以激发城市大型公共活动，并使之转化为城市公园的一部分，激发城市活力。在此基础上，建筑形体依据通风模拟的结果进行切削形成风廊，并充分兼顾日照需求（图 8-48、图 8-49）。

该方案结合气候条件，精心打造了适应不同季节特点的中心立体步行空间，通过二层平台与东北角游艇俱乐部形成一个整体。同时，提高太阳能、风能、雨水等自然资源的利用，构思建筑表皮、垂直森林等生态设计方法和策略。

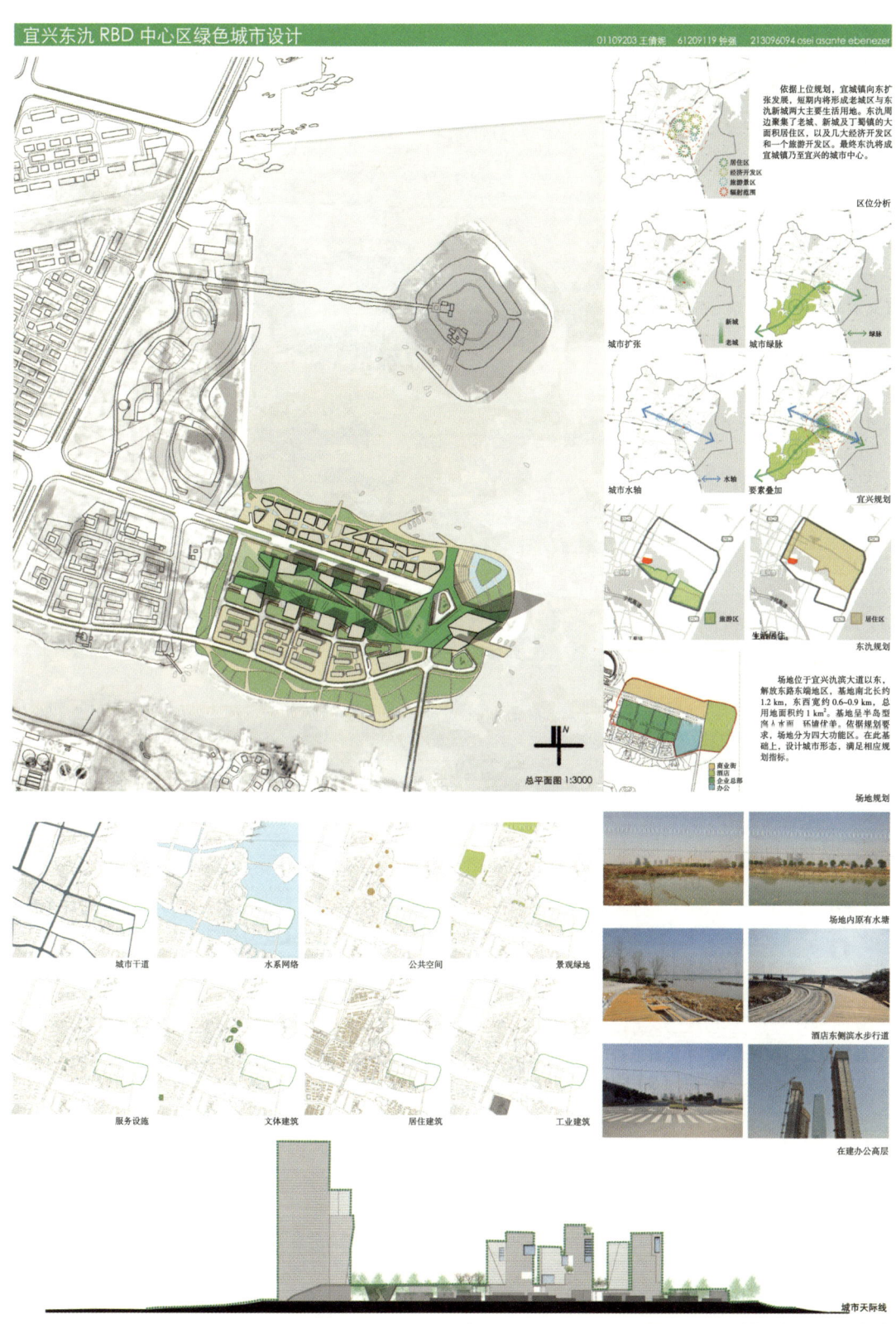

图 8-48 "绿毯"城市设计方案（一）
（图片来源：学生自绘）

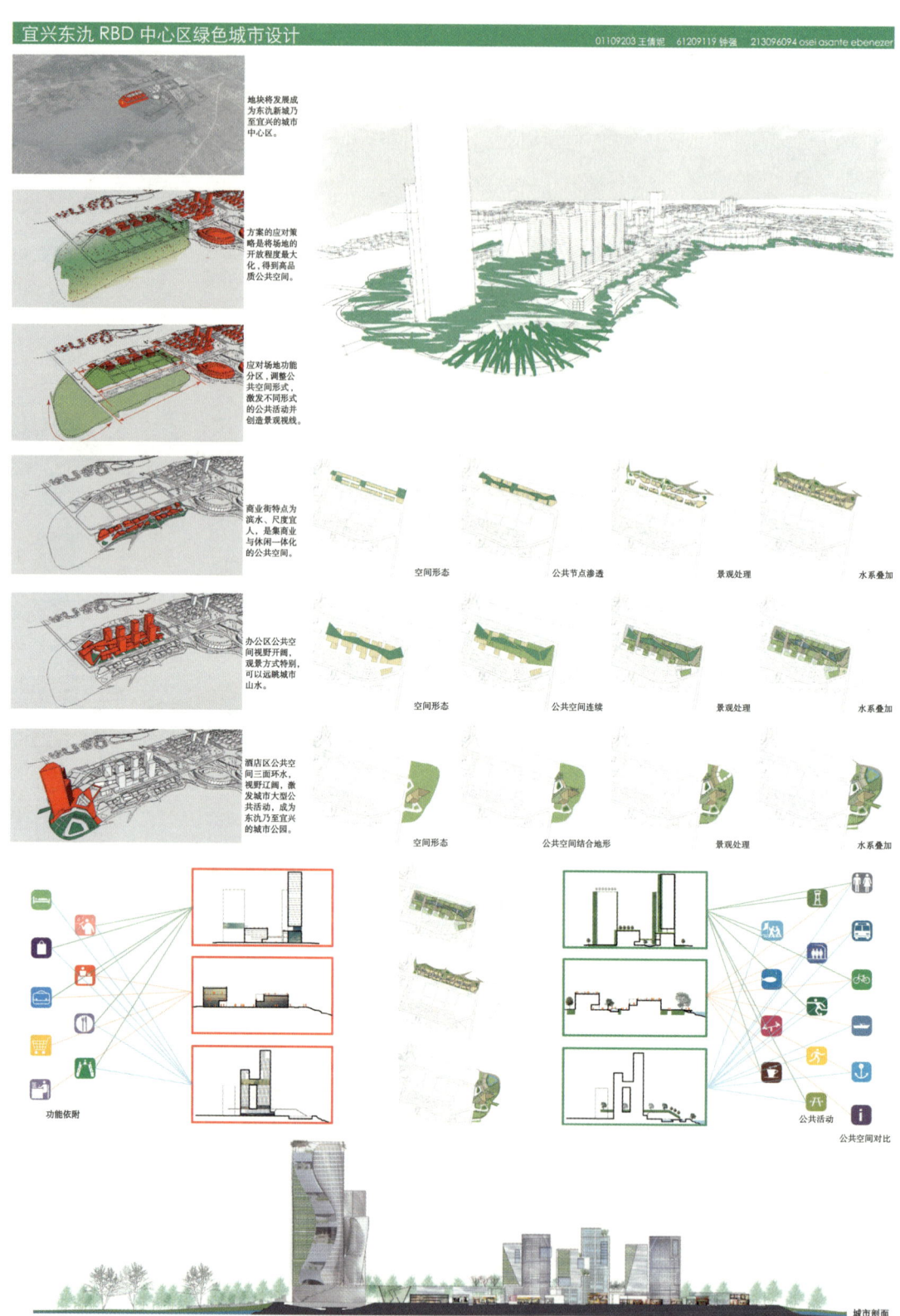

图8-49　"绿毯"城市设计方案（二）
（图片来源：学生自绘）

3. 绿网城市（学生：周星宇、沈略）

　　基地位于南京江心洲中心区域，结合其特殊的交通与地理优势，方案在核心区设置了一绿色交通换乘中心，以最大化发挥其枢纽优势。"绿网城市"设计概念融合了交通网、湿地水网、江岛绿网三层含义，其中交通网作为通达四方的手段，水网与绿网则指岛上的蓝带（水系）和绿带（绿廊）生态网络（图 8-50~ 图 8-52）。

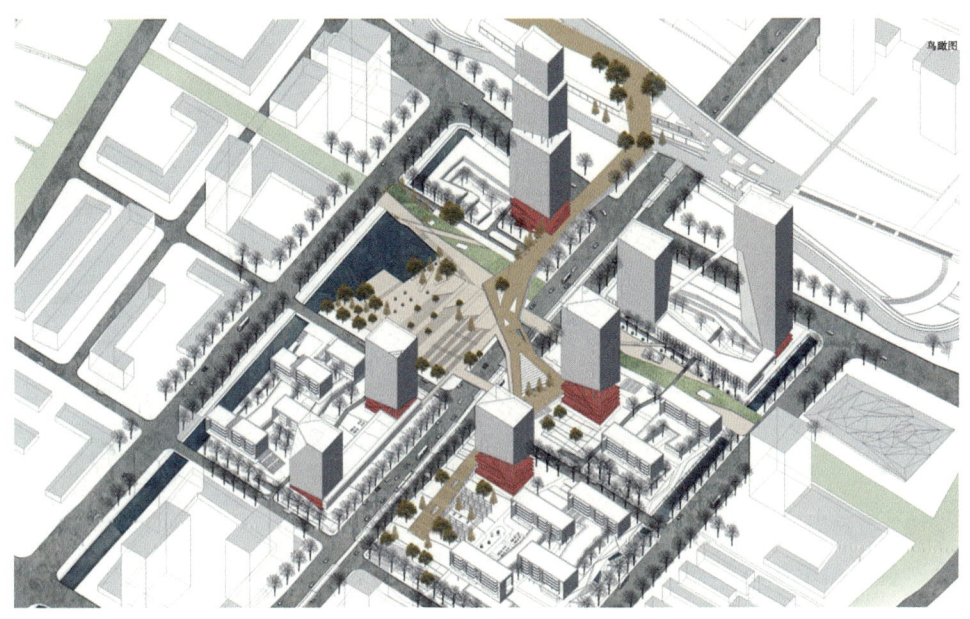

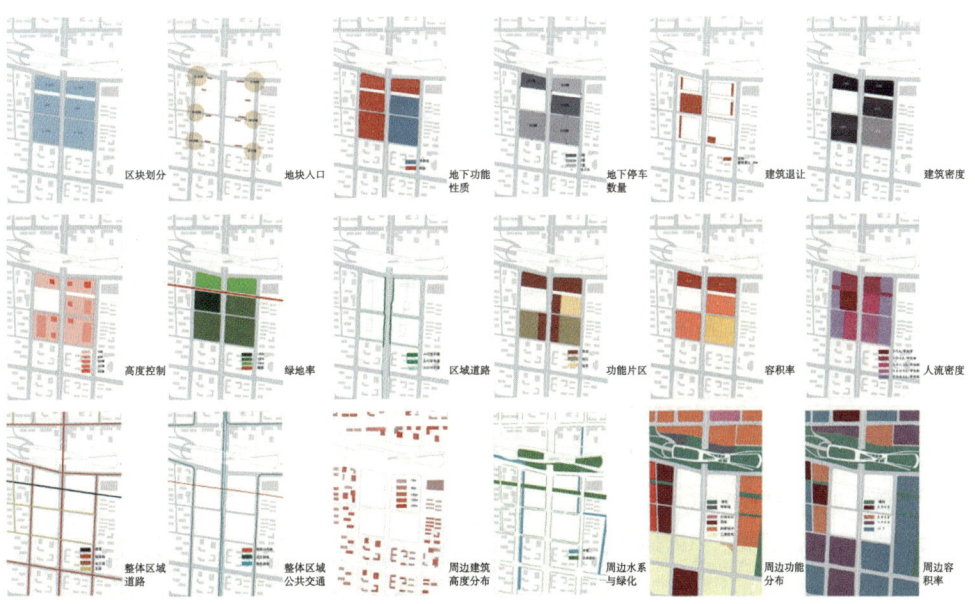

图 8-50 "绿网城市"城市设计方案（一）
（图片来源：学生自绘）

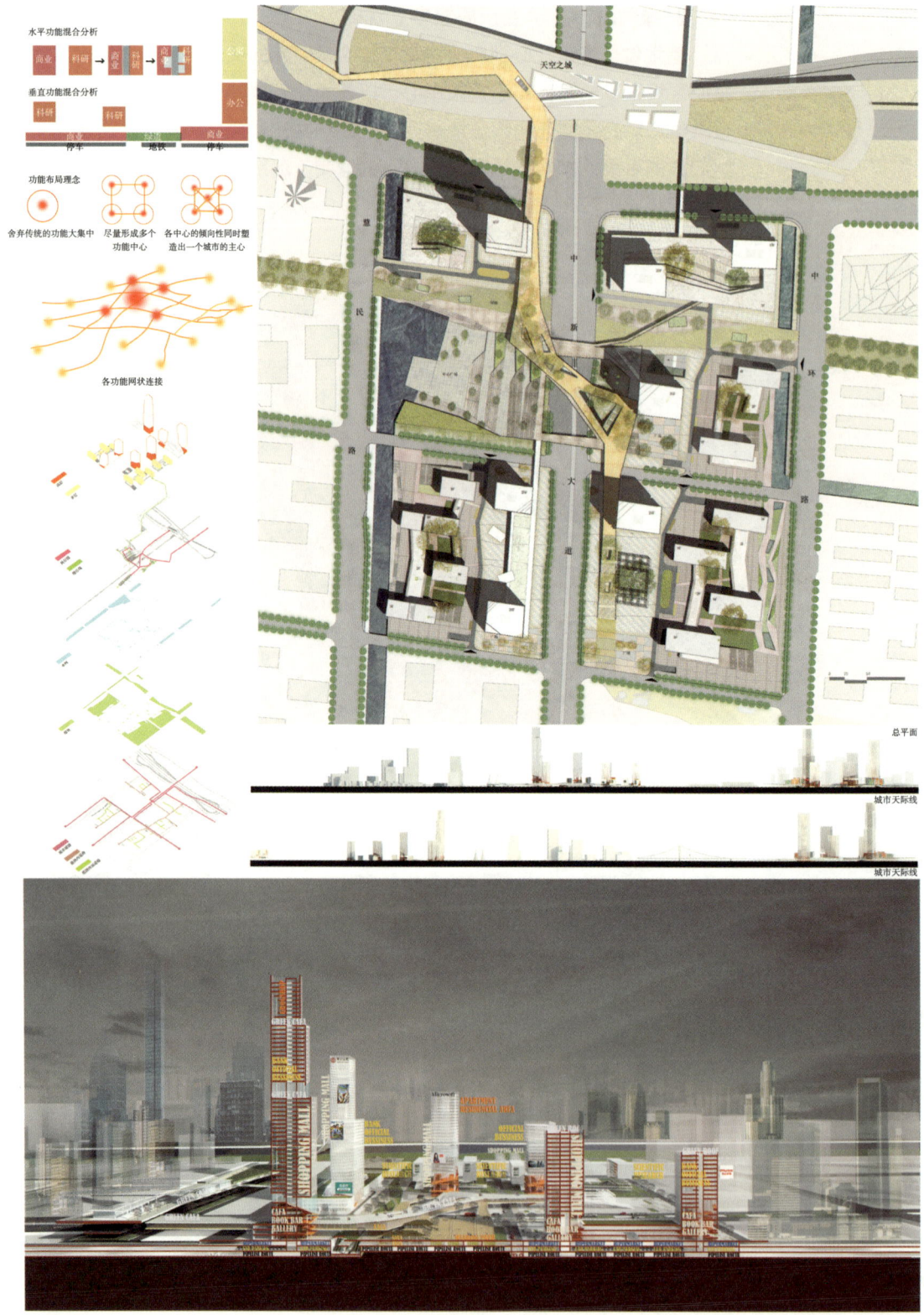

水平功能混合分析

垂直功能混合分析

功能布局理念

舍弃传统的功能大集中 尽量形成多个 各中心的倾向性同时塑
功能中心 造出一个城市的主心

各功能网状连接

天空之城

总平面

城市天际线

城市天际线

剖面图

图 8-51 "绿网城市"城市设计方案（二）
（图片来源：学生自绘）

338

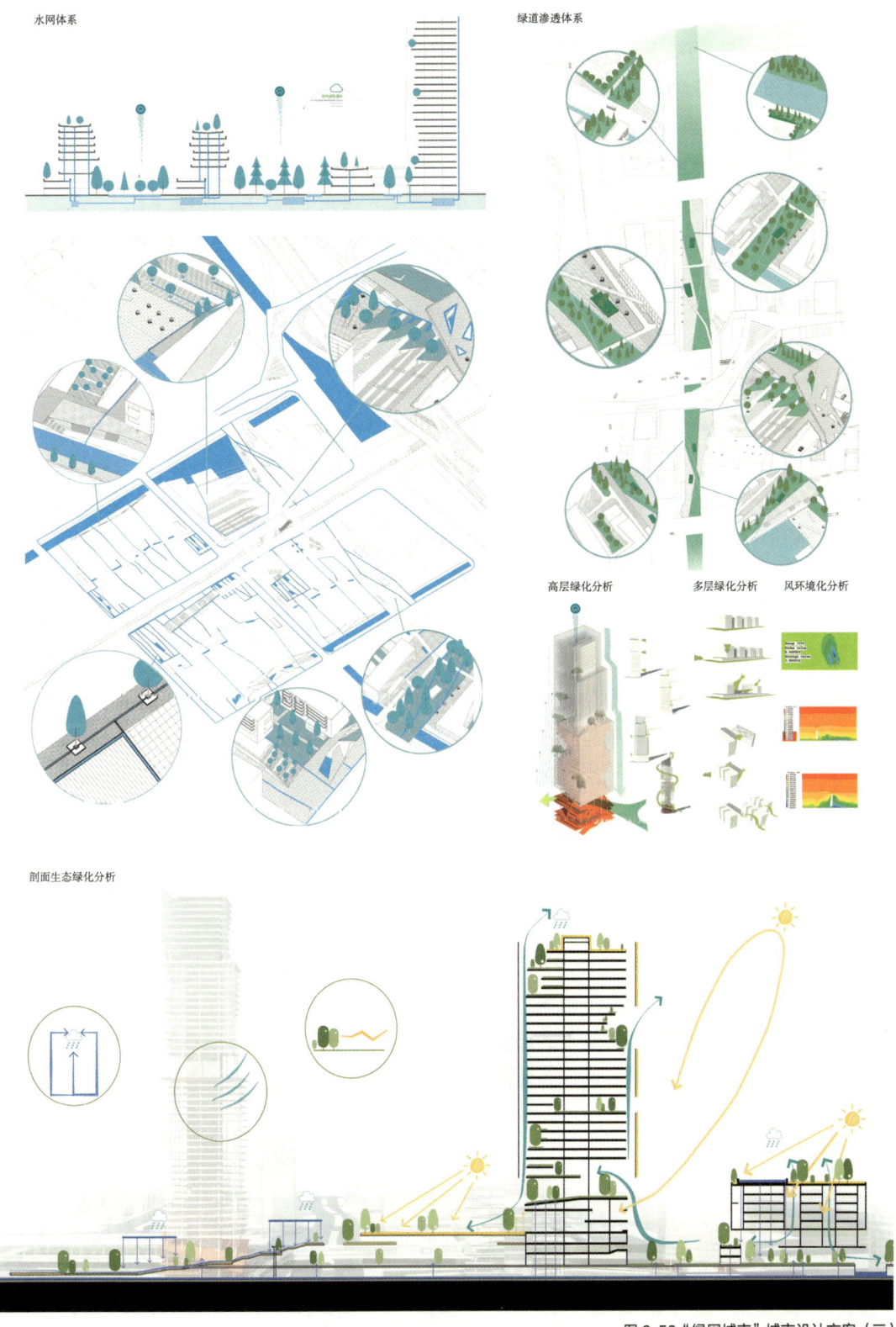

水网体系

绿道渗透体系

高层绿化分析　多层绿化分析　风环境化分析

剖面生态绿化分析

图 8-52 "绿网城市"城市设计方案（三）
（图片来源：学生自绘）

在方案创作过程中，先系统完整地调研基地的生态、交通、土地利用、功能业态等现状条件，然后在此基础上，进一步整合气候适应性城市设计、立体交通、功能混合及水敏性城市设计等理念，尤其在体现城市活力的公共空间塑造层面强调以人为本。在具体细节处理时，充分考虑对活动人群的微气候舒适度需求的满足，并兼顾自然洁净能源的利用，力求塑造一个生态高效、立体复合的城市立体街区，重塑城市 RBD 中心区的活力。

在系统设计阶段，重点考虑建筑单体自身的生态设计，包括室内外风环境模拟、太阳能利用、雨水回收等；在室外，考虑水敏性城市设计策略的落实，做好海绵道路、海绵社区的规划设计；同时综合各种环境要素，积极打造人性化的室外公共空间与活动场所，降低建筑能源消耗。

4. 绿脉根生（学生：吴旻昊、吉天宇）

"绿脉根生"城市设计方案的总体策略是创造一个叠合的绿色活力系统，包含生态绿轴、人行绿脉与活力绿芯，并借此将场地内原有的绿色廊道生态效益最大化，进而辐射周边环境（图 8-53~ 图 8-55 ）。

地面层的生态绿轴是一个和谐立体的景观生态系统，串联起主要的绿色节点，将中心公园与环岛绿带连接，并向北侧的天空之城和南边的商业街、住区和科创园延伸。

人行绿脉是一个宜人便捷的步行与交通系统，以羊毛算法作为其形态生成的驱动器，并用空间句法加以验证。设计方案通过这一立体步行系统串联场地主要节点，衔接公共交通换乘系统，并以人流多少实现人行步道宽度的精准控制。

活力绿芯属于层叠混合的业态与空间系统，在生态与步行系统的交汇处形成不同的活力枢纽，并向周边延伸，进而连接不同的功能业态，创造出立体叠合的邻里组团。

最后，经过风环境模拟，确保方案的建筑形态也有利于风的穿越和贯通，形成冬季阻隔西北风、夏季有利东南风的空间布局。利用建筑的双层表皮实现温度调节，减少能耗。此外，地面、屋面和架空层的绿地共同构成了立体绿色系统，并共同参与雨水的渗透与回收。

8.9 本章小结

虽然"整体优先，生态优先"的绿色城市设计的原则是普遍的，但城市的结构形态、地理环境、生物气候条件等都带有明显的地域性特征，这就决定了具体的城市规划设计必须与特定的时间和空间相结合，与更大范围的环境资源相结合，亦即"全球化思考，地方化行动"。

问题总结	设计目标	总体策略：绿色活力脉络
生态分散 绿地系统分散，生态通廊受阻 水系利用不足，江岛特征不明	**和谐立体的景观与生态系统** Harmony 生态绿廊串联 江岛水景营造 双层绿地系统	**生态绿轴** 串联主要绿色节点，将中心公园与环 岛绿带连接，并向北侧天空之城和南 边的商业街、住区和科创园延伸
交通割裂 交通换乘困难，南北交通阻断 节点连接不畅，步行系统缺失	**宜人便捷的步行与交通系统** Humanity 步行系统构建 重要节点串联 多元交通换乘	**人行绿脉** 以羊毛算法为生成动机，以空间句法 为行为验证的立体步行系统，串联场 地主要节点，衔接公共交通系统，并 以人流控制步道宽度
活力缺失 商业活力缺乏，建筑界面封闭 区域特色不足，功能构成单一	**层叠混合的业态与空间系统** Hybrid 特色活力组团 立体空间叠合 功能混合布局	**活力绿芯** 生态系统与步行系统的交汇处形成活 力节点，向周边延伸，连接不同业态 功能，形成立体叠合的邻里组团

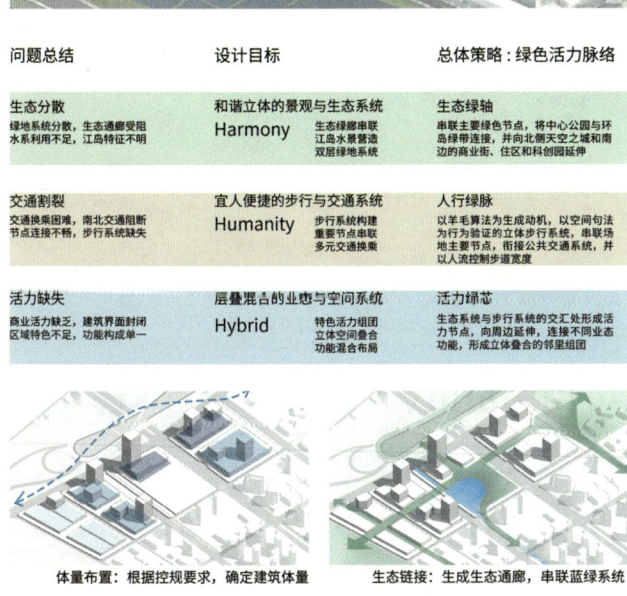

体量布置：根据控规要求，确定建筑体量　　　生态链接：生成生态通廊，串联蓝绿系统

人行链接：构建步行系统，塑造建筑形体　　　活力链接：增设建筑连廊，链接活力楼层

空间塑形：拓宽活力节点，围合公共空间　　　场所营造：增加退台中庭，形成活力场所

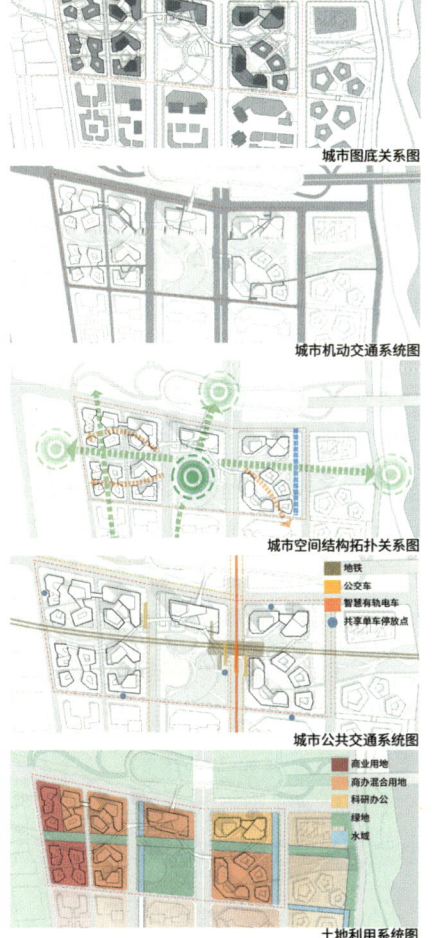

城市图底关系图

城市机动交通系统图

城市空间结构拓扑关系图

城市公共交通系统图

土地利用系统图

图 8-53 "绿脉根生"城市设计方案（一）
（图片来源：学生自绘）

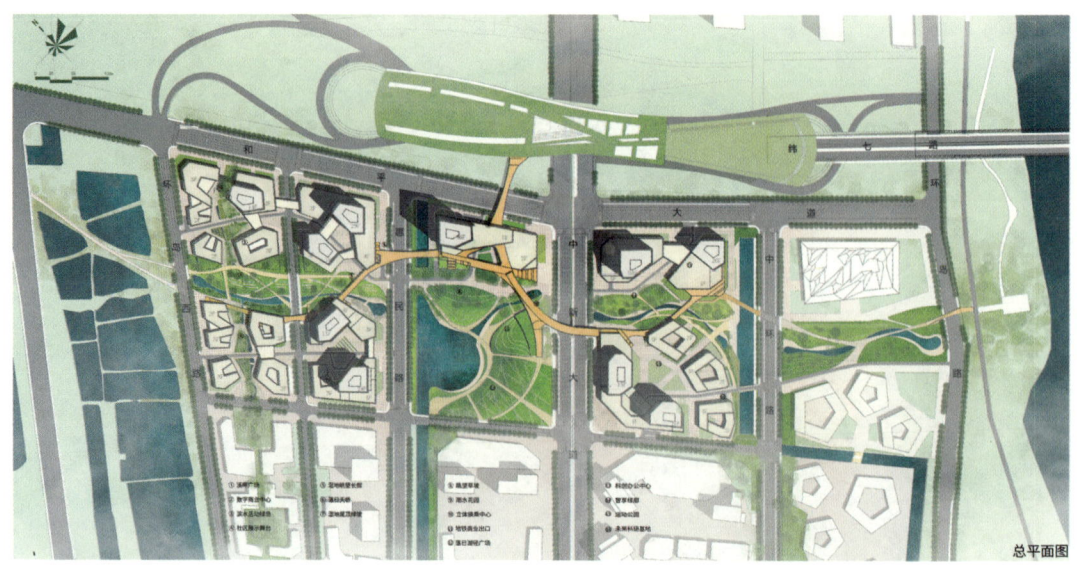

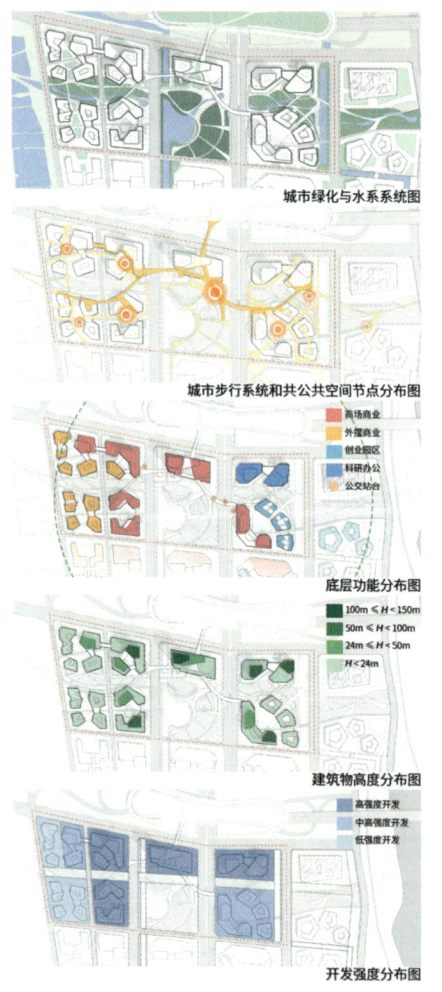

城市绿化与水系统图

城市步行系统和共公共空间节点分布图

底层功能分布图

建筑物高度分布图

开发强度分布图

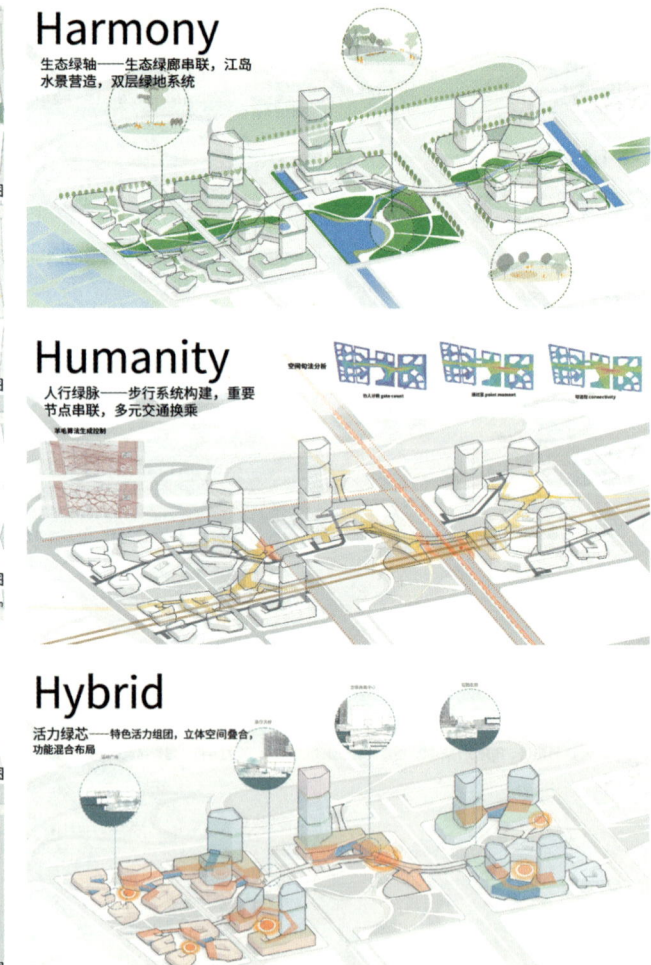

Harmony

生态绿轴——生态绿廊串联，江岛
水景营造，双层绿地系统

Humanity

人行绿脉——步行系统构建，重要
节点串联，多元交通换乘

Hybrid

活力绿芯——特色活力组团，立体空间叠合，
功能混合布局

图 8-54 "绿脉根生"城市设计方案（二）
（图片来源：学生自绘）

342

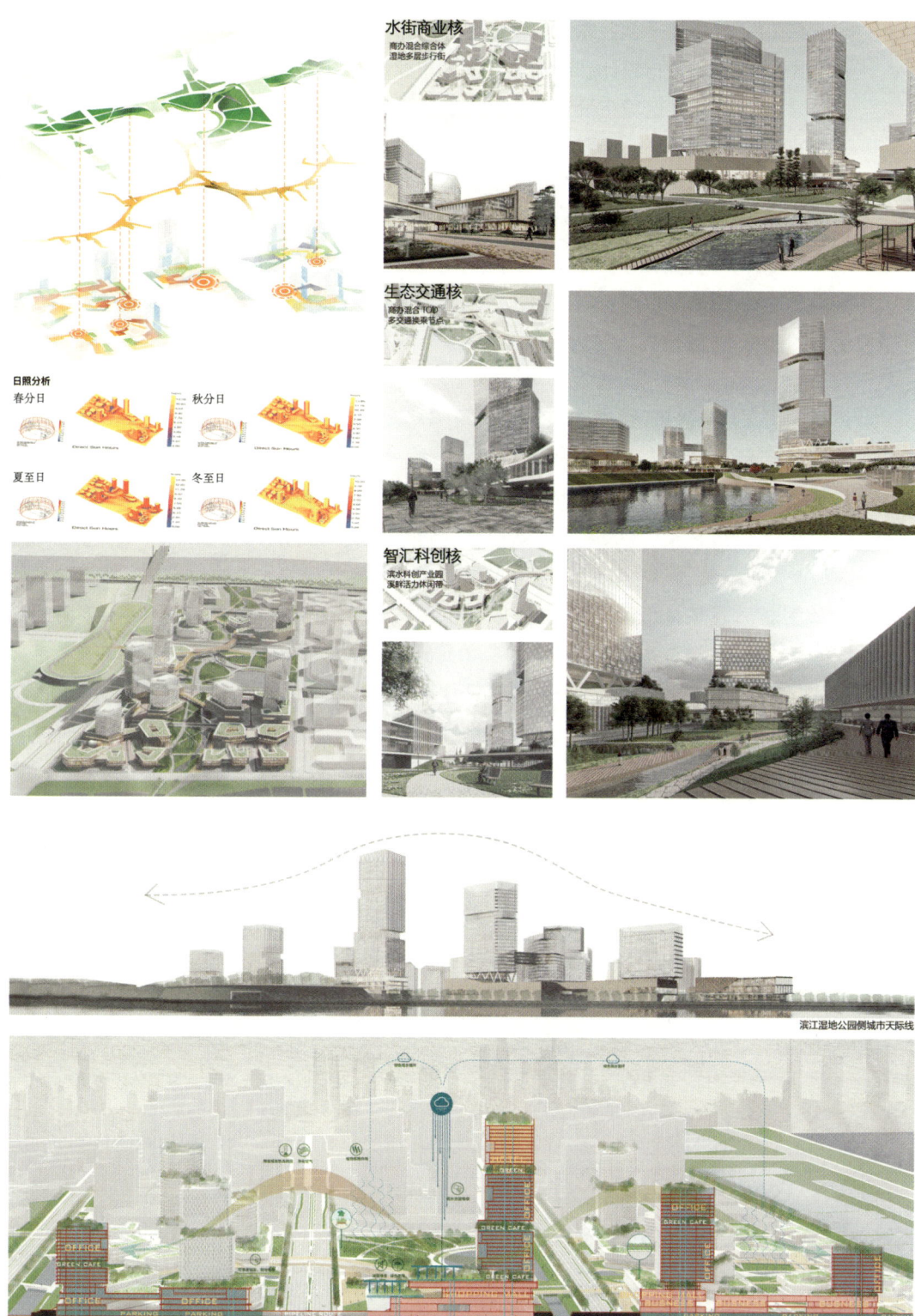

水街商业核
商办混合综合体
湿地多层步行街

生态交通核
商办混合 TOD
多交通换乘节点

智汇科创核
滨水科创产业园
溪畔活力林间带

日照分析

春分日　　　　　　　　秋分日

夏至日　　　　　　　　冬至日

滨江湿地公园侧城市天际线

剖透视

图 8-55 "绿脉根生"城市设计方案（三）
（图片来源：学生自绘）

鉴于此，本章以沈阳总体城市设计、哈默比新城城市设计、中新天津生态城城市设计、新加坡花园城市建设、宁德时代小镇片区城市设计、烟台芝罘湾片区城市设计、徐州大郭庄机场片区城市设计国内外优秀城市设计实践案例为主，选取了不同气候地区（寒冷地区、冬冷夏热地区、湿热地区）和不同规模层次（区域—城市级、片区级、地段级）的多个案例分别从不同角度进行比较、分析和研究，是绿色城市设计理论研究的具体实践、经验总结和实践推广。最后，结合教学活动，将绿色城市设计的有关原理、方法和策略加以整合与利用，对本教材内容具有知识教授、理念传播和人才培养的作用。

思考题与练习题

1. 本章绿色城市设计实践中主要针对哪些自然要素展开？在总体尺度、片区尺度和地块尺度应分别控制哪些要点？

2. 以低碳为目标的城市设计需要考虑哪些方面的内容？当前最为有效的降碳措施有哪些？

3. 结合所在城市的气候特征及本章相关城市设计案例，谈谈在城市设计实践中如何通过绿色城市设计策略回应当地气候特点？

参考文献

[1] 王建国.绿色城市设计原理在规划设计实践中的应用[J].东南大学学报（自然科学版），2000（1）：10-15.

[2] 吴晓，吉倩妘，周晓穗，等.从旧工业区到生态型城镇：瑞典城市更新的绿色路径初探：以Bo01欧洲住宅展览会、哈默比湖城和皇家海港为例[J].世界建筑，2021（3）：101-107.

[3] 罗纳德·维纳斯坦.哈默比湖城：可持续性城市建设的杰出范例[J].世界建筑，2007（7）：38-41.

[4] 陈宇.哈默比湖城"柯本"街区，斯德哥尔摩，瑞典[J].世界建筑，2007（7）：96-100.

[5] 杨保军，董珂.生态城市规划的理念与实践：以中新天津生态城总体规划为例[J].城市规划，2008（8）：10-15.

[6] TONG S S, WONG N H, TAN C L, et al. Impact of Urban Morphology on Microclimate and Thermal Comfort In Northern China[J]. Solar Energy, 2017（155）：212-223.

[7] 杨文越，邱宇欣.新加坡"亲生物城市"规划建设经验[J].科技导报，2022，40（22）：33-41.

[8] 朱介鸣.基于市场机制的规划实施：新加坡花园城市建设对中国城市存量规划的启示[J].城市规划，2017（4）：98-101.

[9] 王建国.中国城市设计发展和建筑师的专业地位[J].建筑学报，2016（7）：1-6.

［10］徐小东，吴奕帆．东南大学本科四年级绿色城市设计教案研析：以宜兴东氿 RBD 中心区绿色城市设计为例 [M]// 全国高等学校建筑学学科专业指导委员会，深圳大学建筑与城市规划学院．2017 全国建筑教育学术研讨会论文集．北京：中国建筑工业出版社，2017.

［11］徐小东，王建国．基于生物气候条件的城市设计生态策略研究：以湿热地区城市设计为例 [J]．建筑学报，2016（7）：64-67.

［12］王建国，徐小东．基于可持续发展准则的绿色城市设计交通策略：来自《绿色城市主义》的启示 [J]．城市发展研究，2008（6）：8-13.

［13］吴志强．超越石油的城市 [M]．北京：中国建筑工业出版社，2009：1-3.